westermann

Klaus Schilling

Mathematik für Berufliche Gymnasien

Analysis II

Qualifikationsphase

Ausgabe für das Kerncurriculum 2018
in Niedersachsen

2. Auflage

Bestellnummer 11704

Materialien für Lehrerinnen und Lehrer

Lösungen: 978-3-427-11706-3
Lösungen zum Arbeitsheft: 978-3-427-02441-5

BiBox für Lehrerinnen und Lehrer (Einzellizenz) 978-3-427-85345-9
BiBox für Lehrerinnen und Lehrer (Kollegiumslizenz) 978-3-427-85582-8

Materialien für Schülerinnen und Schüler

Arbeitsheft: 978-3-427-02439-2

BiBox (Laufzeit 1 Jahr) 978-3-427-11738-4
BiBox (Laufzeit 4 Jahre) 978-3-427-85811-9
BiBox PrintPlus (Laufzeit 1 Jahr) 978-3-427-88252-7

westermann GRUPPE

© 2021 Bildungsverlag EINS GmbH, Köln, www.westermann.de

Druck und Bindung: Westermann Druck GmbH, Braunschweig

ISBN 978-3-427-11704-9

Vorwort

Das vorliegende Schulbuch gehört zu einer **4-bändigen Reihe**, die exakt auf das neue Kerncurriculum Mathematik für die **Beruflichen Gymnasien** für die Bereiche **Wirtschaft** sowie **Gesundheit und Soziales** in Niedersachsen abgestimmt ist.

Die folgende Tabelle gibt einen Überblick über die Zuordnung der Sachgebiete und Lernbereiche zu den einzelnen Bänden dieser Reihe.

	Titel	Sachgebiete	Lernbereiche	
Band 1	**Beschreibende Statistik und Analysis I** Einführungsphase	• Stochastik • Analysis	1 2 3	Beschreibende Statistik Elementare Funktionenlehre Ableitungen
Band 2	**Analysis II** Qualifikationsphase	• Analysis	1 2 3	Kurvenanpassung[1] Von der Änderung zum Bestand – Integralrechnung Wachstumsmodelle mit Exponential- und e-Funktionen[2]
Band 3	**Analytische Geometrie, Lineare Algebra und Stochastik** Qualifikationsphase	• Analytische Geometrie/ Lineare Algebra • Stochastik	1 2 3	Raumanschauung und Koordinatisierung Mehrstufige Prozesse – Matrizenrechnung Daten und Zufall
Band 4	**Formelsammlung**[3] Einführungs- und Qualifikationsphase	Alle Sachgebiete und Lernbereiche		

Alle Lernbereiche des neuen Kerncurriculums für die Beruflichen Gymnasien der Richtungen Wirtschaft und Gesundheit und Soziales werden durch die vorliegende Reihe vollständig abgedeckt, womit eine sehr gute Vorbereitung auf die Abiturprüfung gewährleistet ist. Es werden sowohl die Kompetenzen für das **grundlegende Anforderungsniveau** als auch für das **erhöhte Anforderungsniveau** vermittelt. Die Abschnitte, Situationen und Übungsaufgaben nur für Kurse mit erhöhtem Anforderungsniveau sind mit einem **eA**-Symbol gekennzeichnet (nur in den Bänden 2 und 3).

---

[1] KC-Bezug:
Kurse mit grundlegenden Anforderungen (gA): „Lernbereich: Kurvenanpassung mit ganzrationalen Funktionen und einfachen gebrochenrationalen Funktionen"
Kurse mit erhöhten Anforderungen (eA): „Lernbereich: Kurvenanpassung und Funktionsscharen"
[2] KC-Bezug:
Kurse mit grundlegenden Anforderungen (gA): „Lernbereich: Die e-Funktion"
Kurse mit erhöhten Anforderungen (eA): „Lernbereich: Wachstumsmodelle – Exponentialfunktionen"
[3] Die Formelsammlung ist für die Abiturprüfung zugelassen.

Neben der Förderung der im Kerncurriculum genannten **inhaltsbezogenen Kompetenzen** sollen auch die **prozessbezogenen Kompetenzen** der Schülerinnen und Schüler weiterentwickelt werden.

Prozessbezogene Kompetenzbereiche	Inhaltsbezogene Kompetenzbereiche
• K1 Mathematisch argumentieren • K2 Probleme mathematisch lösen • K3 Mathematisch modellieren • K4 Mathematische Darstellungen verwenden • K5 Mit symbolischen, formalen und technischen Elementen der Mathematik umgehen • K6 Kommunizieren	• L1 Algorithmus und Zahl • L2 Messen • L3 Raum und Form • L4 Funktionaler Zusammenhang • L5 Daten und Zufall

Auf eine Visualisierung der Zuordnung der verschiedenen Kompetenzbereiche zu den Situationen und Handlungssituationen durch entsprechende Icons wurde bewusst verzichtet, um die Schülerinnen und Schüler nicht unnötig zu verwirren.

Besonderer Wert wird auf eine für Schülerinnen und Schüler **anschauliche und verständliche Darstellung** gelegt. Zahlreiche **Situationen mit ausführlich durchgerechneten Lösungen** ermöglichen auch den selbstständigen Erwerb der im Kerncurriculum geforderten Kompetenzen. Die ersten Übungsaufgaben eines jeden Abschnitts sind grundsätzlich sehr eng an die ersten Situationen des entsprechenden Abschnitts angelehnt. Dadurch sollen die Schülerinnen und Schüler dazu befähigt werden, diese Übungsaufgaben selbstständig mithilfe der ersten Situationen zu lösen.

Um die Schülerinnen und Schüler gut auf die schriftliche Abiturprüfung vorzubereiten, sind in den Bänden der Qualifikationsphase passende Original-Abituraufgaben der letzten Jahre eingearbeitet.

Am Ende der Kapitel mit berufsbezogenen Inhalten gibt es einen Abschnitt mit **Handlungssituationen** zu dem betreffenden Kapitel. Diese Handlungssituationen sind besonders geeignet, die **inhaltsbezogenen und prozessbezogenen Kompetenzen** anwendungsbezogen zu **verknüpfen**.

Alle Aufgaben können prinzipiell auch mit einem **grafikfähigen Taschenrechner (GTR)** oder einem **Computer-Algebra-System (CAS)** gelöst werden. In einem **Anhang „GTR-Funktionen"** sind zusammenfassend die wichtigsten Funktionen des grafikfähigen Taschenrechners TI-84 Plus aufgeführt. In einem **Anhang „CAS-Funktionen"** sind die Funktionen des Taschenrechners TI-Nspire CX II mit Computer-Algebra-System (CAS) aufgeführt. Andere GTR- und CAS-Rechner sind ähnlich. Die Situationen, die ausdrücklich den Einsatz eines Taschenrechners fordern, sind mit einem Taschenrechner-Symbol versehen. Die Nummer in dem Taschenrechner-Symbol verweist auf den jeweils erklärenden Anhang mit den GTR- oder CAS-Funktionen.

Die Taschenrechnerlösungen sind in diesem Band mit einem GTR erstellt worden. Mithilfe des CAS-Anhangs können die Lösungen aber auch leicht mit einem Computer-Algebra-System erstellt werden.

In den Bänden 1 bis 3 gibt es außerdem einen **Anhang mit den wichtigsten ökonomischen Fachbegriffen**, die für den Unterricht und das Abitur relevant sind. Diese Zusammenfassung ist besonders für die Schülerinnen und Schüler eine Unterstützung, die nicht im Beruflichen Gymnasium Wirtschaft unterrichtet werden.

Die für das Abitur zugelassene **Formelsammlung** komplettiert die Reihe und ist den Schülerinnen und Schülern eine große Hilfe beim Erreichen des angestrebten Schulabschlusses.

Ich wünsche allen Schülerinnen und Schülern, die mit dieser Reihe arbeiten, viel Erfolg und Freude an der Mathematik.

Klaus Schilling
(Herausgeber)

Inhaltsverzeichnis

[1) KC-Bezug:
- Kurse mit grundlegenden Anforderungen (gA): Lernbereich: Kurvenanpassung mit ganzrationalen Funktionen und einfachen gebrochen-rationalen Funktionen
- Kurse mit erhöhten Anforderungen (eA): Lernbereich: Kurvenanpassung und Funktionsscharen

[2) KC-Bezug: Lernbereich gA und eA: Von der Änderung zum Bestand – Integralrechnung

---

[1] KC-Bezug: Kurse mit grundlegenden Anforderungen (gA): Lernbereich: Die e-Funktion
Kurse mit erhöhten Anforderungen (eA): Lernbereich: Wachstumsmodelle – Exponentialfunktionen

Anhang

Mathematische Zeichen und Symbole zur Analysis

Zeichen, Symbole	Sprechweise/Bedeutung	Beispiel
$=$	gleich	$4 = 4$
$\neq$	ungleich	$3 \neq 4$
$\approx$	ist ungefähr gleich	$\sqrt{2} \approx 1,41$
$<$	kleiner als	$3 < 4$
$>$	größer als	$5 > 4$
$\leq$	kleiner gleich	$x \leq 3$
$\geq$	größer gleich	$x \geq 4$
$\lvert \ldots \rvert$	Betrag von	$\lvert -3 \rvert = 3$
∞	unendlich	
$\Rightarrow$	daraus folgt	$\mathbb{N} = \{0; 1; 2; 3; \ldots\} \Rightarrow \{1\} \in \mathbb{N}$
$\Leftrightarrow$	gilt genau dann, wenn; ist äquivalent mit	$2x = 4 \Leftrightarrow x = 2$
$\wedge$	und	
$\vee$	oder	
$\mathbb{N}$	Menge der natürlichen Zahlen **einschließlich 0**	$\mathbb{N} = \{0; 1; 2; 3; \ldots\}$
$\mathbb{Z}$	Menge der ganzen Zahlen **einschließlich 0**	$\mathbb{Z} = \{\ldots; -3; -2; -1; 0; 1; 2; 3; \ldots\}$
$\mathbb{Q}$	Menge der rationalen Zahlen **einschließlich 0**	$\mathbb{Q} = \left\{ \frac{a}{b} \,\middle|\, a \in \mathbb{Z}; \; b \in \mathbb{Z}^* \right\}$
$\mathbb{R}$	Menge der reellen Zahlen **einschließlich 0**	
$\mathbb{N}^*, \mathbb{Z}^*, \mathbb{Q}^*, \mathbb{R}^*$	Zahlen der jeweiligen Menge $\mathbb{N}, \mathbb{Z}, \mathbb{Q}, \mathbb{R}$ **ohne 0**	$\mathbb{Z}^* = \{\ldots; -3; -2; -1; 1; 2; 3; \ldots\}$
$\mathbb{Z}_+, \mathbb{Q}_+, \mathbb{R}_+$ $(\mathbb{Z}_{\geq 0}, \mathbb{Q}_{\geq 0}, \mathbb{R}_{\geq 0})$	positive Zahlen der jeweiligen Menge $\mathbb{Z}, \mathbb{Q}, \mathbb{R}$ **einschließlich 0**	$\mathbb{Z}_+ = \mathbb{Z}_{\geq 0} = \{0; 1; 2; 3; \ldots\}$
$\mathbb{Z}_+^*, \mathbb{Q}_+^*, \mathbb{R}_+^*$ $(\mathbb{Z}_{>0}, \mathbb{Q}_{>0}, r_{>0})$	positive Zahlen der jeweiligen Menge $\mathbb{Z}, \mathbb{Q}, \mathbb{R}$ **ohne 0**	$\mathbb{Z}_+^* = \mathbb{Z}_{>0} = \{1; 2; 3; \ldots\}$

Zeichen, Symbole	Sprechweise/Bedeutung	Beispiel
$\mathbb{Z}_-$, $\mathbb{Q}_-$, $\mathbb{R}_-$ ($\mathbb{Z}_{\leq 0}$, $\mathbb{Q}_{\leq 0}$, $\mathbb{R}_{\leq 0}$)	negative Zahlen der jeweiligen Menge $\mathbb{Z}$, $\mathbb{Q}$, $\mathbb{R}$ **einschließlich 0**	$\mathbb{Z}_- = \mathbb{Z}_{\leq 0} = \{\ldots; -3; -2; -1; 0\}$
$\mathbb{Z}_-^*$, $\mathbb{Q}_-^*$, $\mathbb{R}_-^*$ ($\mathbb{Z}_{<0}$, $\mathbb{Q}_{<0}$, $\mathbb{R}_{<0}$)	negative Zahlen der jeweiligen Menge $\mathbb{Z}$, $\mathbb{Q}$, $\mathbb{R}$ **ohne 0**	$\mathbb{Z}_-^* = \mathbb{Z}_{<0} = \{\ldots; -3; -2; -1\}$
$\{1; 2; 3\}$	Menge mit den Elementen 1, 2, 3	$A = \{1; 2; 3\}$
$\{x \mid \ldots\}$	Menge aller x, für die gilt …	$D = \{x \mid 0 < x < 3\}_\mathbb{R}$ Menge aller x aus der Menge der reellen Zahlen, für die gilt $0 < x < 3$
$\{(x; y) \mid \ldots\}$	Menge aller Zahlenpaare $(x; y)$, für die gilt …	$\{(x; y) \mid y = 3x\}$ Menge aller Zahlenpaare (x, y), für die gilt $y = 3x$
$\emptyset = \{\ \}$	leere Menge	$\mathbb{Z}_- \cap \mathbb{N}^* = \emptyset = \{\ \}$
$\in$	Element von	$1 \in \mathbb{N}$
$\notin$	nicht Element von	$-1 \notin \mathbb{N}$
$\cup$	vereinigt mit	$\mathbb{N}^* \cup \{0\} = \mathbb{N}$
$\cap$	geschnitten mit	$\mathbb{N} \cap \mathbb{N}^* = \mathbb{N}^*$
$\subset$	ist echte Teilmenge von	$\mathbb{N} \subset \mathbb{R}$
$\backslash$	ohne	$\mathbb{N} \backslash \{0\} = \mathbb{N}^*$
$[a; b]$	geschlossenes Intervall (von einschließlich a bis einschließlich b)	$\{x \mid a \leq x \leq b\}$
$(a; b)$ auch: $]a; b[$	offenes Intervall (von ausschließlich a bis ausschließlich b)	$\{x \mid a < x < b\}$
$[a; b)$ auch: $[a; b[$	rechts offenes Intervall (von einschließlich a bis ausschließlich b)	$\{x \mid a \leq x < b\}$
$(a; b]$ auch: $]a; b]$	links offenes Intervall (von ausschließlich a bis einschließlich b)	$\{x \mid a < x \leq b\}$
$P(x/y)$	Punkt P mit den Koordinaten (x/y)	$P(1/3)$
$f: f(x) = \ldots$	Funktion f mit der Funktionsgleichung $f(x) = \ldots$	$f: f(x) = 3x$
$\mapsto$	wird zugeordnet	$x \mapsto f(x)$
$D(f)$	Definitionsbereich, Definitionsmenge einer Funktion f	$D(f) = \mathbb{R}$
$W(f)$	Wertebereich, Wertemenge einer Funktion f	$W(f) = \mathbb{R}$
$D_{\max}(f)$	mathematisch maximal möglicher Definitionsbereich der Funktion f	$D_{\max}(f) = \mathbb{R}$

Zeichen, Symbole	Sprechweise/Bedeutung	Beispiel
$W_{max}(f)$	mathematisch maximal möglicher Wertebereich der Funktion f	$W_{max}(f) = \mathbb{R}$
$D_{ök}(f)$	ökonomisch sinnvoller Definitionsbereich der Funktion f	$D_{ök}(K) = [0; x_{Kap}]$
$W_{ök}(f)$	ökonomisch sinnvoller Wertebereich der Funktion f	$W_{ök}(K) = [K(0); K(x_{Kap})]$
L	Lösungsmenge	$L = \{3\}$
$\rightarrow$	gegen; nähert sich	$x \rightarrow \infty$
$\lim$	Grenzwert (Limes)	$\lim\limits_{x \to \infty} f(x) = g$
Δy	Delta y	$\Delta y = y_2 - y_1$
$f'(x)$	f Strich von x	1. Ableitung von $f(x)$
$f''(x)$	f zwei Strich von x	2. Ableitung von $f(x)$
$\dfrac{df}{dx}$	df nach dx	$\dfrac{df}{dx} = f'$ ist die Ableitung von f mit der Variablen x
$\int f(x)\,dx$	unbestimmtes Integral von $f(x)\,dx$	$\int f(x)\,dx = F(x) + C$
$\int_a^b f(x)\,dx$	(bestimmtes) Integral von $f(x)\,dx$ von a bis b	$\int_a^b f(x)\,dx = F(b) - F(a)$

Aufbau des Zahlensystems

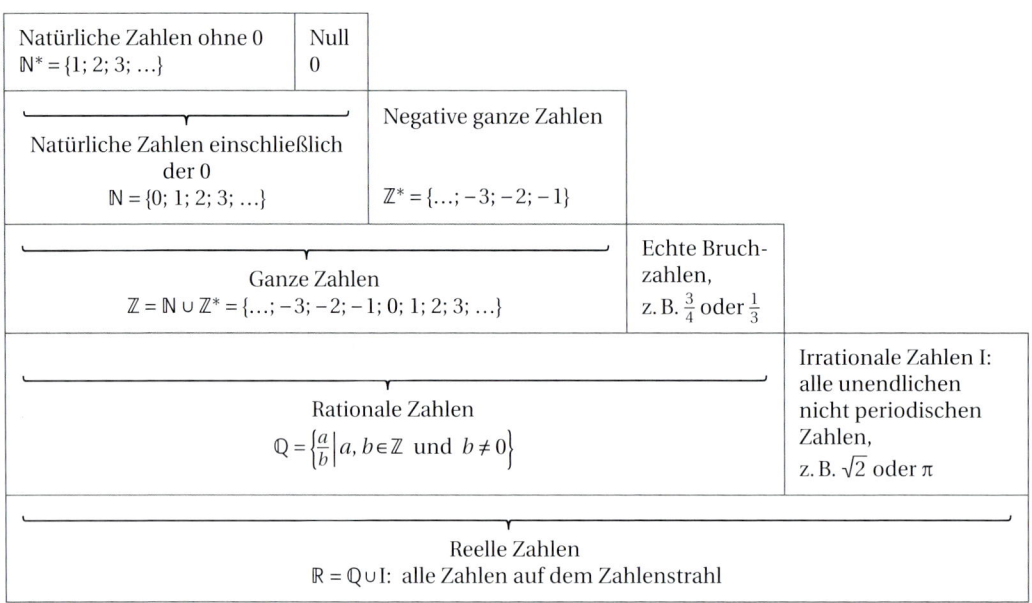

1 Lernbereich: Kurvenanpassung

In diesem Lernbereich werden mithilfe von ganzrationalen und einfachen gebrochen-rationalen Funktionen ökonomische Modelle aus den Bereichen

- Kostentheorie,
- Minimalkostenkombination,
- Angebot und Nachfrage und
- Produktlebenszyklus

gebildet, um mit ihnen ökonomische Probleme zu lösen.

Durch die Variation eines Parameters wird eine Anpassung an vorgegebene Eigenschaften vorgenommen. Für Kurse mit erhöhtem Anforderungsniveau werden zusätzlich noch Funktionenscharen thematisiert.

1.1 Kostentheorie

1.1.1 Bestimmung von ganzrationalen Funktionsgleichungen aus vorgegebenen Eigenschaften (Funktionssynthese mit dem Gauß-Algorithmus)

Wenn Probleme der realen Welt mit den Methoden der Analysis modelliert werden sollen, sind die notwendigen Funktionsgleichungen meist nicht bekannt. Es müssen dann zunächst die Gleichungen der Funktionen bestimmt werden (**Funktionssynthese**), mit denen das Problem untersucht werden kann. Im einfachsten Fall sind bestimmte Zahlenpaare oder Punkte der Funktion mit ihren Koordinaten gegeben, oft aber auch bestimmte Eigenschaften des Funktionsgraphen, wie in der folgenden Situation.

Situation 1

Die Gesamtkosten K eines Betriebes (in GE) bei der Herstellung eines Produktes sind abhängig von der jeweiligen Produktionsmenge x (in ME). Der Verlauf des Graphen der Gesamtkostenfunktion soll für Produktionsmengen von $x = 0$ ME bis zur Kapazitätsgrenze des Betriebes bei $x_{Kap} = 5$ ME durch eine Parabel modelliert werden.

Es gelten folgende Bedingungen:
Wenn 2 ME produziert werden, betragen die Gesamtkosten 16 GE und die Grenzkosten 3 GE/ME. Bei einer Produktionsmenge von 5 ME hat die Parabel, die die Gesamtkosten darstellt, einen Hochpunkt.

a) Ermitteln Sie algebraisch die Gleichung der Gesamtkostenfunktion K und geben Sie den ökonomisch sinnvollen Definitionsbereich der Gesamtkostenfunktion K an.

b) Kontrollieren Sie Ihr Ergebnis, indem Sie das Gleichungssystem aus Teilaufgabe a) mit dem Taschenrechner lösen.

c) Geben Sie die Höhe der Fixkosten und der maximalen Gesamtkosten an, die bei der Verwendung des ermittelten Modells anfallen.

d) Skizzieren Sie den Graphen der Funktion mit dem Ableitungsgraphen für den maximal möglichen Definitionsbereich und kennzeichnen Sie den ökonomisch relevanten Teil der Graphen. Tragen Sie wichtige Punkte, die sich aus der Problemstellung und den Lösungen ergeben, in die Grafik ein.

e) Die Gesamtkosten des Betriebes bei der Herstellung des Produktes haben sich geändert. Sie sollen jetzt durch die Gleichung $K(x) = ax^2 + 5x + 8$ so beschrieben werden, dass der Graph seinen Hochpunkt an der Stelle $x = 2$ hat. Bestimmen Sie den Parameter a entsprechend und geben Sie die Gleichung der neuen Gesamtkostenfunktion an.

Lösung

a) Zur Bestimmung der **Koeffizienten**[1] a, b und c in der allgemeinen Funktionsgleichung $K(x) = ax^2 + bx + c$ stellen wir ein lineares Gleichungssystem auf und lösen dieses mit dem **Gauß-Algorithmus**[2].

Vorgehensweise:

1. **Allgemeine Form** der gesuchten Funktionsgleichung und die notwendigen Ableitungsfunktion(en) aufstellen:

$$K(x) = ax^2 + bx + c$$
$$K'(x) = 2ax + b$$

2. Aus der Situation gehen die folgenden 3 **mathematisierten Bedingungen** hervor:

$$K(2) = 16$$
$$K'(2) = 3$$
$$K'(5) = 0$$

> Es müssen mindestens so viele Bedingungen mathematisiert werden, wie Variablen bestimmt werden sollen.

3. Setzt man die x-Werte und die dazugehörigen Funktionswerte in die allgemeinen Funktionsgleichungen ein, erhält man aus den Bedingungen die folgenden Gleichungen:

Bedingungen:	$\Rightarrow$	Gleichungen:
$K(2) = 16$	$\Rightarrow$	$a \cdot 2^2 + b \cdot 2 + c = 16$
$K'(2) = 3$	$\Rightarrow$	$2a \cdot 2 + b = 3$
$K'(5) = 0$	$\Rightarrow$	$2a \cdot 5 + b = 0$

4. Diese kann man durch Ausmultiplizieren zu folgendem **linearen Gleichungssystem** (LGS) vereinfachen:

$$4a + 2b + c = 16$$
$$4a + b = 3$$
$$10a + b = 0$$

In unserem Fall besteht das LGS aus 3 Gleichungen und 3 Variablen.

> Damit ein lineares Gleichungssystem lösbar ist, muss es aus mindestens so vielen Gleichungen bestehen, wie Variablen bestimmt werden sollen.

5. Wir lösen das LGS algebraisch mit dem **Gauß-Algorithmus**, indem man die Anzahl der Variablen in den Gleichungen durch entsprechende **Äquivalenzumformun-**

---

[1] **Koeffizienten** sind die Beizahlen der Variablen, die Zahlen, die vor den Variablen stehen.
[2] Ein **Algorithmus** ist ein Rechenvorgang, der nach einem bestimmten (sich wiederholendem) Schema abläuft. Der Gauß-Algorithmus, auch **Gauß-Verfahren** oder **Gauß'sches Eliminationsverfahren**, ist nach dem deutschen Mathematiker Carl-Friedrich Gauß (1777–1855) benannt.

gen[1] schrittweise verringert und das Gleichungssystem dadurch in die **Stufenform (Dreiecksform)** bringt. In der Stufenform enthält jede Gleichung eine Variable weniger als die vorhergehende Gleichung. Die letzte Zeile enthält dann nur noch eine Variable, sodass diese dann leicht bestimmt werden kann.

Äquivalenzumformungen für lineare Gleichungssysteme:
- Gleichungen vertauschen.
- Eine Gleichung mit einer bestimmten Zahl ungleich 0 multiplizieren (oder durch sie dividieren).
- Ein Vielfaches einer Gleichung zu einer anderen addieren oder davon subtrahieren.
- Eine Gleichung durch die Summe von ihr und einer anderen Gleichung ersetzen.

Wir wollen die Variable a in der 2. Gleichung des Gleichungssystems eliminieren, indem wir die 1. Gleichung und die 2. Gleichung addieren[2]. Damit durch die Addition die Variable a eliminiert wird, müssen die Koeffizienten (Beizahlen) vor der Variablen a wieder gleich groß sein, aber unterschiedliche Vorzeichen haben. Deswegen multiplizieren wir vor der Addition die 2. Gleichung mit -1.

$$
\begin{array}{ll}
4a + 2b + c = 16 & \\
4a + b = 3 \quad |\cdot(-1) & \\
\hline
10a + b = 0 &
\end{array}
\qquad
\begin{array}{l}
4a + 2b + c = 16 \\
-4a - b = -3 \\
\hline
b + c = 13
\end{array}
\Big| +
$$

Diese neue Gleichung verwenden wir jetzt als 2. Gleichung des Gleichungssystems, die 1. und 3. Gleichung werden beibehalten.

$$
\begin{array}{l}
4a + 2b + c = 16 \\
b + c = 13 \\
10a + b = 0
\end{array}
$$

In dem neuen LGS wollen wir jetzt die Variable a in der 3. Gleichung eliminieren, indem wir die 1. Gleichung und die 3. Gleichung addieren. Damit durch die Addition die Variable a eliminiert wird, müssen die Koeffizienten (Beizahlen) vor der Variablen a wieder gleich groß sein, aber unterschiedliche Vorzeichen haben. Deswegen multiplizieren wir vor der Addition die 1. Gleichung mit $-2,5$.

$$
\begin{array}{ll}
4a + 2b + c = 16 \quad |\cdot(-2,5) & \\
b + c = 13 & \\
10a + b = 0 &
\end{array}
\qquad
\begin{array}{l}
-10a - 5b - 2,5c = -40 \\
10a + b = 0 \\
\hline
-4b - 2,5c = -40
\end{array}
\Big| +
$$

---

[1] **Äquivalenzumformungen** (lat. *aequus:* gleich; *valere:* wert sein) sind Umformungen von Gleichungen, Ungleichungen oder Gleichungssystemen, die die Lösung unverändert lassen.

[2] Alternativ könnte man auch die beiden Gleichungen voneinander subtrahieren.

Diese neue Gleichung verwenden wir jetzt als 3. Gleichung des Gleichungssystems, die 1. und 2. Gleichung werden beibehalten.

$$
\begin{aligned}
4a + 2b + c &= 16 \\
b + c &= 13 \\
-4b - 2{,}5c &= -40
\end{aligned}
$$

Jetzt wollen wir die Variable b in der 3. Gleichung eliminieren, indem wir die 2. Gleichung und die 3. Gleichung addieren. Damit durch die Addition die Variable b eliminiert wird, müssen die Koeffizienten (Beizahlen) vor der Variablen b gleich groß sein, aber unterschiedliche Vorzeichen haben. Dazu multiplizieren wir zuvor die 2. Gleichung mit 4.

$$
\begin{aligned}
4a + 2b + c &= 16 \\
b + c &= 13 \qquad |\cdot 4 \\
-4b - 2{,}5c &= -40
\end{aligned}
\qquad
\begin{aligned}
4b + 4c &= 52 \\
-4b - 2{,}5c &= -40 \\
\hline
1{,}5c &= 12
\end{aligned}
\;\Big|+
$$

Wir verwenden diese neue Gleichung jetzt als 3. Gleichung des Gleichungssystems und haben damit das Gleichungssystem in die **Stufenform (Dreiecksform)** gebracht:

$$
\begin{aligned}
4a + 2b + c &= 16 \\
b + c &= 13 \\
1{,}5c &= 12
\end{aligned}
$$

Jetzt können wir die **Variablen** schrittweise von unten nach oben bestimmen. Aus der letzten Gleichung ergibt sich:

$$
c = \frac{12}{1{,}5}
$$
$$
\underline{c = 8}
$$

Setzen wir diesen Wert für c in die 2. Gleichung ein, können wir b berechnen:

$$
b + 8 = 13 \Leftrightarrow b = 13 - 8
$$
$$
\underline{b = 5}
$$

Wenn wir die berechneten Werte für b und c in die 1. Gleichung einsetzen, können wir a berechnen:

$$
\begin{aligned}
4a + 2 \cdot 5 + 8 &= 16 \\
4a + 18 &= 16 \\
4a &= -2 \\
a &= \frac{-2}{4} \\
\underline{a &= -0{,}5}
\end{aligned}
$$

Die gesuchte **Funktionsgleichung** lautet also: $\underline{K(x) = -0{,}5x^2 + 5x + 8}$

Der **ökonomisch sinnvolle Definitionsbereich** ist entsprechend der Beschreibung in der Situation: $\underline{\underline{D_{\text{ök}}(K) = [0; 5]}}$.

b) Taschenrechnerlösung[1]

Da nicht nur Punkte, sondern auch Eigenschaften des Graphen an bestimmten Stellen gegeben sind, ist eine Regressionslösung mit dem Taschenrechner nicht möglich. Wir lösen das zu Beginn der Lösung zu Teilaufgabe a) aufgestellte lineare Gleichungssystem mit dem Taschenrechner.

Dazu schreiben wir das ursprüngliche LGS

$$
\begin{aligned}
4a + 2b + c &= 16 \\
4a + b \quad\; &= 3 \\
10a + b \quad\; &= 0
\end{aligned}
$$

als **erweiterte Koeffizientenmatrix**[2], indem wir die **Koeffizienten** und, durch einen senkrechten Strich abgetrennt, die Absolutglieder der Gleichungen notieren:

$$
\left(\begin{array}{ccc|c}
4 & 2 & 1 & 16 \\
4 & 1 & 0 & 3 \\
10 & 1 & 0 & 0
\end{array}\right)
$$

Eine solche erweiterte Koeffizientenmatrix kann man mit dem Taschenrechner so umformen, dass sie uns später bei der Lösung des linearen Gleichunssystems hilft.

Das LGS wird als erweiterte 3×4-Koeffizientenmatrix mit 3 Zeilen und 4 Spalten mit 2ND, [MATRIX], EDIT eingegeben.	NAMES MATH EDIT 1:[A] 3×4 2:[B] 3:[C] 4:[D] 5:[E] 6:[F] 7↓[G]
Mit 2ND, [QUIT] dann das Menü verlassen.	MATRIX[A] 3 ×4 [4 2 1 16] [4 1 0 3] [10 1 0 0]
Mit dem Befehl 2ND, [MATRIX], MATH, **B:rref** wird die Matrix in die **Diagonalform** gebracht.	NAMES MATH EDIT 6↑randM(7:augment(8:Matr▶list(9:List▶matr(0:cumSum(A:ref(B:rref(
Jetzt muss noch der Name der Matrix [A] eingefügt werden: 2ND, [MATRIX], NAMES, 1:[A] Mit ENTER erhalten wir die Matrix in der **Diagonalform**.	rref([A] [1 0 0 -.5] [0 1 0 5] [0 0 1 8]

---

[1]   Wenn nur *Punkte* des Graphen mit ihren Koordinaten gegeben sind, kann die Funktionsgleichung auch mit der entsprechenden Regressionsfunktion (z.B. mithilfe der quadratischen Regression), ermittelt werden. Siehe GTR-Anhang 3.

[2]   Eine **Matrix** (Plural: Matrizen) ist ein in runde Klammern gesetztes rechteckiges Zahlenschema.

Die Diagonalform der Matrix formen wir wieder zurück in ein lineares Gleichungssystem um:

$$1a + 0b + 0c = -0,5$$
$$0a + 1b + 0c = 5$$
$$0a + 0b + 1c = 8$$

Weil die Glieder mit den Koeffizienten 0 wegfallen, sind die verbleibenden Koeffizienten direkt abzulesen:

$$a = -0,5$$
$$b = 5$$
$$c = 8$$

$$\Rightarrow K(x) = -0,5x^2 + 5x + 8$$

c) **Fixkosten:** Aus dem Absolutglied $c = 8$ in $K(x) = -0,5x^2 + 5x + 8$ ergeben sich die Fixkosten: 8 [GE]

Maximale Kosten: Die maximalen Kosten der Produktion betragen: $K(5) = 20,5$ [GE]

d) Graph und Ableitungsgraph (ökonomisch relevanter Teil durchgehend, ökonomisch nicht relevanter Teil gestrichelt gezeichnet):

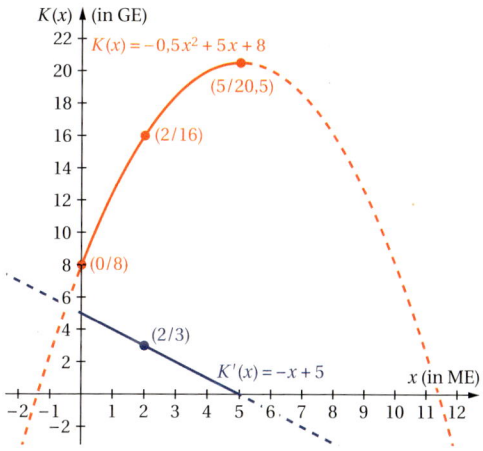

e) Wenn der Graph seinen Hochpunkt bei $x = 2$ haben soll, muss die Steigung dort 0 sein. Also muss gelten: $K'(2) = 0$

$$K'(x) = 2ax + 5$$
$$K'(2) = 0$$
$$0 = 2a \cdot 2 + 5$$
$$0 = 4a + 5$$
$$4a = -5$$
$$a = -\frac{5}{4}$$
$$a = -1,25$$

Die Gleichung der neuen Gesamtkostenfunktion mit einem Hochpunkt an der Stelle $x = 2$ lautet:

$$K(x) = -1,25x^2 + 5x + 8$$

Situation 2

Einschlägige Untersuchungen des Kostenrechners eines mittelständischen Produktionsbetriebes haben zu folgenden Ergebnissen bei der Produktion von Flüssiggas geführt.

Die Fixkosten des Betriebes betragen 20 GE. Bei einer Produktionsmenge von 3 ME ist der Zuwachs der Gesamtkosten am geringsten und beträgt 3 GE/ME. Wenn der Betrieb an seiner Kapazitätsgrenze bei 8 ME produziert, betragen die Gesamtkosten 196 GE.

a) Bestimmen Sie die Gleichung der ertragsgesetzlichen Gesamtkostenfunktion mit dem Gauß-Algorithmus und

b) mit dem Taschenrechner.

c) Skizzieren Sie mit dem Taschenrechner den Graphen der Gesamtkostenfunktion mit dem Graphen der 1. und 2. Ableitungsfunktion in ein gemeinsames Koordinatensystem.

d) Der Betrieb erwägt 5 ME zu produzieren. Bestimmen Sie mit dem Taschenrechner die dann entstehende Kostensituation, auch unter Berücksichtigung der 1. und 2. Ableitung. Interpretieren Sie die berechneten Werte.

e) Durch den Einsatz neuer Produktionstechniken haben sich die Gesamtkosten verändert und die Gleichung der Gesamtkostenfunktion muss angepasst werden. Bestimmen Sie in $K(x) = ax^3 + bx^2 + cx + d$ mit $a = 1$, $b = -9$ und $d = 20$ den Parameter c so, dass bei einer Produktion von 3 ME die Grenzkosten 0 betragen. Geben Sie die angepasste Funktionsgleichung an.

Lösung

a) Die gesuchte Funktionsgleichung hat die

allgemeine Form:	$K(x) = ax^3 + bx^2 + cx + d$
1. Ableitungsfunktion:	$K'(x) = 3ax^2 + 2bx + c$
2. Ableitungsfunktion:	$K''(x) = 6ax + 2b$

Bedingungen:	$\Rightarrow$	**Gleichungen:**
$K(0) = 20$	$\Rightarrow$	$d = 20$
$K''(3) = 0$	$\Rightarrow$	$18a + 2b = 0$
$K'(3) = 3$	$\Rightarrow$	$27a + 6b + c = 3$
$K(8) = 196$	$\Rightarrow$	$512a + 64b + 8c + d = 196$

Aus der 1. Gleichung ergibt sich $d = 20$. Setzen wir diesen Wert in die 4. Gleichung für d ein, erhalten wir ein einfacheres LGS mit nur 3 Gleichungen und 3 Variablen:

$$
\begin{aligned}
18a + 2b &= 0 \\
27a + 6b + c &= 3 \\
512a + 64b + 8c + 20 &= 196
\end{aligned}
$$

Damit alle absoluten Zahlen auf der rechten Seite stehen, bringen wir die 20 in der letzten Gleichung auf die rechte Seite:

$$
\begin{aligned}
18a + 2b &= 0 \\
27a + 6b + c &= 3 \\
512a + 64b + 8c &= 176
\end{aligned}
$$

Lösung des vereinfachten LGS mit Gauß-Algorithmus

In der 2. Gleichung wird a eliminiert, indem die 1. und 2. Gleichung, nach passender vorausgegangener Multiplikation, addiert werden.

$$
\begin{array}{rl}
18a + 2b \quad\quad\quad = 0 & |\cdot(-27) \\
27a + 6b + c = 3 & |\cdot(18) \\
\hline
512a + 64b + 8c = 176 &
\end{array}
\qquad
\begin{array}{rl}
-486a - 54b \quad\quad\quad = 0 & \\
486a + 108b + 18c = 54 & \Big| + \\
\hline
54b + 18c = 54 &
\end{array}
$$

Neues LGS:

$$
\begin{aligned}
18a + 2b \quad\quad\quad &= 0 \\
54b + 18c &= 54 \\
512a + 64b + 8c &= 176
\end{aligned}
$$

In der 3. Gleichung wird a eliminiert, indem wir das angegebene Vielfache der 1. und 3. Gleichung des neuen LGS addieren:

$$
\begin{array}{rl}
18a + 2b \quad\quad\quad = 0 & |\cdot(-512) \\
54b + 18c = 54 & \\
512a + 64b + 8c = 176 & |\cdot 18
\end{array}
\qquad
\begin{array}{rl}
-9216a - 1024b \quad\quad\quad = 0 & \\
& \Big| + \\
9216a + 1152b + 144c = 3168 & \\
\hline
128b + 144c = 3168 &
\end{array}
$$

Neues LGS:

$$
\begin{aligned}
18a + 2b \quad\quad\quad &= 0 \\
54b + 18c &= 54 \\
128b + 144c &= 3168
\end{aligned}
$$

In der 3. Gleichung wird b eliminiert, indem wir das angegebene Vielfache der 2. und 3. Gleichung des neuen LGS addieren:

$$
\begin{array}{rl}
18a + 2b \quad\quad\quad = 0 & \\
54b + 18c = 54 & |\cdot(-128) \\
128b + 144c = 3168 & |\cdot 54
\end{array}
\qquad
\begin{array}{rl}
-6912b - 2304c = -6912 & \\
& \Big| + \\
6912b + 7776c = 171072 & \\
\hline
5472c = 164160 &
\end{array}
$$

Wir erhalten die **Stufenform (Dreiecksform)**:

$$
\begin{aligned}
18a + 2b \quad\quad\quad &= 0 \\
54b + 18c &= 54 \\
5472c &= 164160
\end{aligned}
$$

Aus der 3. Gleichung ergibt sich: $\quad \underline{c = 30,}$

aus der 2. Gleichung dann: $\quad \underline{b = -9}$

und aus der 1. Gleichung: $\quad \underline{a = 1}$

Da $d = 20$ schon zu Beginn der Rechnung ermittelt wurde, lautet die Gleichung der Gesamtkostenfunktion:

$$\underline{\underline{K(x) = x^3 - 9x^2 + 30x + 20}}$$

b) LGS mit dem Taschenrechner lösen (GTR-Anhang 7):

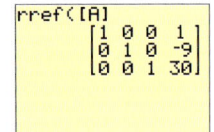

c) Graphen der Gesamtkostenfunktion, 1. und 2. Ableitungsfunktion mit dem Taschen-rechner zeichnen (GTR-Anhang 10):

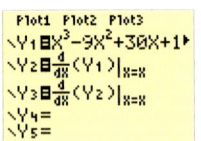 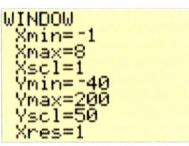 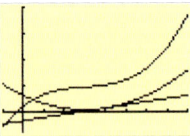

d) Funktions- und Ableitungswerte mit dem Taschenrechner bestimmen (GTR-Anhang 2):

$$K(5) = 70$$
$$K'(5) = 15$$
$$K''(5) = 12$$

Interpretation: Bei einer Produktionsmenge von 5 ME entstehen Gesamtkosten in Höhe von 70 GE. Die Grenzkosten betragen dann 15 GE/ME. Wenn also die Produktion um eine beliebig kleine Menge verändert wird, verändern sich die Gesamtkosten gleich-läufig um das 15-Fache. Da die 2. Ableitung bei dieser Produktionsmenge positiv ist, nehmen die Gesamtkosten progressiv zu.

e) Grenzkosten gleich 0 bedeutet: $K'(3) = 0$

$$K(x) = x^3 - 9x^2 + cx + 20$$
$$K'(x) = 3x^2 - 18x + c$$
$$K'(3) = 0$$
$$0 = 3 \cdot 3^2 - 18 \cdot 3 + c$$
$$0 = 27 - 54 + c$$
$$\underline{c = 27}$$

Angepasste Funktionsgleichung: $\underline{K(x) = x^3 - 9x^2 + 27x + 20}$

Häufig bereiten das Mathematisieren der vorgegebenen Bedingungen und das daraus resultierende Aufstellen der Gleichungen Schwierigkeiten, weil die in der Aufgabenstellung enthaltenen Bedingungen „verschleiert" ausgedrückt sind.

In der Tabelle sind einige denkbare Formulierungen interpretiert.

Der Graph der Funktion hat bei x_a eine Nullstelle. Der Funktionswert bei x_a ist 0.	$f(x_a) = 0$
Der Graph der Funktion berührt die Abszissenachse bei x_a. Der Funktionswert bei x_a ist 0 und gleichzeitig maximal/minimal.	x_a ist (doppelte) Nullstelle *und* Extremstelle $f(x_a) = 0$ *und* $f'(x_a) = 0$
Der Funktionsgraph hat bei x_a einen Extrempunkt/Hochpunkt/Tiefpunkt. Der Funktionswert ist bei x_a am größten/kleinsten.	$f'(x_a) = 0$
Der Funktionsgraph hat bei x_a die Steigung 10. Der Funktionsgraph hat bei x_a eine Tangente mit der Steigung 10. Die momentane Änderungsrate (z. B. die Grenzkosten) an der Stelle x_a beträgt 10.	$f'(x_a) = 10$
Der Funktionsgraph verläuft bei x_a parallel zur Geraden mit $g(x) = mx + b$.	$f'(x_a) = m$
Der Funktionsgraph hat bei x_a einen Wendepunkt. Die Steigung des Graphen ist bei x_a am größten/kleinsten. Die momentane Änderungsrate ist bei x_a am größten/kleinsten.	$f''(x_a) = 0$
Der Funktionsgraph hat bei x_a einen Sattelpunkt. Die Steigung des Graphen (die momentane Änderungsrate) ist bei x_a gleich 0 und am größten/kleinsten.	$f'(x_a) = 0$ und $f''(x_a) = 0$

Zusammenfassung

Vorgehensweise bei der Funktionssynthese:

1. **Allgemeine Form der Funktionsgleichung ggf. mit Ableitungen** und den noch unbekannten Koeffizienten **aufstellen.**

2. Vorgegebene **Bedingungen** für die Funktionsgleichung identifizieren und **mathematisieren.** Dabei müssen mindestens so viele Bedingungen gefunden werden, wie Koeffizienten vorhanden sind.

3. **Gleichungen des Gleichungssystems** bestimmen.
   Die Zahl der Gleichungen muss mindestens so groß wie die Zahl der Koeffizienten sein.

4. • Gleichungssystem algebraisch mit dem **Gauß-Algorithmus** durch Umformung in die **Stufenform (Dreiecksform)** lösen, oder:
   • Gleichungssystem als erweiterte Koeffizientenmatrix schreiben und mit dem **Taschenrechner (rref) in die Diagonalform** bringen.

5. Gesuchte **Funktionsgleichung** mit den berechneten Koeffizienten **angeben**.

Übungsaufgaben

1 Die Controlling-Abteilung eines Betriebes vermutet, dass sich bei der Herstellung eines Produktes die Gesamtkosten K (in GE) in Abhängigkeit von der Produktionsmenge x (in ME) mit einer Parabel beschreiben lassen. Die Kapazitätsgrenze des Betriebes beträgt 4 ME. Es gelten folgende Bedingungen: Wenn 3 ME produziert werden, betragen die Gesamtkosten 2,5 GE und die Grenzkosten 0,8 GE/ME. Wenn an der Kapazitätsgrenze produziert wird, beträgt der Kostenanstieg 1 GE/ME.

   a) Ermitteln Sie algebraisch die Gleichung der Gesamtkostenfunktion K und geben Sie den ökonomisch sinnvollen Definitionsbereich an.

   b) Ermitteln Sie das Ergebnis aus Teilaufgabe a) mit dem Taschenrechner.

   c) Geben Sie die Höhe der Fixkosten und der maximalen Kosten an.

   d) Skizzieren Sie den Graphen der Funktion mit dem Ableitungsgraphen für den maximal möglichen Definitionsbereich und kennzeichnen Sie den ökonomisch sinnvollen Teil der Graphen. Tragen Sie wichtige Punkte, die sich aus der Problemstellung und den Lösungen ergeben, in die Grafik ein.

   e) Durch eine tarifvertraglich bedingte Erhöhung der Personalkosten muss die Gleichung $K(x) = 0,1\,x^2 + bx + 1$ angepasst werden. Bestimmen Sie den Parameter b so, dass die Gesamtkosten an der Kapazitätsgrenze 4 GE betragen. Geben Sie die Gleichung der neuen Gesamtkostenfunktion an.

2 Bei der Herstellung eines Produktes fallen Fixkosten in Höhe von 2 GE an. Es können maximal 10 ME produziert werden. Bei einer Produktionsmenge von 1 ME betragen die Gesamtkosten 2,6 GE und die Grenzkosten 0,3 GE/ME. Der Zuwachs der Gesamtkosten ist am geringsten, wenn $\frac{5}{3}$ ME produziert werden.

a) Bestimmen Sie die Gleichung der ertragsgesetzlichen Gesamtkostenfunktion (mit ihrem ökonomisch sinnvollen Definitionsbereich) mit dem Gauß-Algorithmus und

b) mit dem Taschenrechner.

c) Ermitteln Sie, wie hoch die Gesamtkosten an der Kapazitätsgrenze des Betriebes sind.

d) Berechnen Sie die Höhe der minimalen Grenzkosten.

e) Ein anderes Produkt des Herstellers hat eine ähnliche Gesamtkostenstruktur, die durch die Gleichung $K(x) = ax^3 + bx^2 + cx + d$ mit $a = 0{,}1$, $c = 1$ und $d = 2$ beschrieben werden kann. Bestimmen Sie den Parameter b so, dass der minimale Kostenanstieg bei der Produktionsmenge $x = 1$ stattfindet. Geben Sie die Gleichung der gesuchten Gesamtkostenfunktion an.

3 Die Gesamtkosten bei der Herstellung eines Produktes lassen sich durch eine s-förmige Gesamtkostenfunktion 3. Grades beschreiben. Bei einer Produktionsmenge von 2 ME ist der Anstieg der Gesamtkosten am geringsten und beträgt 0 GE/ME, die Gesamtkosten betragen dann 18 GE. An der Kapazitätsgrenze bei einer Produktion von 6 ME betragen die Gesamtkosten 82 GE.

a) Ermitteln Sie algebraisch die Gleichung der Gesamtkostenfunktion und kontrollieren Sie Ihr Ergebnis mit dem Taschenrechner.

b) Berechnen Sie die Fixkosten des Betriebes und die Gesamtkosten, wenn 4 ME produziert werden.

c) Die variablen Kosten des Betriebes haben sich geändert. Die neue Gleichung der Gesamtkosten hat die Form $K(x) = ax^3 - 6x^2 + 12x + 10$. Bestimmen Sie den Parameter a so, dass der minimale Anstieg der Gesamtkosten 2 GE/ME beträgt.

4 Bei der Herstellung eines Produktes entwickeln sich die Gesamtkosten bei Ausweitung der jährlichen Produktionsmenge s-förmig. Die maximal mögliche Produktionsmenge beträgt 20 ME, die Fixkosten des Betriebes betragen 1 000 GE. Bei einer Produktion $x = 5$ ME betragen die Gesamtkosten 1 625 GE und die Grenzkosten 140 GE/ME. Bei einer Produktionsmenge von 10 ME beträgt die momentane Änderungsrate der Gesamtkosten 295 GE/ME.

a) Bestimmen Sie die Gleichung der Gesamtkostenfunktion (mit ihrem ökonomisch sinnvollen Definitionsbereich) mit dem Gauß-Algorithmus und

b) mit dem Taschenrechner.

c) Berechnen Sie, bei welcher Produktionsmenge die Zunahme der Gesamtkosten minimal ist. Wie hoch ist dann die Zunahme?

d) Der Betrieb will 4 ME pro Jahr produzieren. Untersuchen Sie die dann entstehende Kostensituation, auch unter Berücksichtigung der 1. und 2. Ableitung.

e) Wegen eines Fehlers bei der Datenkommunikation muss die Gleichung der Gesamtkosten $K(x) = x^3 - 7x^2 + cx + 1000$ angepasst werden. Die Grenzkosten bei der Produktionsmenge $x = 5$ ME sollen 137 GE/ME betragen. Bestimmen Sie die Gleichung für die Gesamtkosten.

5 Der Gewinn G eines Betriebes kann durch eine ganzrationale Funktion 3. Grades mit dem ökonomisch sinnvollen Definitionsbereich $D_{\text{ök}}(G) = [0; 6]$ modelliert werden. Das Rechnungswesen hat ermittelt, dass bei ruhender Produktion ein Verlust in Höhe von 5 GE entsteht. Wenn der Betrieb an seiner Kapazitätsgrenze produziert, entsteht ein Verlust in Höhe von 14 GE. Bei einer Produktion von 2 ME ist der Grenzgewinn maximal und beträgt dann 4,5 GE/ME.

a) Ermitteln Sie algebraisch die Gleichung der Gewinnfunktion.

b) Kontrollieren Sie Ihr Ergebnis aus Teilaufgabe a), indem Sie die Gleichung der Gewinnfunktion mit dem Taschenrechner bestimmen.

c) Zeichnen Sie den Graphen der Gewinnfunktion und untersuchen Sie die Gewinnsituation des Betriebes in Abhängigkeit von der jeweiligen Produktionsmenge unter besonderer Beachtung der Gewinnschwelle, der Gewinngrenze, des Gewinnmaximums und des Gewinnminimums.

d) Für ein anderes Produkt des Betriebes soll der Gewinn mit der Gleichung $G(x) = a x^3 + b x^2 + c x + d$ mit den Parametern $a = -0,5$, $b = 3$ und $d = -5$ modelliert werden. Bestimmen Sie den Parameter c so, dass das Gewinnmaximum bei einer Produktion von 4 ME erreicht wird.

6 Der Gewinn G (in GE) eines Betriebes bei der Produktion eines bestimmten Gutes kann in Abhängigkeit von der Produktionsmenge x (in ME) durch eine ganzrationale Funktion 3. Grades beschrieben werden. Die Kapazitätsgrenze des Betriebes liegt bei 8 ME. Der Betrieb realisiert sein Gewinnmaximum, wenn er 5 ME produziert. Der Grenzgewinn ist maximal, wenn 2 ME produziert werden. Die Fixkosten bei der Produktion betragen 30 GE. Bei einer Produktion an der Kapazitätsgrenze entsteht ein Verlust in Höhe von 46 GE.

a) Ermitteln Sie algebraisch die Gleichung der Gewinnfunktion mit ihrem ökonomisch sinnvollen Definitionsbereich und zeichnen Sie den Graphen der Gewinnfunktion.

b) Kontrollieren Sie die Richtigkeit Ihrer in Teilaufgabe a) ermittelten Funktionsgleichung, indem Sie das Gleichungssystem mit dem Taschenrechner lösen.

c) Bestimmen Sie die Gewinnschwelle, die Gewinngrenze und das Gewinnmaximum.

d) Ermitteln Sie, bei welcher Produktionsmenge die Zunahme des Gewinns am größten ist. Wie hoch ist diese maximale Gewinnzunahme?

e) Die Gewinnkurve mit der Gleichung $G(x) = a x^3 + b x^2 + c x + d$ mit den Parametern $a = -2$, $c = 30$ und $d = -30$ soll den maximalen Grenzgewinn bei einer Produktion von 1 ME haben. Berechnen Sie, für welchen Parameterwert von b das erreicht werden kann. Geben Sie die dazu passende Gewinngleichung an.

7 Lösen Sie das Gleichungssystem mit dem Gauß-Algorithmus. Überprüfen Sie Ihr Ergebnis mit dem Taschenrechner.

a) $2a + 8b + 6c = 9\,000$
    $4a + 6b + c = 5\,200$
    $7a + 2c = 5\,100$

b) $12a - 5b - 12c = 6$
    $10a - 6c = -2$
    $6a - 4c = -8$

c) $6a + 2b + 2c = -6$
    $4a + b + c = -11$
    $b = 15$

d) $4a + 2b + c = 14$
    $32a + 8b + 2c = 40$
    $36a + 6b + c = 18$

e) $2a - 3b = 19$
    $4a - 8c = 20$
    $10b - 8c = -14$

f) $a + 3b + c = 2$
    $-2a + 4b + 2c = -2$
    $3a + b + c = 8$

g) $\begin{pmatrix} 18 & 6 & 0 & | & 108 \\ 15 & 12 & 1 & | & 121 \\ 42 & 0 & 2 & | & 230 \end{pmatrix}$

h) $\begin{pmatrix} 1 & 2 & 4 & | & 320 \\ 2 & 1 & 1 & | & 150 \\ 1 & 2 & 1 & | & 200 \end{pmatrix}$

1.1.2 Gesamtkostenfunktion und daraus herzuleitende Kostenfunktionen

Eine **Gesamtkostenfunktion** ordnet jeder Produktionsmenge (Ausbringungsmenge) x in einer Geschäftsperiode[1] die dabei entstehenden Gesamtkosten K zu.

Je nach betrieblichen Gegebenheiten sind unterschiedliche Gesamtkostenverläufe denkbar.

Proportionale Zunahme der Gesamtkosten	Unterproportionale (degressive) Zunahme der Gesamtkosten
Bei einer Erhöhung der Produktionsmenge um je 1 ME nehmen die Gesamtkosten immer um den gleichen Betrag zu.	Bei einer Erhöhung der Produktionsmenge um je 1 ME nehmen die Gesamtkosten immer weniger zu.
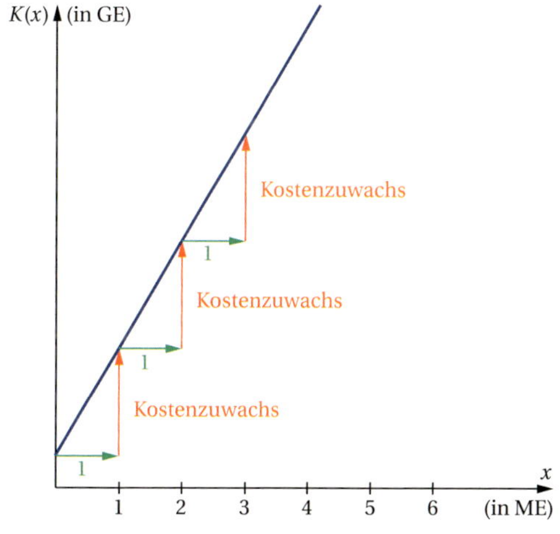	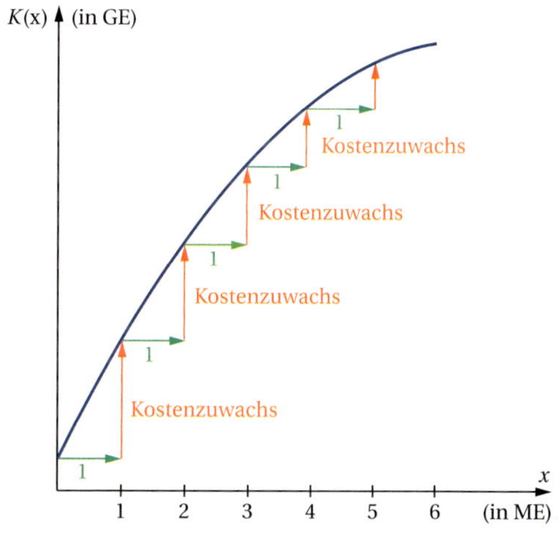
lineare Funktion	z. B. quadratische Funktion

---

[1]   Der Bezug zur Geschäftsperiode wird üblicherweise weggelassen, wenn Angaben zu den Kosten oder der Produktionsmenge gemacht werden.

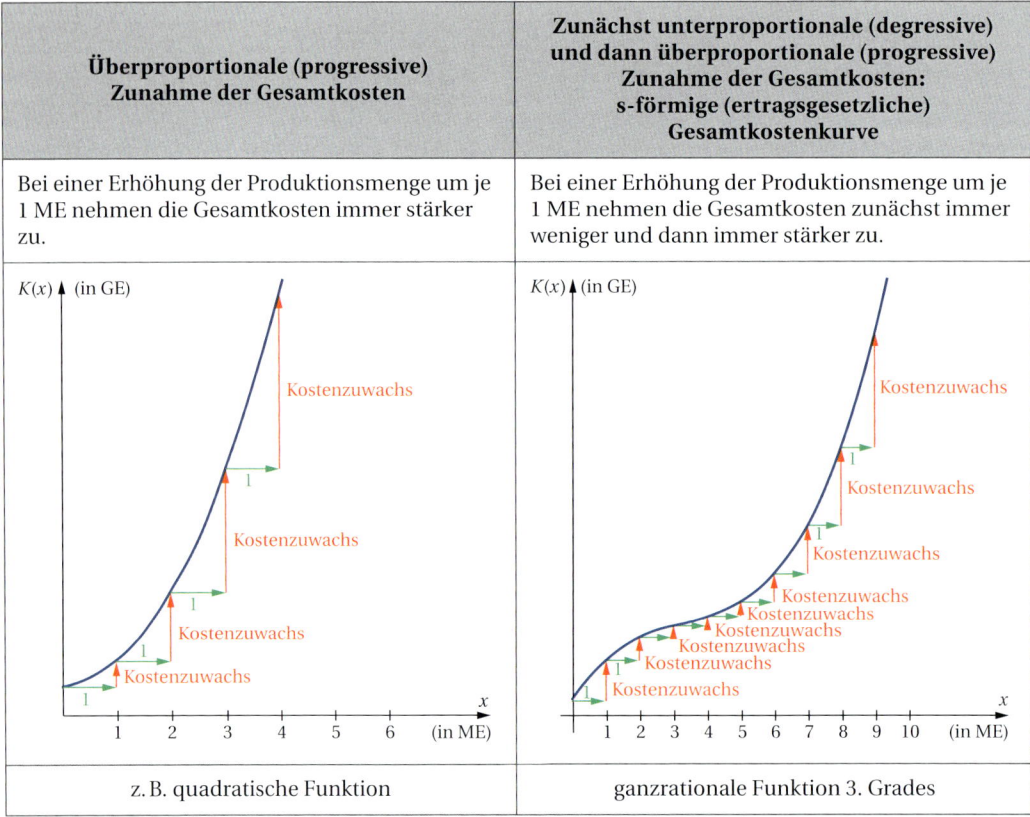

Überproportionale (progressive) Zunahme der Gesamtkosten	Zunächst unterproportionale (degressive) und dann überproportionale (progressive) Zunahme der Gesamtkosten: s-förmige (ertragsgesetzliche) Gesamtkostenkurve
Bei einer Erhöhung der Produktionsmenge um je 1 ME nehmen die Gesamtkosten immer stärker zu.	Bei einer Erhöhung der Produktionsmenge um je 1 ME nehmen die Gesamtkosten zunächst immer weniger und dann immer stärker zu.
z. B. quadratische Funktion	ganzrationale Funktion 3. Grades

Der Graph einer Gesamtkostenfunktion *muss* immer **streng monoton steigen**[1], weil die Gesamtkosten bei einer Ausweitung der Produktion zwangsläufig zunehmen, d. h., bei größer werdenden x-Werten müssen auch die Funktionswerte zunehmen.

Allen Gesamtkostenverläufen ist gemein, dass sie wegen der vorhandenen **Fixkosten einen positiven Ordinatenabschnitt** aufweisen.

Bei anwendungsbezogenen Funktionen ist regelmäßig eine Einschränkung des mathematisch maximal möglichen Definitionsbereiches auf einen ökonomisch sinnvollen Definitionsbereich notwendig.

Der **mathematisch maximal mögliche Definitionsbereich** $D_{max}(f)$ umfasst alle x-Werte, die in die Funktionsgleichung eingesetzt werden dürfen, ohne dass dadurch eine unerlaubte Rechenoperation durchgeführt wird, wie z. B. eine Division durch 0. Die daraus entstehenden Funktionswerte bilden den **mathematisch maximal möglichen Wertebereich** $W_{max}(f)$.
Der **ökonomisch sinnvolle Definitionsbereich** $D_{ök}(f)$ umfasst die x-Werte, die ökonomisch sinnvoll sind. Negative Produktionsmengen oder Produktionsmengen über die Kapazitätsgren-

---

[1]   Eine Funktion heißt streng monoton steigend (wachsend), wenn gilt: $x_1 < x_2 \Rightarrow f(x_1) < f(x_2)$. Dann ist jeder Funktionswert größer als der vorausgegangene.

ze eines Betriebes hinaus sind ökonomisch sinnlos und werden daher im ökonomisch sinnvollen Definitionsbereich nicht berücksichtigt. Die Funktionswerte, die sich aus dem ökonomisch sinnvollen Definitionsbereich ergeben, bilden den **ökonomisch sinnvollen Wertebereich** $W_{\text{ök}}(f)$.

So gilt für eine ertragsgesetzliche Gesamtkostenfunktion:

$D_{\max}(K) = \mathbb{R}$	$W_{\max}(K) = \mathbb{R}$
Mathematisch maximal möglicher Definitionsbereich der Gesamtkostenfunktion K	**Mathematisch maximal möglicher Wertebereich der Gesamtkostenfunktion K**

$D_{\text{ök}}(K) = [0; x_{\text{Kap}}]$	$W_{\text{ök}}(K) = [K(0); K(x_{\text{Kap}})]$
Ökonomisch sinnvoller Definitionsbereich der Gesamtkostenfunktion K	**Ökonomisch sinnvoller Wertebereich der Gesamtkostenfunktion K**

Aus der Gesamtkostenfunktion lassen sich weitere Kostenfunktionen herleiten, die mit der Situation 3 erarbeitet werden sollen.

Situation 3

Die Gesamtkosten K (in GE) in Abhängigkeit von der Produktionsmenge x (in ME) eines Betriebes werden durch die Gleichung $K(x) = x^3 - 9x^2 + 30x + 20$ beschrieben. Es können maximal 8 ME produziert werden.

a) Ermitteln Sie den mathematisch maximal möglichen Definitions- und Wertebereich und den ökonomisch sinnvollen Definitions- und Wertebereich der Gesamtkostenfunktion. Bestimmen Sie die Gleichung der variablen Kosten und der Fixkosten mit ihrem mathematisch maximal möglichen Definitionsbereich und Wertebereich und ihrem ökonomisch sinnvollen Definitions- und Wertebereich. Zeichnen Sie ihre Graphen zusammen mit dem Graphen der Gesamtkostenfunktion für $D_{\text{ök}}$ in ein geeignetes Koordinatensystem. Geben Sie an, welcher grafische Zusammenhang zu erkennen ist.
b) Bestimmen Sie die Gleichung der gesamten Stückkosten (Durchschnittskosten) mit ihrem mathematisch maximal möglichen Definitions- und Wertebereich und mit dem ökonomisch sinnvollen Definitions- und Wertebereich. Untersuchen Sie dazu das Verhalten der Funktion bei $x = 0$. Skizzieren Sie den Graphen.
c) Bestimmen Sie die Gleichung der variablen Stückkosten mit ihrem mathematisch maximal möglichen Definitions- und Wertebereich und mit dem ökonomisch sinnvollen Definitions- und Wertebereich. Untersuchen Sie dazu das Verhalten der Funktion bei $x = 0$. Skizzieren Sie den Graphen.

d) Bestimmen Sie die Gleichung der fixen Stückkosten mit ihrem mathematisch maximal möglichen Definitions- und Wertebereich und mit dem ökonomisch sinnvollen Definitions- und Wertebereich. Untersuchen Sie das Verhalten der Funktion an den Rändern des mathematisch maximal möglichen Definitionsbereiches. Skizzieren Sie den Graphen.

e) Bestimmen Sie die Gleichung der Grenzkostenfunktion mit ihrem mathematisch maximal möglichen und ökonomisch sinnvollen Definitions- und Wertebereich und interpretieren Sie den Verlauf ihres Graphen für $D_{\text{ök}}(K')$.

f) Zeichnen Sie den Graphen der Grenzkostenfunktion zusammen mit den Graphen der gesamten Stückkosten- und der variablen Stückkostenfunktion für den ökonomisch sinnvollen Definitionsbereich in ein gemeinsames Koordinatensystem. Was fällt auf?

Lösung

a) Die **Gesamtkosten K** setzen sich aus den **variablen Kosten K_v** und den **Fixkosten K_f** zusammen. Variable Kosten sind von der Produktionsmenge abhängig (z. B. Rohstoffkosten). Fixkosten (auch: fixe Kosten) entstehen unabhängig von der produzierten Menge (z. B. Miete für Geschäftsräume).

$$K(x) = K_v(x) + K_f$$

Gesamtkosten = variable Kosten + fixe Kosten

Gesamtkosten (roter Graph auf der Folgeseite):

$K(x) = x^3 - 9x^2 + 30x + 20$

$\underline{\underline{D_{\text{max}}(K) = \mathbb{R}}}$,

weil alle reellen Zahlen in die Gleichung eingesetzt werden können, ohne dass eine unerlaubte Rechenoperation durchgeführt wird.

$\underline{\underline{W_{\text{max}}(K) = \mathbb{R}}}$,

weil die ganzrationale Funktion 3. Grades von $-\infty$ nach $+\infty$ verläuft.

$\underline{\underline{D_{\text{ök}}(K) = [0; 8]}}$,

weil nur Produktionsmengen von $x = 0$ bis zur Kapazitätsgrenze bei $x = 8$ möglich sind.

$\underline{\underline{W_{\text{ök}}(K) = [20; 196]}}$

ergibt sich dadurch, dass man für die Randstellen $x = 0$ und $x = 8$ die Funktionswerte $K(0)$ und $K(8)$ berechnet.

Variable Kosten:

$K_v(x) = x^3 - 9x^2 + 30x$

$\underline{\underline{D_{max}(K_v) = \mathbb{R}}}$; $\quad \underline{\underline{W_{max}(K_v) = \mathbb{R}}}$

$\underline{\underline{D_{ök}(K_v) = [0; 8]}}$; $\quad \underline{\underline{W_{ök}(K_v) = [0; 176]}}$

Der Graph der variablen Kosten ist gegenüber dem Graphen der Gesamt-kosten um den Fixkostenanteil nach unten verschoben.

Fixkosten:

$K_f(x) = 20$, oder einfacher: $K_f = 20$

$\underline{\underline{D_{max}(K_f) = \mathbb{R}}}$; $\quad \underline{\underline{W_{max}(K_f) = \{20\}}}$

$\underline{\underline{D_{ök}(K_f) = [0; 8]}}$; $\quad \underline{\underline{W_{ök}(K_f) = \{20\}}}$

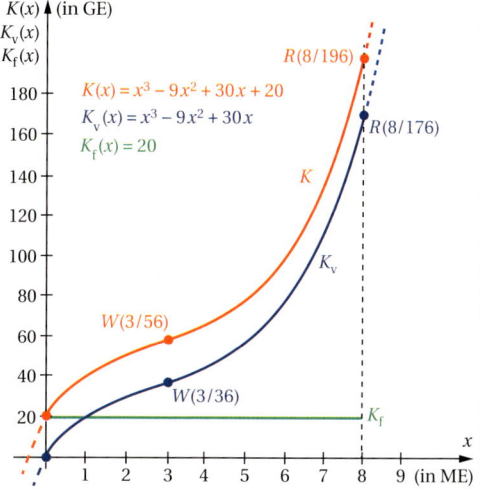

b) Die Gesamtkosten je produzierte Einheit bezeichnet man als **(gesamte oder totale) Stückkosten** oder auch als **Durchschnittskosten k.**

$$k(x) = \frac{K(x)}{x}$$

(Gesamte oder totale) Stückkosten,
auch: Durchschnittskosten

Gesamte Stückkosten:

$k(x) = \dfrac{x^3 - 9x^2 + 30x + 20}{x} = x^2 - 9x + 30 + \dfrac{20}{x}$

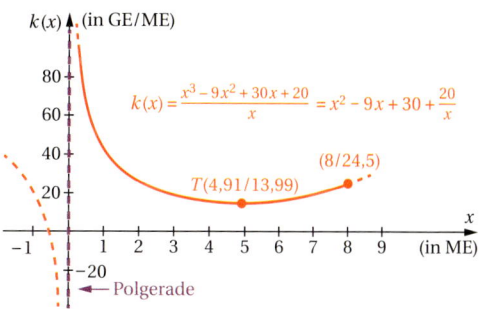

Der vereinfachte Funktionsterm ist eine Summe aus einer ganzrationalen und einer gebrochen-rationalen Funktion[1].

Die Zahl 0 muss aus dem Defini-tionsbereich ausgeschlossen werden, weil sonst durch Einsetzen der Zahl 0 für x im Nenner eine unerlaubte Division durch 0 durchgeführt werden würde. Bei $x_{n.d.} = 0$ ist die Funktion also nicht definiert, es existiert kein Funktionswert:

$\underline{\underline{D_{max}(k) = \mathbb{R}^*}}$

---

[1] Eine gebrochen-rationale Funktion liegt vor, wenn der Funktionsterm ein Bruch ist und der Nenner die Variable x enthält.

Bei $x_{\text{n.d.}} = 0$ befindet sich eine **Polstelle** mit **Vorzeichenwechsel**. Die senkrechte Gerade durch die Polstelle, an die sich die einzelnen Teile des Funktionsgraphen anschmiegen, heißt **Polgerade** (s. Grafik auf der Vorseite).

$$W_{\text{max}}(k) = \mathbb{R}$$

$$D_{\text{ök}}(k) = (0; 8]; \quad W_{\text{ök}}(k) = [\approx 13{,}99; \infty)^{[1]}$$

c) Die variablen Kosten je Stück heißen **variable Stückkosten k_{v}.**

> $$k_{\text{v}}(x) = \frac{K_{\text{v}}(x)}{x}$$
>
> **Variable Stückkosten**

Variable Stückkosten:

$$k_{\text{v}}(x) = \frac{x^3 - 9x^2 + 30x}{x} = x^2 - 9x + 30$$

$$D_{\text{max}}(k_{\text{v}}) = \mathbb{R}^*,$$

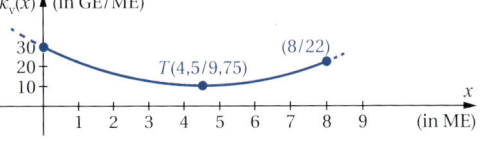

weil $x = 0$ nicht im Nenner eingesetzt werden darf.

Die Definitionslücke bei $x_{\text{n.d.}} = 0$ ist aber keine Polstelle wie bei der Stückkostenkurve, sondern eine **(be)hebbare Lücke.**[2]

Während bei einer Polstelle die Funktionswerte links- und rechtsseitig der nicht definierten Stelle gegen $+\infty$ oder $-\infty$ streben (s. Abb. der Stückkostenkurve auf der Vorseite), kann bei einer (be)hebbaren Lücke der Graph an der nicht definierten Stelle durch einen einzigen Funktionswert geschlossen werden. In diesem Fall kann die Lücke bei $x_{\text{n.d.}} = 0$ durch den Funktionswert 30 behoben werden.

$$W_{\text{max}}(k_{\text{v}}) = [9{,}75; \infty)^{[1]}$$

$$D_{\text{ök}}(k_{\text{v}}) = (0; 8] \implies W_{\text{ök}}(k_{\text{v}}) = [9{,}75; 30]$$

d) Die fixen Kosten je Stück bezeichnet man entsprechend als **fixe Stückkosten k_{f}.**

> $$k_{\text{f}}(x) = \frac{K_{\text{f}}}{x}$$
>
> **Fixe Stückkosten**

---

[1]   Die Koordinaten des Tiefpunktes $T\,(4{,}91/13{,}99)$ wurden mit dem Taschenrechner ermittelt: [2ND], [CALC], 3:minimum (vgl. GTR-Anhang 8).

[2]   **Definitionslücken** $x_{\text{n.d.}}$, also Polstellen oder hebbare Lücken, ergeben sich immer aus den Nennernullstellen einer gebrochen-rationalen Funktion. Ansatz: $N(x) = 0$
Bei einer **Polstelle** ist der Zähler an der Definitionslücke $x_{\text{n.d.}}$ ungleich 0: $Z(x_{\text{n.d.}}) \neq 0$
Bei einer **hebbaren Lücke** ist auch der Zähler gleich 0: $Z(x_{\text{n.d.}}) = 0$

Fixe Stückkosten:

$$k_f(x) = \frac{20}{x}$$

$$\underline{\underline{D_{max}(k_f) = \mathbb{R}^*}},$$

weil $x = 0$ nicht im Nenner eingesetzt werden darf.

$x_{n.d.} = 0$ ist eine Polstelle mit VZW von – nach +.

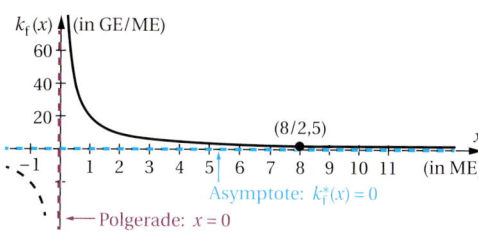

Gleichung der Polgeraden: $x = 0$

$$\underline{\underline{W_{max}(k_f) = \mathbb{R}^*}}$$

Gleichung der Asymptote: $k_f^*(x) = 0$

$$\underline{\underline{D_{ök}(k_f) = (0; 8]}}; \quad \underline{\underline{W_{ök}(k_f) = [2,5; \infty)^{1)}}}$$

e) Die Grenzkostenfunktion ist die 1. Ableitung der Gesamtkostenfunktion.

$K'(x)$
Grenzkosten

Die Grenzkosten geben die Änderung der Gesamtkosten an, wenn die Produktionsmenge um eine beliebig kleine Einheit verändert wird (momentane Änderungsrate der Gesamtkosten). Mathematisch ist das die Steigung des Graphen von K an einer beliebigen Stelle.

Grenzkosten:

$$K'(x) = 3x^2 - 18x + 30$$

$$\underline{\underline{D_{max}(K') = \mathbb{R}}}; \quad \underline{\underline{W_{max}(K') = [3; \infty)^{2)}}}$$

$$\underline{\underline{D_{ök}(K') = [0; 8]}}; \quad \underline{\underline{W_{ök}(K') = [3; 78]}}$$

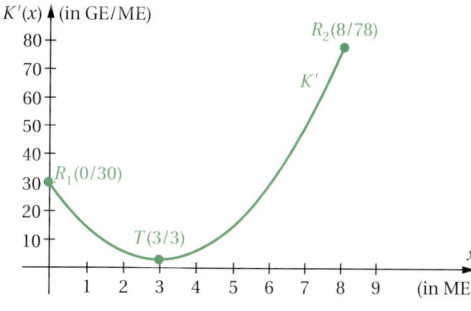

Bis zu einer Produktionsmenge von $x = 3$ [ME] (Wendestelle der Gesamtkostenkurve = Tiefstelle der Grenzkostenkurve) fallen die Grenzkosten von $K'(0) = 30$ [GE/ME] bis zu $K'(3) = 3$ [GE/ME].

Danach steigen die Grenzkosten, bis sie bei $x = 8$ [ME] (an der Kapazitätsgrenze) 78 [GE/ME] betragen.

---

1) Die Koordinaten des Randpunktes (8/2,5) wurden mit dem Taschenrechner ermittelt: $\boxed{\text{2ND}}$, [CALC], 1:value für $x = 8$ (vgl. GRT-Anhang 2).
2) $T(3/3)$ wurde mit dem Taschenrechner ermittelt: $\boxed{\text{2ND}}$, [CALC], 3:minimum.

f) Der Graph der Grenzkostenfunktion K' schneidet den Graphen der (gesamten) Stückkostenfunktion k und der variablen Stückkostenfunktion k_v jeweils in ihren Tiefpunkten.

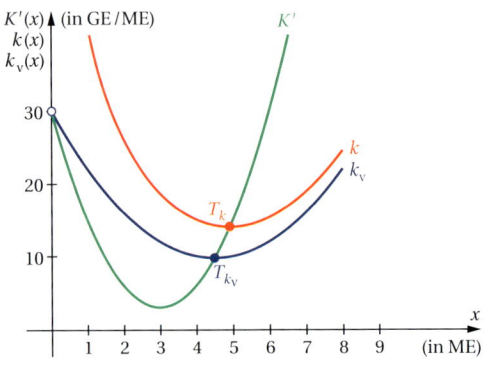

Das ist plausibel: Wenn nämlich die Grenzkosten, die die Veränderung der Gesamtkosten angeben, höher als die gesamten Stückkosten oder die variablen Stückkosten sind, müssen die Stückkosten oder die variablen Stückkosten auch steigen.

Zusammenfassung

- **Gesamtkosten = variable Kosten + fixe Kosten:**
  $K(x) = K_v(x) + K_f$, mit $D_{ök}(K) = [0; x_{Kap}]$ und $W_{ök}(K) = [K(0); K(x_{Kap})]$

- **(Gesamte oder totale) Stückkosten, auch Durchschnittskosten:** $k(x) = \dfrac{K(x)}{x}$

- **Variable Stückkosten:** $k_v(x) = \dfrac{K_v(x)}{x}$

- **Fixe Stückkosten:** $k_f(x) = \dfrac{K_f}{x}$

- **Grenzkosten:** $K'(x)$

- Eine Funktion f mit einer ganzrationalen Zählerfunktion $Z(x)$ und einer ganzrationalen Nennerfunktion $N(x)$ heißt **gebrochen-rationale Funktion,** wenn die Variable x im Nenner erscheint:
  $$f(x) = \frac{\text{Zählerfunktion } Z(x)}{\text{Nennerfunktion } N(x)}$$

- **Definitionslücken** $x_{n.\,d.}$ heißen die Nennernullstellen einer gebrochen-rationalen Funktion. Ansatz zur Berechnung: $N(x) = 0$.
  Definitionslücken müssen aus dem Definitionsbereich ausgeschlossen werden.

- Eine Stelle, für die kein Funktionswert definiert ist, in deren Nähe die Funktionswerte aber unendlich groß oder unendlich klein werden, heißt **Polstelle** oder kürzer **Pol.** Der Graph der Funktion nähert sich bei der Polstelle einer vertikalen **Polgeraden** an.
  Für eine Polstelle gilt:
  $$N(x_{n.\,d.}) = 0 \wedge Z(x_{n.\,d.}) \neq 0$$

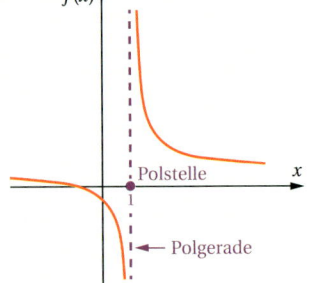

- Eine nicht definierte Stelle, an der der Graph durch einen einzigen Funktionswert geschlossen werden kann, heißt **(be)hebbare Lücke.**
  Für eine (be)hebbare Lücke gilt:
  $$N(x_{\text{n.d.}}) = 0 \wedge Z(x_{\text{n.d.}}) = 0$$

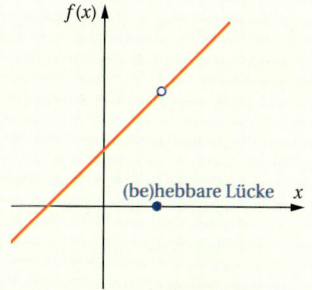

- Eine Funktion **f***, der sich die Funktionswerte $f(x)$ einer Funktion f für große $|x|$ beliebig nähern, heißt **Asymptote.** Der Graph der Funktion f schmiegt sich für große $|x|$ an den Graphen der Asymptote an.

Übungsaufgaben

1 Die Gesamtkosten K (in GE) eines Produktionsbetriebes steigen mit zunehmender Ausbringungsmenge x (in ME) ertragsgesetzlich entsprechend der Gleichung $K(x) = x^3 - 15x^2 + 80x + 25$. Die Kapazitätsgrenze des Betriebes beträgt 10 ME.
Geben Sie die Gleichungen für die weiteren Kostenfunktionen an, die aus der Gesamtkostengleichung herzuleiten sind.
Geben Sie für jede Funktion den mathematisch maximal möglichen Definitions- und Wertebereich und den ökonomisch sinnvollen Definitions- und Wertebereich an.
Skizzieren Sie die Graphen der Gesamtkosten-, der variablen Kosten- und der Fixkostenfunktion in einem Koordinatensystem. Zeichnen Sie die Graphen der Stückkosten-, der variablen Stückkosten- und der Grenzkostenfunktion in ein weiteres Koordinatensystem. Bestimmen Sie dazu wesentliche Punkte der Graphen.

2 Die degressiv steigenden Gesamtkosten eines Betriebes bei zunehmender Produktionsmenge lassen sich durch eine quadratische Funktion beschreiben. An der Kapazitätsgrenze des Betriebes bei 10 ME betragen die variablen Gesamtkosten 200 GE. Bei einer Produktionsmenge von 5 ME betragen die Gesamtkosten 165 GE.
Ermitteln Sie die Gleichung der Gesamtkostenfunktion, wenn die fixen Kosten der Produktion 40 GE betragen.
Geben Sie die Gleichungen der weiteren Kostenfunktionen an, die sich aus der Gesamtkostengleichung ergeben.
Geben Sie für jede Funktion den mathematisch maximal möglichen Definitions- und Wertebereich und den ökonomisch sinnvollen Definitions- und Wertebereich an.
Skizzieren Sie die Graphen der Funktionen.

3 Bei der Produktion eines Gutes können die Gesamtkosten eines Betriebes durch eine quadratische Funktion beschrieben werden. Bei einer Produktion von 2 ME betragen die Gesamtkosten 54 GE, bei einer Produktion von 5 ME betragen sie 120 GE und an der Kapazitätsgrenze bei 9 ME betragen die Gesamtkosten 264 GE.
Berechnen Sie die Gleichung der Gesamtkostenfunktion.
Geben Sie an, welche weiteren Kostengleichungen daraus herzuleiten sind.
Geben Sie für jede Funktion den mathematisch maximal möglichen Definitions- und Wertebereich und den ökonomisch sinnvollen Definitions- und Wertebereich an.
Skizzieren Sie die Graphen der Funktionen.

4 Ein Betrieb produziert mit einer ertragsgesetzlichen Gesamtkostenfunktion. Das Rechnungswesen hat ermittelt, dass die Fixkosten der Produktion 60 GE und das Gesamtkostenmaximum 249 GE betragen. Der Betrieb kann maximal 7 ME in einer Geschäftsperiode produzieren. Es gelten weiter folgende Werte:

Produktionsmenge	1	2	3
Gesamtkosten	75	84	93

Ermitteln Sie die Gleichung der Gesamtkostenfunktion.
Geben Sie die Gleichungen für die weiteren Kostenfunktionen an, die aus der Gesamtkostengleichung herzuleiten sind.

Geben Sie für jede Funktion den mathematisch maximal möglichen Definitions- und Wertebereich und den ökonomisch sinnvollen Definitions- und Wertebereich an.
Skizzieren Sie die Graphen der Funktionen. Bestimmen Sie dazu wesentliche Punkte der Graphen.

5 Für die variablen Stückkosten bei der Produktion eines Gutes gilt die folgende Tabelle:

Produktionsmenge	1	2	3	4
Variable Stückkosten	25,5	22	19,5	18

Die Kapazitätsgrenze des Betriebes liegt bei 6 ME, die Fixkosten betragen 40 GE.
Berechnen Sie die Gleichung der ertragsgesetzlichen Gesamtkostenfunktion.
Ermitteln Sie die Gleichungen der weiteren Kostenfunktionen, die aus der Gesamtkostengleichung herzuleiten sind.
Geben Sie für jede Funktion den mathematisch maximal möglichen Definitions- und Wertebereich und den ökonomisch sinnvollen Definitions- und Wertebereich an.
Skizzieren Sie die Graphen der Funktionen. Bestimmen Sie dazu wesentliche Punkte der Graphen. Berechnen Sie, wie hoch die Gesamtkosten, die variablen Kosten, die Stückkosten, die variablen Stückkosten, die fixen Stückkosten und die Grenzkosten sind, wenn der Betrieb 5 ME produziert.

6 Ein Betrieb modelliert seine Gesamtkosten mit einer s-förmigen Gesamtkostenkurve. Die Fixkosten betragen 24 GE. An der Kapazitätsgrenze bei 5 ME betragen die Gesamtkosten 61,5 GE. Bei einer Produktionsmenge von 2,5 ME ist der Anstieg der Gesamtkosten minimal und beträgt 1,25 GE/ME.
Bestimmen Sie die Gleichung der Gesamtkostenfunktion.
Ermitteln Sie die Gleichungen der weiteren Kostenfunktionen, die sich aus der Gesamtkostengleichung ergeben.
Geben Sie für jede Funktion den mathematisch maximal möglichen Definitions- und Wertebereich und den ökonomisch sinnvollen Definitions- und Wertebereich an.
Skizzieren Sie die Graphen der Funktionen. Bestimmen Sie dazu wesentliche Punkte der Graphen. Berechnen Sie die Gesamtkosten, die variablen Kosten, die Stückkosten, die variablen Stückkosten, die fixen Stückkosten und die Grenzkosten, wenn der Betrieb 3 ME produziert.

1.1.3 Betriebsoptimum, Betriebsminimum, lang- und kurzfristige Preisuntergrenze

Als Mengenanpasser wird ein Polypolist versuchen, die Mengen herzustellen, die für ihn zu einem maximalen Gewinn führen. Die gewinnmaximale Produktionsmenge wird bekanntlich bestimmt, indem $G'(x) = 0$ gesetzt wird.

$$G(x) = E(x) - K(x)$$
$$G'(x) = E'(x) - K'(x)$$
$$G'(x) = 0$$
$$E'(x) - K'(x) = 0$$
$$E'(x) = K'(x)$$

Für den Polypolisten gilt ein fester Marktpreis p und damit:

$$E(x) = p \cdot x$$

Also ist $E'(x) = p$.

Oben in $E'(x) = K'(x)$ eingesetzt ergibt sich:

$$p = K'(x)$$

Gewinnmaximierung im Polypol wird demnach genau dann erreicht, wenn $\boldsymbol{p = K'(x)}$ ist. Dies ist der mathematische Ansatz zur Berechnung des Schnittpunktes der Preisgeraden mit der Grenzkostenkurve (s. Abb. rechts).

Der Polypolist wird also immer die Mengen produzieren, die sich aus dem Schnittpunkt

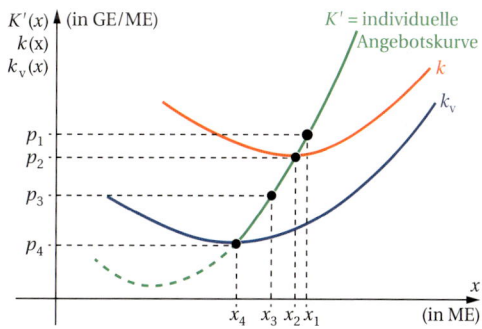

der Preisgeraden p mit der Grenzkostenkurve K' ergeben. Deshalb ist der Graph von K' die **individuelle Angebotskurve des Polypolisten.** Bei einem Preis von p_1 wird er die Menge x_1 anbieten, bei einem Preis von p_2 die Menge x_2, bei p_3 die Menge x_3 und bei p_4 die Menge x_4.

Wenn der Marktpreis p_1 gilt, produziert der Betrieb die Menge x_1. Bei dieser Produktionsmenge ist der Stückerlös (= p_1) größer als die Stückkosten k. Der Stückgewinn ist die in der Grafik dargestellte vertikale Differenz zwischen p_1 und k bei der Produktionsmenge x_1.

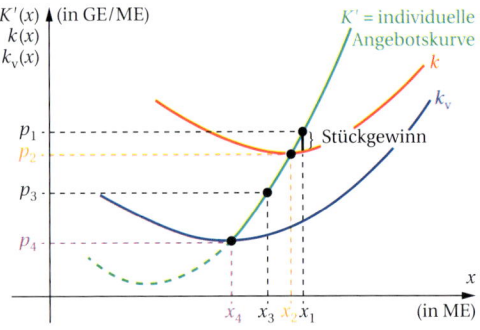

Wenn der Marktpreis p_2 gilt, wird die Menge x_2 produziert. Die Stückkosten werden dann genau durch den Preis (= Stückerlös) gedeckt, der Stückgewinn ist 0. Mit diesem Preis kann der Betrieb langfristig existieren. Man bezeichnet diesen Preis p_2, der dem Minimum der gesamten Stückkosten entspricht, als **langfristige Preisuntergrenze p_{LPU}**, die zugehörige Produktionsmenge x_{BO} heißt **Betriebsoptimum. Im Betriebsoptimum sind die Stückkosten k minimal.**

Liegt der Marktpreis zwischen p_1 und p_4 (hier p_3), entstehen Verluste. Die Stückkosten werden insgesamt nicht mehr gedeckt, sondern nur die variablen Stückkosten und ein Teil der fixen Stückkosten. Der Deckungsbeitrag[1] ist positiv.

Erreicht der Marktpreis (hier p_4) das Minimum des Graphen der variablen Stückkostenfunktion, werden nur noch die variablen Stückkosten gedeckt. Der Deckungsbeitrag ist 0. Nur sehr kurzfristig kann sich ein Betrieb diese Konstellation erlauben. Man bezeichnet diesen Preis p_4 als **kurzfristige Preisuntergrenze p_{KPU}**, die zugehörige Produktionsmenge x_{BM} heißt **Betriebsminimum. Im Betriebsminimum sind die Stückkosten k_v minimal.**

Ein weiteres Sinken des Marktpreises würde bedeuten, dass nicht einmal mehr die variablen Stückkosten gedeckt werden. Die Produktion sollte dann eingestellt werden, weil der erzielbare Preis keinen Beitrag zur Deckung der Fixkosten leistet (negativer Deckungsbeitrag).

Situation 4

In der Marktform **Polypol** stehen sehr viele Anbieter sehr vielen Nachfragern gegenüber, sodass ein polypolistischer Anbieter (im Gegensatz zu einem Monopolisten) keinen Einfluss auf den Marktpreis für das von ihm produzierte Gut hat. Als **Mengenanpasser** kann er auf einen bestehenden Marktpreis nur mit der von ihm angebotene Menge reagieren.

a) Untersuchen Sie, welche Marktpreise für den Polypolisten noch akzeptabel sind, wenn er ein Produkt mit der Gesamtkostengleichung $K(x) = x^3 - 9x^2 + 30x + 20$; $D_{ök}(K) = [0; 8]$ (aus den Situationen 2 und 3 der vorausgegangenen Abschnitte) produziert.

---

[1] Deckungsbeitrag = Preis – variable Stückkosten
Der Deckungsbeitrag gibt an, wie hoch der Beitrag zur Deckung der Fixkosten ist.

Geben Sie an, bei welcher Produktionsmenge die Stückkosten minimal sind und bei welcher Produktionsmenge die variablen Stückkosten minimal sind. Stellen Sie Ihre Ergebnisse grafisch dar.

b) Durch das Zusammenspiel von Angebot und Nachfrage auf dem Markt hat sich für das vom Polypolisten angebotene Produkt ein Gleichgewichtspreis von 30 GE/ME ergeben. Ermitteln Sie, wie viele ME der Polypolist bei diesem Marktpreis produzieren wird, wenn er seinen Gewinn maximieren will. Begründen Sie Ihre Rechnung und visualisieren Sie das Ergebnis in der Grafik zu Teilaufgabe a).

Berechnen Sie

c) den Stückgewinn g und den Gesamtgewinn G,

d) die Stückkosten k und die Gesamtkosten K,

e) die variablen Stückkosten k_v und die variablen Gesamtkosten K_v bei der gewinnmaximalen Produktionsmenge $x_{G_{max}}$ aus Teilaufgabe b).

f) Kennzeichnen Sie den Stückgewinn g, die Stückkosten k und die variablen Stückkosten k_v in der Grafik zu Teilaufgabe a).

g) Berechnen Sie, welchen Wert der Parameter a in der Gleichung $K(x) = ax^3 - 9x^2 + 30x + 20$ annehmen müsste, damit das Betriebsminimum bei einer Produktionsmenge von 3 ME erreicht wird.

Lösung

a) • **Berechnung des Betriebsoptimums und der langfristigen Preisuntergrenze:**
   1. Möglichkeit: Berechnung des Tiefpunktes der Stückkostenkurve
   Hinreichende Bedingung: $k'(x) = 0 \wedge k''(x) > 0$
   Wir ermitteln den Tiefpunkt mit dem Taschenrechner ($\boxed{2ND}$, [CALC], 3:minimum)[1]:
   $T_k(4,91/13,99)$

   2. Möglichkeit: Berechnung des Schnittpunktes der Grenzkostenkurvemit der Stückkostenkurve
   Ansatz: $K'(x) = k(x)$
   Wir ermitteln den Schnittpunkt mit dem Taschenrechner ($\boxed{2ND}$, [CALC], 5:intersect)[2]:
   $S_{K';k}(4,91/13,99)$
   $\Rightarrow$ Betriebsoptimum: $x_{BO} = 4,91$ [ME],
   langfristige Preisuntergrenze: $p_{LPU} = 13,99$ [GE/ME]

   • **Berechnung des Betriebsminimums und der kurzfristigen Preisuntergrenze:**
   1. Möglichkeit: Berechnung des Tiefpunktes der variablen Stückkostenkurve
   Hinreichende Bedingung: $k_v'(x) = 0 \wedge k_v''(x) > 0$

---

[1] vgl. GTR-Anhang 8
[2] vgl. GTR-Anhang 4

Wir ermitteln den Tiefpunkt mit dem Taschenrechner (2ND , [CALC], 3:minimum):

$T_{k_v}(4,5/9,75)$

2. Möglichkeit: Berechnung des Schnittpunktes der Grenzkostenkurve mit der variablen Stückkostenkurve

Ansatz: $K'(x) = k_v(x)$

Wir ermitteln den Schnittpunkt mit dem Taschenrechner: (2ND , [CALC], 5:intersect):

$S_{K'; k_v}(4,5/9,75)$

$\Rightarrow$ Betriebsminimum: $x_{BM} = 4,5$ [ME],

kurzfristige Preisuntergrenze: $p_{KPU} = 9,75$ [GE/ME]

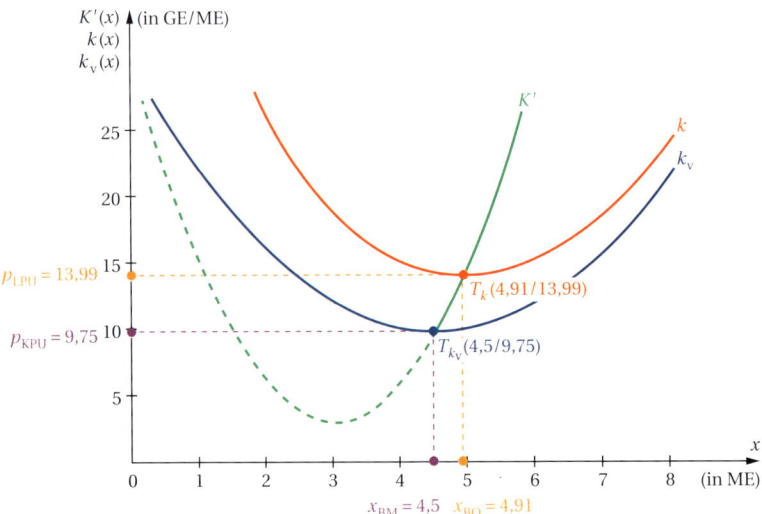

Interpretation: Wenn der Marktpreis höher als 13,99 GE/ME ist, kann der Polypolist Gewinn erwirtschaften, weil der Stückerlös (Preis) größer ist als die Stückkosten. Bei einem Marktpreis unter 13,99 GE/ME entstehen Verluste. Bis zu einem Marktpreis von 9,75 GE/ME werden noch die variablen Stückkosten gedeckt (positiver Deckungsbeitrag), sodass die Produktion noch kurzfristig aufrecht erhalten werden kann. Fällt der Marktpreis unter 9,75 GE/ME, werden nicht einmal mehr die variablen Stückkosten gedeckt und kein Beitrag zur Deckung der Fixkosten erreicht. Es ist ökonomisch sinnvoller, die Produktion einzustellen.

Bei einer Produktionsmenge von 4,91 ME sind die Stückkosten minimal.

Bei einer Produktionsmenge von 4,5 ME sind die variablen Stückkosten minimal.

b) Maximaler Gewinn wird erreicht, wenn $G'(x) = 0$.

$$G(x) = E(x) - K(x)$$
$$G'(x) = E'(x) - K'(x)$$

Mit $G'(x) = 0$ folgt daraus:

$$0 = E'(x) - K'(x)$$
$$K'(x) = E'(x)$$
$$K'(x) = p$$

Also ergibt sich bei vorgegebenem Preis $p = 30$ die gewinnmaximale Menge $x_{G_{max}}$ aus dem x-Wert des Schnittpunktes der Graphen von K' und p.

$S_{K';p}(6/30) \Rightarrow$ Für $p = 30$ ist $x_{G_{max}} = 6$

c) Stückgewinn: $g(6) = K'(6) - k(6) = p - k(6) = 30 - 15,\overline{3} = 14,\overline{6}$ [GE/ME]

Gesamtgewinn: $G(6) = g(6) \cdot x_{G_{max}} = 14,6 \cdot 6 = 88$ [GE]

d) Stückkosten: $k(6) = 15,\overline{3}$ [GE/ME]

Gesamtkosten: $K(6) = k(6) \cdot x_{G_{max}} = 15,3 \cdot 6 = 92$ [GE]

e) variable Stückkosten: $k_v(6) = 12$ [GE/ME]

variable Gesamtkosten: $K_v(6) = k_v(6) \cdot x_{G_{max}} = 12 \cdot 6 = 72$ [GE]

f)

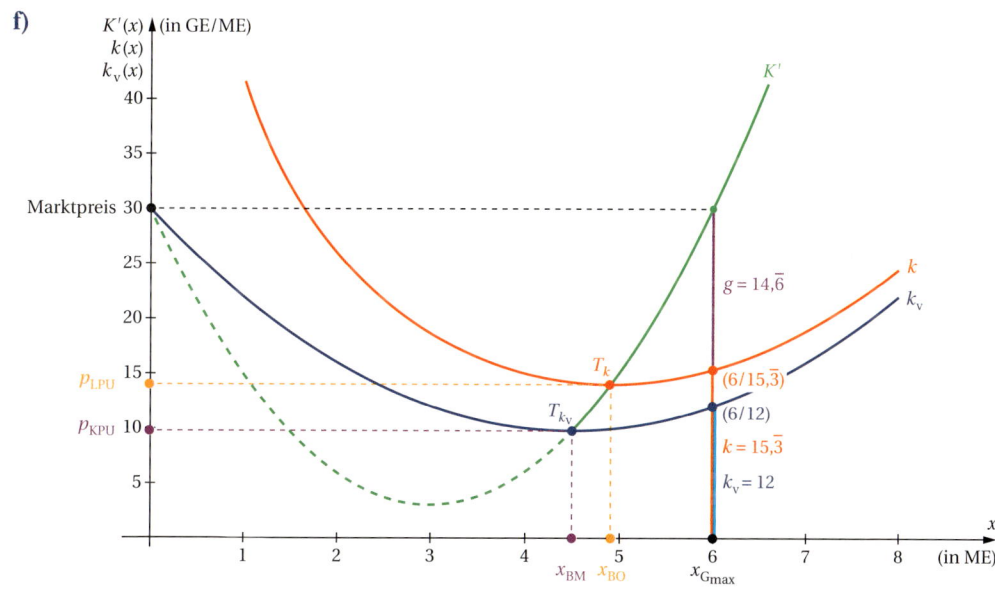

g) Anpassung des Betriebsminimums:

Es muss gelten: $k_v'(3) = 0$

$$K(x) = a\,x^3 - 9\,x^2 + 30\,x + 20$$
$$k_v(x) = a\,x^2 - 9\,x + 30$$
$$k_v'(x) = 2\,a\,x - 9$$
$$k_v'(3) = 0$$
$$0 = 6\,a - 9$$
$$\underline{\underline{a = 1{,}5}}$$

Zusammenfassung

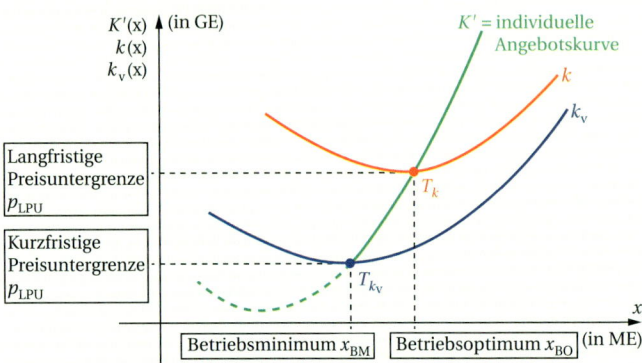

- Die Grenzkostenkurve K' ist für alle Produktionsmengen ab dem Betriebsminimum die **individuelle Angebotskurve** eines Polypolisten.

- Der **Tiefpunkt der Stückkostenkurve** $T_k(x_{BO}/p_{LPU})$ ist identisch mit dem Schnittpunkt $S_{K';k}$ der Graphen von K' und k. Die Koordinaten dieses Punktes bestimmen das **Betriebsoptimum** x_{BO} und die **langfristige Preisuntergrenze** p_{LPU}.

- **Betriebsoptimum** x_{BO} heißt die Produktionsmenge, bei der die Stückkosten am geringsten sind.

- **Langfristige Preisuntergrenze** p_{LPU} heißt der Preis, bei dem der Preis (= Stückerlös) gerade noch die Stückkosten deckt, sodass der Stückgewinn gleich 0 ist.

- Der **Tiefpunkt der variablen Stückkostenkurve** $T_{k_v}(x_{BM}/p_{KPU})$ ist identisch mit dem Schnittpunkt $S_{K';k_v}$ der Graphen von K' und k_v. Die Koordinaten dieses Punktes bestimmen das Betriebsminimum x_{BM} und die kurzfristige Preisuntergrenze p_{KPU}.

- **Betriebsminimum** x_{BM} heißt die Produktionsmenge, bei der die variablen Stückkosten am geringsten sind.

- Wenn der Marktpreis der **kurzfristigen Preisuntergrenze** p_{KPU} entspricht, werden durch den Preis (= Stückerlös) nur noch die variablen Stückkosten gedeckt. Es entsteht ein Verlust in Höhe der fixen Stückkosten.

Übungsaufgaben

1 Ein Polypolist kann als Mengenanpasser auf einen bestehenden Marktpreis nur mit der von ihm angebotenen Menge des Produktes reagieren.

   a) Untersuchen Sie, welche Marktpreise für einen Polypolisten noch akzeptabel sind, wenn er das Produkt mit der Gesamtkostengleichung $K(x) = x^3 - 15x^2 + 80x + 25$; $D_{\text{ök}}(K) = [0; 10]$ (aus Übungsaufgabe 1 des vorausgegangenen Abschnitts) produziert. Stellen Sie Ihre Ergebnisse grafisch dar.

Durch das Zusammenspiel von Angebot und Nachfrage auf dem Markt hat sich für das Produkt ein Gleichgewichtspreis von 63 GE/ME ergeben. Für die folgenden Teilaufgaben wird von diesem Preis ausgegangen.

   b) Ermitteln Sie, wie viele ME der Polypolist bei diesem Marktpreis produzieren wird, wenn er seinen Gewinn maximieren will. Visualisieren Sie Ihr Ergebnis in der Grafik zu Teilaufgabe a).

   c) Berechnen Sie den Stückgewinn g und den Gesamtgewinn G bei der gewinnmaximalen Produktionsmenge $x_{G_{\max}}$. Kennzeichnen Sie den Stückgewinn in der Grafik zu Teilaufgabe a).

   d) Berechnen Sie, welchen Wert der Parameter a in der Gleichung $K(x) = ax^3 - 15x^2 + 80x + 25$ annehmen müsste, damit das Betriebsminimum bei einer Produktionsmenge von 5 ME erreicht wird.

2 Ein polypolistischer Betrieb produziert ein Gut mit der Gesamtkostengleichung $K(x) = 0{,}5x^3 - 3x^2 + 10x + 30$; $D_{\text{ök}}(K) = [0; 8]$.

   a) Bestimmen Sie das Betriebsoptimum, das Betriebsminimum und die lang- und kurzfristige Preisuntergrenze.

   b) Ermitteln Sie die Gleichung der individuellen Angebotskurve des Polypolisten mit ihrem ökonomisch sinnvollen Definitionsbereich.

Im Folgenden soll der Marktpreis für das Gut 20 GE/ME betragen.

   c) Berechnen Sie, wie hoch der Stückgewinn und der Gesamtgewinn des Polypolisten ist, wenn er seinen Gewinn maximieren will.

   d) Bestimmen Sie in der Gleichung $K(x) = 0{,}5x^3 + bx^2 + 10x + 30$ den Parameter b so, dass das Betriebsoptimum bei einer Produktion von 5 ME erreicht wird.

3 Im Polypol produziert ein Betrieb mit der ertragsgesetzlichen Gesamtkostenfunktion K mit $K(x) = x^3 - 5x^2 + 15x + 10$; $D_{\text{ök}}(K) = [0; 10]$.
Erläutern Sie, wie sich der Betrieb bei unterschiedlichen Marktpreisen verhält und welche betriebswirtschaftlichen Folgen dieses Verhalten jeweils hat.

4 Bei der Produktion eines Gutes gilt für einen Polypolisten für die gesamten Stückkosten die Gleichung $k(x) = 0{,}5x^2 - 2x + 5 + \frac{20}{x}$. Der Betrieb kann maximal 6 ME produzieren.

   a) Berechnen Sie, bei welchen Marktpreisen der Betrieb Gewinn mit der Produktion dieses Gutes macht.

b) Bestimmen Sie, bei welchen Marktpreisen die variablen Kosten und noch ein Teil der Fixkosten gedeckt werden.

c) Bestimmen Sie, bei welchen Marktpreisen nicht einmal mehr die fixen Kosten gedeckt werden.

5 Die Gesamtkosten eines polypolistischen Betriebes sollen durch einen s-förmigen Kurvenverlauf beschrieben werden.

Es wurden Daten erhoben:

Produktionsmenge x (in ME)	0	50	80	100
Gesamtkosten K (in GE)	720	1 970	3 440	5 720

Die Kapazitätsgrenze des Betriebes liegt bei 100 ME.

a) Ermitteln Sie die Gleichung der Gesamtkostenfunktion und die Gleichungen der aus der Gesamtkostenfunktion herzuleitenden Kostenfunktionen. Geben Sie für alle Funktionen den mathematisch maximal möglichen und den ökonomisch sinnvollen Definitions- und Wertebereich an

b) Zeichnen Sie die Graphen der Gesamtkosten, der variablen und fixen Kosten in ein gemeinsames Koordinatensystem und die Graphen der Stückkosten, der variablen Stückkosten, der fixen Stückkosten und der Grenzkosten in ein weiteres Koordinatensystem. Bestimmen Sie dazu wesentliche Punkte der Graphen.

c) Bestimmen Sie das Betriebsoptimum, das Betriebsminimum, die lang- und kurzfristige Preisuntergrenze und interpretieren Sie die berechneten Werte.

6 Die Gesamtkosten eines Betriebes betragen an der Kapazitätsgrenze ($x_{Kap} = 800$ [ME]) 2 010 000,00 €. Die Fixkosten belaufen sich auf 250 000,00 €. Bei einer Ausbringungsmenge von 300 ME betragen die Gesamtkosten 610 000,00 €. Gleichzeitig beginnen die Gesamtkosten bei Überschreitung dieser Produktionsmenge progressiv zu steigen.

a) Bestimmen Sie die Gleichung der Gesamtkostenfunktion.

b) Geben Sie die Gleichungen der aus der Gesamtkostenfunktion herzuleitenden Kostenfunktionen an (jeweils mit dem mathematisch maximal möglichen und dem ökonomisch sinnvollen Definitions- und Wertebereich).

c) Zeichnen Sie die Graphen der Gesamtkosten, der variablen und fixen Kosten in ein gemeinsames Koordinatensystem und die Graphen der Stückkosten, der variablen Stückkosten, der fixen Stückkosten und der Grenzkosten in ein weiteres Koordinatensystem. Untersuchen Sie dazu wesentliche Eigenschaften und Punkte der Graphen.

d) Bestimmen Sie das Betriebsoptimum und -minimum, die kurz- und langfristige Preisuntergrenze des Betriebes und interpretieren Sie die berechneten Werte.

1.1.4 Erlös und Gewinn

Je nach Marktform ergeben sich unterschiedliche Modelle für die Preisfunktion und dadurch auch für die Erlös- und Gewinnfunktion.

Vollständige Konkurrenz (Polypol)	Angebotsmonopol
Preisfunktion:	**Preis-Absatzfunktion:**
$p(x) = m; \ m > 0$ $D_{\text{ök}}(p) = [0; \text{Kapazitätsgrenze } x_{\text{Kap}}]$	$p(x) = mx + b; \ m < 0; \ b > 0$ $D_{\text{ök}}(p) = [0; \text{Sättigungsmenge } x_S]$

Erlösfunktion:

$E(x) = p(x) \cdot x = mx; \ m > 0$ $D_{\text{ök}}(E) = [0; \text{Kapazitätsgrenze } x_{\text{Kap}}]$	$E(x) = p(x) \cdot x = mx^2 + bx; \ m < 0; \ b > 0$ $D_{\text{ök}}(E) = [0; \text{Sättigungsmenge } x_S]$

Gewinnfunktion: $G(x) = E(x) - K(x)$

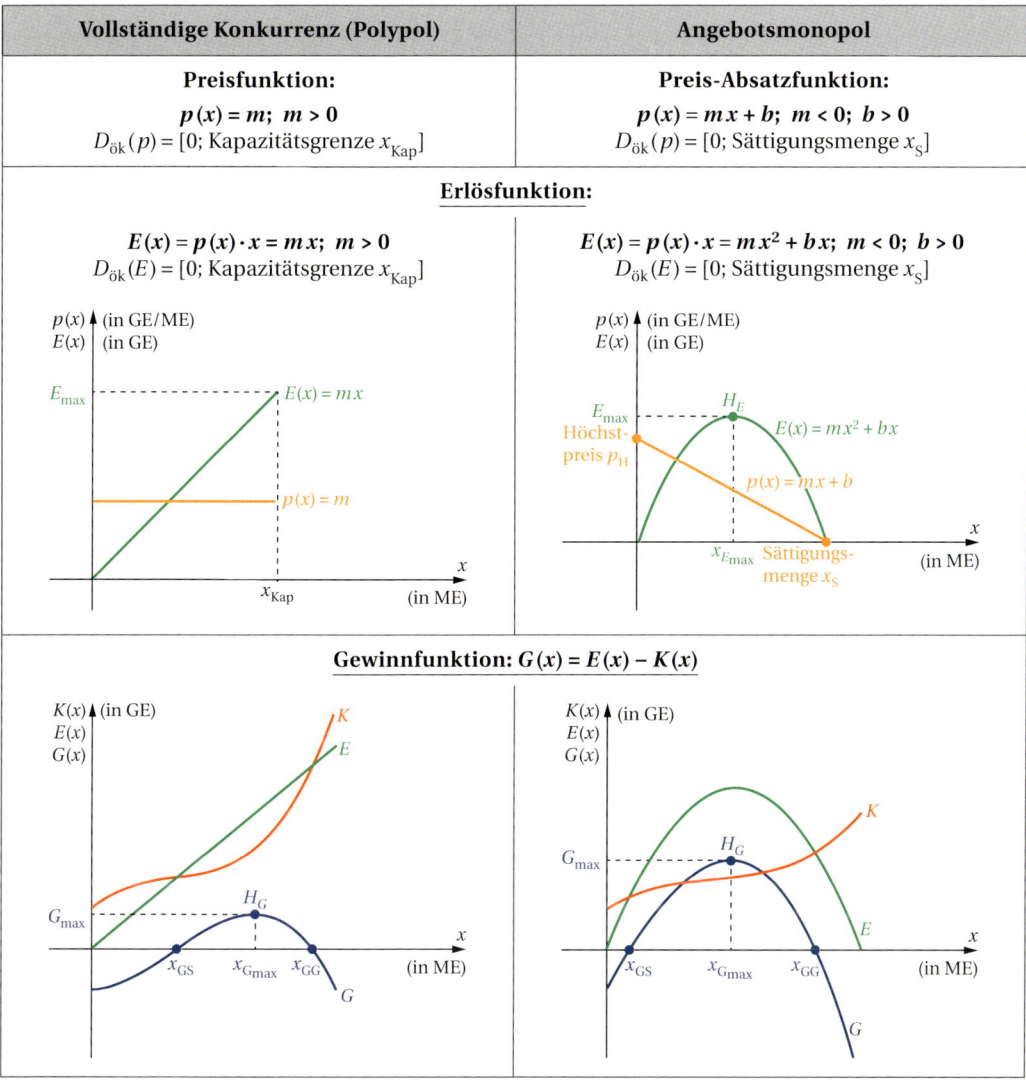

Situation 5

Für einen Industriebetrieb gilt bei der Herstellung eines seiner Produkte die Gesamt-kostenfunktion K mit $K(x) = 0,1x^3 - 0,5x^2 + x + 1$. Dabei werden die Produktionsmen-ge x in ME und die Gesamtkosten K in GE angegeben. Die Preis-Absatz-Funktion des Betriebes für das Produkt hat die Gleichung $p(x) = -x + 4$.

5,
8, 2

a) Bestimmen Sie die Gleichungen der Erlös- und der Gewinnfunktion und zeichnen Sie deren Graphen zusammen mit den Graphen der Gesamtkostenfunktion und der Preis-Absatz-Funktion in ein gemeinsames Koordinatensystem. Bestimmen Sie dazu charakteristische Punkte der Graphen. Geben Sie den ökonomisch sinnvollen Definiti-onsbereich für alle Funktionen an.

b) Ermitteln Sie die Gewinngrenze und den Break-even-Point.

c) Bestimmen Sie, wie viele ME produziert werden müssen, damit der Monopolist seinen Gewinn maximiert. Wie hoch ist der maximale Gewinn?

d) Berechnen Sie den Marktpreis, den der Monopolist festlegen sollte, damit er seinen Gewinn maximiert.

e) Kennzeichnen Sie die Ergebnisse zu den Teilaufgaben b), c) und d) in der Grafik zu Teil-aufgabe a).

Lösung

Es liegt die Marktform Angebotsmonopol vor, weil der Anbieter den Preis entsprechend der Preis-Absatz-Funktion (= Nachfragefunktion) variabel bestimmen kann (kein fester Marktpreis).

a) $E(x) = p(x) \cdot x = (-x + 4) \cdot x$
       $\underline{E(x) = -x^2 + 4x}$

       $G(x) = E(x) - K(x)$
       $\underline{G(x) = -0,1x^3 - 0,5x^2 + 3x - 1}$

Der ökonomisch sinnvolle Definitionsbereich der Preis-Absatz-Funktion ergibt sich aus deren Nullstelle (= Sättigungsmenge) bei $x_S = 4$. Dieser Definitionsbereich gilt dann auch für die anderen Funktionen, weil sicherlich nicht mehr produziert als nachgefragt werden wird:

       $\underline{D_{\text{ök}}(p, E, K, G) = [0; 4]}$ Grafik: s. Teilaufgabe e)

b) Die **Gewinnschwelle** x_{GS} (= **Break-even-Point**) und die **Gewinngrenze** x_{GG} sind die Nullstellen der Gewinnfunktion im ökonomisch sinnvollen Definitionsbereich.
   Ansatz: $G(x) = 0$
   Nach Eingabe des Funktionsterms der Gewinnfunktion in den Y-Editor des Taschen-rechners (vgl. GTR-Anhang 5): $\boxed{\text{2ND}}$, [CALC], 2:zero

       Gewinnschwelle (Break-even-Point): $x_{\text{GS}} \approx \underline{\underline{0,36}}$ [ME]

                   Gewinngrenze: $x_{\text{GG}} \approx \underline{\underline{3,26}}$ [ME]

c) Hochpunkt des Graphen der Gewinnfunktion:

Nach Eingabe des Funktionsterms der Gewinnfunktion in den Y-Editor des Taschen-rechners: 2ND , [CALC], 4:maximum[1]

$\underline{H_G(1,91/2,21)}$

Der **maximale Gewinn** G_{max} in Höhe von 2,21 GE wird bei einer **gewinnmaximalen Produktionsmenge** $x_{G_{max}}$ von 1,91 ME erreicht.

d) Taschenrechner: Nach Eingabe des Funktionsterms der Preis-Absatz-Funktion in den Y-Editor des Taschenrechners wird der zu $x = 1,91$ zugehörige Funktionswert der Preis-Absatz-Funktion mit 2ND , [CALC], 1:value[2] ermittelt:

$\underline{p(1,91) = 2,09}$

$\Rightarrow$ Cournot'scher Punkt: $\underline{C(1,91/2,09)}$

Der Monopolist sollte einen Marktpreis von 2,09 GE/ME festlegen, damit er seinen Ge-winn maximiert. Die nachgefragte (und produzierte) Menge beträgt dann 1,91 ME.

e)

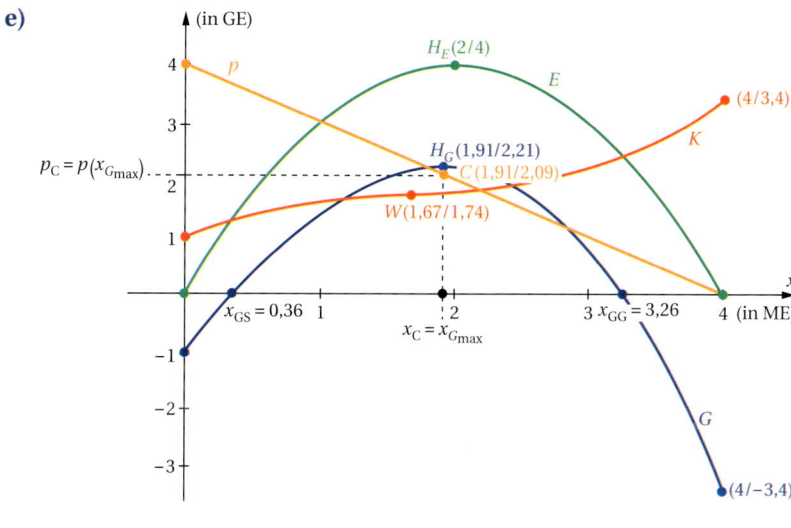

Situation 6

Bei der Herstellung eines Produktes gilt die Gesamtkostenfunktion K mit
$K(x) = 0,2x^3 - 0,5x^2 + 1,5x + 2$ (x ist die Produktionsmenge in ME und K sind die Gesamtkosten in GE). Der Marktpreis beträgt 3 GE/ME. Der Hersteller kann maximal 5 ME produzieren.

a) Bestimmen Sie die Gleichungen der Erlös- und der Gewinnfunktion und zeichnen Sie deren Graphen zusammen mit dem Graphen der Gesamtkostenfunktion in ein gemein-sames Koordinatensystem. Bestimmen Sie dazu charakteristische Punkte der Graphen. Geben Sie den ökonomisch sinnvollen Definitionsbereich für alle Funktionen an.

---

[1]   vgl. GTR-Anhang 8
[2]   vgl. GTR-Anhang 2

b) Ermitteln Sie die Gewinnschwelle (Break-even-Point) und die Gewinngrenze.

c) Bestimmen Sie die Produktionsmenge, mit der der Hersteller seinen Gewinn maximiert. Wie hoch ist der maximale Gewinn?

d) Ermitteln Sie die Marktpreise, bei denen der Hersteller einen Gewinn erwirtschaften kann.

Lösung

Marktform: Polypol, weil der Marktpreis $p = 3$ fest vorgegeben ist.

a) $E(x) = p(x) \cdot x$

$\underline{\underline{E(x) = 3x}}$

$G(x) = E(x) - K(x)$

$\underline{\underline{G(x) = -0{,}2x^3 + 0{,}5x^2 + 1{,}5x - 2}}$

$\underline{\underline{D_{\text{ök}}(p, E, K, G) = [0; 5]}}$

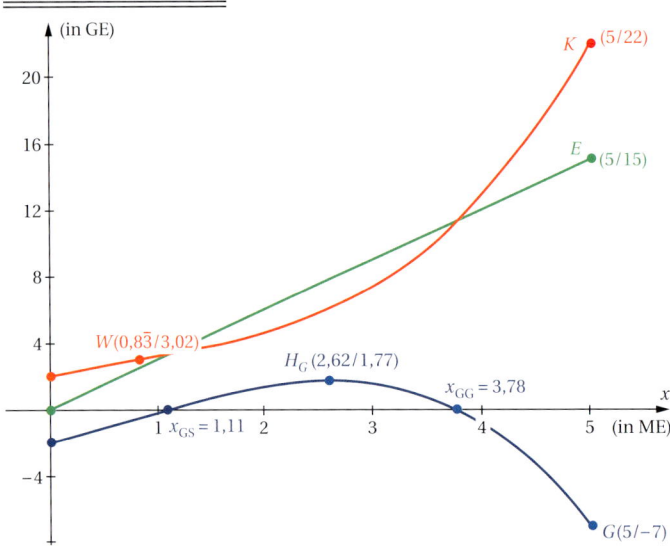

b) Die Gewinnschwelle x_{GS} (= Break-even-Point) und die Gewinngrenze x_{GG} sind die Nullstellen der Gewinnfunktion im ökonomisch sinnvollen Definitionsbereich.

Ansatz: $G(x) = 0$

Nach Eingabe des Funktionsterms der Gewinnfunktion in den Y-Editor des Taschenrechners: [2ND], [CALC], 2:zero

Gewinnschwelle (Break-even-Point): $\underline{\underline{x_{GS} \approx 1{,}11}}$ [ME]

Gewinngrenze: $\underline{\underline{x_{GG} \approx 3{,}78}}$ [ME]

c) Hochpunkt des Graphen der Gewinnfunktion:

Hinreichende Bedingung: $G'(x) = 0 \wedge G''(x) < 0$

Nach Eingabe des Funktionsterms der Gewinnfunktion in den Y-Editor des Taschenrechners: [2ND], [CALC], 4:maximum

$\underline{\underline{H_G(2{,}62 / 1{,}77)}}$

Bei einer Produktionsmenge von $x_{G_{max}} = 2{,}62$ ME ist der Gewinn mit $G_{max} = 1{,}77$ GE maximal.

d) Der y-Wert des **Tiefpunktes der Stückkostenkurve** mit
$$k(x) = 0{,}2x^2 - 0{,}5x + 1{,}5 + \frac{2}{x}$$
gibt die langfristige Preisuntergrenze an.
Hinreichende Bedingung: $k'(x) = 0 \land k''(x) > 0$
Tiefpunkt mit Taschenrechner: $\boxed{\text{2ND}}$, [CALC], 3:minimum:
$\underline{\underline{T_k(2{,}24\,/\,2{,}28)}}$
Nur bei Marktpreisen, die höher als $p_{LPU} = 2{,}28$ GE/ME sind, kann der Polypolist Gewinn erwirtschaften.

Zusammenfassung

- Die Nullstellen des Graphen der Gewinnfunktion im ökonomisch sinnvollen Definitions-bereich geben die **Gewinnschwelle** x_{GS} (= **Break-even-Point**) und die **Gewinngrenze** x_{GG} an. Algebraischer Ansatz: $G(x) = 0$

- Die Koordinaten des **Hochpunktes des Graphen der Gewinnfunktion** $H_G\left(x_{G_{max}}\,/\,G(x_{G_{max}})\right)$ geben die **gewinnmaximale Produktionsmenge** und den **maximalen Gewinn** an.

- Im Angebotsmonopol wird der Preis eines Produktes, der zu maximalem Gewinn des Monopolisten führt, mithilfe der Koordinaten des **Cournot'schen Punktes** C bestimmt.

- **Cournot'scher Punkt**
  $$C\left(x_C\,/\,p_C\right) = \left(x_{G_{max}}\,/\,p\left(x_{G_{max}}\right)\right)$$
  Dabei ist $x_{G_{max}}$ **die gewinnmaximale Produktionsmenge** (wird auch **Cournot'sche Menge** x_C genannt) und $p(x_{G_{max}})$ der dazugehörige **Marktpreis** (wird auch **Cournot'scher Preis** p_C ge-nannt).
  Der **Cournot'sche Punkt** C liegt auf dem Graphen der **Preis-Absatz-Funktion.**

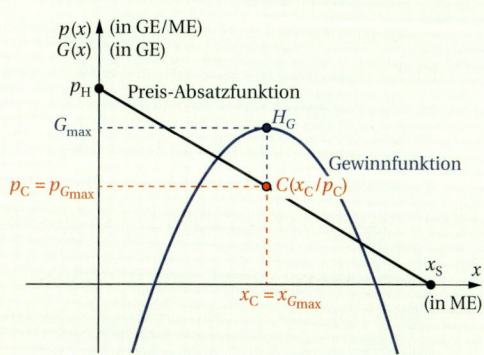

Übungsaufgaben

1   Bei der Herstellung eines Produktes lassen sich die variablen Gesamtkosten K_v in Abhängigkeit von der Produktionsmenge x mit der Gleichung $K_v(x) = 2x^3 - 14x^2 + 36x$ beschreiben (variable Kosten in GE, Produktionsmenge in ME). Auf dem Markt für dieses Produkt beträgt der Marktpreis 22 GE/ME.
   Der Anbieter kann maximal 6 Mengeneinheiten dieses Produktes herstellen. Die Fixkosten betragen 10 GE.
   a) Bestimmen Sie die Gleichung der Gesamtkostenfunktion, der Erlösfunktion und der Gewinnfunktion.
   b) Zeichnen Sie die Graphen der Funktionen aus Teilaufgabe a) zusammen mit dem Graphen der Preisfunktion für den ökonomisch sinnvollen Definitionsbereich in ein gemeinsames Koordinatensystem.
   c) Berechnen Sie, welche Menge der Hersteller produzieren sollte, wenn er seinen Gewinn maximieren will. Geben Sie die Höhe des maximalen Gewinns an.
   d) Bestimmen Sie den Break-even-Point und die Gewinngrenze.
   e) Tragen Sie Ihre Ergebnisse zu den Teilaufgaben c) und d) in die Grafik zu Teilaufgabe a) ein.

2   Auf dem Markt für ein Produkt betragen die Sättigungsmenge 8 ME und der Höchstpreis 4 000 GE. Die Gesamtkosten bei der Herstellung dieses Produktes lassen sich mit der Gleichung $K(x) = 100x^3 - 400x^2 + 700x + 2000$ beschreiben (Produktionsmenge x in ME, Gesamtkosten K in GE).
   a) Ermitteln Sie die Gleichung der Preis-Absatz-Funktion, der Erlösfunktion und der Gewinnfunktion und zeichnen Sie die Graphen der Funktionen mit dem Graphen der Gesamtkostenfunktion für den ökonomisch sinnvollen Definitionsbereich in ein gemeinsames Koordinatensystem.
   b) Geben Sie die Gewinnschwelle und die Gewinngrenze an.
   c) Bestimmen Sie den Marktpreis für dieses Produkt, wenn der Gewinn maximiert werden soll. Berechnen Sie die gewinnmaximale Produktionsmenge und den maximalen Gewinn, der mit der Herstellung dieses Produktes erzielt werden kann.
   d) Tragen Sie Ihre Ergebnisse in die Grafik zu Teilaufgabe a) ein.

3   Die Nachfrage x nach einem Produkt ist vom Preis p abhängig und lässt sich durch die Gleichung $p(x) = -800x + 8000$ beschreiben (p in GE/ME und x in ME). Die Gesamtkosten des einzigen Anbieters für dieses Produkt entsprechen der Gleichung $K(x) = 250x^3 - 1600x^2 + 4400x + 2000$.
   a) Ermitteln Sie die Gleichung der Preis-Absatz-Funktion, der Erlösfunktion und der Gewinnfunktion und zeichnen Sie die Graphen der Funktionen mit dem Graphen der Gesamtkostenfunktion für den ökonomisch sinnvollen Definitionsbereich in ein gemeinsames Koordinatensystem. Tragen Sie in dieses Koordinatensystem auch die weiteren Ergebnisse dieser Übungsaufgabe ein.

b) Berechnen Sie die Gewinnschwelle und die Gewinngrenze.

c) Bestimmen Sie den Cournot'schen Punkt und interpretieren Sie seine Koordinaten. Berechnen Sie auch den maximalen Gewinn, der mit der Herstellung dieses Produktes erzielt werden kann.

4 Ein Anbieter kann die Stückkosten bei der Produktion eines Gutes durch die Gleichung $k(x) = 0,01\,x^2 - x + 40 + \frac{200}{x}$ beschreiben. Dabei wird die Produktionsmenge x in ME angegeben und die Stückkosten in GE/ME.

Der Anbieter kann maximal 110 ME herstellen. Auf dem Markt gilt für das Produkt der Marktpreis $p = 50$ GE/ME.

Bestimmen Sie die Gleichungen

a) der Gesamtkostenfunktion, der Erlösfunktion und der Gewinnfunktion und zeichnen Sie deren Graphen für den ökonomisch sinnvollen Definitionsbereich in ein gemeinsames Koordinatensystem.

b) Berechnen Sie, bei welcher Produktionsmenge die Erlöse, die Gesamtkosten, die Gewinne des Anbieters maximal sind. Wie hoch sind sie dann?

c) Bestimmen Sie die Gewinnschwelle und die Gewinngrenze.

Geben Sie die Monotonie- und Krümmungsintervalle

d) der Gesamtkostenkurve und

e) der Gewinnkurve

im ökonomisch sinnvollen Definitionsbereich an und interpretieren Sie Ihre Ergebnisse jeweils anwendungsbezogen.

5 Entsprechend der gesamtwirtschaftlichen Nachfrage legt ein Anbieter den Preis p (in GE/ME) für das von ihm hergestellte Produkt entsprechend der Gleichung $p(x) = -10x + 100$ fest. Der Gesamtkostenverlauf bei der Herstellung dieses Produktes kann beschrieben werden mit $K(x) = 0,5\,x^3 - 5\,x^2 + 20x + 50$. Dabei wird die Produktionsmenge x in ME angegeben, die Gesamtkosten K werden in GE angegeben.

a) Ermitteln Sie, welcher Höchstpreis für das Produkt auf dem Markt zu erzielen ist.

b) Berechnen Sie, bei welcher Angebotsmenge der Markt gesättigt ist.

c) Geben Sie die Gleichung der Erlösfunktion und der Gewinnfunktion an.

d) Zeichnen Sie den Graphen der Preis-Absatz-Funktion zusammen mit den Graphen der Gesamtkostenfunktion, der Erlös- und der Gewinnfunktion für den ökonomisch sinnvollen Definitionsbereich in ein gemeinsames Koordinatensystem.

e) Bestimmen Sie den Marktpreis, den der Anbieter festlegen sollte, damit er seinen Gewinn maximiert.

f) Berechnen Sie den maximal möglichen Gewinn des Anbieters.

g) Geben Sie an, bei welchen Produktionsmengen der Anbieter überhaupt einen Gewinn erzielt.

h) Geben Sie die Monotonie- und Krümmungsintervalle der Gesamtkosten- und der Gewinnkurve im ökonomisch sinnvollen Definitionsbereich an und interpretieren Sie Ihre Ergebnisse anwendungsbezogen.

1.1.5 Handlungssituationen zur Kostentheorie

Die Handlungssituationen sollten Sie mit der Ihnen zur Verfügung stehenden Rechnertechnologie bearbeiten. Besonders wichtig ist die Interpretation der von Ihnen ermittelten Ergebnisse.

Handlungssituation 1

Für einen Angebotsmonopolisten gilt bei der Herstellung des Produktes U die Funktion der variablen Stückkosten mit $k_v(x) = a x^2 + b x + c$. Dabei gibt x die Produktionsmenge in ME und k_v die dabei entstehenden variablen Kosten je Stück (in GE/ME) an. Bei einer Produktionsmenge von 3,5 ME sind die variablen Stückkosten minimal und betragen dann 122,75 GE/ME. Wenn 10 ME produziert werden, betragen die variablen Stückkosten 165 GE/ME. Die Fixkosten bei der Produktion betragen 1 150 GE.

Für die Nachfrage nach dem Produkt U gilt auf dem Markt ein Höchstpreis von 840 GE/ME und eine Sättigungsmenge von 12 ME.

Als Leiter der Abteilung Rechnungswesen sollen Sie detailliert die Gesamtkosten-, die Erlös- und die Gewinnsituation bei unterschiedlichen Produktionsmengen beschreiben.

Erstellen Sie zur Präsentation eine aussagefähige Grafik.

Welchen Preis würden Sie empfehlen, damit der Gewinn mit dem Produkt U maximiert wird? Wie hoch ist dann der maximale Gewinn?

Handlungssituation 2

Ein Angebotsmonopolist produziert ein Fertigteil mit einer ertragsgesetzlichen Gesamtkostenfunktion. Die Fixkosten betragen 40 000,00 €. Wenn 10 Stück des Fertigteils produziert werden, betragen die Gesamtkosten 59 500,00 €, wenn 20 Stück produziert werden, betragen sie 70 000,00 €. Bei einer Produktion entsprechend der Sättigungsmenge entstehen Kosten in Höhe von 190 000,00 €.

Bei einem Marktpreis in Höhe von 4 200,00 €/Stück beträgt die Nachfrage nach dem Fertigteil 40 Stück, bei einem Marktpreis von 2 800,00 €/Stück werden 60 Stück nachgefragt.

Untersuchen Sie die Gesamtkosten, den Erlös und den Gewinn des Anbieters bei der Produktion des Fertigteils.

Ermitteln Sie den Preis, den der Unternehmer fordern sollte, wenn er seinen Gewinn bei der Produktion des Fertigteils maximieren will. Berechnen Sie, bei welcher Produktionsmenge das Verhältnis von Gesamtkosten und Produktionsmenge am günstigsten ist.

Handlungssituation 3

Ein Anbieter geht bei der Herstellung eines Produktes von einer ertragsgesetzlichen Gesamtkostenentwicklung aus. Es gelten folgende Zusammenhänge:

Die Fixkosten bei der Produktion betragen 100 000,00 €. Der Anstieg der Gesamtkosten ist bei einer Produktionsmenge von 200 ME minimal und beträgt dann 300,00 €/ME. Bei dieser Produktionsmenge betragen die Gesamtkosten 240 000,00 €. An der Kapazitätsgrenze des Betriebs betragen die Gesamtkosten 1 640 000,00 €.

Der Marktpreis für das Produkt, der sich aus dem Zusammenspiel von Angebot und Nachfrage ergeben hat, beträgt 1 500,00 €/ME. Der Anbieter kann maximal 700 ME produzieren. Als Consultant des Unternehmens sollen Sie ein Modell für die Gesamtkosten, die Erlöse und die Gewinne bei unterschiedlichen Produktionsmengen entwickeln, mithilfe einer entsprechenden Grafik präsentieren und eine Empfehlung aussprechen. Berücksichtigen Sie dabei auch das Monotonieverhalten der Graphen.

Welchen Rat würden Sie dem Anbieter bei sich ändernden Marktpreisen geben? Unterstützen Sie Ihre Präsentation mit einer passenden Grafik.

Handlungssituation 4

Bei der Produktion eines Gutes entwickeln sich die Gesamtkosten K (in €) bei einer Steigerung der Produktionsmenge x (in ME) ertragsgesetzlich. Die Fixkosten betragen 200 000,00 €. Beim Verkauf des Produktes wird ein Stückerlös in Höhe von 1 800,00 €/ME durch den Markt vorgegeben. Bei ruhender Produktion beträgt der Grenzgewinn 0 GE/ME. Der größte Anstieg des Gewinns wird bei einer Produktion von 150 ME erzielt. Bei dieser Produktionsmenge würde der Verlust 65 000 GE betragen. Die Kapazitätsgrenze des Anbieters liegt bei 500 ME. Untersuchen Sie die Gesamtkosten, die Erlöse und die Gewinne des Unternehmens bei unterschiedlichen Produktionsmengen und erstellen Sie dazu eine Grafik.

Ermitteln Sie auch das Betriebsoptimum, das Betriebsminimum und die lang- und kurzfristige Preisuntergrenze. Stellen Sie Ihre Ergebnisse grafisch dar und interpretieren Sie die berechneten Werte.

Handlungssituation 5

Für einen Anbieter gelte bei der Herstellung eines Produktes eine ertragsgesetzliche Gesamtkostenentwicklung mit Fixkosten in Höhe von 10 GE. Wegen einer festgestellten Sättigung des Marktes bei 10 ME, wird der Anbieter auch nicht mehr als diese 10 ME produzieren. Der Anstieg der Gesamtkosten ist am kleinsten bei einer Produktionsmenge von 6 ME und beträgt dann 2,6 ME/GE. Die Gesamtkosten betragen bei dieser Produktionsmenge 90,4 GE. Der auf dem Markt mögliche Höchstpreis beträgt 50 GE/ME.

Entwickeln Sie algebraisch und grafisch ein Modell für den Gewinn des Anbieters und interpretieren Sie dieses anwendungsbezogen. Erläutern Sie, welchen Marktpreis Sie empfehlen würden.

Handlungssituation 6

Die Gewinnschwelle eines Monopolisten liegt bei 2 ME. Der Cournot'sche Punkt C hat die Koordinaten (5/490). Die Fixkosten des Unternehmens betragen 1 150 GE. Die Verluste des Unternehmens sind maximal, wenn entsprechend der Sättigungsmenge 12 ME produziert werden und betragen dann 3 490 GE. Bei einem Marktpreis von 140 GE/ME würde das Unternehmen 10 ME anbieten.

Untersuchen Sie Gesamtkosten, den Erlös und den Gewinn des Unternehmens bei unterschiedlichen Produktionsmengen. Erstellen Sie zur Darstellung der Zusammenhänge eine Grafik.

Handlungssituation 7

Für den Anbieter eines Produktes ist der Marktpreis $p = 17,5$ GE je ME durch den Markt vorgegeben. Allerdings ist dieser Marktpreis zurzeit starken Schwankungen unterworfen. Erläutern Sie, ob es für den Polypolisten gewinnbringend ist, bei diesem Marktpreis sein Produkt anzubieten.

Untersuchen Sie, bei welchen Marktpreisen es langfristig und kurzfristig nicht mehr sinnvoll ist, das Produkt anzubieten. Bereiten Sie für Ihre Präsentation eine Grafik vor, die die Zusammenhänge veranschaulicht.

Für die Gesamtkosten K (in GE) des Polypolisten in Abhängigkeit von der Produktionsmenge x (in ME) gelten folgende Daten:

Die Kapazitätsgrenze des Betriebes beträgt 7 ME, die Gesamtkosten betragen bei dieser Produktionsmenge 119,5 GE. Der geringste Anstieg der Gesamtkosten wird erreicht, wenn 2 ME produziert werden. Die Gesamtkosten betragen dann 37 GE und die Grenzkosten 4 GE je ME.

Verändern Sie den Parameter b in der Gesamtkostengleichung $K(x) = 0,5 x^3 + b x^2 + 10 x + 25$ so, dass das günstigste Verhältnis zwischen Gesamtkosten und Produktionsmenge dann realisiert wird, wenn 4 ME produziert werden.

Handlungssituation 8

Ein Hersteller produziert ein Fertigteil mit einer ertragsgesetzlichen Gesamtkostenfunktion. Die Fixkosten betragen 40 000,00 €. Wenn 10 Stück des Fertigteils produziert werden, betragen die Gesamtkosten 59 500,00 €, wenn 20 Stück produziert werden, betragen sie 70 000,00 €. Bei einer Produktion entsprechend der Kapazitätsgrenze bei 100 Stück entstehen Gesamtkosten in Höhe von 190 000,00 €.

Untersuchen Sie, wie sich unterschiedliche Preise für das Fertigteil, die vom Markt vorgegeben werden, auf den Erfolg des Betriebes auswirken.

Ermitteln Sie den Stückgewinn, den Gesamtgewinn und den Deckungsbeitrag je Stück, wenn der Marktpreis 900 € je Stück beträgt.

Geben Sie an, bei welcher Produktionsmenge das Verhältnis von Gesamtkosten und Produktionsmenge oder von variablen Kosten und Produktionsmenge am günstigsten ist.

Ermitteln Sie in $K(x) = ax^3 - 60x^2 + 2\,500x + 40\,000$ den Parameter a, der zu einem Betriebsminimum bei $x = 50$ führt.

Verändern Sie den Parameter a in der Gesamtkostengleichung $K(x) = ax^3 + bx^2 + 10x + 25$ mit $b = -60$, $c = 2\,500$ und $d = 40\,000$ so, dass das günstigste Verhältnis zwischen variablen Kosten und Produktionsmenge bei einer Produktionsmenge von 50 Stück erreicht wird.

Handlungssituation 9

Erläutern Sie, welche Zusammenhänge in der Grafik dargestellt werden und ordnen Sie den Zahlen die entsprechenden Fachbegriffe und Symbole zu.

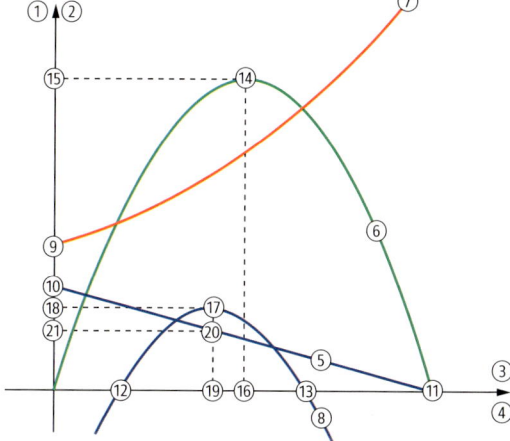

Handlungssituation 10

Erläutern Sie, welche Zusammenhänge in der Grafik dargestellt werden und ordnen Sie den Zahlen die entsprechenden Fachbegriffe und Symbole zu.

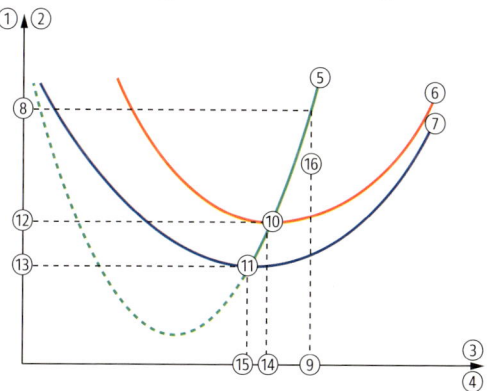

1.2 Minimalkostenkombination

Jeder Produktionsprozess besteht aus einer Kombination von **Produktionsfaktoren**[1] **(Input).** Das Ergebnis dieser Faktorkombinationen ist eine bestimmte Menge an produzierten Gütern, die als **Produktionsmenge (Output)** bezeichnet wird.

Bei substituierbaren Produktionsfaktoren kann man die Produktionsfaktoren in gewissen Grenzen gegenseitig ersetzen. So kann man z. B. die Menge des Produktionsfaktors Arbeit vermindern, indem bei der Produktion mehr Kapital (z. B. in Form von Maschinen) eingesetzt wird und umgekehrt.

Wenn man das Ziel der Gewinnmaximierung verfolgt, wird man entsprechend dem **ökonomischen Prinzip** immer versuchen, die optimale Kombination der Produktionsfaktoren zu realisieren. Dies kann in Form des Maximalprinzips oder des Minimalprinzips geschehen. Beim **Maximalprinzip** versucht man bei gegebenem Kostenbudget die Produktionsmenge zu maximieren. Beim **Minimalprinzip** versucht man, bei vorgegebener Produktionsmenge die Kosten zu minimieren. Die optimale Kombination der Produktionsfaktoren wird im zweiten Fall **Minimalkostenkombination** genannt. Mit der Bestimmung einer solchen Minimalkostenkombination wollen wir uns im Folgenden befassen.

1.2.1 Isoquante

Eine **Isoquante**[2] ist eine Kurve, die alle Kombinationsmöglichkeiten zweier substituierbarer **Produktionsfaktoren** x und y darstellt, die zu einer gleichen Produktionsmenge P führen.

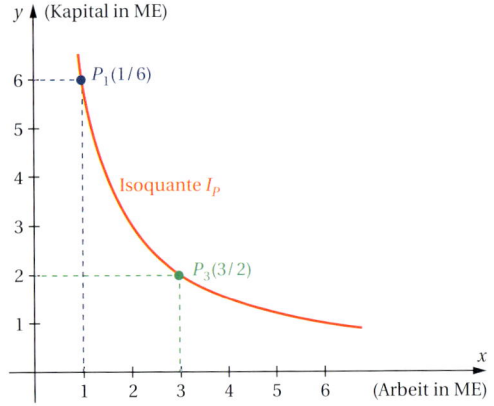

In nebenstehender Abbildung zeigt die Isoquante I_P, dass eine bestimmte Produktionsmenge P z. B. mit der Faktorkombination 1 ME Arbeit und 6 ME Kapital als auch mit der Faktorkombination 3 ME Arbeit und 2 ME Kapital produziert werden kann.

Die Produktionsfaktoren sind aber nicht vollständig substituierbar.

Die Produktionsmenge selbst lässt sich in der Grafik nicht ablesen. Es gilt aber: Je weiter eine Isoquante vom Ursprung entfernt ist, desto größer ist die Produktionsmenge, die durch die Isoquante dargestellt wird.

Wenn eine Isoquante z. B. die Produktionsmenge 300 ME darstellen soll, schreibt man $I_{P_{300}}$.

---

[1] In der VWL werden die **Produktionsfaktoren** Arbeit, Boden und Kapital unterschieden. Wenn es sich bei dem Kapital um Sachkapital handelt (Gebäude, Maschinen, Werkzeuge etc.), wird dieses – ebenso wie die anderen Produktionsfaktoren – in ME angegeben.

[2] gr. isos: gleich; lat. quantum: Menge. Isoquante: Kurve gleicher Mengen

Die funktionale Abhängigkeit der Produktionsfaktoren x und y wird durch die Funktionsgleichung $y(x)$ ausgedrückt.

Isoquanten können durch **Hyperbeln** dargestellt werden. Die einfachste Gleichung einer Hyperbel hat die Form $y(x) = \frac{1}{x}$ mit der Polgeraden $x = 0$ und der Asymptote $y^*(x) = 0$.

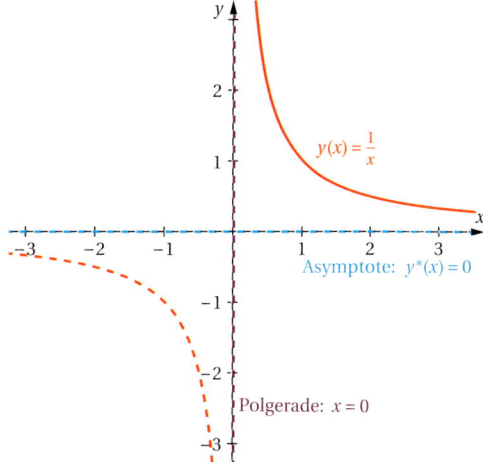

Ökonomisch relevant ist nur der in der Grafik durchgehend gezeichnete Hyperbelast im 1. Quadranten. Deswegen muss für die Verwendung als Isoquante der Definitionsbereich der Hyperbel eingeschränkt werden:
$y(x) = \frac{1}{x}$; $D_{\text{ök}}(I_P) = (0; \infty) = \mathbb{R}_+^*$

Durch Hinzufügung der Parameter a, b und c im Funktionsterm zu $y(x) = \frac{a}{x-b} + c$ kann man die Form der Hyperbel den ökonomischen Vorgaben anpassen.

- **a** ist der bekannte **Formfaktor**
    $|a| > 0$: Dehnung in y-Richtung
    $|a| < 0$: Stauchung in y-Richtung
    $a < 0$: Spiegelung an der x-Achse

- **b** bestimmt die **Verschiebung in x-Richtung**
    $b > 0$: Verschiebung nach rechts
    $b < 0$: Verschiebung nach links

- **c** bestimmt die **Verschiebung in y-Richtung**
    $c > 0$: Verschiebung nach oben
    $c < 0$: Verschiebung nach unten

Mit den Verschiebungen des Graphen in x- und y-Richtung verschieben sich auch die Asymptote und die Polgerade entsprechend.

Wenn man eine **Hyperbel ökonomisch sinnvoll als Isoquante** verwenden will, müssen folgende Bedingungen für die Parameter erfüllt sein:

- $a > 0$
- $b \geq 0$
- $c \geq 0$

Nur der Hyperbelast, der vollständig im 1. Quadranten liegt, ist ökonomisch relevant.

In der Abbildung ist beispielhaft der Graph von $y(x) = \frac{0,5}{x-1} + 2$ dargestellt. Die Isoquante ist durchgehend gezeichnet, der ökonomisch irrelevante Hyperbelast gestrichelt.

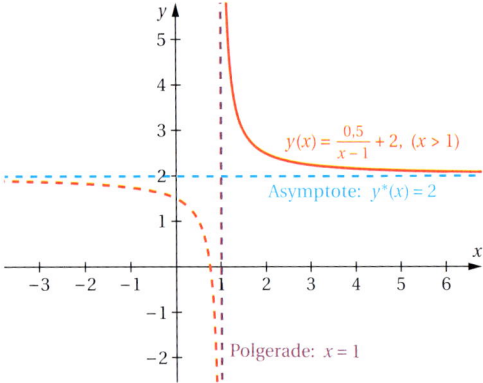

Der Graph von $y(x) = \frac{0,5}{x-1} + 2$ ist gegenüber dem Graphen von $y(x) = \frac{1}{x}$ mit dem Faktor 0,5 gestaucht, um 1 nach rechts und um 2 nach oben verschoben. Entsprechend sind auch die Polgerade und die Asymptote verschoben.

Der ökonomisch sinnvolle Definitionsbereich ist: $D_{ök}(I_P) = (1; \infty)$, der ökonomisch sinnvolle Wertebereich $W_{ök}(I_P) = (2; \infty)$,

> I_P mit $y(x) = \frac{a}{x-b} + c;\ a > 0;\ b,\ c \geq 0$
>
> ## Isoquantenfunktion

- Ökonomisch sinnvoller **Definitionsbereich** einer Isoquante: $D_{ök}(I_P) = (b; \infty)$
- Ökonomisch sinnvoller **Wertebereich** einer Isoquante: $W_{ök}(I_P) = (c; \infty)$

Situation 1

Die nebenstehende Tabelle zeigt, mit welchen Einsatzmengen der Produktionsfaktoren Arbeit x (in ME) und Kapital y (in ME) ein landwirtschaftlicher Betrieb bestimmte Produktionsmengen auf einer konstanten Bodenfläche erwirtschaften kann.

So kann z. B. ein Output von 350 ME mit den Faktorkombinationen (1; 6) oder (2; 3) oder (3; 2) produziert

y (Kapital in ME)				
6	350	494	604	697	779
5	320	452	552	636	709
4	286	404	494	568	636
3	249	350	427	494	552
2	204	286	350	404	452
1	145	204	249	286	320
	1	2	3	4	5 (Arbeit in ME)

werden. Ein Output von 494 ME kann mit den Faktorkombinationen (2; 6) oder (3; 4) oder (4; 3) erreicht werden.

a) Bestimmen Sie die Gleichung der Isoquante, mit der ein Output von 350 ME produziert werden kann. Geben Sie den ökonomisch sinnvollen Definitions- und Wertebereich an. Zeichnen Sie die Isoquante mit den gegebenen Faktorkombinationen in ein Koordinatensystem.

b) Berechnen Sie, wie viele ME Kapital eingesetzt werden müssten, wenn mit 6 ME Arbeit ein Output in Höhe von 350 ME produziert werden soll.

c) Beschreiben Sie den Verlauf der Isoquante für den ökonomisch sinnvollen Definitionsbereich anwendungsbezogen.

Lösung

a) In der allgemeinen Form $y(x) = \dfrac{a}{x-b} + c$ müssen die drei Parameter a, b und c mithilfe der drei der Tabelle entnommenen Punkte $P_1(1/6)$, $P_2(2/3)$ und $P_3(3/2)$ bestimmt werden.

Dazu stellen wir ein Gleichungssystem mit drei Gleichungen auf, indem wir die Koordinaten der drei Punkte für x und $y(x)$ in die Funktionsgleichung $y(x) = \dfrac{a}{x-b} + c$ einsetzen:

$$P_1(1/6) \ \Rightarrow \ 6 = \frac{a}{1-b} + c$$

$$P_2(2/3) \ \Rightarrow \ 3 = \frac{a}{2-b} + c$$

$$P_3(3/2) \ \Rightarrow \ 2 = \frac{a}{3-b} + c$$

Die Multiplikation mit dem jeweiligen Nenner in den Gleichungen ergibt:

$$6(1-b) = a + c(1-b) \ \Leftrightarrow \ 6 - 6b = a + c - bc$$

$$3(2-b) = a + c(2-b) \ \Leftrightarrow \ 6 - 3b = a + 2c - bc$$

$$2(3-b) = a + c(3-b) \ \Leftrightarrow \ 6 - 2b = a + 3c - bc$$

Wenn wir die Gleichungen nach Parametern ordnen, erhalten wir:

I: $a + 6b + \ c - bc = 6$

II: $a + 3b + 2c - bc = 6$

III: $a + 2b + 3c - bc = 6$

Die Lösung dieses linearen Gleichungssystems kann man wegen der Glieder „bc" nur algebraisch ermitteln (Gauß-Algorithmus):

Wir subtrahieren zunächst die 2. von der 1. Gleichung und dann die 3. von der 1. Gleichung:

I − II: $a + 6b + \ c - bc = 6$ $\Big|_{-}$ **I − III:** $a + 6b + \ c - bc = 6$ $\Big|_{-}$
          $a + 3b + 2c - bc = 6$ $a + 2b + 3c - bc = 6$
          ———————————   ———————————
            $3b - \ c \quad = 0$ $4b - 2c \quad = 0$

Die beiden neu erhaltenen Gleichungen addieren wir.

Damit die Variable c herausfällt, multiplizieren wir vorher die 1. Gleichung mit -2:

$$(\mathbf{I - II}) \cdot (-2) + (\mathbf{I - III})$$

  $-6b + 2c = 0$ $\Big|_{+}$
  $\ 4b - 2c = 0$
  ——————————
  $-2b \quad\quad = 0$

Also ist $\quad\underline{b = 0}$

$b = 0$ eingesetzt in $(\mathbf{I - II})$ oder $(\mathbf{I - III})$ ergibt: $\underline{c = 0}$

$b = 0$ und $c = 0$ eingesetzt in **I, II** oder **III** führt zu: $\underline{a = 6}$

Die Gleichung der 350-Isoquantenfunktion, die alle möglichen Faktormengenkombinationen darstellt, die zu einer Produktionsmenge von 350 ME führen, lautet also:

$\underline{\underline{I_{P_{350}}}}$ mit $y(x) = \dfrac{6}{x}$; $\qquad D_{\text{ök}}(I_{P_{350}}) = \mathbb{R}_{+}^{*};$ $\qquad W_{\text{ök}}(I_{P_{350}}) = \mathbb{R}_{+}^{*}$

Die $I_{P_{350}}$-Isoquante mit den vorgegebenen Faktor-kombinationen ist nebenstehend abgebildet. Außerdem ist schon die Faktormengenkombination aus Teilaufagbe b) dargestellt.

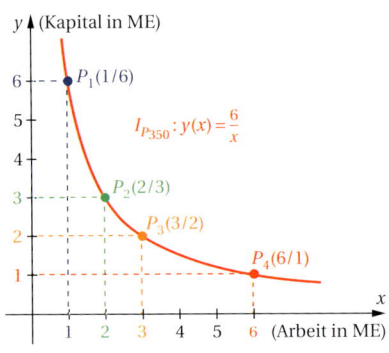

b) Wir ermitteln den Funktionswert der Isoquante an der Stelle $x = 6$:

$$y(6) = \frac{6}{6} = 1 \;\Rightarrow\; \underline{\underline{P_4(6/1)}} \text{ (s. Abb. oben)}$$

c) Weil die Isoquante in $D_{ök}\left(I_{P_{350}}\right) = (0; \infty)$ *fallend* verläuft, führt eine Veränderung der Einsatzmenge des einen Produktionsfaktors zu einer *gegenläufigen* Veränderung der Einsatzmenge des anderen Produktionsfaktors.

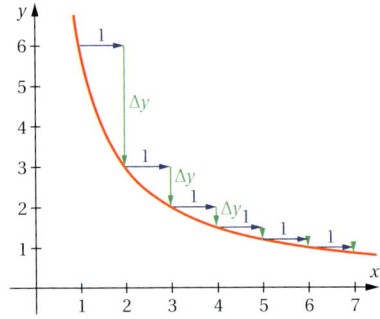

Wegen des *degressiv* fallenden Verlaufs der Isoquante müssen bei einem vermehrten Einsatz des Produktionsfaktors x degressiv abnehmende Mengen des Faktors y eingesetzt werden, um die gleiche Menge zu produzieren.

Anders herum:
Bei fortgesetzter Reduktion des Produktionsfaktors x müssen *progressiv* steigende Mengen des Faktors y eingesetzt werden, um die gleiche Menge zu produzieren.

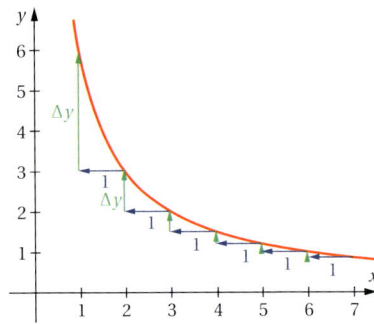

Wegen der Polgeraden bei $x = 0$ und der Asymptote mit $y^*(x) = 0$ kann aber weder der Produktionsfaktor x noch der Produktionsfaktor y vollständig durch den jeweils anderen ersetzt werden.

Ableitung der Isoquantenfunktion

- Einfache gebrochen-rationale Funktionen der Form $f(x) = \frac{a}{x^n}$ kann man umformen zu $f(x) = a \cdot x^{-n}$ und dann mit der **Potenz-/Faktorregel:** $f(x) = ax^n \Rightarrow f'(x) = n \cdot ax^{n-1}$ ableiten.

- Gebrochen-rationale Funktionen der Form $f(x) = \frac{a}{(x-b)^n}$ können umgeformt werden zu $f(x) = a(x-b)^{-n}$. Es liegt eine **verkettete Funktion** vor. Die Verkettung ist dadurch zustande gekommen, dass man in die äußere Funktion $\ddot{a}(x) = x^{-n}$ für x die innere Funktion $i(x) = x - b$ eingesetzt hat. Eine verkettete Funktion wird mit der **Kettenregel** differenziert:

$$f(x) = \ddot{a}[i(x)] \Rightarrow f'(x) = \ddot{a}'[i(x)] \cdot i'(x)$$

Kettenregel

Kettenregel in Worten:

Ableitung $\ddot{a}'$ der äußeren Funktion, unter Beibehaltung der inneren Funktion i, mal Ableitung i' der inneren Funktion.

Allgemeines Beispiel	Konkretes Beispiel
$f(x) = \frac{a}{(x-b)^n} = a(x-b)^{-n}$	$f(x) = \frac{4}{x-3} = \frac{4}{(x-3)^1} = 4(x-3)^{-1}$
Äußere Funktion: $\ddot{a}(x) = ax^{-n}$; Ableitung der äußeren Funktion mit der Potenzregel: $\ddot{a}'(x) = -n \cdot ax^{-n-1}$	Äußere Funktion: $\ddot{a}(x) = x^{-1}$; Ableitung der äußeren Funktion mit der Potenzregel: $\ddot{a}'(x) = -1 \cdot 4x^{-1-1} = -4x^{-2}$
Innere Funktion: $i(x) = x - b$; Ableitung der inneren Funktion mit der Potenzregel: $i(x) = 1$	Innere Funktion: $i(x) = x - 3$; Ableitung der inneren Funktion mit der Potenzregel: $i'(x) = 1$
$\Rightarrow$ Gesamtableitung: $f'(x) = \underbrace{-n \cdot a(x-b)^{-n-1}}_{\substack{\text{Ableitung der} \\ \text{äußeren Funktion} \\ \text{unter Beibehaltung} \\ \text{der inneren Funktion}}} \cdot \underbrace{1}_{\substack{\text{Ableitung} \\ \text{der inneren} \\ \text{Funktion}}}$ $f'(x) = \frac{-na}{(x-b)^{n+1}}$	$\Rightarrow$ Gesamtableitung: $f'(x) = \underbrace{-4(x-3)^{-2}}_{\substack{\text{Ableitung der äuße-} \\ \text{ren Funktion unter} \\ \text{Beibehaltung der} \\ \text{inneren Funktion}}} \cdot \underbrace{1}_{\substack{\text{Ableitung} \\ \text{der inneren} \\ \text{Funktion}}}$ $f'(x) = -4(x-3)^{-2} = \frac{-4}{(x-3)^2}$

- Wenn die innere Funktion linear ist, also der Term der inneren Funktion die Form $mx + b$ hat, lässt sich die Kettenregel vereinfachen:

$$f(x) = \ddot{a}[mx+b] \Rightarrow f'(x) = \ddot{a}'[mx+b] \cdot m$$

lineare Kettenregel

Lineare Kettenregel in Worten:

Ableitung $\ddot{a}'$ der äußeren Funktion, unter Beibehaltung des linearen Terms $(mx + b)$ der inneren Funktion i, mal m.

Situation 2

Bei der Produktion eines Gutes können die Produktionsfaktoren x und y entsprechend der Isoquantenfunktion mit $y(x) = \dfrac{3}{x-2} + 1$ kombiniert werden.

Ermitteln Sie die Gleichung der 1. Ableitung der Isoquantenfunktion. Berechnen Sie dann $y'(3)$, $y'(4)$ und $y'(5)$ und interpretieren Sie die berechneten Werte anwendungsbezogen, auch im Vergleich.

Lösung

Die Isoquantenfunktion $y(x) = \dfrac{3}{x-2} + 1$ ist eine Summenfunktion, die mithilfe der **Summenregel: „Summen dürfen gliedweise differenziert werden"** abgeleitet werden kann. Der 2. Summand des Funktionsterms, das Absolutglied 1, wird beim Ableiten 0, sodass nur noch der 1. Summand, der Bruch, abgeleitet werden muss.

Der erste Summand des Funktionsterms, der gebrochen-rationale Teil, wird mit der Kettenregel differenziert.

Ableitung mit der Kettenregel

$$f(x) = ä\,[i(x)] \;\Rightarrow\; f'(x) = ä'\,[i(x)] \cdot i'(x)$$

$y(x) = \dfrac{3}{x-2}$ wird umgeschrieben zu:

$$y(x) = 3\,(x-2)^{-1}.$$

Das ist eine verkettete Funktion mit der äußeren Funktion

$$ä(x) = 3x^{-1}$$

und der inneren Funktion

$$i(x) = x - 2.$$

Ableitung der äußeren Funktion (Potenzregel):

$$ä'(x) = -1 \cdot 3x^{-1-1} = -3x^{-2}$$

Ableitung der inneren Funktion (Potenzregel):

$$i'(x) = 1$$

Insgesamt:

$$y'(x) = \underbrace{-3 \cdot (x-2)^{-2}}_{\substack{\text{Ableitung der}\\\text{äußeren Funktion}\\\text{unter Beibehal-}\\\text{tung der inneren}\\\text{Funktion}}} \cdot \underbrace{1}_{\substack{\text{Ableitung}\\\text{der inneren}\\\text{Funktion}}}$$

$$y'(x) = -3\,(x-2)^{-2}$$

$$y'(x) = \frac{-3}{(x-2)^2}$$

- $y'(3) = \dfrac{-3}{1^2} = -\dfrac{3}{1} = \underline{\underline{-3}}$ • $y'(4) = \dfrac{-3}{2^2} = -\dfrac{3}{4} = \underline{\underline{-0{,}75}}$ • $y'(5) = \dfrac{-3}{3^2} = -\dfrac{3}{9} = \underline{\underline{-0{,}\overline{3}}}$

Da die Steigung allgemein als Quotient aus Höhenunterschied und Horizontalunterschied definiert ist, wird in unseren Beispielen im Zähler die Faktoreinsatzmenge von y und im Nenner die Faktoreinsatzmenge von x angegeben. Der Quotient insgesamt gibt dann das

Austauschverhältnis der beiden Produktionsfaktoren zueinander bei einer bestimmten Faktoreinsatzmenge von x an und wird **Grenzrate der Substitution** genannt.

Beispielsweise bedeutet $y'(3) = -3$, dass bei einem Faktoreinsatz von $x = 3$ ME Arbeit eine beliebig kleine Veränderung der Faktoreinsatzmenge von x eine gegenläufige Veränderung der Faktoreinsatzmenge von y um das 3-Fache bewirkt.

Im Vergleich kann man erkennen: Bei fortgesetzter *Erhöhung* des Produktionsfaktors x müssen immer geringer werdende Mengen des Faktors y eingesetzt werden, um die gleiche Menge zu produzieren.

Zusammenfassung

- Eine **Isoquante** ist eine Kurve, die **alle Kombinationsmöglichkeiten zweier substituierbarer Produktionsfaktoren** x und y darstellt, die zu einer gleichen Produktionsmenge führen.

- Je weiter eine Isoquante vom Ursprung entfernt ist, desto größer ist die durch die Isoquante dargestellte Produktionsmenge P.

- Die **Isoquantenfunktion** für die Produktionsmenge P heißt I_P und hat die allgemeine Form $y(x) = \frac{a}{x-b} + c$ mit $a > 0$, $b, c \geq 0$. Dabei wird die Einsatzmenge des Produktionsfaktors y in Abhängigkeit von der Einsatzmenge des Produktionsfaktors x angegeben.

- Der **Funktionsterm der Isoquante** mit $y(x) = \frac{a}{x-b} + c$ ist eine Summe aus einer gebrochen-rationalen Funktion und einer ganzrationalen Funktion.

- In $y(x) = \frac{a}{x-b} + c$ bewirkt der **Parameter**
  - a eine Dehnung/Stauchung in y-Richtung/Spiegelung an der x-Achse
  - b eine Verschiebung in x-Richtung entsprechend dem Vorzeichen von b
  - c eine Verschiebung in y-Richtung entsprechend dem Vorzeichen von c.

- **Polgerade der Isoquante:** $x = b$
  Asymptote der Isoquante: $y^*(x) = c$

- Die Isoquantenfunktion I_P mit $y(x) = \frac{a}{x-b} + c$ hat den **ökonomisch sinnvollen Definitionsbereich** $D_{ök}(I_P) = (b; \infty)$ und den **ökonomisch sinnvollen Wertebereich** $W_{ök}(I_P) = (c; \infty)$.

- Die Steigung der Isoquante bezeichnet man als **Grenzrate der Substitution.** Sie wird durch die 1. Ableitung $y'(x)$ der Isoquantenfunktion angegeben.

- Verkettete Funktionen können mit der **Kettenregel** abgeleitet werden:
  $$f(x) = ä[i(x)] \Rightarrow f'(x) = ä'[i(x)] \cdot i'(x)$$
  In Worten: Ableitung $ä'$ der äußeren Funktion, unter Beibehaltung der inneren Funktion i, mal Ableitung i' der inneren Funktion.

■ Eine verkettete Funktion mit einer linearen inneren Funktion kann mit der **linearen Kettenregel** abgeleitet werden:

$$f(x) = ä\,[mx + b] \Rightarrow f'(x) = ä'\,[mx + b] \cdot m$$

In Worten: Ableitung $ä'$ der äußeren Funktion, unter Beibehaltung des linearen Terms $(mx + b)$ der inneren Funktion i, mal m.

Übungsaufgaben

1 Die nebenstehende Tabelle zeigt, mit welchen Einsatzmengen der Produktionsfaktoren Arbeit x (in ME) und Boden y (in ME) ein landwirtschaftlicher Betrieb 500 ME eines Produktes herstellen kann.

Arbeit x (in ME)	Boden y (in ME)
6	13
11	8
15	7

a) Bestimmen Sie die Gleichung der Isoquante $I_{P_{500}}$ mit der Form $y(x) = \dfrac{a}{x - b} + c$, die einen Output von 500 ME repräsentiert. Ermitteln Sie, wie viele ME Kapital eingesetzt werden müssten, wenn der Betrieb mit nur 5 ME Arbeit produzieren will.

b) Beschreiben Sie, wie sich die in Teilaufgabe a) ermittelten Werte für die Parameter a, b und c auf den Verlauf des Graphen der Isoquante gegenüber dem Graphen von $y(x) = \frac{1}{x}$ auswirken und leiten Sie daraus wesentliche Eigenschaften der Isoquante her. Interpretieren Sie die Polgerade und Asymptote ökonomisch. Skizzieren Sie die Isoquante mit den oben angegebenen Faktormengenkombinationen.

c) Bestimmen Sie die Gleichung für die Grenzrate der Substitution. Ermitteln Sie die Grenzrate der Substitution des Produktionsfaktors Arbeit für Einsatzmengen in Höhe von 5 ME und 7 ME. Interpretieren Sie die berechneten Werte im Vergleich.

2 Bei der Herstellung eines Gutes geht man von der Isoquantenfunktion $I_{P_{300}}$ mit $y(x) = \dfrac{3}{x - b} + c$ aus. Dabei lassen sich die Produktionsfaktoren Arbeit x und Kapital y nur so weit substituieren, dass der Produktionsfaktor x mit mehr als 2 ME und der Produktionsfaktor Kapital y mit mehr als 1 ME eingesetzt werden.

a) Bestimmen Sie die Gleichung der $I_{P_{300}}$-Isoquante mit der Form $y(x) = \dfrac{3}{x - b} + c$, die einen Output von 300 ME repräsentiert. Ermitteln Sie, wie viele ME Arbeit eingesetzt werden müssen, wenn der Betrieb mit nur 2 ME Kapital produzieren will.

b) Bestimmen Sie den mathematisch maximal möglichen und den ökonomisch sinnvollen Definitions- und Wertebereich der Gleichung für die Isoquantenfunktion.

c) Ermitteln Sie die Faktormengenkombination, bei der das Austauschverhältnis der Produktionsfaktoren genau ausgeglichen ist.

3 Bei konstantem Einsatz des Produktionsfaktors Arbeit können 400 ME eines Gutes durch folgende Kombination der Produktionsfaktoren Boden x und Kapital y hergestellt werden.

x (in ME)	2	3	4
y (in ME)	8	5,5	$4,\overline{6}$

a) Bestimmen Sie die Gleichung der $I_{P_{400}}$-Isoquante der Form $y(x) = \dfrac{a}{x-b} + c$. Skizzieren Sie den Graphen der Funktion.

b) Berechnen Sie, bis zu welchen Grenzen sich die Produktionsfaktoren Boden und Kapital gegenseitig substituieren lassen.

c) Weisen Sie nach, dass der Graph zu der in Teilaufgabe a) ermittelten Funktionsgleichung für seinen mathematisch maximal möglichen Definitionsbereich streng monoton fällt.

d) Untersuchen Sie das Krümmungsverhalten des Graphen zu der in Teilaufgabe a) ermittelten Funktionsgleichung für $D_{\max}$.

4 Bestimmen Sie die Gleichung der Isoquante mit der allgemeinen Funktionsgleichung $y(x) = \dfrac{a}{x-b} + c$, die die angegebenen Bedingungen erfüllt.

a) $D_{\text{ök}}(I_P) = \mathbb{R}_+^*$; $\quad W_{\text{ök}}(I_P) = (3; \infty)$; $\quad y(1) = 4$

b) $D_{\text{ök}}(I_P) = (2; \infty)$; $\quad W_{\text{ök}}(I_P) = \mathbb{R}_+^*$; $\quad y(3) = 1$

c) $D_{\text{ök}}(I_P) = (4; \infty)$; $\quad W_{\text{ök}}(I_P) = (2; \infty)$; $\quad y(7) = 3$

d) Bei der Herstellung eines Produktes lassen sich die Produktionsfaktoren jeweils nur soweit gegenseitig substituieren, dass mehr als 5 ME eines jeden Produktionsfaktors eingesetzt werden müssen. Bei einer Faktoreinsatzmenge von $x = 15$ ME sind 6 ME des Faktors y notwendig.

e) Der Produktionsfaktor x muss mit mehr als 10 ME eingesetzt werden, der Produktionsfaktor y mit mehr als 30 ME. Bei einer Faktoreinsatzmenge von $y = 50$ ME müssen 11 ME des Faktors x eingesetzt werden.

f) $D_{\text{ök}}(I_P) = (20; \infty)$. Der Produktionsfaktor y ist bis zu einer Grenze von mehr als 10 ME ersetzbar. Bei einer Faktoreinsatzmenge von $x = 25$ ME müssen 13 ME des Faktors y eingesetzt werden.

5 Ermitteln Sie die Gleichung mit der allgemeinen Form $y(x) = \dfrac{a}{x-b} + c$, mit $a \in \mathbb{R}^*$ und $b, c \in \mathbb{R}$, die zu dem abgebildeten Graphen passt.

a)

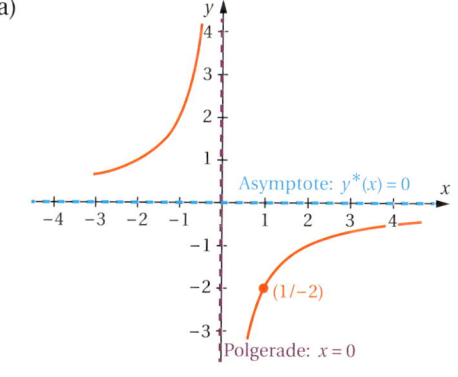

b)

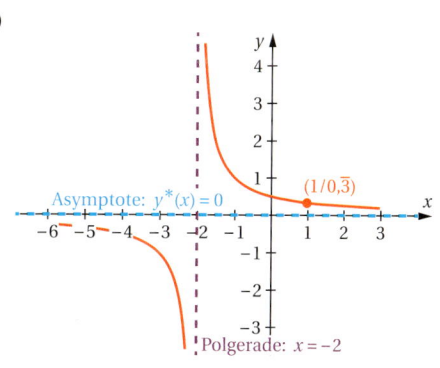

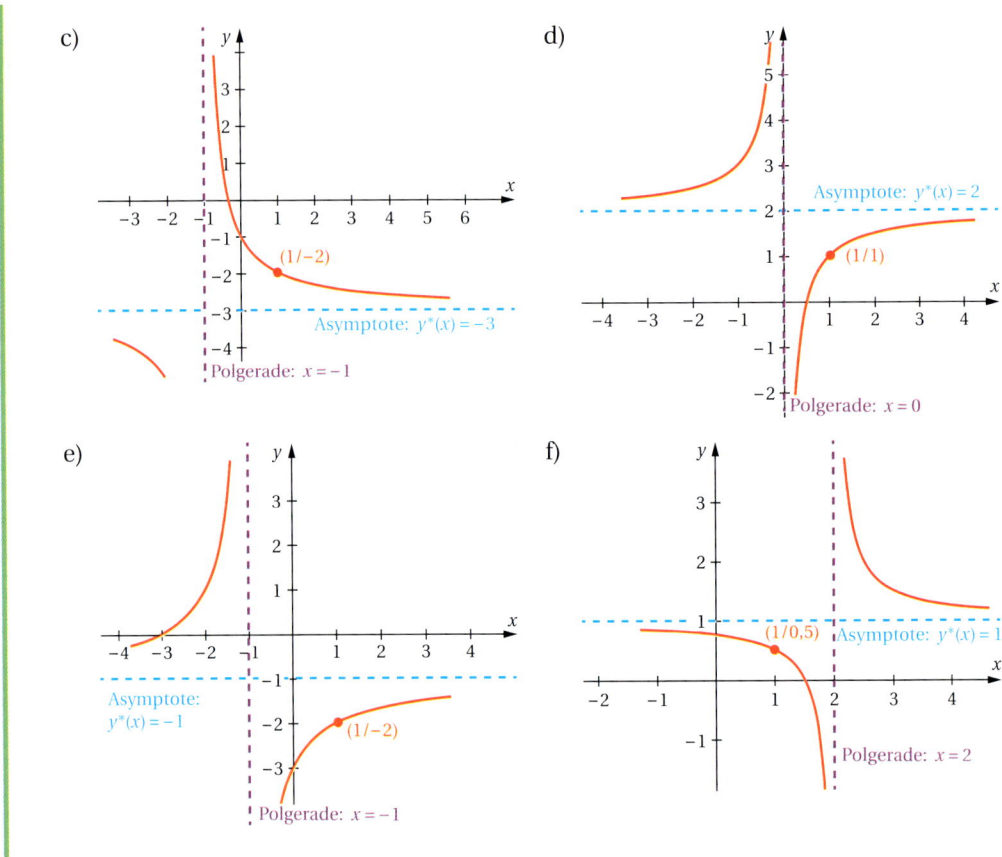

1.2.2   Kostenminimierung bei der Produktion

Im Folgenden wollen wir bei festgelegter Outputmenge die Produktionskosten *minimieren*. Wir gehen dabei in einem vereinfachten Modell wieder von nur zwei Produktionsfaktoren aus.

Isokostenfunktion

Eine **Isokostenfunktion**[1] I_K gibt alle Kombinationsmöglichkeiten der Einsatzmengen zweier Produktionsfaktoren x und y an, die gleich hohe Kosten K verursachen. Dabei wird der Produktionsfaktor y wieder in funktionaler Abhängigkeit vom Produktionsfaktor x angegeben: $y(x)$. Der Graph einer Isokostenfunktion heißt **Isokostengerade.**

---

[1]   **Isokostenfunktion:** Funktion gleicher Kosten

Die nebenstehende Abbildung zeigt, dass beispielsweise die Kombination von 1 ME Arbeit mit 9 ME Kapital zu den gleichen Produktionskosten wie die Kombination von 3 ME Arbeit mit 6 ME Kapital führt.

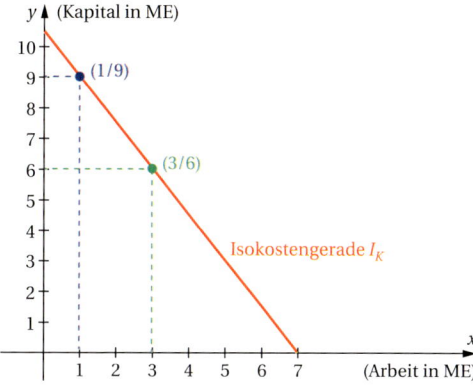

Die Gleichung einer Isokostengeraden wird durch folgende Überlegung bestimmt:

Die Kostensumme K der Produktion errechnet sich aus der Summe der Einsatzmengen eines jeden einzelnen Produktionsfaktors multipliziert mit seinem Preis p_x oder p_y je ME.

Kostensumme: $K = x \cdot p_x + y \cdot p_y$

Löst man die Gleichung nach y auf, erhält man die Gleichung der Isokostengeraden in der allgemeinen Form $y = mx + b$:

$$K = x \cdot p_x + y \cdot p_y \qquad |-x \cdot p_x$$

$$K - x \cdot p_x = y \cdot p_y \qquad |:p_y$$

$$y = \frac{K - x \cdot p_x}{p_y} = \frac{K}{p_y} - \frac{x \cdot p_x}{p_y}$$

$$\underline{y = -\frac{p_x}{p_y} \cdot x + \frac{K}{p_y}}$$

mit der Steigung $m = -\dfrac{p_x}{p_y}$ und dem Absolutglied $b = \dfrac{K}{p_y}$.

Um kenntlich zu machen, dass dies die Gleichung einer Isokostenfunktion für die Kostensumme K ist und um gleichzeitig eine symbolische Unterscheidung zur Isoquante I_P zu erreichen, schreiben wir:

> $$I_K \text{ mit } y(x) = -\frac{p_x}{p_y} \cdot x + \frac{K}{p_y}$$
>
> **Isokostenfunktion**

Eine Isokostenfunktion, die z. B. eine Kostensumme von 75 GE darstellt, nennen wir dann $I_{K_{75}}$.

Situation 3

Zur Produktion eines Gutes werden die Produktionsfaktoren Arbeit x (in ME) und Kapital y (in ME) benötigt. Der Preis für den Produktionsfaktor Arbeit x beträgt $p_x = 10$ [GE/ME] und der Produktionsfaktor Kapital y kostet $p_y = 15$ [GE/ME].

Insgesamt stehen $K = 75$ GE als Kostenbudget für die Produktion zur Verfügung.

a) Bestimmen Sie die Gleichung der **Isokostenfunktion** $I_{K_{75}}$ und zeichnen Sie die Isokostengerade.

b) Erläutern Sie, welche Auswirkung eine Veränderung der Kostensumme für die Produktion auf den Verlauf der Isokostengeraden hätte.

c) Zeichnen Sie die $I_{P_{350}}$-Isoquante mit $y(x) = \frac{6}{x}$ (aus Situation 1 des Abschnittes 1.2.1) zusammen mit der in Teilaufgabe a) berechneten Isokostengerade $I_{K_{75}}$ in ein gemeinsames Koordinatensystem. Berechnen und interpretieren Sie die Schnittpunkte der Isoquante mit der Isokostengerade.

d) Zeichnen Sie außerdem die Isokostengeraden $I_{K_{60}}$ und $I_{K_{45}}$ mit ihren Schnittpunkten mit der Isoquante $I_{P_{350}}$ in das vorhandene Koordinatensystem und interpretieren Sie die gegenüber Teilaufgabe c) veränderte ökonomische Situation.

e) Berechnen Sie, mit welcher Faktormengenkombination die Kosten zur Produktion von 350 ME minimal sind. Bestimmen Sie die Gleichung der Isokostengeraden, die zu einer Minimalkostenkombination führt, und überprüfen Sie Ihr Ergebnis mit dem Taschenrechner. Bestimmen Sie die minimalen Produktionskosten.

Lösung

a) I_K mit $y(x) = -\frac{p_x}{p_y} \cdot x + \frac{K}{p_y}$

Einsetzten der Werte

$p_x = 10$, $p_y = 15$ und $K = 75$ führt zu:

$I_{K_{75}}$ mit $y(x) = -\frac{10}{15} \cdot x + \frac{75}{15}$

$$y(x) = -\frac{2}{3}x + 5$$

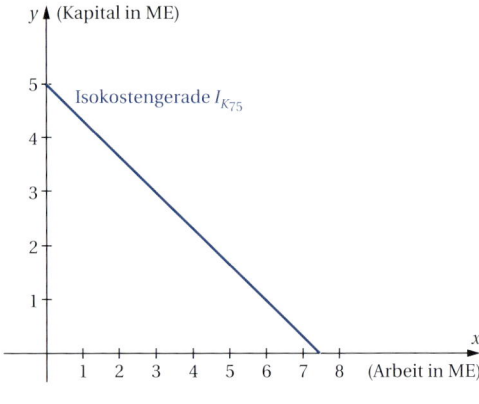

b) In $y(x) = -\frac{p_x}{p_y} \cdot x + \frac{K}{p_y}$ bewirkt eine Erhöhung der Kostensumme K, dass sich das Absolutglied vergrößert. Dadurch wird die Isokostengerade nach oben verschoben. Entsprechend führt eine Verringerung des Kostenbudgets zu einer Verkleinerung des Absolutgliedes und damit zu einer Verschiebung der Isokostengeraden nach unten.

c) Graph: s. Abb.

Ansatz zur Berechnung der Schnittpunkte:

$I_{P_{350}} = I_{K_{75}}$

$\frac{6}{x} = -\frac{2}{3}x + 5 \qquad | \cdot 3x$

$18 = -2x^2 + 15x$

$2x^2 - 15x + 18 = 0 \qquad | : 2$

$x^2 - 7,5x + 9 = 0 \qquad | p\text{-}q\text{-Formel}$

$\Rightarrow \underline{\underline{S_1(1,5/4)}}; \underline{\underline{S_2(6/1)}}$

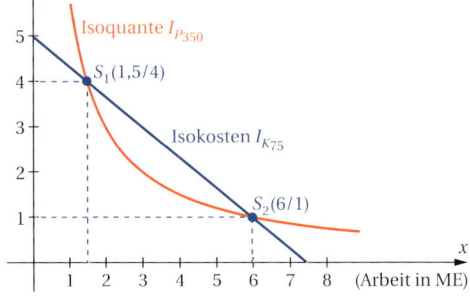

Interpretation: Sowohl mit der Faktorkombination 1,5 ME Arbeit und 4 ME Kapital als auch mit der Faktorkombination 6 ME Arbeit und 1 ME Kapital kann eine Produktionsmenge von 350 ME mit 75 GE Kosten hergestellt werden.

d) Jede Verringerung der Kostensumme führt zu einer Verschiebung der Isokostengeraden nach unten.

Solange die Isokostengerade noch gemeinsame Punkte mit der Isoquante hat, kann mit der entsprechenden Kostensumme und der jeweiligen Faktormengenkombination eine Produktionsmenge von 350 ME produziert werden.

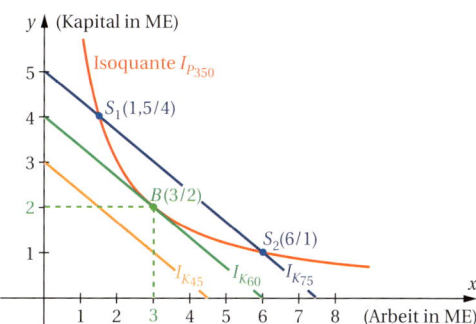

Die Isokostengerade $I_{K_{60}}$ ist Tangente der Isoquante und hat nur noch einen gemeinsamen Punkt mit der Isoquante $I_{P_{350}}$, den **Berührpunkt** $B(3/2)$, auch **Tangentialpunkt** genannt. Eine Produktionsmenge von 350 ME kann also gerade noch mit einer Kostensumme von 60 GE produziert werden. Mit einer geringeren Kostensumme, z. B. $K = 45$ GE, ist eine Produktion von 350 ME nicht möglich, weil dann Isoquante und Isokostengerade keinen gemeinsamen Punkt mehr aufweisen (s. Abb.).

Die Faktormengenkombination mit $x = 3$ ME Arbeit und $y = 2$ ME Kapital, die durch die Koordinaten des Berührpunktes (Tangentialpunktes) $B(3/2)$ angegeben wird, ist demnach kostenminimal. Sie wird deshalb **Minimalkostenkombination** (MKK) genannt.

e) Wenn die Steigung m der Isokostengeraden gleich der Steigung $y'(x)$ der Isoquante ist, dann ist die Isokostengerade eine Tangente der Isoquante und berührt die Isoquante in B (s. Abb. oben).

Die Koordinaten des Berührpunktes (Tangentialpunktes) B geben dann die kostenminimale Faktormengenkombination (= Minimalkostenkombination) an.

Minimalkostenkombination:

Steigung der Isokostengeraden $I_K' =$ Steigung der Isoquante I_P'

$$m = y'(x)$$

Bei vorgegebenen Faktorpreisen p_x und p_y haben alle Isokostengeraden die gleiche Steigung $m = -\dfrac{p_x}{p_y} = -\dfrac{10}{15} = -\dfrac{2}{3}$.

Die Steigung der Isoquante wird angegeben durch ihre 1. Ableitung, die wir am einfachsten mithilfe der **Potenz-/Faktorregel:**

$$f(x) = a \cdot x^n \Rightarrow f'(x) = n \cdot a \, x^{n-1}$$

bestimmen. Wir formen dazu den Bruch mithilfe des Potenzgesetzes $\dfrac{1}{a^1} = a^{-1}$ in eine Potenz um:

$$y(x) = \frac{6}{x} = \frac{6}{x^1} = 6x^{-1}$$

und leiten dann ab:

$$y'(x) = -1 \cdot 6x^{-2} = -\frac{6}{x^2}$$

$$I'_K = I'_P$$
$$m = y'(x)$$
$$-\frac{2}{3} = -\frac{6}{x^2}$$
$$-2x^2 = -18$$
$$x^2 = 9$$
$$\underline{x_1 = -3 \notin D_{\text{ök}}}$$
$$\underline{x_2 = 3}$$

Der Funktionswert des Berührpunktes ergibt sich durch Einsetzen des x-Wertes in die Isokosten- oder die Isoquantenfunktion: $y(3) = \frac{6}{3} = 2 \Rightarrow \underline{B(3/2)}$

Interpretation: Die Minimalkostenkombination wird erreicht, wenn 3 ME Arbeit und 2 ME Kapital bei der Produktion eingesetzt werden. Es kann dann eine Produktionsmenge in Höhe von 350 ME mit den geringsten Produktionskosten hergestellt werden.

Gleichung der Isokostengeraden

Eine Gerade, also auch die Isokostengerade, hat die allgemeine Form $y(x) = mx + b$. Wenn wir in diese Gleichung die Koordinaten des Berührpunktes $B(3/2)$ für x und y und die oben bereits berechnete Steigung $m = -\frac{2}{3}$ einsetzen, können wir das Absolutglied b bestimmen:

$$y(x) = mx + b$$
$$2 = -\frac{2}{3} \cdot 3 + b$$
$$2 = -2 + b$$
$$\underline{b = 4}$$

Die Isokostengerade, die die Isoquante berührt, hat also die Gleichung $\underline{\underline{y(x) = -\frac{2}{3}x + 4}}$.

Das Ergebnis kann mit der Tangentenfunktion des Taschenrechners (s. GTR-Anhang 12) leicht überprüft werden:

Nach Eingabe des Terms der Isoquante in den Y-Editor kann die Tangente an einer Stelle mit 2ND [DRAW] 5:Tangent(angezeigt und berechnet werden, wenn man den x-Wert 3 des Berührpunktes eingibt.

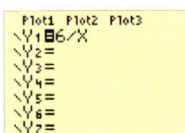 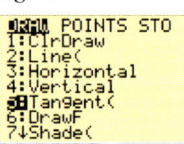 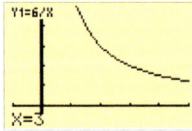 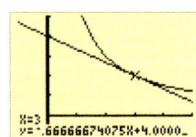

Minimale Kosten

Die minimalen Kosten zur Erwirtschaftung einer Produktionsmenge von 350 ME werden berechnet, indem die optimalen Faktoreinsatzmengen $x = 3$ und $y = 2$ in die Gleichung $K = x \cdot p_x + y \cdot p_y$ zusammen mit den Faktorpreisen $p_x = 10$ und $p_y = 15$ eingesetzt werden:

$$K = 3 \cdot 10 + 2 \cdot 15 = \underline{\underline{60}}$$

Die minimalen Kosten zur Erwirtschaftung einer Produktionsmenge von 350 ME betragen 60 GE.

Minimalkostenkombination heißt *die* Kombination von Produktionsfaktoren, bei der eine gegebene Produktionsmenge mit minimalen Kosten hergestellt werden kann. Die Koordinaten des **Berührpunktes *B*** von Isokostengerade und Isoquante (auch: **Tangentialpunkt**) geben die Faktoreinsatzmengen der Minimalkostenkombination an.

Situation 4

Ein Betrieb kann 200 ME eines Gutes mit Kombinationen der Produktionsfaktoren Arbeit x (in ME) und Kapital y (in ME), die mit der Isoquantenfunktion $I_{P_{200}}$ mit $y(x) = \frac{4}{x-1} + 5$ beschrieben werden, herstellen. Der Preis für den Produktionsfaktor Arbeit x beträgt $p_x = 40$ [GE/ME] und der Produktionsfaktor Kapital y kostet $p_y = 10$ [GE/ME].

a) Berechnen Sie algebraisch, wie viele ME des Produktionsfaktors Arbeit und wie viele ME des Produktionsfaktors Kapital für eine kostenminimale Produktion von 200 ME eingesetzt werden müssen.

b) Bestimmen Sie die minimalen Produktionskosten für einen Output von 200 ME.

c) Die **Grenzrate der Substitution** gibt das Austauschverhältnis zweier substituierbarer Produktionsfaktoren für eine gegebene Produktionsmenge an. Sie wird angegeben durch die 1. Ableitung der Isoquantenfunktion (= Steigung der Isoquante). Berechnen Sie, wie hoch die Grenzrate der Substitution ist, wenn mit der Kombination $x = 5$ und $y = 6$ der Faktoreneinsatzmengen produziert wird. Interpretieren Sie den berechneten Wert, auch im Vergleich mit der Grenzrate der Substitution in der Minimalkostenkombination bei $x = 2$.

Lösung

a) Alle Isokostengeraden I_K mit $y(x) = -\frac{p_x}{p_y} \cdot x + \frac{K}{p_y}$ haben bei den in der Aufgabenstellung vorgegebenen Faktorpreisen $p_x = 40$ und $p_y = 10$ die Steigung $m = -\frac{p_x}{p_y} = -\frac{40}{10} = \underline{-4}$.

Für den Ansatz $m = y'(x)$ zur Berechnung des Berührpunktes (Tangentialpunktes) von Isokostengerade und Isoquante ermitteln wir zunächst die 1. Ableitung der Isoquante $I_{P_{200}}$ mit $y(x) = \frac{4}{x-1} + 5 = 4(x-1)^{-1} + 5$ mithilfe der **Summenregel**[1] und **Kettenregel**:

$$y'(x) = -4(x-1)^{-2} \cdot 1 + 0$$

$$y'(x) = \frac{-4}{(x-1)^2}$$

---

[1] **Summen-/Differenzregel:** Summen und Differenzen von Funktionen dürfen gliedweise differenziert werden.

Jetzt können wir die Steigung I'_K der Isokostengeraden mit der Steigung der Isoquante $I'_{P_{200}}$ gleichsetzen.

$$I'_K = I'_{P_{200}}$$

$$m = y'(x)$$

$$-4 = -\frac{4}{(x-1)^2} \qquad | \cdot (x-1)^2$$

$$-4(x-1)^2 = -4 \qquad | \text{ausmultiplizieren}$$

$$-4x^2 + 8x - 4 = -4 \qquad | : (-4)$$

$$x^2 - 2x + 1 = 1$$

$$x^2 - 2x = 0 \qquad | x \text{ ausklammern}$$

$$x(x-2) = 0$$

$$x_{01} = 0 \notin D_{\text{ök}}(I_{P_{200}}) = (1; \infty)$$

$$\underline{x_{02} = 2}$$

Der Funktionswert des Berührpunktes ergibt sich durch Einsetzen des x-Wertes in die Isoquantenfunktion:

$$y(2) = \frac{4}{2-1} + 5 = 9$$

$$\Rightarrow \underline{\underline{B(2/9)}}$$

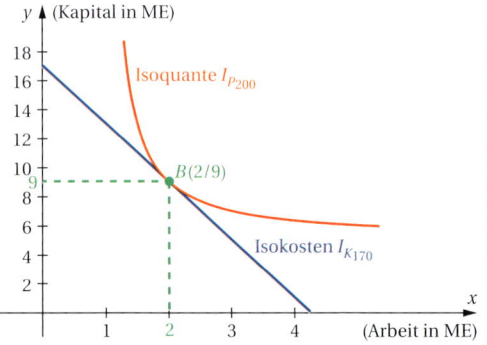

Interpretation: Wenn eine Kombination von $x = 2$ ME Arbeit und $y = 9$ ME Kapital bei der Produktion eingesetzt wird, kann eine Produktionsmenge in Höhe von 200 ME mit den geringsten Produktionskosten hergestellt werden (= Minimalkostenkombination MKK).

b) Die minimalen Kosten für einen Output in Höhe von 200 ME:

$$K = x \cdot p_x + y \cdot p_y = 2 \cdot 40 + 9 \cdot 10 = \underline{\underline{170}} \text{ [GE]}$$

c) $y'(x) = \dfrac{-4}{(x-1)^2}$

Für eine Faktoreinsatzmenge von $x = 5$ ME Arbeit erhalten wir:

$$\underline{\underline{y'(5) = -0{,}25.}}$$

Für eine Faktoreinsatzmenge von $x = 2$ ME Arbeit erhalten wir:

$$\underline{\underline{y'(2) = -4.}}$$

Interpretation: Wenn mit einer Faktoreinsatzmenge von $x = 5$ ME Arbeit und $y = 6$ ME Kapital 200 ME Output produziert werden, führt eine beliebig kleine Veränderung der Einsatzmenge des Faktors Arbeit zu einer gegenläufigen Veränderung der Einsatzmenge des Produktionsfaktors Kapital um das 0,25-Fache.
Bei einer Faktoreinsatzmenge von $x = 2$ ME Arbeit und $y = 9$ ME Kapital ist die Grenzrate der Substitution größer, weil eine beliebig kleine Veränderung der Einsatzmenge des Faktors Arbeit zu einer gegenläufigen Veränderung der Einsatzmenge des Produktionsfaktors Kapital um das 4-Fache führt.

Zusammenfassung

- Eine **Isokostenfunktion** gibt alle Kombinationsmöglichkeiten zweier Produktionsfaktoren x und y an, die **gleich hohe
Kosten** bei der Produktion verursachen.
Dabei wird die Einsatzmenge des einen
Produktionsfaktors (y) in Abhängigkeit
von der Einsatzmenge des anderen Produktionsfaktor (x) angegeben. Die Isokostenfunktion $I_{K_{100}}$ stellt beispielsweise alle

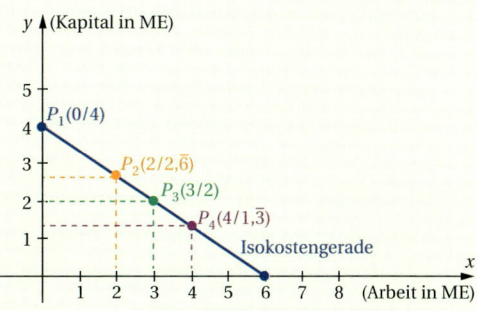

Kombinationsmöglichkeiten der Produktionsfaktoren Arbeit (x) und Kapital (y) dar, die zu
einer Kostensumme von 100 GE führen. Der Graph einer Isokostenfunktion heißt **Isokostengerade**. Je weiter eine Isokostengerade vom Ursprung entfernt ist, desto größer ist die
zur Verfügung stehende Kostensumme K.

- Eine **Isoquantenfunktion** gibt alle
Kombinationsmöglichkeiten zweier Produktionsfaktoren an, die zu einer **gleich
hohen Produktionsmenge** führen.
Dabei wird die Einsatzmenge des einen
Produktionsfaktors (y) in Abhängigkeit
von der Einsatzmenge des anderen Produktionsfaktor (x) angegeben. Die Isoquantenfunktion $I_{P_{100}}$ stellt beispielsweise alle Kombinationsmöglichkeiten der

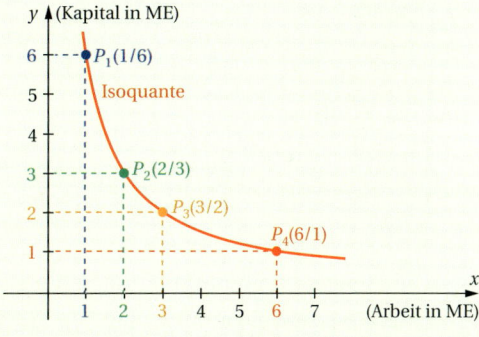

Produktionsfaktoren Arbeit (x) und Kapital (y) dar, die zu einer Produktionsmenge von
100 ME führen. Der Graph einer Isoquantenfunktion heißt **Isoquante.** Je weiter eine Isoquante vom Ursprung entfernt ist, desto größer ist die durch die Isoquante dargestellte
Produktionsmenge P.

- Die **Minimalkostenkombination** MKK
wird im Berührpunkt B einer Isokostengeraden I_K und der Isoquante I_P realisiert.
Sie gibt die optimale Kombination zweier
Produktionsfaktoren (in ME) an, mit der
eine bestimmte Produktionsmenge zu
minimalen Kosten hergestellt werden
kann.

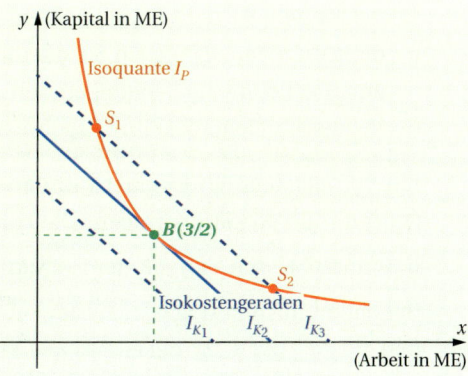

Ansatz zur Berechnung von B:
Steigung m der Isokostengerade I_K
= Steigung $y'(x)$ der Isoquante I_P.
$$I_K' = I_P' \Leftrightarrow m = y'(x)$$

Übungsaufgaben

1 In dem landwirtschaftlichen Betrieb „Luisenhof" in der Lüneburger Heide werden Untersuchungen über die kostengünstigste Kombination des Produktionsfaktors Arbeit mit dem Produktionsfaktor Kapital – hier in Form von Dünger – zur Getreideproduktion durchgeführt. Die Arbeit kostet 24 €/h, während der Spezialdünger 16 €/Sack kostet. Auf Anbauflächen gleicher Größe und Bodenqualität wird jeweils die gleiche Menge Saatgut verwendet; lediglich die Bearbeitungsintensität – gemessen an der Arbeitsstundenzahl (Einsatzfaktor y) – sowie der Düngereinsatz – gemessen an der Anzahl „Düngersäcke" (Einsatzfaktor x) – werden variiert. Das Ergebnis der Versuche ist in der nachstehenden Tabelle festgehalten.

Produktionsmengen in Abhängigkeit vom Düngereinsatz x (in ME) und der Anzahl der Arbeitsstunden y (in ME):

y \ x	3	4	5	6	7	8
8	320	472	552	636	709	779
7	286	450	494	568	636	697
6	249	350	427	494	552	604
5	204	286	350	410	452	494
4	145	204	249	286	320	350

Die Mengenkombinationen lassen sich durch eine gebrochen-rationale Funktion mit einer Funktionsgleichung vom Typ $y(x) = \frac{a}{x-b} + c$ darstellen.

a) Ermitteln Sie algebraisch die Gleichung der Isoquantenfunktion $I_{P_{350}}$. Geben Sie den ökonomisch sinnvollen Definitions- und Wertebereich der Isoquante an.

b) Bestimmen Sie die Gleichung der Isokostenfunktion $I_{K_{216}}$ für eine Kostensumme von 216,00 € und berechnen Sie die Mengenkombination(en), mit der (denen) 350 kg Ertrag bei exakt 216,00 € Kosten erzielt werden.

c) Bestimmen Sie die Minimalkostenkombination und interpretieren Sie diese anwendungsbezogen. Ermitteln Sie die minimalen Kosten. Geben Sie die Gleichungen der entsprechenden Isokostengeraden an.

d) Veranschaulichen Sie Ihre Ergebnisse in einer Grafik.

2 Ein Betrieb stellt ein Produkt mit den Inputfaktoren x (in ME) und y (in ME) her. Der Output soll 1 000 ME betragen. Die Faktormengenkombinationen, die zu diesem Output führen, lassen sich mit der Isoquantengleichung $y(x) = \frac{40}{x-2} + 3$ beschreiben.

Bei einem Kostenbudget in Höhe von 730 GE lautet die Gleichung der Isokostengeraden $y(x) = -10x + 73$, bei einem Kostenbudget von 550 GE lautet sie $y(x) = -10x + 55$.

a) Untersuchen Sie, ob sich mit diesen Kostenbudgets der angestrebte Output erzielen lässt. Geben Sie ggf. die Kombinationsmengen der Inputfaktoren an.

b) Berechnen Sie die Minimalkostenkombination.

c) Bestimmen Sie die Gleichung der kostenminimalen Isokostengeraden.

d) Berechnen Sie, wie hoch das Kostenbudget mindestens sein muss, wenn ein Output von 1 000 ME produziert werden soll.

e) Erstellen Sie eine Grafik, die Ihre Ergebnisse veranschaulicht. Geben Sie für die Isoquante die Gleichung der Polgeraden und der Asymptote an.

3 Zur Produktion eines Gutes werden die Produktionsfaktoren Arbeit x (in ME) und Kapital y (in ME) benötigt. Der Preis für den Produktionsfaktor Arbeit x beträgt $p_x = 20$ GE/ME, der Preis für den Produktionsfaktor Kapital y beträgt $p_y = 10$ GE/ME. Insgesamt stehen $K = 120$ GE als Kostenbudget für die Produktion zur Verfügung.

a) Bestimmen Sie die Gleichung der Isokostenfunktion $I_{K_{120}}$.

b) Zeichnen Sie die in Teilaufgabe a) berechnete $I_{K_{120}}$-Isokostengerade zusammen mit der $I_{P_{200}}$-Isoquante mit $y(x) = \dfrac{2}{x-2} + 3$ in ein gemeinsames Koordinatensystem.

   Berechnen und interpretieren Sie die Schnittpunkte der Isoquante mit der Isokostengerade. Geben Sie für die Isoquante auch die Gleichung der Polgeraden und der Asymptote an.

c) Berechnen Sie algebraisch, mit welcher Faktormengenkombination die Kosten zur Produktion von 200 ME des Gutes minimal und wie hoch dann die minimalen Produktionskosten sind. Ermitteln Sie die Gleichung der kostenminimalen Isokostengerade und zeichnen Sie die Isokostengerade in das Koordinatensystem zu Teilaufgabe b).

4 Ein Betrieb hat festgestellt, dass er die Produktion von 500 ME eines Gutes mit Kombinationen der Produktionsfaktoren Arbeit x (in ME) und Kapital y (in ME) mit der Isoquantenfunktion $I_{P_{200}}$ mit $y(x) = \dfrac{3}{x-2} + 2$ beschreiben kann. Der Preis für den Produktionsfaktor Arbeit x beträgt $p_x = 10$ GE/ME und der Produktionsfaktor Kapital y kostet $p_y = 30$ GE/ME.

a) Berechnen Sie algebraisch, wie viele ME des Produktionsfaktors Arbeit und wie viele ME des Produktionsfaktors Kapital für eine kostenminimale Produktion von 500 ME eingesetzt werden müssen.

b) Bestimmen sie, wie hoch die minimalen Produktionskosten für einen Output von 500 ME sind.

c) Ermitteln Sie die Faktormengenkombinationen, mit denen bei einem Kostenbudget von 180 GE ein Output in Höhe von 500 ME hergestellt werden könnte.

d) Erstellen Sie eine Grafik, die Ihre Ergebnisse veranschaulicht. Geben Sie für die Isoquante die Gleichung der Polgeraden und der Asymptote an.

1.2.3   Handlungssituationen zur Minimalkostenkombination

Die Handlungssituationen sollten Sie mit der Ihnen zur Verfügung stehenden Rechnertechnologie bearbeiten. Besonders wichtig ist die Interpretation der von Ihnen ermittelten Ergebnisse.

Handlungssituation 1

Zur Produktion eines Outputs in Höhe von 500 ME kann ein Betrieb zwei Produktionsfaktoren x und y u.a. in folgenden Mengenkombinationen einsetzen.

x	3	4	7
y	11	6	3

Die Einsatzmengen der anderen Produktionsfaktoren werden dabei konstant gehalten.
Der Produktionsfaktor x kostet 50 GE/ME und der Produktionsfaktor y kostet 20 GE/ME.
Bestimmen Sie die Isoquantengleichung mit dem ökonomisch sinnvollen Definitions- und Wertebereich. Geben Sie die Gleichungen der Polgeraden und der Asymptote an. Erläutern Sie Ihre Ergebnisse ökonomisch.
Ermitteln Sie, welche Faktormengenkombination zu möglichst geringen Produktionskosten führt. Bestimmen Sie die minimalen Produktionskosten. Erstellen Sie nach Durchführung aller notwendigen Berechnungen eine passende Grafik und erläutern Sie diese ausführlich.

Handlungssituation 2

In einem Industrieunternehmen werden Untersuchungen über die kostengünstigste Kombination des Produktionsfaktors Arbeit x mit dem Produktionsfaktor Kapital y (hier in Form von Maschinenarbeit) gemacht. Der Produktionsfaktor Maschinenarbeit kostet 24 GE/ME, der Produktionsfaktor Arbeit kostet 16 GE/ME.
Gegeben sind drei Isoquantenfunktionen für unterschiedliche Produktionsmengen:

$I_{P_{280}}$ mit $y(x) = \dfrac{4}{x-2} + 3;\ x \in D_{\text{ök}}$

$I_{P_{350}}$ mit $y(x) = \dfrac{6}{x-2} + 3;\ x \in D_{\text{ök}}$

$I_{P_{490}}$ mit $y(x) = \dfrac{8}{x-2} + 3;\ x \in D_{\text{ök}}$

a) Erläutern Sie, welche Gemeinsamkeiten und Unterschiede den Funktionsgleichungen hinsichtlich des Verlaufs ihrer Graphen zu entnehmen sind. Skizzieren Sie die Isoquanten in ein gemeinsames Koordinatensystem.

b) Entscheiden Sie begründet, ob mit einer Kostensumme von 200 GE die oben genannten Outputmengen erzielt werden können.
Wenn ja, berechnen Sie die jeweiligen Faktormengenkombinationen. Existiert eine Minimalkostenkombination? Begründen Sie Ihre Auffassung. Stellen Sie Ihre Überlegungen grafisch dar.

c) Durch Änderungen der Tarifverträge und die Anschaffung einer neuen Maschine haben sich die Faktorpreise geändert: Eine Arbeitsstunde kostet jetzt 30 GE/ME und eine Maschinenstunde 20 GE/ME. Die Kostensumme soll 240 GE betragen. Berechnen Sie, ob jetzt ein Output von 350 ME erreicht werden kann. Beurteilen Sie Ihr Ergebnis.

eA Handlungssituation 3

Für die Produktion eines Gutes gelte die Isoquantenschar

$I_{P;a}$ mit $y_a(x) = \dfrac{a}{x-1} + 3$.

Zunächst gelte $I_{P;9}$ mit $y_9(x) = \dfrac{9}{x-1} + 3$ für eine Produktion von 9 ME. Der Faktor x kostet 4 GE/ME, der Faktor y kostet 10 GE/ME.

a) Geben Sie die Kosten der Produktion für 9 ME an, wenn 2 oder 10 Mengeneinheiten des Produktionsfaktors x eingesetzt werden.

b) Bei Produktionskosten in Höhe von 80 GE lässt sich ein Output von 9 ME unter Einsatz von 10 ME des Faktors x und mit 4 ME des Faktors y produzieren. Beurteilen Sie, ob die gleiche Produktion auch noch mit anderen Faktorkombinationen möglich ist.

c) Bestimmen Sie die Minimalkostenkombination für eine Produktionsmenge in Höhe von 9 ME. Berechnen Sie die minimalen Kosten zur Produktion von 9 ME.

d) Die Faktorpreise haben sich geändert: $p_x = 3$ GE/ME, $p_y = 4$ GE/ME. Die Kostensumme der eingesetzten Produktionsfaktoren soll nur noch 27 GE betragen. Berechnen Sie, für welche Isoquante der Schar

$I_{P;a}$ mit $y_a(x) = \dfrac{a}{x-1} + 3$

mit der sich ergebenden Isokostengeraden eine Minimalkostenkombination realisiert wird. Bestimmen Sie die optimale Faktorkombination.

eA Handlungssituation 4

In einem Betrieb werden Untersuchungen über die kostengünstigste Kombination des Produktionsfaktors x mit dem Produktionsfaktor y durchgeführt. Der Produktionsfaktor x kostet 25 GE/ME, der Produktionsfaktor y kostet $16,\overline{6}$ GE/ME. Das Kostenbudget für den Einsatz der beiden Produktionsfaktoren soll 200 GE betragen.

Es wird eine Produktionsmenge angestrebt, die durch die Isoquantenfunktion mit der allgemeinen Form $I_{P;c}$ mit $y_c(x) = \dfrac{6}{x-2} + c$ ausgedrückt werden kann.

a) Berechnen Sie die Minimalkostenkombination.

b) Bestimmen Sie die Gleichung der Isoquante, die den maximal möglichen Output zum Ausdruck bringt, der mit einer Kostensumme von 200 GE erreicht werden kann.

Gehen Sie im Folgenden von $I_{P;3}$ mit $y_3(x) = \dfrac{6}{x-2} + 3$ aus.

c) Berechnen Sie die Grenzrate der Substitution für das Betriebsmittel x, wenn 4 ME dieses Betriebsmittels bei der Produktion eingesetzt werden. Interpretieren Sie den berechneten Wert.

d) Begründen Sie, bei welcher Einsatzmenge des Betriebsmittels x eine Veränderung des Betriebsmitteleinsatzes von x eine genau entsprechende gegenläufige Veränderung des Einsatzes des Betriebsmittels y verursacht.

Handlungssituation 5

Für Outputmengen in Höhe von 200 ME, 300 ME und 400 ME sind die Isoquanten gegeben:

$I_{P_{200}}$ mit $y(x) = \dfrac{2}{x-1} + 2$

$I_{P_{300}}$ mit $y(x) = \dfrac{2}{x-1} + 3$

$I_{P_{400}}$:

x	2	3	5
y	6	5	4,5

Der Preis des Betriebsmittels x beträgt 20 GE/ME, der Preis des Betriebsmittels y beträgt 10 GE/ME. Die zur Verfügung stehende Kostensumme beläuft sich auf 90 GE.

a) Berechnen Sie, welche Produktionsmengen mit diesem Kostenbudget realisierbar sind. Erläutern Sie, wie die Betriebsmittel dann kombiniert werden müssen. Veranschaulichen Sie Ihre Ergebnisse mit einer Grafik.

b) Geben Sie an, welche Kostensumme mindestens erforderlich ist, um eine Produktionsmenge von 400 ME zu erreichen.

Handlungssituation 6

Ein Betrieb kann mögliche Kombinationen der Produktionsfaktoren x und y, mit denen unterschiedliche Outputmengen hergestellt werden können, durch die Isoquanten mit

$I_{P_{300}}$ mit $y(x) = \dfrac{3}{x-2} + 1$

$I_{P_{400}}$ mit $y(x) = \dfrac{5}{x-2} + 1$

$I_{P_{500}}$ mit $y(x) = \dfrac{7}{x-2} + 1$

beschreiben. Der Preis des Produktionsfaktors x beträgt 30 GE je ME, der Preis des Produktionsfaktors y beträgt 10 GE je ME.

a) Berechnen Sie die optimale Kombination der Produktionsfaktoren, um 300 ME des Produktes herzustellen. Berechnen Sie, wie hoch dann die Produktionskosten sind.

b) Bestimmen Sie die Gleichung der Isokostengeraden, die bei unveränderten Faktorpreisen und einer Faktorkombination von $x = 5$ ME und $y = 2$ ME einen Output von 300 ME ermöglicht. Berechnen Sie die dann benötigte Kostensumme. Erläutern Sie, welche weiteren Faktorkombinationen mit dieser Kostensumme einen Output von 300 ME ermöglichen. Ermitteln Sie, wie hoch dann jeweils die Grenzrate der Substitution ist.

Veranschaulichen Sie Ihre Ergebnisse – soweit möglich – mit einer Grafik.

1.3 Weitere Kurvenanpassungen

1.3.1 Angebot und Nachfrage

Situation 1

Auf dem Markt für ein Gut soll das gesamtwirtschaftliche Angebot durch eine Parabel modelliert werden, die folgende Eigenschaften erfüllt: Die Anbieter sind erst bereit das Produkt anzubieten, wenn der Preis 1 GE/ME überschreitet. Bei einer angebotenen Menge von 5 ME hat die Angebotskurve einen Hochpunkt, bei einer angebotenen Menge von 2 ME beträgt die Steigung der Angebotskurve 1,2.

Für die gesamtwirtschaftliche Nachfrage gilt, dass es keinen Höchstpreis gibt, weil es auch bei extrem hohen Marktpreisen immer noch Nachfrager gibt, die dieses Produkt kaufen wollen. Selbst bei sehr niedrigen Preisen ist der Markt für dieses Produkt nie vollständig gesättigt. Bei einem Marktpreis von 5,6 GE/ME beträgt die Nachfrage 0,5 ME.

a) Ermitteln Sie die Gleichung der Angebotsparabel und der Nachfragehyperbel der einfachsten Form. p ist der jeweilige Marktpreis in GE/ME und x die entsprechende gesamtwirtschaftlich angebotene oder nachgefragte Menge in ME. Geben Sie auch den jeweils ökonomisch sinnvollen Definitionsbereich der Funktionen an.

b) Bestimmen Sie mit dem Taschenrechner den Gleichgewichtspreis und die Gleichgewichtsmenge für das Produkt auf dem Markt.

c) Skizzieren Sie die Graphen der Funktionen für den ökonomisch sinnvollen Definitionsbereich mit dem Marktgleichgewicht und den gegebenen Daten.

d) Die Marktverhältnisse haben sich geändert. Die Nachfragekurve soll jetzt die Form $p_N(x) = \frac{2,8}{x-b}$ haben. Erläutern Sie allgemein die Wirkung des Parameters b in dieser Gleichung auf den Verlauf der Nachfragekurve. Bestimmen Sie den Parameter b so, dass jetzt ein Höchstpreis von 4 GE/ME gilt.

Lösung

a) • Angebotsfunktion

$p_A(x) = a x^2 + b x + c$

$p_A'(x) = 2 a x + b$

Bedingung ⇒ Gleichung

$p_A(0) = 1$ ⇒ $\underline{c = 1}$

$p_A'(5) = 0$ ⇒ $\underline{10 a + b = 0}$

$p_A'(2) = 1,2$ ⇒ $4 a + b = 1,2$

Subtrahiert man die 3. Gleichung von der 2. Gleichung, erhält man:

$6 a = -1,2 \Leftrightarrow \underline{a = -0,2}$

Dieser Wert in die 2. Gleichung eingesetzt:

$-2 + b = 0$ $\qquad\qquad\qquad\qquad \Leftrightarrow\ \underline{b = 2}$

Somit lautet die Gleichung der Angebotsfunktion:

$\underline{p_A(x) = -0,2x^2 + 2x + 1}$

$\underline{D_{\ddot{o}k}(p_A) = [0;\,5]}$, weil die Angebotskurve einen Hochpunkt bei $x = 5$ hat und immer streng monoton steigen muss (sonst würden bei fallendem Marktpreis größere Mengen angeboten, was ökonomisch nicht sinnvoll ist).

- **Nachfragefunktion**

  $p_N(x) = \dfrac{a}{x}$ mit einer Polgeraden $x = 0$ und einer Asymptote mit $f^*(x) = 0$

  Bedingung $\Rightarrow$ Gleichung

  $p_A(0,5) = 5,6 \quad\Rightarrow\quad \dfrac{a}{0,5} = 5,6 \qquad \Leftrightarrow\quad \underline{a = 2,8}$

  Somit lautet die Gleichung der Nachfragefunktion:

  $\underline{\underline{p_N(x) = \dfrac{2,8}{x}}};\ \underline{\underline{D_{\ddot{o}k}(p_N) = (0;\,\infty) = \mathbb{R}_+^*}}$

b) $\qquad\qquad p_A(x) = p_N(x)$

$-0,2x^2 + 2x + 1 = \dfrac{2,8}{x}$

Eingabe der Funktionsterme von p_A und p_N in den Y-Editor für Y1 und Y2 in den Taschenrechner (vgl. GTR-Anhang 4): 2ND , [CALC], 5:intersect

führt zu: $\underline{G(1/2,8)} \Rightarrow$ Gleichgewichtsmenge $\underline{\underline{x_G = 1}}$ [ME] und

Gleichgewichtspreis $\underline{\underline{p_G = 2,8}}$ [GE/ME]

c) s. Abb.

d) Der Parameter b verschiebt den Graphen entsprechend seinem Vorzeichen in x-Richtung. Dadurch verschiebt sich auch die Polgerade von $x = 0$ zu $x = b$.

Für einen Höchstpreis $p_H = 4$ muss gelten:

$p_N(0) = 4 \ \Rightarrow\ \dfrac{2,8}{0 - b} = 4 \Leftrightarrow 2,8 = -4b$

$\qquad\qquad\qquad \Leftrightarrow b = -0,7$

Also lautet die neue Nachfragegleichung:

$\underline{\underline{p_N(x) = \dfrac{2,8}{x + 0,7}}}$

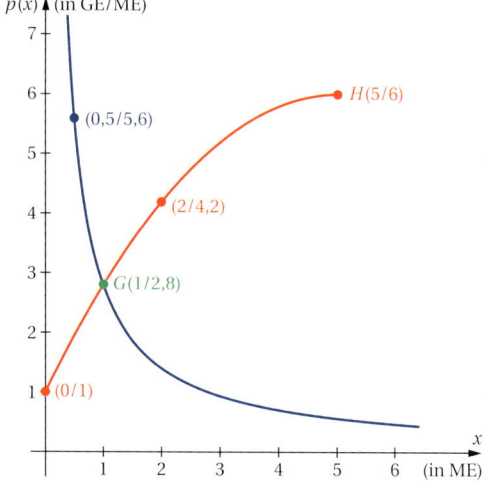

Übungsaufgaben

1 Auf dem Markt für ein Gut soll das gesamtwirtschaftliche Angebot durch eine Parabel modelliert werden. Dabei soll ein Mindestangebotspreis von 1,5 GE/ME gelten. Die Angebotskurve soll einen Hochpunkt bei einer Angebotsmenge von 8 ME haben, der Preis beträgt dann 7,9 GE/ME.

Für die gesamtwirtschaftliche Nachfrage gilt, dass es keinen Höchstpreis gibt, weil es auch bei extrem hohen Marktpreisen immer noch Nachfrager gibt, die dieses Produkt kaufen wollen. Selbst bei extrem niedrigen Preisen ist der Markt für dieses Produkt nie vollständig gesättigt. Bei einem Marktpreis von 3,24 GE/ME beträgt die Nachfrage 5 ME.

a) Ermitteln Sie die Gleichung der Angebotsfunktion und die der hyperbelförmigen Nachfragefunktion. Dabei ist p der jeweilige Marktpreis in GE/ME und x die entsprechende gesamtwirtschaftlich angebotene oder nachgefragte Menge in ME. Geben Sie auch den jeweils ökonomisch sinnvollen Definitionsbereich der Funktionen an.

b) Bestimmen Sie den Gleichgewichtspreis und die Gleichgewichtsmenge für das Produkt auf dem Markt. Ermitteln Sie den Gesamtumsatz mit dem Produkt auf dem Markt im Marktgleichgewicht.

c) Skizzieren Sie die Graphen der Funktionen für den ökonomisch sinnvollen Definitionsbereich mit den gegebenen Daten und den ermittelten Ergebnissen.

d) Die Nachfragekurve soll jetzt durch eine Gleichung der Form $p_N(x) = \dfrac{2,8}{x} + c$ angepasst werden. Erläutern Sie allgemein die Wirkung des Parameters c in dieser Gleichung auf den Graphen der Nachfragefunktion. Bestimmen Sie den Parameter c so, dass die Sättigungsmenge $x_S = 7$ ME beträgt.

2 Das gesamtwirtschaftliche Angebot für ein Produkt und die gesamtwirtschaftliche Nachfrage nach diesem Produkt sollen durch quadratische Funktionen modelliert werden.

Die Nachfragekurve soll eine doppelte Nullstelle bei $x = 5$ haben und die y-Achse bei 5 schneiden.

Die Angebotskurve hat für den ökonomisch sinnvollen Definitionsbereich die Randpunkte $R_1(0/1,8)$ und $R_2(5/6,8)$. In R_2 beträgt die Steigung der Angebotskurve 0,5.

a) Ermitteln Sie die Gleichung der Angebots- und der Nachfragefunktion. Dabei ist p der jeweilige Marktpreis in GE/ME und x die entsprechende gesamtwirtschaftlich angebotene oder nachgefragte Menge in ME. Geben Sie auch den jeweils ökonomisch sinnvollen Definitionsbereich der Funktionen an.

b) Geben Sie die Sättigungsmenge, den Höchstpreis und den Mindestangebotspreis an.

c) Bestimmen Sie das Marktgleichgewicht.

d) Skizzieren Sie die Graphen der Funktionen für den ökonomisch sinnvollen Definitionsbereich mit den gegebenen Daten und den ermittelten Ergebnissen.

e) Die Nachfragekurve soll jetzt so verändert werden, dass der Höchstpreis $p_H = 5$ gilt und die doppelte Nullstelle, die die Sättigungsmenge darstellt, bei $x_S = 6$ liegt.

3 Die gesamtwirtschaftliche Nachfrage nach einem Produkt soll modelliert werden mit einer Hyperbel der Form $p_N(x) = \dfrac{a}{x-b} + c$. Auf dem Markt für dieses Gut ist ein Höchstpreis von 25,8 GE/ME realisierbar, die Sättigungsmenge beträgt 6,45 ME. Bei einem Preis von 3,56 GE/ME werden 2 ME nachgefragt.

Das gesamtwirtschaftliche Angebot soll durch eine ganzrationale Funktion 3. Grades modelliert werden. Die größte Steigung des Funktionsgraphen beträgt an der Stelle $x = \dfrac{10}{3}$ $m = \dfrac{20}{3}$. Der Tiefpunkt der Kurve hat die Koordinaten $(0/1)$, der Hochpunkt befindet sich an der Stelle $x = \dfrac{20}{3}$. p ist der jeweilige Marktpreis in GE/ME und x die entsprechende gesamtwirtschaftlich angebotene oder nachgefragte Menge in ME.

a) Ermitteln Sie die Gleichung der Angebots- und der Nachfragefunktion. Geben Sie auch den jeweils ökonomisch sinnvollen Definitionsbereich der Funktionen an.

b) Bestimmen Sie den Gleichgewichtspreis und die Gleichgewichtsmenge und den Umsatz im Marktgleichgewicht für das Produkt.

c) Untersuchen Sie detailliert, welche Situation auf dem Markt bei einem Preis von 10 GE/ME bestehen würde.

d) Skizzieren Sie die Graphen der Funktionen für den ökonomisch sinnvollen Definitionsbereich mit den gegebenen Daten und Ergebnissen.

e) Das Verhalten der Anbieter auf dem Markt hat sich geändert. Bestimmen Sie den Parameter b in $p_A(x) = -0{,}2x^3 + bx^2 + 1$ so, dass die Angebotskurve ihre größte Steigung an der Stelle $x = 4$ hat. Berechnen Sie die maximale Steigung der neuen Angebotskurve.

eA 1.3.2 Elastizität

Mithilfe der **Ableitung** wird das *absolute* **Änderungsverhalten** funktional abhängiger Variablen ermittelt. Die 1. Ableitung gibt an, um wie viele Einheiten sich die abhängige Variable f absolut ändert, wenn die unabhängige Variable x um eine (beliebig kleine) *absolute* Einheit verändert wird.

Die Einheit der momentanen Änderungsrate ergibt sich als Quotient aus den Einheiten der verwendeten Variablen. So ist z. B. für die momentane Änderungsrate der Gesamtkosten (= Grenzkosten) die Einheit $\dfrac{\text{GE}}{\text{ME}}$.

Der Gebrauch des Elastizitätsbegriffes kann das Änderungsverhalten von Variablen noch aussagekräftiger beschreiben, weil das jeweilige **Ausgangsniveau** der zugrunde liegenden Variablen **berücksichtigt** wird. Z.B.: Bei einer absoluten Preiserhöhung um 1 GE/ME bei einem Ausgangsniveau von 4 GE/ME beträgt die relative (prozentuale) Preisänderung: $\dfrac{1}{4} = 0{,}25 = 25\,\%$. Bei einem Ausgangsniveau von 3 GE/ME bedeutet die gleiche absolute Preisänderung aber eine prozentuale Preiserhöhung um $\dfrac{1}{3} = 0{,}\overline{3} = 33{,}\overline{3}\,\%$.

Die **Elastizität** drückt das *relative* **Änderungsverhalten** funktional abhängiger Variablen aus.

Situation 2

Die Nachfragefunktion $p_N(x) = -0,5x + 5$ mit dem nebenstehend abgebildeten Graphen gibt die Abhängigkeit der nachgefragten Menge vom Preis einer Ware an.

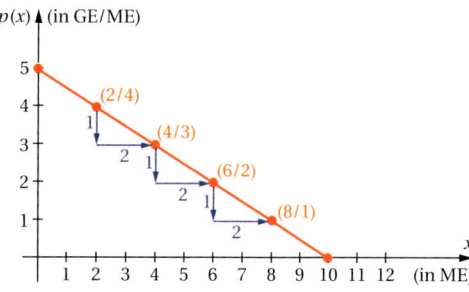

Berechnen Sie die *relative (prozentuale)* Änderung der Nachfrage als Anteil an der relativen (prozentualen) Preisänderung, wenn der Preis jeweils um eine GE

a) von 4 GE/ME auf 3 GE/ME

b) von 3 GE/ME auf 2 GE/ME und

c) von 2 GE/ME auf 1 GE/ME

gesenkt wird (vgl. Abb.).

Lösung

Bei der folgenden relativen Betrachtung werden die prozentualen Mengenänderungen ins Verhältnis gesetzt zu den prozentualen Preisänderungen. Dabei wird das jeweilige Ausgangsniveau der Änderungen berücksichtigt.

a) Preissenkung von 4 GE/ME auf 3 GE/ME:

Absolute Preisänderung: -1 GE/ME, alter Preis: 4 GE/ME

Prozentuale Preisänderung: $\dfrac{\Delta p}{p} = \dfrac{-1\frac{GE}{ME}}{4\frac{GE}{ME}} = -0,25 = \underline{-25\%}$

Absolute Mengenänderung: 2 ME, alte Menge: 2 ME

Prozentuale Mengenänderung: $\dfrac{\Delta x}{x} = \dfrac{2\,ME}{2\,ME} = 1 = \underline{100\%}$

Anteil der relativen Mengenänderung an der relativen Preisänderung:

$$\dfrac{\frac{\Delta x}{x}}{\frac{\Delta p}{p}} = \dfrac{1}{-0,25} = -4 = \underline{\underline{-400\%}}$$

Bei einem Marktpreis von $p = 4$ GE/ME und einer Preissenkung um 1 GE/ME ist die relative Zunahme der Nachfragemenge 4-mal so groß wie die relative Preissenkung. Anders ausgedrückt: Die prozentuale Nachfragezunahme beträgt das 4-Fache, also 400 % der prozentualen Preissenkung.

b) Preissenkung von 3 GE/ME auf 2 GE/ME:

Absolute Preisänderung: -1 GE/ME, alter Preis: 3 GE/ME

Prozentuale Preisänderung: $\dfrac{\Delta p}{p} = \dfrac{-1\frac{GE}{ME}}{3\frac{GE}{ME}} = -0,\overline{3} = \underline{-33,\overline{3}\%}$

Absolute Mengenänderung: 2 ME, alte Menge: 4 ME

Prozentuale Mengenänderung: $\dfrac{\Delta x}{x} = \dfrac{2\,ME}{4\,ME} = 0,5 = \underline{50\%}$

Anteil der relativen Mengenänderung an der relativen Preisänderung:

$$\frac{\frac{\Delta x}{x}}{\frac{\Delta p}{p}} = \frac{0{,}5}{-0{,}\overline{3}} = -1{,}5 = \underline{\underline{-150\,\%}}$$

Bei einem Marktpreis von $p = 3\ \text{GE/ME}$ und einer Preissenkung um 1 GE/ME ist die relative Zunahme der Nachfragemenge 1,5-mal so groß wie die relative Preissenkung. Anders ausgedrückt: Die prozentuale Nachfragezunahme beträgt das 1,5-Fache, also 150 % der prozentualen Preissenkung.

c) **Preissenkung von 2 GE/ME auf 1 GE/ME:**

Absolute Preisänderung: – 1 GE/ME, alter Preis: 2 GE/ME

Prozentuale Preisänderung: $\dfrac{\Delta p}{p} = \dfrac{-1\ \frac{\text{GE}}{\text{ME}}}{2\ \frac{\text{GE}}{\text{ME}}} = -0{,}5 = \underline{\underline{-50\,\%}}$

Absolute Mengenänderung: 2 ME, alte Menge: 6 ME

Prozentuale Mengenänderung: $\dfrac{\Delta x}{x} = \dfrac{2\ \text{ME}}{6\ \text{ME}} = 0{,}\overline{3} = \underline{\underline{33{,}\overline{3}\,\%}}$

Anteil der relativen Mengenänderung an der relativen Preisänderung:

$$\frac{\frac{\Delta x}{x}}{\frac{\Delta p}{p}} = \frac{0{,}\overline{3}}{-0{,}5} = -0{,}\overline{6} = \underline{\underline{-66{,}\overline{6}\,\%}}$$

Bei einem Marktpreis von $p = 2\ \text{GE/ME}$ und einer Preissenkung um 1 GE/ME ist die relative Zunahme der Nachfragemenge 0,6-mal so groß wie die relative Preissenkung. Anders ausgedrückt: Die prozentuale Nachfragezunahme beträgt das 0,6-Fache, also 66,6 % der prozentualen Preissenkung.

Die drei Ergebnisse im Vergleich: Je niedriger der Preis, desto geringer ist die (gegenläufige) Wirkung einer Preisänderung auf die Nachfragemenge.

Das Verhältnis der prozentualen Änderung der abhängigen Variablen (die Wirkung) zur prozentualen Änderung der unabhängigen Variablen (der Ursache) heißt **Elastizität *e*.**
Die **Elastizität *e* beschreibt die Heftigkeit der Wirkung auf eine Ursache.** Die Elastizität ist eine Zahl ohne Einheit.
Wesentlich ist dabei der Betrag der Elastizität: $|e|$. Das Vorzeichen der Elastizität sagt lediglich aus, ob Wirkung und Ursache gleichgerichtet (*e* ist positiv) oder gegensätzlich gerichtet sind (*e* ist negativ). So ist die Elastizität der Nachfrage bezüglich des Preises negativ, weil Preis- und Mengenänderungen entgegengerichtet sind:
Prei*ssenkung* → *Zunahme* der nachgefragten Menge,
Prei*serhöhung* → *Rückgang* der nachgefragten Menge.

$$\textbf{Elastizität} = \frac{\textbf{Wirkung in \%}}{\textbf{Ursache in \%}} = \frac{\textbf{Prozentuale Veränderung der abhängigen Variablen}}{\textbf{Prozentuale Veränderung der unabhängigen Variablen}}$$

Die Elastizität ist eine Größe ohne Einheit und gibt das relative Ausmaß der Wirkung auf eine Änderung der Ursache an.

Für die Elastizität der Nachfrage x bezüglich des Preises p, oft auch als **Preiselastizität der Nachfrage** bezeichnet, gilt:

$$e_{x;p} = \frac{\text{prozentuale Mengenänderung}}{\text{prozentuale Preisänderung}} = \frac{\frac{\Delta x}{x}}{\frac{\Delta p}{p}}$$

**Elastizität der Nachfrage x bezüglich des Preises p
= Preiselastizität der Nachfrage**

In der Wirtschaftstheorie wird bei der Untersuchung des Elastizitätsverhaltens ökonomischer Funktionen von **beliebig kleinen Veränderungen der Variablen** ausgegangen. Dies ist notwendig, weil die Funktionsgraphen krummlinig verlaufen können oder weil die ME und GE sehr große Beträge oder Stückzahlen sein können. Statt der Differenzen Δx und Δp werden deshalb die **Differenziale[1] $\mathbf{d}x$** und $\mathbf{d}p$ verwendet. Für die Preiselastizität der Nachfrage ergibt sich dann:

$$e_{x;p} = \frac{\frac{\mathrm{d}x}{x}}{\frac{\mathrm{d}p}{p}} = \frac{\mathrm{d}x}{x} \cdot \frac{p}{\mathrm{d}p} = \frac{\mathrm{d}x}{\mathrm{d}p} \cdot \frac{p}{x} = \frac{1}{\frac{\mathrm{d}p}{\mathrm{d}x}} \cdot \frac{p}{x}$$

Da $\frac{\mathrm{d}p}{\mathrm{d}x} = p'$, also die 1. Ableitung von p ist, gilt:

$$e_{x;p} = \frac{1}{\frac{\mathrm{d}p}{\mathrm{d}x}} \cdot \frac{p}{x} = \frac{p}{p' \cdot x}$$

Die Elastizität als Funktionsgleichung in Abhängigkeit von x geschrieben ist für eine Nachfragefunktion p_N dann:

$$e_{x;p}(x) = \frac{p_N(x)}{p_N'(x) \cdot x}$$

**Funktionsgleichung für die Elastizität der Nachfrage bezüglich des Preises
= Funktionsgleichung für die Preiselastizität der Nachfrage**

Mit dieser Gleichung kann die Elastizität der Nachfrage bezüglich des Preises für beliebig kleine Preisveränderungen berechnet werden.

Situation 3

Die Nachfragefunktion mit $p_N(x) = -0{,}5x + 5$ gibt den Zusammenhang zwischen dem Marktpreis p eines Gutes in GE/ME und der gesamtwirtschaftlichen Nachfrage x nach diesem Gut in ME an.

a) Bestimmen Sie für diese Nachfragefunktion die Gleichung für die Elastizität der Nachfrage bezüglich des Preises (= Preiselastizität der Nachfrage) und skizzieren Sie den Graphen in ein gemeinsames Koordinatensystem mit dem Graphen der Nachfragefunktion.

---

[1] Differenziale sind beliebig kleine Teilstücke eines Ganzen.

b) Berechnen Sie, wie groß die Elastizität der Nachfrage bezüglich des Preises bei $x = 8$ ME ist. Interpretieren Sie den berechneten Wert.

c) Berechnen Sie, wie groß die Elastizität der Nachfrage bezüglich des Preises bei $p = 4$ GE/ME ist. Interpretieren Sie den berechneten Wert.

d) Erläutern Sie, was es bedeutet, wenn der *Betrag* der Elastizität der Nachfrage bezüglich des Preises $(= |e|)$

- 1 beträgt,
- größer als 1 ist,
- kleiner als 1 ist.

e) Bestimmen Sie die Nachfragemenge, bei der die relative Nachfrageänderung genau so groß wie die sie verursachende relative Preisänderung ist.

f) Bestimmen Sie die Nachfragemengen, bei der die relative Nachfrageänderung größer als die sie verursachende relative Preisänderung ist.

g) Bestimmen Sie die Nachfragemengen, bei der die relative Nachfrageänderung kleiner als die sie verursachende relative Preisänderung ist.

h) Erläutern Sie, wie die Nachfrage auf Preisänderungen reagiert, wenn

- der Markt gesättigt ist,
- der Höchstpreis erreicht ist.

Lösung

a) $e_{x;p}(x) = \dfrac{p_N(x)}{p_N'(x) \cdot x}$

$\underline{\underline{e_{x;p}(x) = \dfrac{-0,5x + 5}{-0,5 \cdot x}}}$

Graphen: s. Abb.

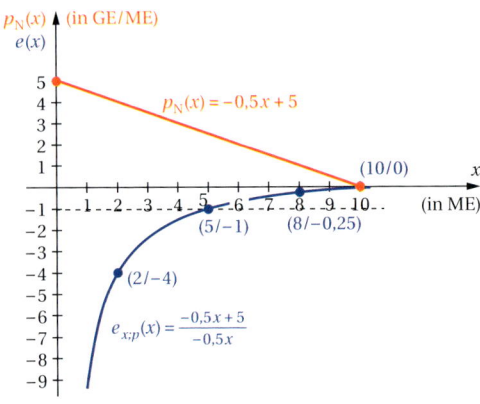

b) $e_{x;p}(8) = \dfrac{-0,5 \cdot 8 + 5}{-0,5 \cdot 8} = \dfrac{1}{-4} = -0,25 = \underline{\underline{-25\,\%}}$

Interpretation: Wenn die gesamtwirtschaftliche Nachfrage nach einem Gut 8 ME beträgt, bewirkt eine prozentuale Veränderung des Marktpreises eine gegenläufige Veränderung der Nachfrage um das 0,25-Fache der Preisänderung, d. h. um 25 % der prozentualen Preisänderung. Anschaulich[1]: Bei einer Preiserhöhung um 1 % beträgt der Nachfragerückgang dann also 25 % von 1 % = 0,25 %.

c) Es muss zunächst die Nachfragemenge x für $p = 4$ ermittelt werden:

$p(x) = -0,5x + 5$

$p(x) = 4$

$4 = -0,5x + 5$

---

[1]   Durch die Berechnung der Elastizität mit Differenzialen sind die Veränderungen eigentlich unendlich klein. Die prozentuale Darstellung der Wirkung auf eine 1%ige Veränderung der Ursache ist aber anschaulicher und damit besser verständlich.

$$0,5x = 1$$
$$\underline{\underline{x = 2}}$$

$$e_{x;p}(2) = \frac{-0,5 \cdot 2 + 5}{-0,5 \cdot 2} = \frac{4}{-1} = -4 = -400\,\%$$

Interpretation: Wenn der Marktpreis eines Gutes 4 GE beträgt (die nachgefragte Menge beträgt dann 2 ME), bewirkt eine prozentuale Veränderung des Marktpreises eine gegenläufige Veränderung der prozentualen Nachfrage um das 4-Fache der Preisänderung, d. h. um 400 %.

Anschaulich: Bei einer Preiserhöhung um 1 % beträgt der Nachfragerückgang 4 %.

d) Wenn der Betrag der Elastizität untersucht wird, spielt das Vorzeichen keine Rolle. Es wird dann nur der Betrag der Wirkung festgestellt, ohne Berücksichtigung der Gleich- oder Gegenläufigkeit der Wirkung zur Ursache.

- $|e| = 1$ bedeutet, dass die prozentuale Wirkung genau so groß ist wie die prozentuale Ursache. Die Nachfrageänderung (genauer: der Betrag der Nachfrageänderung) beträgt 100 % der Preisänderung.
- $|e| > 1$ (z. B. $e = -4$) bedeutet, dass die Wirkung größer ist als die Ursache. Die prozentuale Nachfrageänderung ist größer als die prozentuale Preisänderung.
- $|e| < 1$ (z. B. $e = -0,25$) bedeutet, dass die Wirkung kleiner ist als die Ursache. Die prozentuale Nachfrageänderung ist kleiner als die prozentuale Preisänderung.

e)
$$e_{x;p}(x) = -1$$
$$-1 = \frac{-0,5x + 5}{-0,5 \cdot x} \qquad | \cdot (-0,5x)$$
$$0,5x = -0,5x + 5 \qquad | + 0,5x$$
$$\underline{\underline{x = 5}}$$

Bei einer Nachfragemenge von 5 ME (entspricht einem Marktpreis von 2,5 GE) bewirkt eine prozentuale Preisänderung eine genau so große gegenläufige prozentuale Nachfrageänderung.

f)
$$e_{x;p}(x) < -1$$
$$-1 > \frac{-0,5x + 5}{-0,5 \cdot x} \qquad | \cdot (-0,5x)$$

Da der Faktor $-0,5x$ für positive x negativ ist, wird mit einem negativen Faktor multipliziert. In einer Ungleichung muss dann das Ungleichheitszeichen gewechselt werden.

$$0,5x < -0,5x + 5 \qquad | + 0,5x$$
$$\underline{\underline{x < 5}}$$

g)
$$e_{x;p}(x) > -1$$
$$-1 < \frac{-0,5x + 5}{-0,5 \cdot x} \qquad | \cdot (-0,5x)$$
$$0,5x > -0,5x + 5 \qquad | + 0,5x$$
$$\underline{\underline{x > 5}}$$

h) • Marktsättigung für $p_N(x) = 0$, also bei $x = 10$.

$$e_{x;p}(x) = \frac{-0{,}5x + 5}{-0{,}5x}$$

$$e_{x;p}(10) = \frac{-0{,}5 \cdot 10 + 5}{-0{,}5 \cdot 10} = \frac{0}{-5} = 0$$

Interpretation: Bei einer Nachfrage von $x = 10$ ME, also einem Marktpreis von $p = 0$ GE/ME, ist der Anteil der prozentualen Nachfrageänderung an der prozentualen Preisänderung gleich 0.

• Bei einem Höchstpreis $p_N(0) = 5$ ist die Nachfrage $x = 0$.

$$e_{x;p}(0) = \frac{-0{,}5 \cdot 0 + 5}{-0{,}5 \cdot 0} = \frac{5}{0} \text{ ist nicht definiert.}$$

Interpretation: Bei einem Marktpreis von $p = 5$ GE/ME ($x = 0$ ME) ist die prozentuale Nachfrageänderung im Verhältnis zur prozentualen Preisänderung unendlich groß.

Die **Preiselastizität der Nachfrage** beschreibt die **Heftigkeit der Reaktion** der Nachfrageänderung auf eine Preisänderung. Wir unterscheiden allgemein drei Fälle:

Allg. Begriffsbildung	Erklärung	Wert der Elastizität
Fließende Nachfrage	Eine Preisänderung um 1 % bewirkt eine 1 %ige Mengenänderung.	$|e| = 1$
Elastische Nachfrage	Ändert sich der Preis um 1 %, so ändert sich die Menge um mehr als 1 %.	$|e| > 1$
Unelastische Nachfrage	Eine 1 %ige Preisänderung bewirkt eine Mengenänderung, die unter 1 % liegt.	$|e| < 1$

Daneben gibt es noch zwei Sonderfälle:

Vollkommen elastische Nachfrage	Selbst kleinste Preisänderungen bewirken „unendlich große" Mengenänderungen.	$|e| \to \infty$
Vollkommen unelastische Nachfrage	Die Nachfrage ist starr. Eine Preisänderung hat keine Auswirkung auf die nachgefragte Menge.	$|e| = 0$

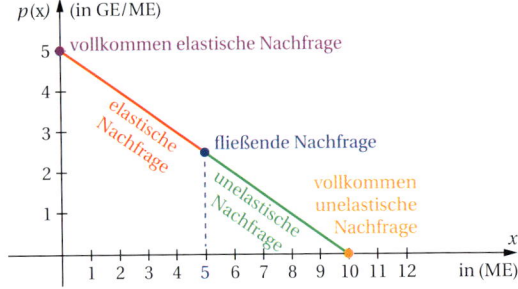

Neben der hier behandelten Preiselastizität der Nachfrage wird der Elastizitätsbegriff noch in vielen anderen Zusammenhängen gebraucht, z. B.:

- Elastizität des Angebots x bezüglich des Preises p (Preiselastizität des Angebots)
- Elastizität des Outputs x bezüglich des Faktoreinsatzes r (Faktorelastizität der Produktion)
- Elastizität des Konsums C bezüglich des Einkommens Y (Einkommenselastizität des Konsums)
- Elastizität der Gesamtkosten K bezüglich der Produktionsmenge x (Outputelastizität der Kosten, wird oft einfach als Kostenelastizität bezeichnet)

etc.

Situation 4

Die Gesamtkosten K (in GE) bei der Herstellung eines Produktes können in Abhängigkeit von der Produktionsmenge x (in ME) beschrieben werden durch
$K(x) = 0{,}4\,x^3 - 3\,x^2 + 8\,x + 1;\ D_{\text{ök}}(K) = [0;\,5]$.

a) Bestimmen Sie die Gleichung für die Elastizität der Gesamtkosten hinsichtlich der Produktionsmenge (= **Kostenelastizität**) mit ihrem ökonomisch sinnvollen Definitionsbereich.

Geben Sie die mathematischen Ansätze an und berechnen Sie dann mit dem Taschenrechner

b) die Kostenelastizität an der Stelle $x = 2$ und interpretieren Sie den berechneten Wert;

c) die Produktionsmenge, bei der die Reaktion der Gesamtkosten auf Veränderungen der Produktionsmenge am geringsten ist;

d) die Produktionsmenge, bei der die Reaktion der Gesamtkosten auf Veränderungen der Produktionsmenge am stärksten ist.

e) Geben Sie die Elastizitätsintervalle an.

Lösung

a) Für die Elastizität gilt grundsätzlich:

$$e = \frac{\text{Wirkung in \%}}{\text{Ursache in \%}} = \frac{\text{Prozentuale Veränderung der abhängigen Variablen}}{\text{Prozentuale Veränderung der unabhängigen Variablen}}$$

Allgemeine Elastizität

Da die Kosten von der Produktionsmenge abhängig sind, ergibt sich für die Elastizität der Kosten hinsichtlich der Produktionsmenge (= Kostenelastizität der Produktionsmenge)

$$\text{Kostenelastizität} = \frac{\text{Prozentuale Veränderung der Kosten}}{\text{Prozentuale Veränderung der Produktionsmenge}}$$

$$e_{K;x} = \frac{\frac{dK}{K}}{\frac{dx}{x}} = \frac{dK}{K} \cdot \frac{x}{dx} = \frac{dK}{dx} \cdot \frac{x}{K} = K' \cdot \frac{x}{K} = \frac{K' \cdot x}{K}$$

Als Funktionsgleichung geschrieben:

$$e_{K;x}(x) = \frac{K'(x) \cdot x}{K(x)}$$

Elastität der Kosten K hinsichtlich der Produktionsmenge x = Kostenelastizität

$$e_{K;x}(x) = \frac{(1{,}2x^2 - 6x + 8)x}{0{,}4x^3 - 3x^2 + 8x + 1}$$

$$e_{K;x}(x) = \frac{1{,}2x^3 - 6x^2 + 8x}{0{,}4x^3 - 3x^2 + 8x + 1}; \quad D_{\text{ök}}(e) = [0; 5]$$

b) Nach Eingabe des in Teilaufgabe a) ermittelten Terms der Elastizitätsfunktion in den Y-Editor wird der Funktionswert der Elastizitätsfunktion an der Stelle $x = 2$ berechnet (vgl. GTR-Anhang 2).

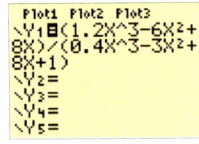 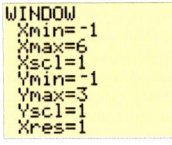  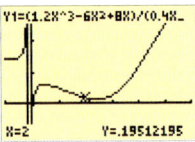

$$\underline{e_{K;x}(2) \approx 0{,}2}$$

Interpretation: Bei einer Produktionsmenge von 2 ME beträgt die prozentuale Kostenänderung ca. 20 % der prozentualen Änderung der Produktionsmenge. Wenn also die Produktionsmenge um 1 % verändert wird, bewirkt dies eine gleichläufige Kostenänderung in Höhe von 20 % der Änderung der Produktionsmenge, also um 0,2 %. Bei einer Produktion von 2 ME reagieren die Kosten also unelastisch auf eine Änderung der Produktionsmenge.

Man kann den Term der Elastizitätsfunktion auch vom Taschenrechner ermitteln lassen und dadurch z. B. Fehler beim Ableiten vermeiden:

- Bei Y1 den Term der Kostenfunktion eingeben.
- Bei Y2 die Ableitung der Kostenfunktion vom Taschenrechner bestimmen lassen (vgl. auch GTR-Anhang 9).
- Bei Y3 den Term für die Kostenelastizität eingeben. (Y1 und Y2 werden am einfachsten mit ALPHA , [F4] erzeugt.)

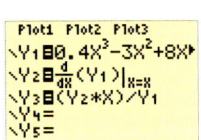

c) Die absolut geringste Kostenelastizität ist mit $e_{K;x}(0) = 0$ im linken Randpunkt $\underline{\underline{R_1(0/0)}}$ des ökonomisch sinnvollen Definitionsbereiches $D_{\text{ök}}(e) = [0;\ 5]$ gegeben. Bei einer Produktionsmenge von $x = 0$ ME reagieren die Gesamtkosten K vollkommen unelastisch auf Änderungen der Produktionsmenge.

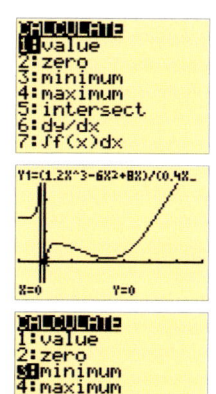

Der lokale (relative) Tiefpunkt des Graphen der Elastizitätsfunktion $\underline{\underline{T(2,4/0,15)}}$ gibt lediglich an, dass die Kostenelastizität bei $x = 2,4$ ME mit 15 % für alle Produktionsmengen in der Nähe von $x = 2,4$ ME am geringsten ist.

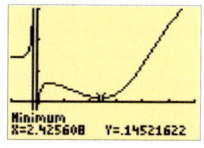

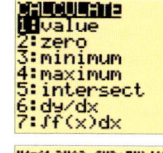

d) Die absolut höchste Kostenelastizität ist mit $e_{K;x}(5) = 2,5$ im rechten Randpunkt $\underline{\underline{R_2(5/2,5)}}$ des ökonomisch sinnvollen Definitionsbereiches $D_{\text{ök}}(e) = [0;\ 5]$ gegeben. Bei einer Produktionsmenge von $x = 5$ ME reagieren die Gesamtkosten K insofern elastisch auf eine Änderung der Produktionsmenge, als dass die relative Kostenänderung 250 % der relativen Änderung der Outputmenge beträgt.

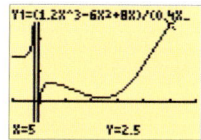

Der lokale (relative) Hochpunkt des Graphen der Elastizitätsfunktion $\underline{\underline{H(0,43/0,62)}}$ gibt an, dass die Kostenelastizität für $x = 0,43$ ME mit 62 % in der näheren Umgebung von $x = 0,43$ relativ am größten, aber unelastisch ist.

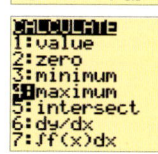

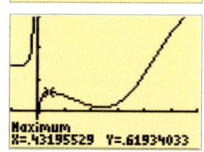

e) Eine in den Y-Editor eingegebene Gerade mit $y = 1$ veranschaulicht, bei welchen Produktionsmengen die Kostenelastizität größer oder kleiner als 1 ist.
Die Berechnung der Schnittstelle führt zu den Elastizitätsintervallen in $D_{\text{ök}}(e) = [0;\ 5]$:

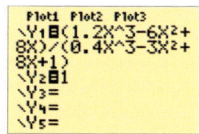

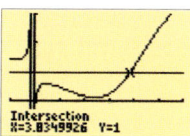

Unelastische Kosten $(e < 1)$ im Intervall $[0; 3,83)$
Elastische Kosten $(e > 1)$ im Intervall $(3,83; 5]$

Zusammenfassung

- **Allgemeine Elastizität:**

$$e = \frac{\text{Wirkung in \%}}{\text{Ursache in \%}} = \frac{\text{Prozentuale Veränderung der abhängigen Variablen}}{\text{Prozentuale Veränderung der unabhängigen Variablen}}$$

- **Elastizität des Funktionswertes f bezüglich des x-Wertes:**

$$e_{f;x}(x) = \frac{f'(x) \cdot x}{f(x)}$$

- **Elastizität der Nachfrage x bezüglich des Preises p (Preiselastizität der Nachfrage):**

$$e_{x;p}(x) = \frac{p(x)}{p'(x) \cdot x}$$

- **Elastizität der Gesamtkosten K bezüglich der Produktionsmenge x (Kostenelastizität):**

$$e_{K;x}(x) = \frac{K'(x) \cdot x}{K(x)}$$

Fließende Reaktion	Eine Änderung der unabhängigen Variablen um 1 % bewirkt eine 1%ige Änderung der abhängigen Variablen.	$\lvert e \rvert = 1$
Elastische Reaktion	Eine Änderung der unabhängigen Variablen um 1 % bewirkt eine Änderung der abhängigen Variablen um mehr als 1 %.	$\lvert e \rvert > 1$
Unelastische Reaktion	Eine Änderung der unabhängigen Variablen um 1 % bewirkt eine Änderung der abhängigen Variablen um weniger als 1 %.	$\lvert e \rvert < 1$
Vollkommen elastische Reaktion	Die Änderung der abhängigen Variablen als Reaktion auf eine Änderung der unabhängigen Variablen ist unendlich groß.	$\lvert e \rvert \to \infty$
Vollkommen unelastische Reaktion	Eine Änderung der unabhängigen Variablen bewirkt keine Veränderung der abhängigen Variablen.	$e = 0$

Übungsaufgaben

Preiselastizität der Nachfrage

1   Bestimmen Sie die Gleichung der Elastizitätsfunktion $e_{f;x}(x)$ und berechnen Sie dann die Elastizität der Funktionswerte bezüglich x an der angegebenen Stelle. Interpretieren Sie den berechneten Wert.

a) $f(x) = -\frac{2}{3}x + 5$; $x = 1$

b) $f(x) = -x^2 - x + 6$; $x = 1$

c) $f(x) = \frac{2}{x+6}$; $x = 1$

d) $f(x) = \frac{100}{x-4}$; $x = 1$

2   Gegeben sei die Nachfragefunktion mit $p_N(x) = -0,1x + 12$; $D_{ök}(p_N) = [0; 120]$.

   a) Ermitteln Sie die Elastizität der Nachfrage bezüglich des Preises bei einer Nachfrage-
       menge von 40 ME. Interpretieren Sie den berechneten Wert.

   b) Berechnen Sie die Preiselastizität der Nachfrage bei einem Preis von 5 GE/ME.

   c) Berechnen Sie, bei welchem Preis die Nachfragemenge fließend auf Preisänderun-
       gen reagiert.

   d) Berechnen Sie, bei welcher Nachfragemenge eine 1%ige Preissenkung eine 2%ige
       Nachfragesteigerung bewirkt.

   e) Berechnen Sie, bei welchem Marktpreis eine 1%ige Preissenkung eine 0,5%ige Nach-
       fragesteigerung bewirkt.

3   Die Preis-Absatz-Funktion für einen Anbieter von Garagentoren hat die Gleichung
   $p(x) = -0,1x^2 + 6,4$; $x \in D_{ök}(p)$. Dabei wird p in GE/ME und x in ME angegeben.

   a) Bestimmen Sie den ökonomisch sinnvollen Definitionsbereich der Preis-Absatz-
       Funktion.

   b) Ermitteln Sie die Funktionsgleichung für die Elastizität der Nachfrage bezüglich des
       Preises. Bestimmen Sie den ökonomisch sinnvollen Definitionsbereich.

   c) Bestimmen Sie die Elastizitätsintervalle der Nachfragefunktion.

   d) Bestimmen Sie $e_{x;p}(4)$ und interpretieren Sie den berechneten Wert.

   e) Beurteilen Sie die Preiselastizität für $p = 0$ und für $p = 6,4$.

4   Auf dem Markt für ein Gut kann die Nachfrage mit der Gleichung $p_N(x) = \dfrac{20}{x+2} - 1$
   beschrieben werden. Dabei wird p in GE/ME und x in ME angegeben.

   a) Ermitteln Sie den Höchstpreis und die Sättigungsmenge für das Gut.

   b) Bestimmen Sie den ökonomisch sinnvollen Definitionsbereich der Nachfragefunk-
       tion und skizzieren Sie ihren Graphen für $D_{ök}$.

   c) Ermitteln Sie die Elastizität der Nachfrage bezüglich des Preises bei einer Nachfrage-
       menge von 10 ME. Interpretieren Sie den berechneten Wert.

   d) Berechnen Sie die Preiselastizität der Nachfrage bei einem Preis von 4 GE/ME.

   e) Skizzieren Sie den Graphen der Funktion der Preiselastizität der Nachfrage. Bei
       welchen Preisen ist die Nachfrage fließend, elastisch, vollkommen elastisch, unelas-
       tisch, vollkommen unelastisch?

   f) Berechnen Sie die Nachfragemenge und den Marktpreis, bei dem eine 1%ige Preis-
       senkung eine 1,5%ige Nachfragesteigerung bewirkt.

Kostenelastizität

5   Die Gesamtkosten bei der Herstellung eines Produktes können bis zur Kapazitätsgrenze
   des Betriebes bei $x = 10$ ME mit der Gleichung $K(x) = 0,05x^2 + 0,1x + 1,05$ beschrieben
   werden.

   a) Bestimmen Sie die Gleichung für die Elastizität der Gesamtkosten hinsichtlich der
       Produktionsmenge. Skizzieren Sie den Graphen der Elastizitätsfunktion zusammen

mit dem Graphen der Gesamtkostenfunktion für den ökonomisch sinnvollen Definitionsbereich in ein gemeinsames Koordinatensystem.

b) Berechnen Sie die Kostenelastizität bei einer Produktion von 5 ME. Interpretieren Sie den berechneten Wert.

c) Bestimmen Sie die Produktionsmenge, bei der die Reaktion der Gesamtkosten auf Veränderungen der Produktionsmenge am geringsten ist. Wie hoch ist sie dann?

d) Bestimmen Sie die Produktionsmenge, bei der die Reaktion der Gesamtkosten auf Veränderungen der Produktionsmenge am stärksten ist. Wie hoch ist sie dann?

e) Geben Sie die Elastizitätsintervalle an.

6 Bei der Produktion eines Gutes können die Gesamtkosten mit der Gleichung $K(x) = 0{,}25\,x^3 - 2\,x^2 + 6\,x + 1;\ D_{\text{ök}}(K) = [0;\,6]$ beschrieben werden.

a) Bestimmen Sie die Gleichung für die Elastizität der Gesamtkosten hinsichtlich der Produktionsmenge. Skizzieren Sie den Graphen der Elastizitätsfunktion zusammen mit dem Graphen der Gesamtkostenfunktion für den ökonomisch sinnvollen Definitionsbereich in ein gemeinsames Koordinatensystem. Ermitteln Sie dazu für beide Graphen charakteristische Punkte in $D_{\text{ök}}(K)$.

b) Beschreiben Sie, wie sich die Kostenelastizität bei steigender Produktionsmenge verhält.

c) Der Betrieb produziert derzeit 4 ME. Erläutern Sie, wie sich eine Steigerung der Produktionsmenge um 1 % auf die relative Änderung der Gesamtkosten auswirken würde.

d) Bestimmen Sie die Produktionsmenge, bei der die relative Veränderung der Gesamtkosten als Folge einer Veränderung der Produktionsmenge doppelt so hoch wie die relative Veränderung der Produktionsmenge ist.

e) Geben Sie die Elastizitätsintervalle an.

7 a) Zeigen Sie allgemeingültig, dass für die Kostenelastizität der Zusammenhang

$$e_{K;x}(x) = \frac{\text{Grenzkosten}}{\text{Stückkosten}} = \frac{K'(x)}{k(x)}$$

gilt. Wie kann man diesen Zusammenhang nutzen?

b) Weisen Sie allgemeingültig nach:

Im Betriebsoptimum ist die Kostenelastizität immer gleich 1.

c) Zeigen Sie, dass bei gewinnmaximaler Produktion die Beziehung $e_{K;x}(x) = \dfrac{E'(x)}{k(x)}$ gilt.

d) Berechnen Sie die Elastizität der Kosten bezüglich des Outputs bei einer Produktionsmenge von 5 ME, wenn bei dieser Produktionsmenge die Grenzerlöse 4 GE / ME und die Gesamtkosten 15 ME betragen.

8 Für einen Betrieb gilt die Gesamtkostenfunktion K mit $K(x) = x^3 - 6x^2 + 12x + 2$.
Es können maximal 5 ME je Betriebsperiode produziert werden.

a) Bestimmen Sie die Gleichung für die Kostenelastizität mit ihrem ökonomisch sinnvollen Definitionsbereich und skizzieren Sie den Graphen der Elastizitätsfunktion
für den ökonomisch sinnvollen Definitionsbereich. Ermitteln Sie dazu die relativen
und absoluten Extrempunkte des Elastizitätsgraphen.

b) Beschreiben Sie, wie sich die Kostenelastizität (rein theoretisch) bei sehr großen
Produktionsmengen verhalten würde.

c) Berechnen Sie $e_{K;x}(1)$ und interpretieren Sie den berechneten Wert.

d) Berechnen Sie, bei welcher Produktionsmenge sich das Betriebsoptimum befindet
(vgl. Merksatz auf der Vorseite).

e) Zeigen Sie am Beispiel dieser Kostenfunktion, dass die Kostenelastizität dann ein
relatives Minimum erreicht, wenn die Gesamtkosten von einer degressiven zu einer
progressiven Entwicklung wechseln.

f) Geben Sie die Elastizitätsintervalle an. Erläutern Sie, wie die Kostenelastizität bei
$x = 0$ zu interpretieren ist.

1.3.3   Produktlebenszyklus

Die verschiedenen Phasen, die ein Produkt im
Verlauf seines „Lebens" von der Markteinführung bis zu seinem Ausscheiden aus dem
Markt durchläuft, werden durch die **Produktlebenszyklusfunktion** beschrieben.
Dabei kann sich der Produktlebenszyklus sowohl auf den Absatz als auch auf den Umsatz
eines Produktes beziehen.

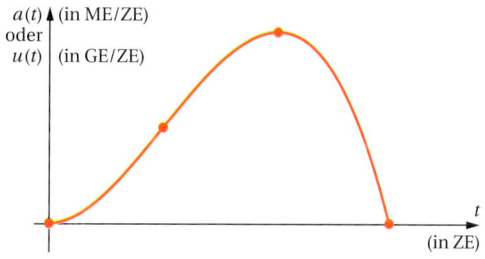

Eine **Produktlebenszyklusfunktion** ordnet jedem Zeitpunkt t den Absatz je Zeiteinheit
a (in Mengeneinheiten/Zeiteinheit) oder den Umsatz je Zeiteinheit u (in Geldeinheiten/
Zeiteinheit) zu.

Die Funktionswerte der Produktlebenszyklusfunktion geben also z. B. die Höhe des Absatzes
pro Jahr, des jährlichen Absatzes oder Jahresabsatzes (in ME/Jahr) an, oder auch des Umsatzes
pro Jahr, des jährlichen Umsatzes oder des Jahresumsatzes (in GE/Jahr).

Das ist nichts anderes als die **Absatzgeschwindigkeit** oder **Umsatzgeschwindigkeit**.

Die Absatz- oder Umsatzgeschwindigkeit wird, wie z.B. die Geschwindigkeit eines fahrenden Fahrzeugs, zu einem Zeit*punkt* angegeben und kann sich ständig ändern. Die Einheit der Geschwindigkeit, km/h, ME/Jahr oder GE/Jahr, kann irrtümlich den Eindruck erwecken, dass sie sich auf einen Zeit*raum* bezieht (eine Stunde oder ein Jahr). Tatsächlich bezieht sie sich aber immer auf einen Zeit*punkt*.

Situation 5

Der Lebenszyklus eines Produktes im Zeitablauf soll durch eine ganzrationale Funktion 3. Grades dargestellt werden. Dabei ist a der jährliche Absatz (in ME/Jahr) und t die Zeit (in Jahren) seit der Einführung des Produktes auf dem Markt. Der jährliche Absatz war 10 Jahre nach Markteinführung am größten und betrug 50 ME/Jahr.
5 Jahre nach Markteinführung war die Zunahme des jährlichen Absatzes am größten.

a) Bestimmen Sie die Gleichung der Produktlebenszyklusfunktion mit ihrem ökonomisch sinnvollen Definitionsbereich.

b) Ermitteln Sie den Zeitpunkt, zu dem das Produkt aus dem Markt ausgeschieden ist.

c) Skizzieren Sie den Graphen der Funktion für D_{max} und heben Sie den ökonomisch relevanten Teil des Graphen hervor.

d) Passen Sie die Produktlebenszyklusgleichung der Form $a(t) = -0{,}1\,t^3 + b\,t^2$ so an, dass das Produkt bereits 6 Jahre nach Markteinführung den höchsten Jahresabsatz erreicht. Ermitteln Sie für die neue Produktlebenszyklusfunktion den Zeitpunkt des Ausscheidens des Produktes aus dem Markt. Skizzieren Sie die neue Kurve für D_{max} und heben Sie den ökonomisch relevanten Teil des Graphen hervor.

Lösung

a) 1. **Allgemeine Form der gesuchten Funktionsgleichung** und die notwendigen **Ableitungsfunktionen**:

$$a(t) = b\,t^3 + c\,t^2 + d\,t + e$$
$$a'(t) = 3\,b\,t^2 + 2\,c\,t + d$$
$$a''(t) = 6\,b\,t + 2\,c$$

2. Aus der Situation gehen folgende **mathematisierte Bedingungen** hervor:

$$a'(10) = 0$$
$$a(10) = 50$$
$$a''(5) = 0$$
$$a(0) = 0, \text{ weil zum Zeitpunkt } t = 0 \text{ der Jahresabsatz 0 beträgt.}$$

3. **Gleichungen aufstellen**

Bedingungen	$\Rightarrow$	Gleichungen
$a'(10) = 0$	$\Rightarrow$	$300\,b + 20\,c + d = 0$
$a(10) = 50$	$\Rightarrow$	$1\,000\,b + 100\,c + 10\,d + e = 50$
$a''(5) = 0$	$\Rightarrow$	$30\,b + 2\,c = 0$
$a(0) = 0$	$\Rightarrow$	$e = 0$

4. **Lineares Gleichungssystem** (für e bereits 0 eingesetzt):

$$300\,b + 20\,c + d = 0$$
$$1\,000\,b + 100\,c + 10\,d = 50$$
$$30\,b + 2\,c = 0$$

5. **Erweiterte Koeffizientenmatrix**:

$$\begin{pmatrix} 300 & 20 & 1 & | & 0 \\ 1\,000 & 100 & 10 & | & 50 \\ 30 & 2 & 0 & | & 0 \end{pmatrix}$$

6. **Diagonalform** mit dem Taschenrechner (vgl. GTR-Anhang 7):

$$\begin{pmatrix} 1 & 0 & 0 & | & -0,1 \\ 0 & 1 & 0 & | & 1,5 \\ 0 & 0 & 1 & | & 0 \end{pmatrix}$$

7. **Koeffizienten**:

$$b = -0,1; \quad c = 1,5; \quad d = 0; \quad e = 0$$

8. **Funktionsgleichung**:

$$\underline{\underline{a(t) = -0,1\,t^3 + 1,5\,t^2;}}$$

$$\underline{\underline{D_{\ddot{o}k}(a) = [0; 15]}} \ \big(\text{s. Teilaufgabe b)}\big)$$

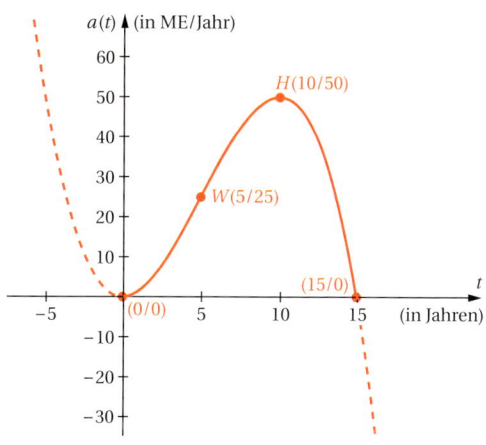

b) $a(t) = 0 \Rightarrow \underline{\underline{t_3 = 15}}$

15 Jahre nach Produkteinführung scheidet das Produkt aus dem Markt aus.

c) s. obere Abb.

d)
$$a(t) = -0,1\,t^3 + b\,t^2$$
$$a'(t) = -0,3\,t^2 + 2\,b\,t$$
$$a'(6) = 0$$
$$-10,8 + 12\,b = 0$$
$$12\,b = 10,8$$
$$\underline{\underline{b = 0,9}}$$

Angepasste Funktionsgleichung:

$$\underline{\underline{a(t) = -0,1\,x^3 + 0,9\,x^2}}$$

$$a(t) = 0 \Rightarrow \underline{\underline{t_{03} = 9}}$$

Mit den neuen Bedingungen scheidet das Produkt 9 Jahre nach der Produkteinführung aus dem Markt aus.

Neuer Graph: s. Abb. rechts

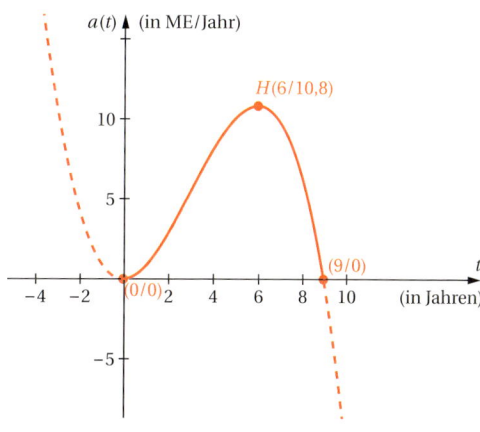

Übungsaufgaben

1 Der Lebenszyklus eines Produktes im Zeitablauf soll durch eine ganzrationale Funktion 3. Grades dargestellt werden. Dabei ist u der jährliche Umsatz in GE/Jahr und t die Zeit in Jahren seit der Einführung des Produktes auf dem Markt. Der jährliche Umsatz war 8 Jahre nach Markteinführung am größten und betrug 51,2 GE/Jahr. 4 Jahre nach Markteinführung war die Zunahme des jährlichen Umsatzes am größten.

   a) Bestimmen Sie die Gleichung der Produktlebenszyklusfunktion mit ihrem ökonomisch sinnvollen Definitionsbereich.

   b) Ermitteln Sie den Zeitpunkt, zu dem das Produkt aus dem Markt ausscheiden wird.

   c) Skizzieren Sie den Graphen der Funktion für D_{max} und heben Sie den ökonomisch relevanten Teil des Graphen hervor.

   d) Passen Sie die Produktlebenszyklusgleichung der Form $u(t) = a t^3 + 2{,}4 t^2$ so an, dass das Produkt bereits 2,5 Jahre nach Markteinführung die größte Zunahme des Jahresumsatzes erreicht. Ermitteln Sie für die neue Produktlebenszyklusfunktion den Zeitpunkt des größten Jahresumsatzes und seine Höhe. Skizzieren Sie die neue Kurve für D_{max} und heben Sie den ökonomisch relevanten Teil des Graphen hervor.

2 Der monatliche Absatz a eines Produktes (in ME/Monat) soll durch eine ganzrationale Funktion 4. Grades dargestellt werden. t gibt die Zeit in Monaten seit Einführung des Produktes auf dem Markt an. Das Produkt war 10 Monate auf dem Markt. Der monatliche Absatz war 7,5 Monate nach Markteinführung am größten. 5 Monate nach Markteinführung war die Zunahme des monatlichen Absatzes am größten. Der monatliche Absatz betrug zu diesem Zeitpunkt 12,5 ME/Monat.

   a) Bestimmen Sie die Gleichung der Produktlebenszyklusfunktion mit ihrem ökonomisch sinnvollen Definitionsbereich.

   b) Ermitteln Sie den maximalen Monatsabsatz, der mit dem Produkt erzielt werden konnte.

   c) Skizzieren Sie den Graphen der Funktion für D_{max} mit seinen wesentlichen Punkten und heben Sie den ökonomisch relevanten Teil des Graphen hervor.

   d) Passen Sie die Produktlebenszyklusgleichung der Form $a(t) = -0{,}02 t^4 + b t^3$ so an, dass der monatliche Absatz des Produktes bereits 9 Monate nach Markteinführung auf 0 gesunken ist. Skizzieren Sie den neuen Graphen mit seinen charakteristischen Punkten.

3 Der Graph, der den Produktlebenszyklus eines Produktes darstellt, hat die allgemeine Form $a(t) = b t^4 + c t^3 + d t^2$. Dabei gibt a den monatlichen Absatz in ME/Monat und t die Zeit in Monaten seit Einführung des Produktes an. Der Graph der Produktlebenszyklusfunktion hat Extrempunkte an den Stellen $x = 5$ und $x = 10$ und verläuft durch den Punkt P(2/2,56).

   a) Bestimmen Sie die Gleichung der Produktlebenszyklusfunktion mit ihrem ökonomisch sinnvollen Definitionsbereich.

b) Ermitteln Sie den maximalen Monatsabsatz, der mit dem Produkt erzielt werden konnte.

c) Skizzieren Sie den Graphen der Funktion für D_{max} mit seinen wesentlichen Punkten und heben Sie den ökonomisch relevanten Teil des Graphen hervor.

d) Passen Sie die Produktlebenszyklusgleichung der Form $a(t) = -0,01\,t^2\,(t-u)^2$ so an, dass die Lebensdauer des Produktes 12 Monate beträgt. Skizzieren Sie den neuen Graphen mit seinen wesentlichen Punkten für D_{max}. Heben Sie den ökonomisch relevanten Teil des Graphen hervor.

4 Der kumulierte Absatz A (in ME) eines Produktes im Zeitablauf t (in Jahren seit der Produkteinführung) kann durch eine ganzrationale Funktion 4. Grades dargestellt werden. Die größte Zunahme des kumulierten Absatzes erfolgte 8 Jahre nach der Produkteinführung. Zu diesem Zeitpunkt betrug der kumulierte Absatz 102,4 ME, die Absatzzunahme belief sich auf 25,6 ME/Jahr. 12 Jahre nach der Produkteinführung erreichte der kumulierte Absatz sein Maximum.

a) Bestimmen Sie die Gleichung für den kumulierten Absatz und geben Sie seinen ökonomisch sinnvollen Definitionsbereich an.

b) Ermitteln Sie die Funktionsgleichung, die die Änderung des kumulierten Absatzes a im Zeitablauf beschreibt. Geben Sie den ökonomisch sinnvollen Definitionsbereich der Funktion an.

c) Skizzieren Sie die Graphen zu A und a mit ihren charakteristischen Punkten in ein gemeinsames Koordinatensystem.

d) Interpretieren Sie den Verlauf des Graphen von a anwendungsbezogen.

e) Bestimmen Sie in $A(t) = -0,025\,t^4 + b\,t^3$ den Parameter b so, dass die größte Absatzzunahme bereits nach 6 Jahren erreicht wird.

1.3.4   Handlungssituationen zu weiteren Kurvenanpassungen

Angebot und Nachfrage, Elastizität (eA)

Die Handlungssituationen sollten Sie mit der Ihnen zur Verfügung stehenden Rechnertechnologie bearbeiten. Besonders wichtig ist die Interpretation der von Ihnen ermittelten Ergebnisse.

Handlungssituation 1

In einer Volkswirtschaft können die gesamtwirtschaftliche Nachfrage nach einem Gut und das gesamtwirtschaftliche Angebot mit Gleichungen linearer Funktionen modelliert werden. Die nachgefragte oder angebotene Menge x wird in ME angegeben, der Preis p in GE/ME. Der Markt für dieses Produkt ist mit 400 ME gesättigt. Der Höchstpreis beträgt 200 GE/ME. Erst wenn der Preis 80 GE/ME übersteigt, sind die Anbieter bereit, das Gut anzubieten. Mit jeder Preiserhöhung um 3 GE/ME nimmt das gesamtwirtschaftliche Angebot um 10 ME zu.

Untersuchen Sie die Nachfragefunktion und die Angebotsfunktion jeweils für den ökonomisch sinnvollen Definitionsbereich und skizzieren Sie ihre Graphen in eingemeinsames
Koordinatensystem.
Untersuchen Sie die Nachfrage und das Angebot auf dem Markt auch bei Marktpreisen, die
vom Gleichgewichtspreis abweichen. Führen Sie dazu beispielhafte Berechnungen durch
und visualisieren Sie diese in der Grafik.

eA Erläutern Sie, wie die Nachfrage auf eine Preiserhöhung um 1 GE/ME prozentual reagiert,
wenn sich der Markt im Gleichgewicht befindet.
Bestimmen Sie die Gleichung für die Elastizität der Nachfrage nach diesem Gut für beliebig
kleine Preisveränderungen und skizzieren Sie den Graphen. Geben Sie die Elastizitätsintervalle mit Mengen und Preisen an.

Handlungssituation 2

Für ein Produkt gilt die Nachfragefunktion p_N mit $p_N(x) = -0,5\,x^2 + c$.
Die Anbieter verhalten sich entsprechend der Angebotsfunktion p_A mit $p_A(x) = 2\,x + b$.
Die nachgefragte oder angebotene Menge x wird in ME angegeben, der Preis p in GE/ME. Der
Höchstpreis für das Produkt soll 18 GE/ME betragen, der Mindestangebotspreis 2 GE/ME.
Untersuchen Sie den Markt für das Produkt detailliert. Veranschaulichen Sie Ihre Ergebnisse
mit einer Grafik.

eA Untersuchen Sie die Preiselastizitätsfunktion für dieses Produkt anwendungsbezogen für
den ökonomisch sinnvollen Definitionsbereich und skizzieren Sie ihren Graphen. Tragen Sie
in die Grafik den Punkt ein, der für eine fließende Nachfrage steht.

Handlungssituation 3

Die gesamtwirtschaftliche Nachfrage nach einem Gut kann mit der Gleichung
$p_N(x) = 0,05\,x^2 - b\,x + 4$ beschrieben werden. Der Zusammenhang zwischen dem Marktpreis
und dem gesamtwirtschaftlichen Angebot entspricht der Gleichung $p_A(x) = a\,x^2 + 0,4\,x + 1,4$
(x in ME, p in GE/ME). Bei einem Marktpreis von 1,9 GE/ME beträgt die angebotene Menge 1 ME. Die nachgefragte Menge beträgt 4 ME bei einem Marktpreis von 0,8 GE/ME.
Untersuchen Sie den Markt für das Gut bei unterschiedlichen Marktpreisen detailliert.
Erläutern Sie die Situation für einen Marktpreis in Höhe von 2 GE/ME oder in Höhe von
3 GE/ME. Veranschaulichen Sie Ihre Ergebnisse in einer Grafik.

eA Untersuchen Sie die Funktion, die die Elastizität der Nachfrage bezüglich des Preises für die-
ses Gut beschreibt, für den ökonomisch sinnvollen Definitionsbereich.
Berechnen Sie die Preiselastizität der Nachfrage bei einem Marktpreis von 1 GE/ME.
Erläutern Sie, bei welchem Marktpreis die Nachfrage fließend reagiert.
Skizzieren Sie den Graphen der Elastizitätsfunktion zusammen mit der Angebots- und Nach-
fragekurve in ein gemeinsames Koordinatensystem.

Handlungssituation 4

In einer Volkswirtschaft soll die gesamtwirtschaftliche Nachfrage x (in ME) nach einem Gut in Abhängigkeit vom Marktpreis p (in GE/ME) durch eine Hyperbel beschrieben werden. Diese ist gegenüber dem Graphen von $f(x) = \frac{1}{x}$ mit dem Faktor 7 gedehnt, um eine Einheit nach links und um 0,7 Einheiten nach unten verschoben. Das gesamtwirtschaftliche Angebot x (in ME) in Abhängigkeit vom Marktpreis p (in GE/ME) soll mit der Gleichung einer Parabel mit dem Hochpunkt $H(9/3,43)$ modelliert werden. Bei einem Preis von 2,68 GE/ME werden auf dem Markt 4 ME angeboten. Erläutern Sie detailliert das Verhalten der Nachfrager und Anbieter auf diesem Markt. Erläutern Sie auch, wie sich ein Eingriff des Staates auf den Marktpreis auswirken würde.

Präsentieren Sie Ihre Ergebnisse mit einer anschaulichen Grafik für den ökonomisch sinnvollen Definitionsbereich.

eA | Ermitteln Sie die Gleichung der Funktion für die Elastizität des Preises bezüglich der Nachfrage. Skizzieren Sie für den ökonomisch sinnvollen Definitionsbereich den Graphen der Preiselastizitätsfunktion und interpretieren Sie ihn anwendungsbezogen.

Handlungssituation 5

Die gesamtwirtschaftliche Nachfrage für ein Produkt soll durch eine Hyperbel der Form $p_N(x) = \frac{a}{x - b} + c$ dargestellt werden. Ein Marktforschungsinstitut hat folgende Zusammenhänge zwischen Marktpreis und gesamtwirtschaftlicher Nachfrage ermittelt:

p (in GE/ME)	0,25	1	1,5	4
x (in ME)	3,5	2	1,5	0,5

Das gesamtwirtschaftliche Angebot soll durch eine Parabel dargestellt werden, die gegenüber der Normalparabel mit dem Faktor 0,3 gestaucht und an der x-Achse gespiegelt, um 5 Einheiten nach rechts und um 8,5 Einheiten nach oben verschoben ist.

Erläutern Sie detailliert das Verhalten der Nachfrager und Anbieter auf diesem Markt. Erläutern Sie auch, wie sich ein Eingriff des Staates auf den Marktpreis auswirken würde.

Präsentieren Sie Ihre Ergebnisse mit einer anschaulichen Grafik für den ökonomisch sinnvollen Definitionsbereich.

eA | Ermitteln Sie die Gleichung der Preiselastizitätsfunktion, skizzieren Sie für den ökonomisch sinnvollen Definitionsbereich ihren Graphen und interpretieren Sie ihn anwendungsbezogen.

eA **Handlungssituation 6[1)]**

Der Markt für Sonnenschutzmittel wurde untersucht. Die Marketingabteilung des Unternehmens AEVIN bereitet die Informationen für den Vorstand grafisch und rechnerisch auf. Folgende Ergebnisse haben sich ergeben.

1. Sonnencreme für „empfindliche Haut"

Preis in Geldeinheiten pro Mengeneinheiten (GE/ME)	Angebotsmenge in Mengeneinheiten (ME)	Nachfragemenge in Mengeneinheiten (ME)
20	1	2,8364
50	2	2,1055
86	3	1,5190
152	5	0,7713
170	7	0,6077

Angebotsfunktion: ganzrationale Funktion unbekannten Grades
Nachfragefunktion: ganzrationale Funktion 4. Grades

2. Sonnencreme für „normale Haut"

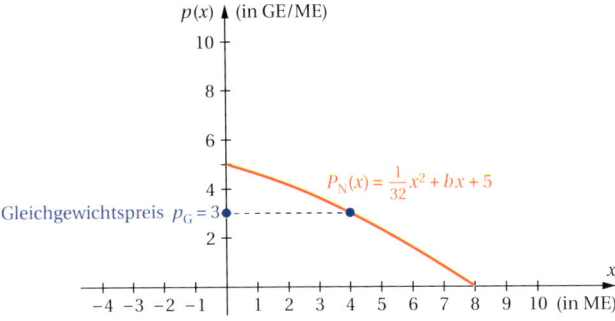

3. Sonnencreme für „sonnengewöhnte Haut"

Preiselastizität der Nachfrage: $e_{x;p}(x) = \dfrac{p_N(x)}{p_N'(x) \cdot x} = \dfrac{p_N(x)}{(-2x-1) \cdot x}$

Der Höchstpreis liegt bei 56 GE/ME.

a) Die Auswertung für die Sonnencreme für „empfindliche Haut" soll als erstes grafisch aufbereitet werden:
Bestimmen Sie die Funktionsterme der Angebots- und Nachfragefunktion.
Zeichnen Sie die ökonomisch relevanten Abschnitte der Graphen der beiden Funktionen in ein geeignetes Koordinatensystem und kennzeichnen Sie:

- Marktgleichgewicht
- Gleichgewichtsmenge
- Gleichgewichtspreis
- Sättigungsmenge
- Höchstpreis

[1)] In Anlehnung an Niedersächsisches Kultusministerium (Hrsg.): Zentralabitur 2015, Berufliches Gymnasium Wirtschaft/Gesundheit und Soziales, Rechnertyp GTR, eA, Aufgabe 1B; mit einigen Streichungen

b) Die Aufbereitung der Daten für die Sonnencreme für „normale Haut" ist schon begonnen worden und muss ergänzt werden:
Die Sättigungsmenge liegt bei 8 ME. Der Mindstangebotspreis liegt bei 1 GE/ME und bei einem Preis von 10 GE/ME werden 8 ME angeboten.
Berechnen Sie im Marktgleichgewicht den Umsatz für diese Sonnencreme.
Ermitteln Sie den quadratischen Funktionsterm für die Angebotsfunktion.
Übertragen Sie den Graphen der Nachfragefunktion in Ihre Unterlagen und zeichnen Sie den Graphen der Angebotsfunktion in dieses Koordinatensystem.

c) Das Unternehmen AEVIN hat die Sonnencreme für „sonnengewöhnte Haut" neu im Programm und analysiert deshalb in erster Linie die Nachfragefunktion:
Ermitteln Sie die zugehörige Funktionsgleichung zur Nachfragefunktion p_N.
Berechnen Sie das Intervall, in dem die Nachfrage nach dieser Sonnencreme elastisch reagiert.
Zeichnen Sie den Graphen der Nachfragefunktion in ein geeignetes Koordinatensystem und kennzeichnen Sie das ermittelte Elastizitätsintervall.
Bestimmen Sie die Nachfragemenge, bei der eine 4%ige Preissteigerung zu einem 5%igem Nachfragerückgang führt und kennzeichnen Sie Ihr Ergebnis in Ihrer Zeichnung.
Bestimmen Sie die Asymptote der Funktion $e_{x;p}$ und interpretieren Sie diese im Sachzusammenhang.

Kostenelastizität

---

eA **Handlungssituation 7**

Die Gesamtkosten K (in GE) bei der Herstellung eines Produktes können in Abhängigkeit von der Produktionsmenge x (in ME) beschrieben werden durch die Gleichung $K(x) = 0{,}1x^3 - 1{,}5x^2 + 8x + 5$. Die Kapazitätsgrenze des Betriebes liegt bei 10 ME. Der Graph ist nebenstehend abgebildet.

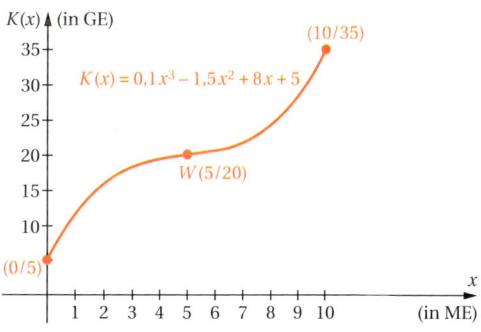

a) Bestimmen Sie die Funktionsgleichung für die Elastizität der Gesamtkosten hinsichtlich der Produktionsmenge (= Kostenelastizität) für den ökonomisch sinnvollen Definitionsbereich. Kontrollieren Sie Ihr Ergebnis mit dem Taschenrechner ohne algebraische Berechnung der Ableitung. Skizzieren Sie den Graphen der Elastizitätsfunktion.

b) Untersuchen Sie mit dem Taschenrechner den Graphen der Kostenelastizitätsfunktion für $D_{ök}$ (ohne Wendepunkte) und interpretieren Sie Ihre Ergebnisse anwendungsbezogen.

Zeigen Sie für die gegebene Gesamtkostenfunktion, dass

c) die Kostenelastizität relativ (lokal) am geringsten ist, wenn die Gesamtkosten von einem degressiven in einen progressiven Anstieg wechseln.

d) die Gesamtkosten im Betriebsoptimum fließend auf Änderungen der Produktionsmenge reagieren.

---

eA   Handlungssituation 8

Die Gleichung $K(x) = 0,01\,x^3 - 0,6\,x^2 + 13\,x + 50;\ D_{\text{ök}}(K)\ 5\ [0;\,40]$ beschreibt die Abhängigkeit der Gesamtkosten K (in GE) bei der Herstellung eines Produktes von der Produktionsmenge x (in ME).

a) Skizzieren Sie die Gesamtkostenkurve mit ihren charakteristischen Punkten.

b) Skizzieren Sie den Graphen der Kostenelastizitätsfunktion mit seinen charakteristischen Punkten. Bei welchen Produktionsmengen erreicht die Elastizitätsfunktion relative oder absolute Extrema und wie groß sind diese?

c) Geben Sie die Intervalle für die Elastizität der Gesamtkosten hinsichtlich der Produktionsmenge (= Kostenelastizität) für den ökonomisch sinnvollen Definitionsbereich an.

d) Ermitteln Sie $e_{K;x}(10)$ und interpretieren Sie den berechneten Wert.

---

eA   Handlungssituation 9[1)]

Die SECRET OHG ist in letzter Zeit einem starken Wettbewerb ausgesetzt. Der Infrarotscanner KLAR ist für das Unternehmen ein sehr wichtiges Produkt. Daher hat die Controlling-Abteilung die Aufgabe, die Kostensituation für dieses Produkt zu überprüfen.

a) Für die Ermittlung der Gesamtkostenfunktion ist die Controlling-Abteilung davon ausgegangen, dass das Betriebsoptimum bei 8 Mengeneinheiten (ME) liegt und die fixen Kosten 64 Geldeinheiten (GE) betragen. Bei einer Produktion von 4 ME betragen die Stückkosten 68 GE/ME und es fallen Gesamtkosten in Höhe von 204 GE bei einer Produktion von 2 ME an.
Ermitteln Sie mit den gegebenen Daten die ganzrationale Gesamtkostenfunktion dritten Grades.
Bestimmen Sie den geringsten Preis, zu dem die SECRET OHG kurzfristig den Infrarotscanner KLAR anbieten kann und dokumentieren Sie dabei einen Lösungsweg, der auch ohne Einsatz eines GTR nachvollziehbar ist.

[1)] In Anlehnung an Niedersächsisches Kultusministerium (Hrsg.): Zentralabitur 2014, Berufliches Gymnasium Wirtschaft/Gesundheit und Soziales, Rechnertyp GTR, eA, Aufgabe 1A, Nachschreibtermin; Teilaufgabe d) gestrichen

b) Die Controlling-Abteilung kalkuliert für den Infrarotscanner KLAR mit dem konstanten Preis von 55 GE/ME. Die Gesamtkostenfunktion K wurde mit $K(x) = x^3 - 15x^2 + 96x + 64$, x in ME und $K(x)$ in GE, ermittelt.

Für das bessere Verständnis der Kostenentwicklung hat die Controlling-Abteilung die Elastizität der Gesamtkosten untersucht und behauptet, dass die Elastizität der Gesamtkosten im Gewinnmaximum elastisch ist.

Untersuchen Sie, ob diese Behauptung zutrifft.

Skizzieren Sie den Graphen der Elastizitätsfunktion $e_{K;x}$ im Intervall [0; 10].

Kennzeichnen Sie den Bereich, in dem die Elastizität der Gesamtkosten elastisch ist.

Eine weitere Aufgabe der Controlling-Abteilung ist es, für verschiedene Produkte Vorschläge für die Produktionsmengenplanung zu erarbeiten.

c) Für den Bewegungsmelder LAUF wird die Grenzgewinnfunktion G' mit $G'(x) = -1,5x^2 + 9x + 50$, x in ME und $G'(x)$ in GE/ME verwendet.

Im Vorjahr betrug die Produktions- und Absatzmenge 8 ME. Im aktuellen Jahr plant die Geschäftsleitung diese Menge um 25 % zu erhöhen, mit dem Ziel der Gewinnsteigerung. Die Geschäftsleitung behauptet, dass durch diese Erhöhung der Gewinn um mehr als 15 GE steigen wird.

Untersuchen Sie die Behauptung der Geschäftsleitung.

Die Geschäftsleitung schlägt für das nächste Jahr vor, die Produktions- und Absatzmenge um eine weitere Mengeneinheit zu erhöhen.

Beurteilen Sie den Vorschlag der Geschäftsleitung.

Begründen Sie gegenüber der Geschäftsleitung einen alternativen Vorschlag für die Produktionsmengenplanung für das nächste Jahr.

Produktlebenszyklus

Handlungssituation 10

Der Lebenszyklus eines Produktes soll durch eine ganzrationale Funktion 3. Grades beschrieben werden. Dabei gibt a den Jahresabsatz in Mio. Stück pro Jahr und t die Zeit in Jahren seit Einführung des Produktes auf dem Markt zum Jahresbeginn 2018 an. Zum Jahresbeginn 2019 soll der jährliche Absatz 2,25 Mio. Stück pro Jahr betragen, 2 Jahre später bereits 12,15 Mio. Stück pro Jahr. Zum Jahresende 2021 soll der jährliche Absatz maximal werden.

Erläutern Sie detailliert den geplanten Lebenszyklus dieses Produktes unter Berücksichtigung der Jahreszahlen. Präsentieren Sie Ihre Ergebnisse mit einer anschaulichen Grafik für den ökonomisch sinnvollen Definitionsbereich.

Da mit geänderten Marktverhältnissen gerechnet wird, soll der Produktlebenszyklus jetzt mit der Gleichung $a(t) = bt^3 + 2,7t^2$ angepasst werden. Bestimmen Sie den Parameter b so, dass der maximale Jahresabsatz erst Ende 2022 erreicht wird. Erläutern Sie detailliert, welche weiteren Änderungen sich durch den neuen Parameterwert ergeben. Unterstützen Sie Ihre Aussagen durch eine passende Grafik.

Handlungssituation 11

Der monatliche Umsatz u mit einem Produkt (in 1 000 €/Monat) soll im Zeitablauf t (in Monaten) durch eine ganzrationale Funktion 4. Grades der Form $u(t) = a t^4 + b t^3$ dargestellt werden. Der monatliche Umsatz soll 15 Monate nach der Markteinführung maximal sein. Stellen Sie den Lebenszyklus des Produktes für den ökonomisch sinnvollen Definitionsbereich grafisch dar und interpretieren Sie die Darstellung detailliert unter Berücksichtigung der Einheiten.

Die Lebensdauer des Produktes soll jetzt durch eine Änderung des Parameters b in der Gleichung $u(t) = -0{,}01 t^4 + b t^3$ verlängert werden. Bestimmen Sie den Parameter b so, dass das Produkt eine Lebensdauer von 24 Monaten erreicht. Erläutern Sie, welche weiteren Änderungen sich beim Produktlebenszyklus durch den neuen Parameterwert ergeben. Unterstützen Sie Ihre Aussagen durch eine passende Grafik.

Handlungssituation 12

Der kumulierte Umsatz U mit einem Produkt soll durch eine ganzrationale Funktion 4. Grades dargestellt werden. Dabei sind der Umsatz U in GE und die Zeit t in Jahren seit der Produkteinführung angegeben. Nach 6 Jahren beträgt der kumulierte Umsatz 232,2 GE und nach 12 Jahren 547,2 GE. 20 Jahre nach der Produkteinführung erreichte der gesamte Umsatz mit dem Produkt sein Maximum und das Produkt wird vom Markt genommen, weil die Änderungsrate des Umsatzes zu diesem Zeitpunkt auf 0 gefallen ist.

Untersuchen Sie den kumulierten Umsatz und den Jahresumsatz im Zeitablauf. Präsentieren Sie Ihre Ergebnisse mit einer Grafik, die die Zusammenhänge veranschaulicht.

eA 1.4 Funktionenscharen mit ganzrationalen und einfachen gebrochen-rationalen Funktionen

eA 1.4.1 Funktionenscharen zur Kostentheorie

Für einen monopolistischen Anbieter gilt für ein Produkt zurzeit die Preis-Absatz-Funktion mit der Gleichung

$$p(x) = -x + 5.$$

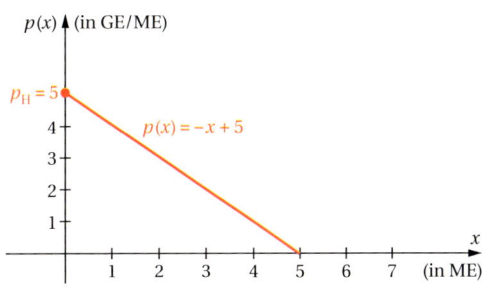

Das Absolutglied gibt den Höchstpreis p_H für das Produkt an. Die Nachfrager sind offensichtlich bereit, einen Höchstpreis $p_H = 5$ [GE/ME] zu bezahlen.

Bei sich ändernden Rahmenbedingungen, z. B. bei einer schlechter werdenden konjunkturellen Lage, sind die Nachfrager nur noch bereit einen niedrigeren Höchstpreis für das Produkt zu zahlen, z. B. $p_H = 4$ [GE/ME]. Die Preis-Absatz-Funktion hätte dann die Gleichung $p(x) = -x + 4$. Bei günstigeren Rahmenbedingungen sind die Konsumenten aber auch bereit einen höheren Höchstpreis für das Produkt zu akzeptieren, z. B. $p_H = 6$ [GE/ME]. Die Funktionsgleichung würde dann $p(x) = -x + 6$ lauten. Je nach konjunktureller Lage erhält man einen anderen Höchstpreis und damit in der Funktionsgleichung ein anderes Absolutglied.

Solche unterschiedlichen Rahmenbedingungen kann man in der Funktionsgleichung durch einen **Parameter**[1] zum Ausdruck bringen. Wenn wir für den Parameter z. B. den Buchstaben b wählen, schreibt man die Funktionsgleichung dann:

$$p_b(x) = -x + b.$$

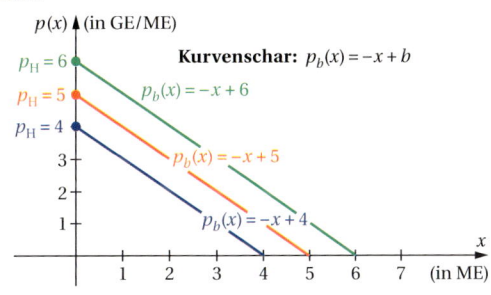

Das ist die Gleichung einer **Funktionenschar,** das Schaubild ist eine **Kurvenschar** (s. Abb.). Die Werte, die der **Scharparameter** annehmen soll, müssen angegeben werden. In unserem Beispiel ist $b = 4; 5; 6$. Es könnte z. B. aber auch $b \in \mathbb{R}_+$ gelten, dann würden unendlich viele Kurven zu der Schar gehören.

Situation 1

Für einen Angebotsmonopolisten gilt die Preis-Absatz-Funktionenschar mit der Gleichung $p_b(x) = -x + b$. Dabei gibt der Parameter b die jeweilige konjunkturelle Lage in der Wirtschaft an.

a) Erläutern Sie, welche Parameterwerte für die Preis-Absatz-Funktion ökonomisch sinnvoll sind.

---

[1] Ein Parameter ist eine neben den eigentlichen Variablen (hier: p und x) auftretende Zusatzvariable, die für jeweils eine Funktionsgleichung konstant gehalten wird.

b) Bestimmen Sie die Gleichung der Erlösfunktionenschar.

c) Bestimmen Sie die Koordinaten der Hochpunkte der Erlöskurvenschar.

d) Zeichnen Sie mit dem Taschenrechner die Graphen der Erlösfunktionsschar für $b = 1; 2; 3; 4$ und 5.

e) Erläutern Sie, welche Parameterwerte für die Hochpunkte der Erlöskurven ökonomisch sinnvoll sind.

f) Erstellen Sie händisch eine Grafik der Scharkurven für $b = 1, 2, 3, 4, 5$ mit ihren Hochpunkten. Geben Sie auch die Koordinaten der Hochpunkte an.

g) Berechnen Sie, für welchen Wert des Parameters b der maximale Erlös 9 GE beträgt.

Lösung

a) $b \in \mathbb{R}_+^*$, weil der Höchstpreis größer als 0 sein muss.

b) $E_b(x) = p_b(x) \cdot x = (-x + b) \cdot x$

$\underline{\underline{E_b(x) = -x^2 + b x}}$

c) Hinreichende Bedingung für einen Hochpunkt:

$E_b'(x) = 0 \wedge E_b''(x) < 0$

$E_b'(x) = -2x + b$

$E_b''(x) = -2$

$E_b'(x) = 0$

$0 = -2x + b$

$\underline{\underline{x = \dfrac{b}{2}}}$

$E_b''(x) = -2 < 0 \Rightarrow$ Hochpunkt bei $x = \dfrac{b}{2}$

Der Funktionswert des Hochpunktes wird ermittelt, indem der berechnete x-Wert in die Ausgangsfunktion eingesetzt wird:

$E_b(x) = -x^2 + b x$

$E_b\left(\dfrac{b}{2}\right) = -\left(\dfrac{b}{2}\right)^2 + b \cdot \left(\dfrac{b}{2}\right) = -\dfrac{b^2}{4} + \dfrac{b^2}{2} = \dfrac{-b^2 + 2b^2}{4} = \dfrac{b^2}{4} \Rightarrow \underline{\underline{H\left(\dfrac{b}{2} \Big| \dfrac{b^2}{4}\right)}}$

d) 1. Alternative: Die Parameterwerte mit geschweiften Klammern und durch Kommas abgetrennt für b in den Y-Editor eingeben (vgl. GTR-Anhang 13):

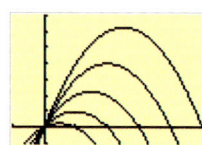

2. Alternative: Mit $\boxed{\text{STAT}}$ [EDIT] 1: Edit… eine Liste L1 erstellen und dann diese Liste L1 als b in den Y-Editor eingeben (vgl. GTR-Anhang 13):

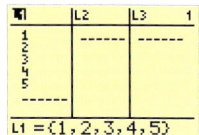 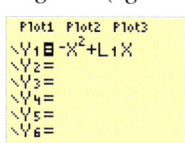 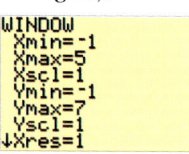

e) Für $H\left(\dfrac{b}{2} \Big| \dfrac{b^2}{4}\right)$ muss $b \in \mathbb{R}_+^*$ sein, damit der Hochpunkt im 1. Quadranten liegt.

f)

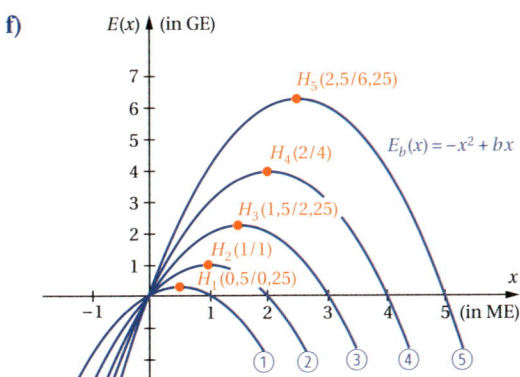

g) Der y-Wert $\frac{b^2}{4}$ des Hochpunktes soll 9 betragen:

$$\frac{b^2}{4} = 9$$

$$b^2 = 36$$

$$b = \pm 6$$

Lösung ist $\underline{\underline{b = +6}}$, weil der Parameter lt. Lösung der Teilaufgabe e) aus $\mathbb{R}_+^*$ sein muss.

Übungsaufgaben

1 Auf einem Markt gelte für ein Produkt die Nachfragefunktionenschar $p_{N;a}$ mit $p_{N;a}(x) = ax + 5;\ x \in D_{ök}(p)$.

   a) Bestimmen Sie den Höchstpreis und die Sättigungsmenge des Produktes und den ökonomisch sinnvollen Definitionsbereich der Nachfragefunktion. Erläutern Sie, wie der Parameter a auf die Nachfragekurve wirkt. Entscheiden Sie, welche Parameterwerte ökonomisch sinnvoll sind.

   b) Bestimmen Sie die Hochpunkte der Erlöskurvenschar E_a für den alleinigen Anbieter des Produktes auf dem Markt.

   c) Berechnen Sie, für welchen Parameterwert a das Erlösmaximum bei einer Produktionsmenge von $x = 3$ ME erreicht wird.

   Der Monopolist produziert das Produkt mit der Gesamtkostengleichung $K(x) = 0{,}5x + 2$; $D_{ök}(K) = [0;\ 5]$.

   d) Ermitteln Sie die Gleichung für die Gewinnfunktionenschar G_a und bestimmen Sie die Koordinaten ihrer Exptrempunkte.

   e) Entscheiden Sie, für welche Parameterwerte der Monopolist einen Gewinn erzielen kann.

   f) Berechnen Sie, für welchen Wert des Parameters a der maximale Gewinn 4 GE beträgt.

   g) Skizzieren Sie den Graphen von $p_{N;a}$, E_a und G_a für $a = -1$, $a = -2$ und $a = -3$ in ein Koordinatensystem.

2   Für einen monopolistischen Anbieter auf einem Markt gilt für ein Produkt die Preis-Absatzfunktionenschar p_b mit $p_b(x) = -0{,}5x + b$; $x \in D_{ök}(p)$.

   a) Untersuchen Sie die Funktionenschar p_b anwendungsbezogen. Erläutern Sie, wie der Parameter b auf die Nachfragekurve wirkt. Entscheiden Sie, welche Werte für den Parameter b ökonomisch sinnvoll sind.

   b) Ermitteln Sie das Erlösmaximum und die erlösmaximale Produktionsmenge.

   c) Berechnen Sie, für welchen Wert des Parameters b der maximale Erlös $12{,}5$ GE beträgt.

   Der Monopolist produziert das Produkt mit der Gesamtkostengleichung
   $K(x) = 0{,}25x^2 + 3$; die Kapazitätsgrenze beträgt 8 ME.

   d) Bestimmen Sie das Gewinnmaximum und die gewinnmaximale Produktionsmenge der Schar.

   e) Bestimmen Sie den Parameterwert b so, dass der maximale Gewinn bei einer Produktionsmenge von 3 ME erreicht wird.

   f) Entscheiden Sie, für welche Parameterwerte ein Gewinn entsteht.

   g) Skizzieren Sie die Graphen von p_b, E_b, und G_b für $b = 2$; 3 und 4 in ein Koordinatensystem.

3   Ein Betrieb produziert mit der Gesamtkostengleichung
   $K(x) = x^3 + bx^2 + 80x + 25$; $D_{ök}(K) = [0; 10]$.

   a) Erläutern Sie, welche Werte der Parameter b annehmen darf, damit die Gesamtkostenkurve in ihrem Definitionsbereich streng monoton steigt und damit ökonomisch sinnvoll ist.

   b) Ermitteln Sie den Wert für den Parameter b so, dass die Grenzkosten bei der Produktionsmenge $x = 1$ minimal sind.

4   Eine ertragsgesetzliche Gesamtkostenfunktion hat die Gleichung
   $K(x) = ax^3 + bx^2 + cx + d$; $D_{ök}(K) = [0; x_{Kap}]$. Der Graph einer solchen Gesamtkostenfunktion muss streng monoton steigen, darf also in seinem ökonomischen Definitionsbereich keinen Extrempunkt haben.

   a) Erläutern Sie, welche Wirkung die Parameter a und d auf den Verlauf der Gesamtkostenkurve haben. Entscheiden Sie, welche Werte die Parameter für einen ökonomisch sinnvollen Verlauf annehmen müssen.

   b) Berechnen Sie, wie die Parameter gewählt werden müssen, damit der Wendepunkt der Gesamtkostenkurve ein Sattelpunkt ist.

   c) Erläutern Sie, wie die Parameter gewählt werden müssen, damit eine ökonomisch sinnvolle Gesamtkostenfunktion entsteht.

   d) Bestimmen Sie die Wendestellen der Gesamtkostenkurvenschar.

5[1)] Das Unternehmen *Bio-Fresh!* produziert und vertreibt in Europa mehrere etablierte Sorten Bio-Limonade. Auf dem Markt für Bio-Limonaden finden sich inzwischen zahlreiche Anbieter. Die Controlling-Abteilung ist der Ansicht, dass sich die Gesamtkosten für die Produktion in Geldeinheiten (GE) immer s-förmig, d. h. zunächst degressiv und dann progressiv, entwickeln und in Folge dessen mit einer ganzrationalen Funktion dritten Grades beschrieben werden können.

Es ist bekannt, dass die Fixkosten 2 GE betragen und bei einer produzierten Menge von $\frac{10}{3}$ Mengeneinheiten (ME) die geringsten Grenzkosten in Höhe von $\frac{2\,\text{GE}}{3\,\text{ME}}$ entstehen. Bei einer Ausbringungsmenge von 1 ME betragen die variablen Gesamtkosten 3,1 GE. Die Kapazitätsmenge des Betriebes *Bio-Fresh!* liegt bei 7 ME.

a) Bestimmen Sie die Gleichung der Gesamtkostenfunktion K mit $D_{\text{ök}}$.

Berechnen Sie die langfristige Preisuntergrenze einer ME Bio-Limonade und erklären Sie die ökonomische Bedeutung der langfristigen Preisuntergrenze.

Stellen Sie Ihr Ergebnis in einem Koordinatensystem unter Verwendung der Graphen der Gesamtkosten- und Stückkostenfunktion in ihrem ökonomisch sinnvollen Bereich grafisch dar und beschriften Sie die Achsen.

b) Aufgrund einer Rohstoffpreiserhöhung hat sich die Gesamtkostenstruktur verändert und wird nun durch die Funktionsgleichung $K(x) = 0,1\,x^3 - 1,1\,x^2 + 4,2\,x + 2$ abgebildet. Der Geschäftsführer möchte wissen, ob die Annahme einer s-förmigen Kostenstruktur beibehalten werden kann, und möchte im Folgenden die Gewinnsituation prüfen. Derzeit werden 6 ME Bio-Limonade produziert. Der Marktpreis p der Bio-Limonade beträgt $2,3\,\frac{\text{GE}}{\text{ME}}$.

Weisen Sie den s-förmigen und streng monoton steigenden Verlauf dieser Gesamtkostenfunktion nach. Ermitteln Sie die prozentuale Mengenänderung, die notwendig ist, um die Produktion von der derzeitigen auf die gewinnmaximale Menge zu steigern.

Ein Mitarbeiter der Controlling-Abteilung ist der Ansicht, dass die gewinnmaximale Menge für ganzrationale Kostenfunktionen im Polypol an der Stelle $p = K'(x)$ liegt. Sollte diese Behauptung zutreffen, wären zukünftige Berechnungen zur Mengenanpassung weniger aufwendig.

Beweisen Sie allgemeingültig die Richtigkeit dieser Behauptung.

c) Das Unternehmen *Bio-Fresh!* Möchte die wirtschaftliche Steuerung länderspezifisch stärker unterscheiden und hat eine Marketingagentur beauftragt, die Gewinnentwicklung über die Zeit in verschiedenen europäischen Ländern zu untersuchen. Die Marketingagentur prognostiziert, dass die Funktionenschar $g_a(t) = -\frac{3}{4}t^2 + 2\,a\,t - \frac{7}{2}$

[1)]   In Anlehnung an: Niedersächsisches Kultusministerium (Hrsg.): Zentralabitur 2015, Berufliches Gymnasium Wirtschaft/Gesundheit und Soziales, Rechnertyp GTR, eA, Aufgabe 1 A, Nachschreibtermin; mit einigen Streichungen

den Gewinn je Zeiteinheit (ZE) in GE/ZE beschreibt und vom Paramter a abhängig ist.

Der Parameter a mit $a \in \{1, 2, 3, 4, 5\}$ steht für verschiedene Länder in Europa und kann der nachstehenden Tabelle entnommen werden:

Land	Italien	Deutschland	Österreich	Frankreich	Portugal
Parameter a	1	2	3	4	5

Der Geschäftsführer möchte mehr Werbung in den Ländern schalten, in denen der Gewinn je Zeiteinheit zu keinem Zeitpunkt positiv ist.

Untersuchen Sie, in welchen Ländern mehr Werbung geschaltet werden muss.

eA **1.4.2   Funktionenscharen zur optimalen Kombination der Produktions-faktoren**

Situation 2

Für die Produktion eines Gutes mit den Produktionsfaktoren x und y gilt die Isoquanten-schar I_{P_a} mit $y_a(x) = \frac{a}{x-1} + 3$; $x \in D_{\text{ök}}(I_{Pa})$, $a \in \mathbb{R}_+^*$. Der Parameter a bestimmt die Produktionsmenge in ME.

a) Der Produktionsfaktor x kostet 4 GE/ME, der Faktor y kostet 10 GE/ME. Geben Sie die Kosten der Produktion für 9 ME an, wenn 2 oder 10 Mengeneinheiten des Produktionsfaktors x eingesetzt werden.

b) Bei Produktionskosten in Höhe von 80 GE lassen sich 9 ME unter Einsatz von 10 ME des Faktors x und mit 4 ME des Faktors y produzieren. Begründen Sie, ob die gleiche Produktionsmenge auch noch mit anderen Faktorkombinationen möglich ist.

c) Bestimmen Sie die Minimalkostenkombination, wenn 9 ME produziert werden sollen und die in Teilaufgabe a) genannten Faktorpreise gelten. Berechnen Sie, wie hoch die minimalen Kosten zur Produktion von 9 ME sind.

d) Die Faktorpreise haben sich geändert: Der Produktionsfaktor x kostet jetzt 3 GE/ME und der Produktionsfaktor y kostet 4 GE/ME. Die Kostensumme der eingesetzten Produktionsfaktoren soll 27 GE betragen. Berechnen Sie, für welche Isoquante der Schar mit der sich ergebenden Isokostengeraden eine optimale Kombination der Produktionsfaktoren realisiert wird. Geben Sie die optimale Faktorkombination an.

Lösung

a)

x	$y = \frac{9}{x-1} + 3$	$K = x \cdot 4 + y \cdot 10$
2	12	128
10	4	80

b) $I_{K_{80}}$ mit $y(x) = -\frac{4}{10}x + \frac{80}{10} = -\frac{2}{5}x + 8$

$I_{K_{80}} = I_{P_9}$

$x_1 = 3,5 \vee x_2 = 10$

$y(3,5) = 6,6$

$\Rightarrow \underline{\underline{S_2(3,5/6,6)}}$

Eine Produktionsmenge von 9 ME lässt sich außerdem mit 3,5 ME des Faktors x und 6,6 ME des Faktors y bei einer Kostensumme von 80 GE herstellen.

c) $I'_{P_9} = I'_{K_{80}}$

$x_1 \approx -3,74 \notin D(I_{P_9})$

$x_2 \approx 5,74$

$y(\approx 5,74) \approx 4,9$

$\Rightarrow \underline{\underline{B(5,74/4,9)}}$

Minimale Kostensumme: $\underline{\underline{K_{\min} = 71,96\,[\text{GE}]}}$

d) $I_{K_{27}}$ mit $y(x) = -\frac{3}{4}x + \frac{27}{4}$

Ansatz: $\frac{a}{x-1} + 3 = -\frac{3}{4}x + \frac{27}{4}$

$\Leftrightarrow 3x^2 - 18x + 15 + 4a = 0$

$\qquad x^2 - 6x + 5 + \frac{4}{3}a = 0$

$x_{01/02} = 3 \pm \sqrt{9 - \left(5 + \frac{4}{3}a\right)} = 3 \pm \sqrt{4 - \frac{4}{3}a}$

Es gibt genau eine Lösung, wenn die Diskriminante $4 - \frac{4}{3}a = 0$ ist.

$4 - \frac{4}{3}a = 0$

$\qquad a = 3$

Für $y = \frac{3}{x-1} + 3$ und $y = -\frac{3}{4}x + \frac{27}{4}$ weisen die Graphen von I_{P_3} und $I_{K_{27}}$ einen gemeinsamen Berührpunkt auf.

Es existiert eine Minimalkostenkombination bei $\underline{\underline{B(3/4,5)}}$.

Übungsaufgaben

1 In einem Betrieb werden Untersuchungen über die kostengünstigste Kombination des Produktionsfaktors Arbeit x mit dem Produktionsfaktor Kapital y bei der Herstellung eines Produktes gemacht. Eine Arbeitsstunde eines Arbeiters kostet 25 GE/ME, eine Maschinenarbeitsstunde kostet $16,\overline{6}$ GE/ME. Es wird eine Produktionsmenge angestrebt, die durch die Isoquantenfunktion mit der allgemeinen Form:

$y_c(x) = \frac{6}{x-2} + c;\ c \in \mathbb{R}_+$ ausgedrückt werden kann.

   a) Erläutern Sie, wie unterschiedliche Parameterwerte c auf den Verlauf der Isoquante wirken und welche Werte der Parameter c für eine ökonomisch sinnvolle Isoquante nur anehmen darf.

   b) Bestimmen Sie die Gleichung der 200-Isokostengeraden.

c) Ermitteln Sie die Gleichung der Isoquante, die die maximal mögliche Produktionsmenge zum Ausdruck bringt, die mit einer festgelegten Kostensumme von 200 GE und den gegebenen Faktorpreisen realisiert werden kann. Bestimmen Sie die Minimalkostenkombination. Interpretieren Sie die berechnete Minimalkostenkombination.

d) Zeichnen Sie den Graphen der berechneten Isokostengerade und der Isoquante zusammen mit der Minimalkostenkombination in ein Koordinatensystem.

2 Einem Betrieb steht für die Produktion eines Gutes ein Kostenbudget von 90 GE zur Verfügung. Der Betrieb will seine Produktion maximieren, indem er die zwei Produktionsfaktoren x und y mit den Preisen $p_x = 20$ GE/ME und $p_y = 10$ GE/ME optimal kombiniert. Die Isoquante I_{p_c} habe die allgemeine Form

$$y_c(x) = \frac{2}{x-1} + c; \; c \in \mathbb{R}_+.$$

a) Erläutern Sie, welche Eigenschaften hinsichtlich des Verlaufs der Isoquante dem Funktionsterm der Isoquante direkt zu entnehmen sind.

b) Bestimmen Sie die Gleichung der Isokostengeraden.

c) Erläutern Sie, wie die Produktionsfaktoren x und y kombiniert werden sollten.

3[1]) Für die Fertigung eines Produktes werden die zwei Produktionsfaktoren Arbeit und Kapital eingesetzt. Zur Her-

x: Arbeit in ME	2	4	8
y: Kapital in ME	35,2	7,2	3,7

stellung von 80 Mengeneinheiten [ME] des Produktes ergeben sich die angegebenen Mengenkombinationen der Produktionsfaktoren.

Die Faktorpreise betragen für den Produktionsfaktor Arbeit 4 Geldeinheiten pro Mengeneinheit [GE/ME] und für den Produktionsfaktor Kapital 12 GE/ME.

a) Die Isoquantenfunktion I_P hat die Form $y(x) = \frac{a}{x-b} + c$ mit $a, b, c \in \mathbb{R}_{>0}$.

Ermitteln Sie aus den gegebenen Daten die Werte für a, b und c.

(Zur Kontrolle: $a = 13{,}44$; $b = 1{,}6$; $c = 1{,}6$)

Bestimmen Sie den mathematisch maximal möglichen und den ökonomisch sinnvollen Definitionsbereich der Funktion I_P. Ermitteln Sie die Faktormengenkombinationen, die sich bei Kosten von 96 GE realisieren lassen. Begründen Sie, auch anhand einer Skizze, dass sich diese Kosten noch weiter reduzieren lassen. Berechnen Sie die optimale Kombination der beiden Produktionsfaktoren und die zugehörigen Minimalkosten für die Herstellung von 80 ME des Produktes.

b) Gegeben ist die Funktionenschar $p_{s;m}$ mit $p_{s;m}(x) = \frac{2s}{x+m} - 2$, wobei die Parameter s und m positive reelle Zahlen sind. Berechnen Sie die Nullstelle dieser Funktionenschar. Bestimmen Sie die Beziehung zwischen den Parametern s und m, bei der diese Kurvenschar eine positive Nullstelle besitzt.

---

[1]) In Anlehnung an: Niedersächsisches Kultusministerium (Hrsg.): Zentralabitur 2009, Nachschreibtermin, Rechnertyp GTR, erhöhte Anforderungen, Aufgabe 1 A, Fachgymnasium Wirtschaft und Fachgymnasium GuS

Für $s > m$ kann die Funktionenschar $p_{s;m}$ als Preis-Absatz-Funktion eines Monopolisten verwendet werden. Interpretieren Sie unter dieser Voraussetzung die Nullstelle aus ökonomischer Sicht. Ermitteln Sie die Gleichung der zugehörigen Erlösfunktionenschar $E_{s;m}$. Zeigen Sie, dass die Graphen dieser Erlösfunktionenschar genau ein lokales Maximum besitzen.

Für ein anderes Produkt gilt die Nachfragefunktion $p_{N;t}$ mit $p_{N;t}(x) = \frac{24}{x+3} - t$.

Die Herstellungskosten in GE lassen sich durch die Gesamtkostenfunktion K mit $K(x) = \frac{1}{12}x^3 - \frac{3}{4}x^2 + \frac{13}{4}x + \frac{1}{4}$ beschreiben. Zurzeit gilt für den Markt der Parameterwert $t = 2$.

c) Ermitteln Sie die Gewinnschwelle und die Gewinngrenze, wenn das Produkt von einem Monopolisten angeboten wird.

d) Bei einer polypolistischen Angebotsstruktur auf dem Markt hätte die Angebotsfunktion die Gleichung $p_{A;t}(x) = \frac{9x+7}{2x+t}$. Ermitteln Sie unter dieser Voraussetzung die Gewinnschwelle und die Gewinngrenze des Polypolisten für das Produkt.

4 Eine landwirtschaftliche Versuchsanstalt hat aufgrund langjähriger Erfahrungen festgestellt, dass folgende Kombinationen der Produktionsfaktoren Wasser x und Mineraldünger y zu einem Ertrag von $500 \frac{\text{ME}}{\text{ha}}$ einer bestimmten Gemüsesorte führen.

Wasser x [ME/ha]	1	3	5,5
Mineraldünger y [ME/ha]	11	3	2

Die Kosten für das Wasser betragen 40 GE/ME und die für den Mineraldünger 50 GE/ME.

a) Bestimmen Sie die Gleichung der $I_{P_{500}}$-Isoquantenfunktion der Form
$y(x) = \frac{a}{x-b} + c$.
Leiten Sie die Gleichung der Isokostenfunktion her, wenn ein Kostenbudget von $300 \frac{\text{GE}}{\text{ha}}$ zur Verfügung steht. Ermitteln Sie, welche Kombinationen von Wasser und Mineraldünger bei diesem Kostenbudget zu einem Gemüseertrag von $500 \frac{\text{ME}}{\text{ha}}$ führen. Geben Sie die Kombinationen der Produktionsfaktoren an, die bei geringeren Beschaffungskosten zum gleichen Ertrag führen.

b) Berechnen Sie die optimale Kombination der Produktionsfaktoren, die bei einem Kostenbudget von 300 GE zu einem Ertrag von 500 ME/ha führt. Wie hoch sind jetzt die Gesamtkosten? Wie lautet die Gleichung der Isokostengeraden, mit der die minimalen Kosten erreicht werden?

c) Der Parameter a gibt den Gemüseertrag in 100 ME/ha an. Berechnen Sie die Gleichung der Isoquante der Schar mit $y_a(x) = \frac{a}{x-0,5} + 1$, die bei einem Kostenbudget von 300 GE/ha zu einer maximalen Produktionsmenge führt. Wie groß ist diese?

5[1]) Ein Hersteller von Autos hat für die Produktion seiner Modelle die Möglichkeit Maschinen und Mitarbeiter einzusetzen. Maschinen gehören zum Produktionsfaktor Kapital x in Mengeneinheiten ME) und die Mitarbeiter zum Produktionsfaktor Arbeit y in ME. Die Kombination der beiden Produktionsfaktoren ist abhängig vom Modell, das produziert werden soll. Sie wird durch folgende Isoquantenfunktionenschar $I_{b;c}$ beschrieben:

$I_{b;c}$ mit $y(x) = \dfrac{3}{x - b} + c$

Der Zusammenhang zwischen den Preisen p_x und p_y in Geldeinheiten pro Mengeneinheit (GE/ME) der beiden Produktionsfaktoren und dem Kostenbudget K wird durch die Gleichung $K = p_x \cdot x + p_y \cdot y$ beschrieben.

a) Erläutern Sie die Bedeutung der Parameter b und c mathematisch und ökonomisch.

Bestimmen Sie den Definitionsbereich der beiden Parameter so, dass der Funktionsgraph von $I_{b;c}$ im ökonomischen Definitionsbereich monoton fallend ist und keine Schnittpunkte mit den Koordinatenachsen vorhanden sind.

Geben Sie den ökonomisch sinnvollen Definitions- und Wertebereich für die Isoquantenfunktionenschar an.

Erklären Sie die Auswirkung von K auf den Verlauf des Graphen der Isokostenfunktion. Beschreiben Sie im Sachzusammenhang, welche Parameter für die Steigung des Graphen der Isokostenfunktion verantwortlich sind und erläutern Sie die Auswirkungen auf den Verlauf des Graphen.

Damit eine Entscheidung bezüglich der Einteilung der Mitarbeiter sowie über die Anschaffung von Maschinen getroffen werden kann, benötigt die Geschäftsleitung Informationen über die Faktorkombinationsmöglichkeiten einzelner Modelle. Runden Sie alle Werte auf zwei Nachkommastellen.

b) Für das Modell LUNA gelten für die Isoquantenfunktion die Parameter $b = 3$ und $c = 5$ und für den Zusammenhang zwischen den Preisen der Produktionsfaktoren und dem Kostenbudget gilt für die Gleichung $K = 8x + 12y$.

Berechnen Sie die Minimalkostenkombination und die Höhe der entstehenden Kosten und dokumentieren Sie einen Lösungsweg, der auch ohne den Einsatz eines GTR nachvollziehbar ist.

Geben Sie die Werte für K an, für die realisierbare Produktionsmöglichkeiten entstehen und die Werte, für die keine Produktionsmöglichkeiten realisierbar sind.

Stellen Sie den gesamten Sachverhalt grafisch dar.

c) Für das Modell VENUS liegt die Grenzrate der Substitution, die durch die erste Ableitungsfunktion der Isoquantenfunktion gegeben wird, für 4 ME des Produktionsfaktors Kapital bei -12. Die Isokostengerade wird durch die Funktion $y(x) = -\dfrac{2}{3}x + 9$ gegeben.

Ermitteln Sie die Parameter b und c so, dass die Minimalkostenkombination für das Modell VENUS mit dem geringsten Einsatz des Produktionsfaktors Arbeit erreicht wird.

---

[1]) In Anlehnung an: Niedersächsisches Kultusministerium (Hrsg.): Zentralabitur 2014, Berufliches Gymnasium Wirtschaft/Gesundheit und Soziales, Rechnertyp GTR, eA, Aufgabe 1 A; Teilaufgabe d) gestrichen.

6[1] Die Raffi-Agrargenossenschaft baut verschiedene Gemüsesorten und Getreide an. Die Ernte wird maschinell und auch von Hand eingebracht.

a) Für die Ernte von 8 000 kg Weißkohl stehen Erntemaschinen x und Erntehelfer y zur Verfügung. Dabei werden x und y in Zeiteinheiten (ZE) angegeben. Die Kombination der beiden Produktionsfaktoren wird durch die Funktionsgleichung für die Isoquante $I_{P_{8000}}$ mit $y(x) = \dfrac{75}{x-2} + 25$ gegeben.

Der Preis für den Einsatz einer ZE der Erntemaschinen beträgt 700 Geldeinheiten pro ZE (GE/ZE) und der Preis für den Einsatz einer ZE der Erntehelfer 10 GE/ZE. Bestimmen Sie die Anzahl der Zeiteinheiten, die die Erntemaschinen und Erntehelfer jeweils mindestens eingesetzt werden müssen, um die Ernte von 8 000 kg Weißkohl einzubringen.

Für die Weißkohlernte hat Raffi nach einer internen Kalkulation 3 600 GE als Kostenbudget zur Verfügung.

Skizzieren Sie den gesamten Sachverhalt in ein geeignetes Koordinatensystem.

Bestimmen Sie die möglichen Kombinationen der beiden Produktionsfaktoren, die bei diesem Kostenbudget möglich sind und um wie viel Prozent das Kostenbudget von den Minimalkosten abweicht.

Beschreiben Sie die Lage aller möglichen Kombinationen der Produktionsfaktoren, die höchstens 3 600 GE Kosten verursachen.

b) Auch die Salaternte erfolgt maschinell und von Hand. Im letzten Jahr wurden für die Ernte von 6 000 Kopf Salat folgende Kombinationen der Produktionsfaktoren beobachtet:

Die Funktionsgleichung der Isoquante $I_{P_{6000}}$ lautet: $y(x) = \dfrac{a}{x-4} + c$

Erntemaschinen x (in ZE)	5	9
Erntehelfer y (in ZE)	90	50

Bestimmen Sie jeweils den Wert für den Parameter a und c für die Funktionsgleichung von $I_{P_{6000}}$ und geben Sie die Funktionsgleichung an.

Zur Kontrolle: $a = 50$ und $c = 40$

Bei der Salaternte lag der Preis für eine ZE der Erntemaschinen bisher bei 80 GE/ZE und der Preis für eine ZE der Erntehelfer bei 10 GE/ZE. Neue Umweltvorschriften für Diesel-Motoren führen zu erhöhten Kosten für die Erntemaschinen. Aufgrund langfristiger Erfahrungen werden für die Salaternte 6 ZE Erntemaschinen benötigt. Berechnen Sie, um welchen Betrag der Preis der Erntemaschinen pro ZE steigen darf, damit das veranschlagte Kostenbudget von 1 250 GE für die Ernte der 6 000 Salatköpfe nicht überschritten wird.

c) Basierend auf den täglichen Erntemengen des letzten Jahres wurde von Experten der Ernteverlauf bei der Weizenernte durch die Funktion f mit
$f(t) = -6{,}5\,t^4 + 60\,t^3 - 175\,t^2 + 210\,t - 75$ modelliert. Dabei gibt t die Zeit in Tagen an und $t = 0$ entspricht dem Beginn des ersten Erntetages.

---

[1]   In Anlehnung an: Niedersächsisches Kultusministerium (Hrsg.): Zentralabitur 2017, Berufliches Gymnasium Wirtschaft/Gesundheit und Soziales, Rechnertyp GTR, eA, Aufgabe 1 A; Teile von Teilaufgabe c) gestrichen.

$f(t)$ gibt die geerntete Menge Weizen in ME/Tag an.

Beschreiben Sie als Basis für die Ernteplanung den Verlauf des Graphen von f im ökonomisch sinnvollen Bereich anhand von jeweils drei ökonomischen und mathematischen Merkmalen unter Angabe der entsprechenden Zeitpunkte.

7[1]) Ein Landwirt baut verschiedene Obst- und Gemüsesorten an. Bei jeder Sorte hat er unterschiedliche Möglichkeiten, die Ernte sowohl mithilfe von Erntehelfern als auch mithilfe von Erntemaschinen einzufahren.

Die verschiedenen Kombinationsmöglichkeiten von Mengeneinheiten (ME) an Erntehelfern und ME an Erntemaschinen werden dabei durch die allgemeine Isoquantenfunktion I_P mit $y(x) = \dfrac{a}{x-b} + 7$ und $a, b \in \mathbb{R}_{>0}$ beschrieben. Dabei gibt x den Faktoreinsatz in ME Erntehelfer, y den Faktoreinsatz in ME Erntemaschinen und P den konstanten Ernteertrag in ME an.

a) Bei der Kartoffelernte erreicht der Landwirt einen Ertrag von 1500 ME. In den vergangenen Jahren hat er für diesen Ertrag die Kombination von 2 ME Erntehelfern und 20 ME Erntemaschinen gewählt. Ebenso erreichte er den gleichen Ertrag durch 3 ME Erntehelfer und 13,5 ME Erntemaschinen oder 14 ME Erntehelfer und 8 ME Erntemaschinen.

Aufgrund von wirtschaftlichen Veränderungen muss der Landwirt künftig die Kombination von 11 ME Erntehelfer und 8,3 ME Erntemaschinen einsetzen.

Weisen Sie mithilfe der Isoquantenfunktion $I_{P_{1500}}$ nach, dass diese Kombinationsmöglichkeit ebenfalls zum Ernteertrag von 1500 ME Kartoffeln führt.

Untersuchen Sie, welche ME an Erntehelfern generell eingesetzt werden können, um den Ernteertrag von 1500 ME zu erzielen.

Bestimmen Sie, wie viele ME an Erntemaschinen der Landwirt für einen Ernteertrag von 1500 ME mindestens benötigt.

b) Ein Hotel bestellt 500 ME Spargel.

Dieser Ernteertrag lässt sich durch die Isoquantenfunktion $I_{P_{500}}$ mit $y(x) = \dfrac{3}{x-2} + 1$, mit $D_{ök}\left(I_{P_{500}}\right) = \mathbb{R}_{>2}$, beschreiben. Die Kosten für die Erntehelfer betragen 120 Geldeinheiten pro Mengeneinheit (GE/ME) und für die Erntemaschinen 10 GE/ME. Der Spargelbauer kalkuliert zunächst mit Kosten von 300 GE.

Entscheiden Sie mithilfe der Isokostenfunktion I_K, ob die Bestellung im Rahmen der kalkulierten Kosten angenommen werden kann.

Berechnen Sie, mit welchen Kosten der Landwirt minimal kalkulieren müsste, damit er diese Bestellung gerade noch realisieren könnte, und dokumentieren Sie einen Lösungsweg, der ohne Einsatz eines GTR nachvollziehbar ist.

Der Landwirt verkauft auf dem Wochenmarkt Erdbeeren zu einem konstanten Preis p in GE/ME. Ein Konkurrent bietet Erdbeeren zu 13,50 GE/ME an.

---

[1] In Anlehnung an: Niedersächsisches Kultusministerium (Hrsg.): Zentralabitur 2013, Berufliches Gymnasium Wirtschaft/Gesundheit und Soziales, Rechnertyp GTR, eA, Aufgabe 1 A

Für den Landwirt entstehen abhängig vom Standort q Gesamtkosten $K_q(x)$ mit
$K_q(x) = x^3 - 5x^2 + 9qx + 2$, $q \in \mathbb{N}_{>0}$, wobei x die Menge an Erdbeeren in ME ist.
Die Kapitalgrenze liegt bei 4 ME.

c) Berechnen Sie mithilfe der kurzfristigen Preisuntergrenze, für welche Werte von q der Landwirt den Preis des Konkurrenten nicht überschreitet.

Entscheiden Sie anhand des Gewinns, welchen Standort er wählen sollte, wenn der Landwirt sich dem Preis des Konkurrenten anschließt und am Betriebsminimum verkauft.

d) Die Wochenmarktverwaltung weist dem Landwirt einen Standort zu, der dem Parameter $q = 2$ entspricht. Die Änderung der Gewinne entwickelt sich dabei entsprechend der Funktion G' mit $G'(x) = -3x^2 + 10x - 5{,}05$.

Skizzieren Sie den Verlauf des Graphen von G' in einem ökonomisch sinnvollen Bereich. Nennen Sie vier wesentliche Merkmale der Graphen von G'.

Interpretieren Sie diese vier Merkmale hinsichtlich des Gewinnverlaufs.

Ermitteln Sie unter Berücksichtigung der Kostenfunktion K_2 und der Gewinnfunktion G den Preis, zu dem der Landwirt eine ME Erdbeeren angeboten hat. Dokumentieren Sie einen Lösungsweg, der ohne Einsatz eines GTR nachvollziehbar ist.

Weiterhin behauptet der Sohn, dass sich mit dieser Gewinnentwicklung nie ein Gewinn von 1,2 GE erreichen lässt.

Beurteilen Sie diese Aussage.

eA 1.4.3 Funktionenscharen zu Angebot und Nachfrage

Situation 3

Auf dem Markt für Halbleiter gilt für die gesamtwirtschaftliche Nachfrage die Funktionenschar mit der Gleichung $p_{N;k}(x) = -0{,}1x^2 - kx + 20$.

Das gesamtwirtschaftliche Angebot kann durch die Schar mit $p_{A;t}(x) = -0{,}1x^2 + tx + 5{,}6$ beschrieben werden. Dabei wird die Menge x in ME und der Preis p in GE/ME angegeben. Durch die Parameter k und t können unterschiedliche Gegebenheiten der Nachfrager oder der Anbieter berücksichtigt werden.

a) Beschreiben Sie den Verlauf der Nachfrage- und der Angebotskurven, soweit er aus den Funktionstermen direkt ablesbar ist.

b) Der Graph einer Nachfragefunktion soll im 1. Quadranten streng monoton fallen. Bestimmen Sie den Parameterwert k so, dass diese Voraussetzung erfüllt ist.

c) Berechnen Sie den Parameterwert t der Angebotsfunktionenschar so, dass der Graph einen Hochpunkt bei $x = 10$ aufweist.

Im Folgenden gelten die Parameterwerte $t = 2$ und $k = 1$.

d) Ermitteln Sie den Umsatz im Marktgleichgewicht.

e) Skizzieren Sie den Graphen der Nachfragefunktion und den Graphen der Angebotsfunktion mit dem Marktgleichgewicht, dem Umsatz im Marktgleichgewicht, dem Höchstpreis, dem Mindestangebotspreis und der Sättigungsmenge in ein Koordinatensystem.

Lösung

a) **Nachfragekurve**: Nach unten geöffnete, gestauchte Parabel mit dem Ordinatenabschnitt 20 (= Höchstpreis p_H).

Angebotskurve: Nach unten geöffnete, gestauchte Parabel mit dem Ordinatenabschnitt 5,6 (= Mindestangebotspreis p_M).

b) Damit die Nachfragekurve im 1. Quadranten streng monoton fällt, darf sie dort keine Extremstelle haben; die Extremstelle muss also negativ sein. Wir berechnen die Extremstelle mit der 1. Ableitung

$$p'_{N;k}(x) = -0,2x - k$$
$$p'_{N;k}(x) = 0$$
$$0 = -0,2x - k$$
$$x = -5k$$

Für $k > 0$ erhalten wir negative Extremstellen.

c)
$$p'_{A;t}(x) = -0,2x + t$$
$$p'_{A;t}(10) = 0$$
$$0 = -0,2 \cdot 10 + t$$
$$t = 2$$

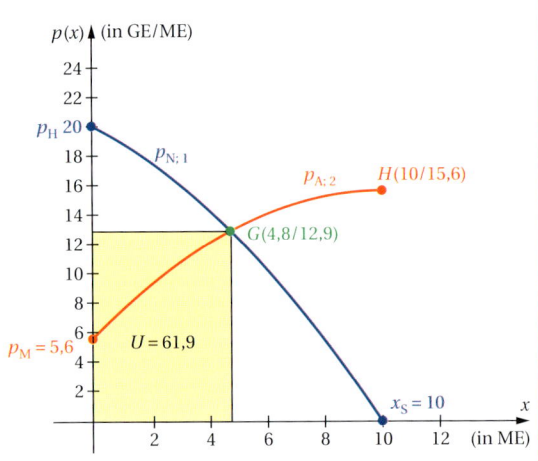

d)
$$p_{N;1}(x) = p_{A;2}(x)$$
$$-0,1x^2 - x + 20 = -0,1x^2 + 2x + 5,6$$
$$x = 4,8$$
$$G(4,8/12,9)$$
$$U_G = x_G \cdot p_G = 4,8 \cdot 12,9 = 61,9 \,[\text{GE}]$$

e) s. Abb.

Übungsaufgaben

1 Auf dem Markt für ein Gut kann die gesamtwirtschaftliche Nachfrage mit der Gleichung $p_{N;k}(x) = kx + 30$ und das gesamtwirtschaftliche Angebot mit der Gleichung $p_{A;t}(x) = tx^2 + 10$ modelliert werden. Die Parameter k und t berücksichtigen jeweils die geltende Konjunkturlage.

    a) Erläutern Sie, wie die Parameter jeweils auf den Verlauf der Funktionsgraphen wirken und welche Werte die Parameter annehmen dürfen, damit eine ökonomisch sinnvolle Nachfrage- oder eine ökonomisch sinnvolle Angebotsfunktion entsteht.

    b) Bestimmen Sie den Höchstpreis, die Sättigungsmenge und den Mindestangebotspreis.

    c) Geben Sie jeweils den ökonomisch sinnvollen Definitions- und Wertebereich für die Nachfrage- und die Angebotsfunktion an.

    d) Berechnen Sie, bei welchem Marktpreis sich der Markt im Gleichgewicht befindet, wenn für $k = -3$ und für $t = 2$ gelten soll.

e) Skizzieren Sie die Graphen für $k = -3$ und für $t = 2$ mit dem Marktgleichgewicht in ein gemeinsames Koordinatensystem. Wie hoch ist der Umsatz mit dem Gut bei dieser Konjunkturlage?

f) Zeigen Sie, dass die Preiselastizität der Nachfrage unabhängig vom Parameter k bei einem Marktpreis von $p = 15$ GE/ME immer fließend ist.

2 Ein neues Produkt soll auf dem Markt angeboten werden. Das Angebot lässt sich mit der Gleichung $p_{A;t}(x) = tx^2 + 2x + 1$ beschreiben. Die Nachfrage wird angegeben durch $p_{N;k}(x) = 0{,}3x^2 - kx + 7{,}5$. Dabei bringt der Parameter k die jeweilige Konsumbereitschaft der Nachfrager zum Ausdruck. Der Preis p wird in GE/ME und die angebotene oder nachgefragte Menge x wird in ME angegeben.

a) Ermitteln Sie den Parameter t so, dass die Angebotskurve einen Hochpunkt mit dem Funktionswert 6 aufweist.

b) Bestimmen Sie den Parameter k so, dass der Graph der Nachfragekurve bei $x = 5$ eine doppelte Nullstelle aufweist.

Im Folgenden gelten die Parameterwerte $t = -0{,}2$ und $k = 3$.

c) Geben Sie den ökonomisch sinnvollen Definitions- und Wertebereich der Nachfragefunktion und der Angebotsfunktion an.

d) Bestimmen Sie den Höchst- und Mindestangebotspreis, die Sättigungsmenge und das Marktgleichgewicht. Berechnen Sie den Umsatz im Marktgleichgewicht. Fertigen Sie eine Skizze mit den berechneten Ergebnissen an.

e) Berechnen Sie den Marktpreis, bei dem eine Marktpreisänderung eine gleich starke Änderung der Nachfrage bewirkt.

3 Auf dem Markt für eine bestimmte Tierfutterart soll das Verhalten der Nachfrager durch die Schargleichung $p_{N;k}(x) = 0{,}4(x - k)^2$ und das Verhalten der Anbieter durch die Schargleichung $p_{A;t}(x) = -tx^2 + 3x + 2{,}5$ beschrieben werden. Der Parameter k ist ein saisonal abhängiger Nachfrageparameter, der Parameter t bestimmt das Lohnniveau in den Betrieben der Anbieter. Der Marktpreis wird in GE/ME und die nachgefragte oder angebotene Menge in ME angegeben.

a) Erläutern Sie, wie die Parameter k und t auf den Verlauf der Graphen wirken.

b) Berechnen Sie die Koordinaten der Extrempunkte und geben Sie den ökonomisch sinnvollen Definitionsbereich der Funktionenscharen an. Ermitteln Sie den Höchstpreis, die Sättigungsmenge und den Mindestangebotspreis für das Tierfutter.

c) Bestimmen Sie die Parameter k und t so, dass beide Graphen jeweils ihren Extrempunkt an der Stelle $x = 5$ haben.

d) Ermitteln Sie das Marktgleichgewicht für die Parameterwerte $k = 5$ und $t = 0{,}3$.

e) Skizzieren Sie die Graphen mit ihren charakteristischen Punkten zu den Parameterwerten $k = 5$ und $t = 0{,}3$ in ein Koordinatensystem.

f) Ermitteln Sie für die Nachfragefunktionenschar die Gleichung der Preiselastizität der Nachfrage. Bestimmen Sie parameterabhängig den Preis, bei dem die Nachfrage fließend auf Preisänderungen reagiert.

4[1]) Ein Hersteller von laktosefreien Produkten hat den Markt für Milch untersucht, weil er in Zukunft eine laktosefreie Vollmilch auf den Markt bringen möchte.

Bei der Untersuchung wurde festgestellt, dass die Nachfragefunktion p_N durch eine ganzrationale Funktion 3. Grades angenähert werden kann. Bei einem Preis von 5,4 Geldeinheiten pro Mengeneinheiten (GE/ME) wird 1 ME nachgefragt. Bei einem Preis von 3,4 GE/ME werden 2 ME nachgefragt. An dieser Stelle beträgt die momentane Änderungsrate $-3,9$. Der Höchstpreis liegt bei 6 GE/ME. Die Angebotsfunktion wird durch die Funktionsschar $p_{A,c}$ mit $p_{A,c}(x) = \frac{-3}{x-2} + c$ beschrieben.

a) Um den Markt richtig einschätzen zu können, führt der Hersteller Analysen durch.

Bestimmen Sie dafür den Funktionsterm für die Nachfragefunktion p_N.

Ermitteln Sie die Werte, die der Parameter c in der Angebotsfunktionsschar $p_{A,c}$ annehmen kann, damit der Schnittpunkt mit der Ordinatenachse nicht im negativen Bereich liegt.

Ermitteln Sie den ökonomisch sinnvollen Definitionsbereich für die gesamte Marktsituation und begründen Sie die Grenzen des Definitionsbereichs. Erläutern Sie die daraus resultierende Auswirkung für den Hersteller.

Bestimmen Sie die Wendestelle der Nachfragefunktion, dokumentieren Sie einen Lösungsweg, der auch ohne den Einsatz eines GTR nachvollziehbar ist, und interpretieren Sie die Stelle im ökonomischen Sinne.

Weisen Sie nach, dass der Graph der Angebotsfunktion im ökonomischen Definitionsbereich linksgekrümmt ist.

Erläutern Sie die Auswirkungen dieses Krümmungsverhaltens auf das Zusammenspiel von Preis und Angebotsmenge.

Der Hersteller der laktosefreien Milch wiederholt diese Marktuntersuchung kurze Zeit nach Einführung der laktosefreien Vollmilch und erhält folgende Situation:

$p_{A;neu}(x) = \frac{-3}{x-2} - 1,5$ und $p_{N,neu}(x) = -x^3 + 1,5x^2 - 1,1x + 7$

b) Skizzieren Sie die Graphen der Angebots- und Nachfragefunktion in ein geeignetes Koordinatensystem und ermitteln Sie das aktuelle Marktgleichgewicht.

c) Der Hersteller lässt Elastizitätsuntersuchungen im Bereich $[0; 2)$ durchführen, um seine Preise besser festlegen zu können.

Ermitteln Sie die Funktion für die Preiselastizität der Nachfrage unter Verwendung von $p_{N,neu}$. Bestimmen Sie die Intervalle, in denen die Nachfrage elastisch oder unelastisch reagiert, und beschreiben Sie das jeweilige Intervall aus ökonomischer Sicht. Geben Sie die zugehörigen Preisintervalle der Anbieter an.

Der Hersteller möchte die Auswirkungen von Preisänderungen auf die Nachfrage analysieren. Berechnen Sie den Preis, bei dem sich bei einer Preisänderung um 1 % die Nachfragemenge um 0,5 % verringert.

---

[1]) In Anlehnung an: Niedersächsisches Kultusministerium (Hrsg.): Zentralabitur 2012, Berufliches Gymnasium Wirtschaft/Gesundheit und Soziales, Rechnertyp GTR, eA, Aufgabe 1 B; Teilaufgabe b) gekürzt, Teilaufgabe d) gestrichen

eA **1.4.4 Funktionenscharen zum Produktlebenszyklus**

> **Situation 4**
>
> Für die Darstellung des Lebenszyklus eines Produktes im Zeitablauf soll die Gleichung der Funktionenschar $a_k(t) = -0{,}2\,t^3 + k\,t^2$ verwendet werden. Dabei ist a der jährliche Absatz (in ME/Jahr) und t die Zeit (in Jahren) seit der Einführung des Produktes auf dem Markt. Der Parameter k steht für bestimmte Rahmenbedingungen auf Käuferseite.
>
> a) Ermitteln Sie die Koordinaten der Achsenschnittpunkte und der Extrem- und Wendepunkte der Schar.
>
> b) Geben Sie an, für welche Parameterwerte eine ökonomisch sinnvolle Produktlebenszykluskurve entsteht.
>
> c) Bestimmen Sie den Parameter k so, dass der maximale Anstieg des Jahresabsatzes am Ende des 3. Jahres nach Produkteinführung erreicht wird.
>
> d) Skizzieren Sie den Graphen der Produktlebenszyklusfunktion mit seinen charakteristischen Punkten für $k = 1{,}8$ und interpretieren Sie den Graphen anwendungsbezogen.

Lösung

a) Achsenschnittpunkte:

$$a_k(t) = 0$$
$$0 = -0{,}2\,t^3 + k\,t^2$$
$$0 = t^2\,(-0{,}2\,t + k)$$
$$t_{01/02} = 0 \quad \Rightarrow\ \underline{\underline{S_{x_{01/02}/y}(0/0)}}$$
$$t_{03} = 5\,k \quad \Rightarrow\ \underline{\underline{S_{x_{03}}(5\,k/0)}}$$

Ableitungen:

$$a_k'(t) = -0{,}6\,t^2 + 2\,k\,t$$
$$a_k''(t) = -1{,}2\,t + 2\,k$$
$$a_k'''(t) = -1{,}2$$

Extrempunkte:

$$a_k'(t) = 0$$
$$0 = -0{,}6\,t^2 + 2\,k\,t$$
$$0 = t\,(-0{,}6\,t + 2\,k)$$
$$\underline{t_{01} = 0}$$

$$0 = -0{,}6\,t + 2\,k$$
$$\underline{t_{02} = \frac{10}{3}\,k}$$

$$a_k''(0) = -1{,}2 \cdot 0 + 2\,k = 2\,k$$

$$a_k''\!\left(\frac{10}{3}\,k\right) = -1{,}2 \cdot \frac{10}{3}\,k + 2\,k = -2\,k$$

$$\underline{\underline{H(0/0)\ \text{für}\ k < 0}}$$

$$\underline{\underline{T\!\left(\frac{10}{3}\,k \,\middle|\, \frac{100}{27}\,k^3\right)\ \text{für}\ k < 0}}$$

$$\underline{\underline{T(0/0)\ \text{für}\ k > 0}}$$

$$\underline{\underline{H\!\left(\frac{10}{3}\,k \,\middle|\, \frac{100}{27}\,k^3\right)\ \text{für}\ k > 0}}$$

Wendepunkt:

$$a_k''(t) = 0$$

$$0 = -1,2\,t + 2k$$

$$t = \frac{5}{3}k$$

$$a_k'''\left(\frac{5}{3}k\right) = -1,2 \neq 0$$

$$\Rightarrow W\left(\frac{5}{3}k \,\middle|\, \frac{50}{27}k^3\right)$$

b) Eine ökonomisch sinnvolle Produktlebenszykluskurve entsteht nur für $k > 0$.

c) $a_k''(3) = 0$

$$0 = -1,2 \cdot 3 + 2k$$

$$0 = -3,6 + 2k$$

$$k = 1,8$$

d) Graph für $k = 1,8$: s. Abb.

Interpretation:

Zum Zeitpunkt der Einführung des Produktes auf dem Markt beträgt der Jahresabsatz 0 ME/Jahr. Zunächst steigt der Jahresabsatz die ersten 3 Jahre progressiv. Nach genau 3 Jahren ist der Anstieg des Jahresabsatzes maximal. Der Jahresabsatz beträgt dann 10,8 ME/Jahr. In den folgenden 3 Jahren steigt der Jahresabsatz nur noch degressiv. Nach 6 Jahren erreicht der Jahresabsatz mit

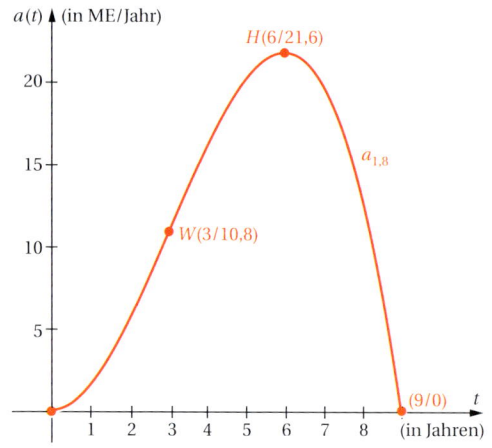

21,6 ME/Jahr sein Maximum. Danach sinkt der Jahresabsatz 3 Jahre progressiv und ist 9 Jahre nach Produkteinführung wieder auf 0 ME/Jahr gesunken.

Übungsaufgaben

1 Die Schargleichung $u_k(t) = -0,1\,t^3 - k\,t^2$ beschreibt einen Produktlebenszyklus. Dabei ist u der monatliche Umsatz (in GE/Monat) und t die Zeit (in Monaten) seit der Einführung des Produktes auf dem Markt. Der Parameter k steht für die Intensität der Werbemaßnahmen für dieses Produkt.

a) Ermitteln Sie die Koordinaten der Achsenschnittpunkte und der Extrem- und Wendepunkte der Schar.

b) Geben Sie an, für welche Parameterwerte eine ökonomisch sinnvolle Produktlebenszykluskurve entsteht.

c) Bestimmen Sie den Parameter k so, dass der maximale Anstieg des Monatsumsatzes am Ende des 7. Monates nach Produkteinführung erreicht wird.

d) Skizzieren Sie den Graphen der Produktlebenszyklusfunktion mit seinen charakteristischen Punkten für $k = 2,1$ und interpretieren Sie ihn anwendungsbezogen.

2 Die Gleichung $a_k(t) = -0,01\,t^4 + k\,t^3$ beschreibt den Lebenszyklus eines Produktes. a ist der monatliche Absatz (in ME/Monat) und t die Zeit (in Monaten) seit der Einführung des Produktes auf dem Markt. k ist ein Konjunkturparameter.

  a) Ermitteln Sie die Achsenschnittpunkte und die Extrem- und Wendepunkte der Schar.

  b) Geben Sie an, für welche Parameterwerte eine ökonomisch sinnvolle Produktlebenszykluskurve entsteht.

  c) Bestimmen Sie den Parameter k so, dass der maximale Monatsumsatzes am Ende des 15. Monates nach Produkteinführung erreicht wird.

  d) Skizzieren Sie den Graphen der Produktlebenszyklusfunktion für $k = 0,2$ mit seinen charakteristischen Punkten. Interpretieren Sie den Graphen anwendungsbezogen.

3 Die Gleichung $u_{a;k}(t) = a\,t(t-k)^2$ einer Funktionenschar beschreibt den Jahresumsatz (in GE/Jahr) mit einem Produkt. t gibt die Anzahl der Jahre ab Beginn dieses Jahres an. a und k sind Parameter, die den Umsatz mit dem Produkt beeinflussen.

  a) Erläutern Sie die Wirkung der Parameter a und k auf den Verlauf des Graphen. Erläutern Sie, welche Werte die Parameter nur annehmen dürfen, wenn eine ökonomisch sinnvolle Produktlebenszykluskurve entstehen soll.

  Im Folgenden soll der Parameter a den Wert 0,1 annehmen.

  b) Berechnen Sie die Nullstellen und die Extrem- und Wendepunkte der Scharkurven.

  c) Geben Sie den ökonomisch sinnvollen Definitionsbereich und Wertebereich der Funktionenschar an.

  d) Skizzieren Sie den Graphen für den Parameterwert $k = 9$ mit seinen wesentlichen Punkten und interpretieren Sie ihn anwendungsbezogen.

Innermathematische Übungen zur Analyse von Kurvenscharen

4 Untersuchen Sie die Funktionenschar vollständig und zeichnen Sie die Graphen für die angegebenen Parameterwerte.

  a) $f_k(x) = (x-k)^2 + \frac{k}{2}$; $x \in D(f_k)$; $k \in \mathbb{R}$
      Zeichnung für $k = \pm 3$; ± 2; ± 1 und 0

  b) $f_k(x) = 2x^2 + kx$; $x \in D(f_k)$; $k \in \mathbb{R}$
      Zeichnung für $k = \pm 4$; ± 2 und 0

  c) $f_k(x) = -\frac{x^3}{k} - kx$; $x \in D(f_k)$; $k \in \mathbb{R}^*$
      Zeichnung für $k = \pm 2$ und ± 4

  d) $f_k(x) = 0,5\,x^3 - kx^2$ $x \in D(f_k)$; $k \in \mathbb{R}$
      Zeichnung für $k = 1; -1$

2 Lernbereich: Von der Änderung zum Bestand – Integralrechnung

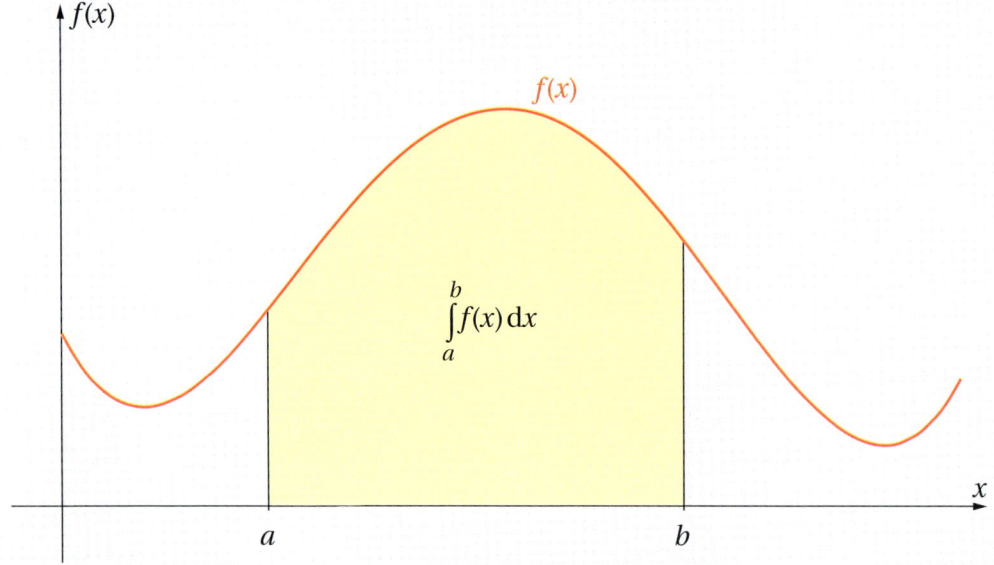

Die **Integralrechnung** ist neben der Differenzialrechnung das zweite Hauptgebiet der Analysis. In der Differenzialrechnung steht die Ableitung im Zentrum der Überlegungen. Mit ihrer Hilfe kann man zu einer gegebenen Größe die momentane Änderungsrate (Ableitung) ermitteln. Mithilfe der Integralrechnung kann man umgekehrt die Größe selbst rekonstruieren, wenn ihre momentane Änderungsrate (Ableitung) bekannt ist. **Diese Rekonstruktion von Beständen aus gegebenen Änderungsraten führt auf die Berechnung von Flächenmaßzahlen zurück.**

Schon seit Jahrhunderten beschäftigen sich Mathematiker mit dem Problem, die Maßzahlen krummlinig begrenzter Flächen zu berechnen. 450 v. Chr. gelang es dem griechischen Gelehrten Hippokrates, die Fläche von Mondsicheln zu berechnen, ohne dass ihm eine Formel für die Kreisfläche zur Verfügung stand.

Ca. 200 Jahre später schaffte es der griechische Mathematiker und Physiker Archimedes, die Fläche unter der Parabel zu berechnen.

Erst fast 2 000 Jahre später, im 17. Jh., gelang es dem deutschen Mathematiker **Leibniz** und dem englischen Physiker **Newton** mithilfe der von ihnen entwickelten Integralrechnung, die Flächenmaßzahl unter beliebigen Funktionsgraphen zu berechnen.

2.1   Einführung in die Integralrechnung

2.1.1   Rekonstruktion von Beständen

Situation 1

Die Abbildung zeigt den Graphen einer Produktlebenszyklusfunktion, die den jährlichen Umsatz u (in GE/Jahr) zu einem beliebigen Zeitpunkt t (in Jahren seit Einführung des Produktes auf dem Markt) angibt.

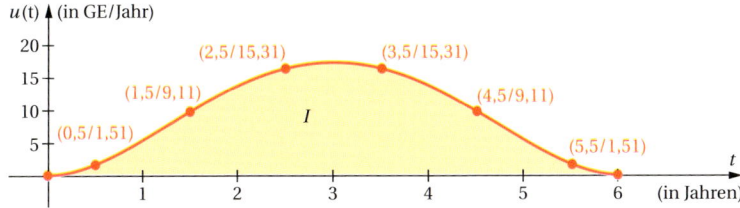

a) Interpretieren Sie die Koordinaten eines beliebigen vorgegebenen Punktes.

b) Bestimmen Sie mit elementar-geometrischen Mitteln (mithilfe von Rechtecken) näherungsweise die Maßzahl I des Flächeninhalts zwischen Funktionsgraph und Abszissenachse.

c) Interpretieren Sie den in Teilaufgabe b) berechneten Wert für die Flächenmaßzahl.

d) Erläutern Sie, wie man die Genauigkeit des Ergebnisses erhöhen könnte.

Lösung

a) Z. B. $P_1(0,5/1,51)$: Ein halbes Jahr nach Einführung des Produktes beträgt der jährliche Umsatz 1,51 GE pro Jahr. Das ist die momentane Änderungsrate (1. Ableitung) des Umsatzes oder auch die Umsatzgeschwindigkeit genau zu dem Zeitpunkt $t = 0,5$, die sich aber ständig ändert.

b) Wir überlagern den Graphen mit Rechtecken, wie in der Abbildung dargestellt. Den Flächeninhalt I der einzelnen Rechtecke können wir mit der Formel leicht bestimmen:

$I = \text{Breite} \cdot \text{Höhe}$

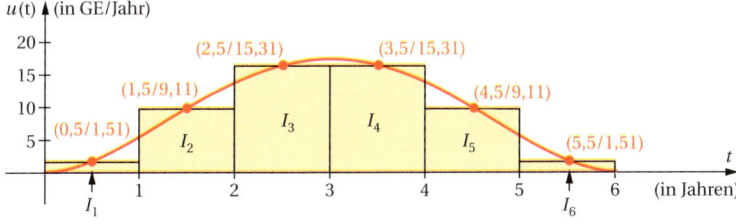

Das ist eine gute Näherung für die tatsächliche Maßzahl der Fläche, weil die fehlenden Teilflächen der gesuchten Fläche durch die überschüssigen Teilflächen der Rechtecke in etwa ausgeglichen werden.

1. Rechteck: $I_1 = 1 \cdot 1,51$	$= 1,51$
2. Rechteck: $I_2 = 1 \cdot 9,11$	$= 9,11$
3. Rechteck: $I_3 = 1 \cdot 15,31$	$= 15,31$
4. Rechteck: $I_4 = 1 \cdot 15,31$	$= 15,31$
5. Rechteck: $I_5 = 1 \cdot 9,11$	$= 9,11$
6. Rechteck: $I_6 = 1 \cdot 1,51$	$= 1,51$
Summe: $I_{gesamt} = \underline{\underline{51,86}}$	

c) Der Flächeninhalt des 1. Rechtecks stellt näherungsweise den gesamten Umsatz mit dem Produkt im 1. Jahr nach der Produkteinführung dar. Im 1. Jahr wurde also ein Umsatz von ca. 1,51 GE erzielt. Die Einheit der Flächenmaßzahl ergibt sich aus dem Produkt der Einheiten von Breite und Höhe der Rechtecke:

$$\text{Jahr} \cdot \frac{\text{GE}}{\text{Jahr}} = \frac{\text{Jahr} \cdot \text{GE}}{\text{Jahr}} = \text{GE}$$

Der Flächeninhalt des 2. Rechtecks stellt näherungsweise den Umsatz mit dem Produkt im 2. Jahr nach der Produkteinführung dar. Im 2. Jahr wurde also ein Umsatz von ca. 9,11 GE erzielt etc.

Die Summe aller Flächenmaßzahlen gibt näherungsweise den gesamten Umsatz an, der mit diesem Produkt insgesamt erzielt worden ist, also 51,86 GE.

d) Wenn man die Breite Δx der Rechtecke verringert und ihre Anzahl n erhöht, wird das Ergebnis genauer. Für $n \to \infty$ ist das Ergebnis genau.

Gibt der Graph einer Funktion f die momentane Änderungsrate einer Größe an, liegt also ein Ableitungsgraph vor, dann stellt der **Inhalt der Fläche zwischen Ableitungsgraph und Abszissenachse über einem Intervall die kumulierte (angehäufte) Gesamtgröße für dieses Intervall dar**.

Einen Ableitungsgraphen erkennt man in der Regel daran, dass die Einheit der Funktionswerte ein Quotient ist. Denn die Ableitung einer Funktion gibt die Steigung des Funktionsgraphen an. Diese ist identisch mit der Steigung der Tangente an den Funktionsgraphen. Die Steigung einer Tangente (einer Geraden) ist definiert als $m_t = \frac{\text{Höhenunterschied}}{\text{Horizontalunterschied}}$

Im Nenner dieses Quotienten steht oft eine Zeiteinheit, in der Situation 1 z. B. $\frac{\text{GE}}{\text{Jahr}}$.

Zusammenfassung

- Bestände können rekonstruiert werden, wenn die momentanen Änderungsraten bekannt sind.

- Die Maßzahl der Fläche zwischen Ableitungsgraph und Abszissenachse über einem Intervall $[a; b]$ gibt die kumulierte (angehäufte) Gesamtgröße für dieses Intervall an.

Übungsaufgaben

1 Die Abbildung zeigt den Graphen der Produktlebenszyklusfunktion mit
$a(t) = -0,3\,t^3 + 1,5\,t^2$, die den jährlichen Absatz a (in ME/Jahr) zu einem beliebigen Zeitpunkt t (in Jahren seit Einführung des Produktes auf dem Markt) angibt.

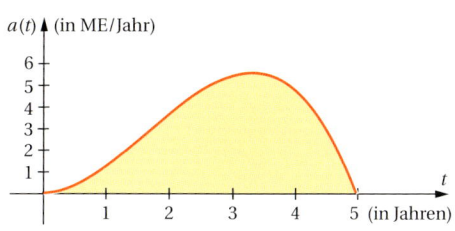

   a) Bestimmen Sie mit elementar-geometrischen Mitteln (mithilfe von Rechtecken) näherungsweise die Maßzahl I des Flächeninhalts zwischen dem Funktionsgraphen und der Abszissenachse. Interpretieren Sie den berechneten Wert.
   b) Berechnen Sie näherungsweise die Maßzahl I des Flächeninhalts zwischen dem Funktionsgraphen und der Abszissenachse über dem Intervall $[3; 5]$ und interpretieren Sie den berechneten Wert.
   c) Ermitteln Sie den Gesamtabsatz vom 2. bis zum 4. Jahr.

2 Der Produktlebenszyklus, der den Jahresumsatz u (in GE/Jahr) zu einem beliebigen Zeitpunkt t (in Jahren seit Einführung des Produktes auf dem Markt) angibt, kann mit der Funktionsgleichung $u(t) = 0,2\,t^3 - 2\,t^2 + 5\,t$ mit $D_{\text{ök}}(u) = [0; 5]$ dargestellt werden.
   a) Bestimmen Sie mit elementar-geometrischen Mitteln näherungsweise die Maßzahl I des Flächeninhalts zwischen dem Funktionsgraphen und der Abszissenachse. Interpretieren Sie den berechneten Wert.
   b) Berechnen Sie näherungsweise die Maßzahl I des Flächeninhalts zwischen dem Funktionsgraphen und der Abszissenachse über dem Intervall $[2; 4]$ und interpretieren Sie den berechneten Wert.
   c) Ermitteln Sie den Gesamtumsatz mit dem Produkt in den letzten 3 Jahren bis zu dessen Ausschneiden aus dem Markt.

3 Die Funktionsgleichung $u(t) = 0,1\,t^4 - t^3 + 2,5\,t^2$ mit $D_{\text{ök}}(u) = [0; 5]$ stellt den Lebenszyklus eines Produktes dar. Dabei ist u die momentane Umsatzänderung in GE/Jahr zu einem beliebigen Zeitpunkt t (in Jahren seit Einführung des Produktes auf dem Markt). Ermitteln Sie näherungsweise den Umsatz mit dem Produkt in den ersten 3 Jahren und insgesamt während seiner Lebensdauer.

4   Interpretieren Sie die Koordinaten der rot eingetragenen Punkte P_1 und P_2.

Berechnen Sie mit elementar-geometrischen Mitteln

- die Maßzahlen der gekennzeichneten Flächen I_1 und I_2 und
- die Maßzahl der gesamten Fläche zwischen dem Graphen und der x-Achse über dem dargestellten Intervall.

Sollte eine Berechnung nicht möglich sein, schätzen Sie die Flächenmaßzahlen. Interpretieren Sie die ermittelten Werte. Achten Sie bei allen Interpretationen genau auf die Einheiten.

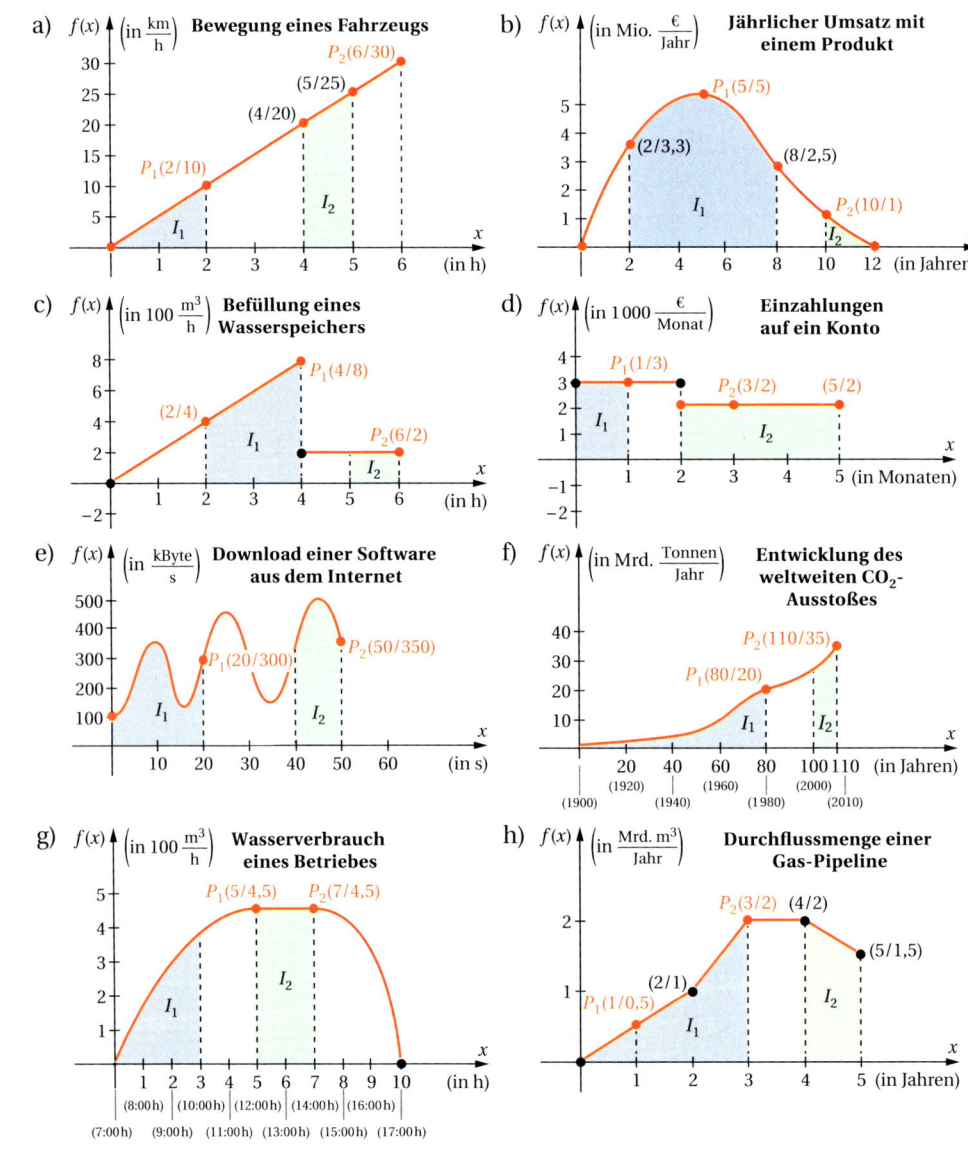

2.1.2 Ableitungsfunktion und Stammfunktion, Integrationsregeln

Im Folgenden soll gezeigt werden, wie man die Maßzahl der Fläche unter einem Graphen exakt berechnen kann.

Dabei ist es wichtig zwischen Groß- und Kleinbuchstaben der Variablen zu unterscheiden. In der Integralrechnung wird eine Stammfunktion in der Regel mit einem Großbuchstaben angegeben, z. B. F. Die zugehörige Ableitungsfunktion wird mit dem entsprechenden Kleinbuchstaben z. B. f, benannt.

In der Abbildung ist der Graph der **Stammfunktion U** mit seiner **Ableitungsfunktion u**, dem Produktlebenszyklusgraphen, dargestellt. Es gilt also **$U' = u$**.

Die **Stammfunktion U** gibt den **kumulierten Gesamtumsatz** mit einem Produkt vom Zeitpunkt 0 bis zu einem beliebigen Zeitpunkt an. Der **Produktlebenszyklus** gibt die **momentanen Änderungsraten** des Gesamtumsatzes, hier den jährlichen Umsatz, zu jedem beliebigen Zeitpunkt an.

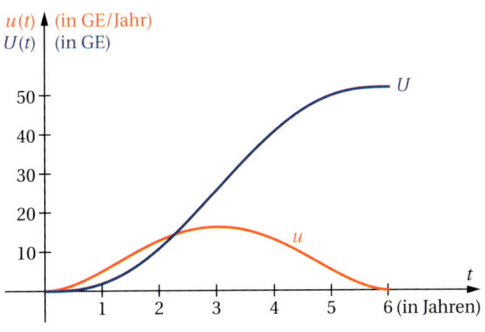

Wenn die Gleichung der Produktlebenszyklusfunktion gegeben ist, kann man den Gesamtumsatz für ein bestimmtes Intervall $[a; b]$ mithilfe der Stammfunktion berechnen. Die Fläche I unter dem Produktlebenszyklusgraphen für dieses Intervall repräsentiert diesen Gesamtumsatz.

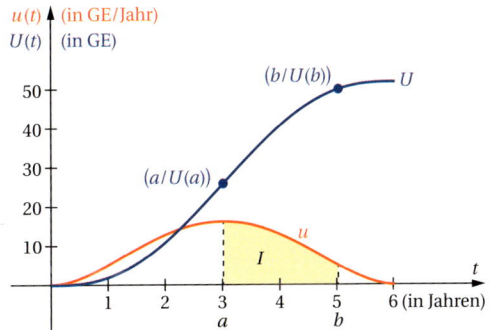

Man kann die **Maßzahl einer Fläche zwischen dem Graphen einer Randfunktion f und der Abszissenachse über einem Intervall $[a; b]$** berechnen, indem man
1. eine Stammfunktion F ermittelt und dann
2. $F(b) - F(a)$ berechnet.

Das Berechnen der Stammfunktion aus einer Ableitungsfunktion heißt **integrieren** oder **aufleiten**.

Zu einer gegeben Ableitungsfunktion f gibt es unendlich viele Stammfunktionen F, die sich lediglich durch eine Konstante C unterscheiden, die beim Ableiten aber wieder wegfällt.

Beispiel:

$f(x) = x^2 \Rightarrow F(x) = \frac{1}{3}x^3 + C,$

weil nach der Potenzregel der
Differenzialrechnung:

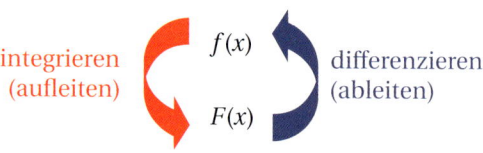

integrieren
(aufleiten) $f(x)$ differenzieren
(ableiten)
$F(x)$

$F'(x) = f(x) = 3 \cdot \frac{1}{3}x^2 + 0 = x^2$

Beim Integrieren gelten drei grundlegende **Integrationsregeln**.

- **Potenzregel der Integralrechnung:**

  Die Stammfunktion einer Potenzfunktion $f(x) = x^n$ mit $n \neq 1$ wird ermittelt, indem
  1. der Exponent um 1 erhöht wird und dann
  2. der Funktionsterm mit dem Kehrwert des um 1 erhöhten Exponenten multipliziert wird.

  > $$f(x) = x^n \quad \Rightarrow \quad F(x) = \frac{1}{n+1}x^{n+1} + C$$
  > **Potenzregel der Integralrechnung**

- **Faktorregel der Integralrechnung:**

  Ein konstanter Faktor bleibt beim Integrieren erhalten.

  > $$f(x) = a \cdot g(x) \quad \Rightarrow \quad F(x) = a \cdot G(x) + C$$
  > **Faktorregel der Integralrechnung**

- **Potenz- mit Faktorregel der Integralrechnung:**

  Potenzregel und Faktorregel können kombiniert werden.

  > $$f(x) = ax^n \quad \Rightarrow \quad F(x) = \frac{1}{n+1}ax^{n+1} + C$$
  > **Potenz- mit Faktorregel der Integralrechnung**

- **Summen-/Differenzregel der Integralrechnung:**

  Summen und Differenzen von Funktionen dürfen gliedweise integriert werden.

  > $$f(x) = f_1(x) \pm f_2(x) \quad \Rightarrow \quad F(x) = F_1(x) \pm F_2(x) + G$$
  > **Summen-/Differenzregel der Integralrechnung**

Situation 2

Gegeben sei die Produktlebenszyklusfunktion mit $u(t) = 0,2\,t^4 - 2,4\,t^3 + 7,2\,t^2$; $D_{ök}(u) = [0; 6]$. u (in GE/Jahr) ist der jährliche Umsatz (die momentane Änderungsrate des Gesamtumsatzes) zu einem beliebigen Zeitpunkt t (in Jahren). Berechnen Sie den kumulierten

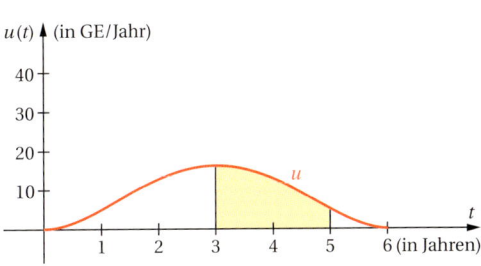

Gesamtumsatz, der mit dem Produkt im 4. und 5. Jahr nach der Produkteinführung erzielt worden ist.

Lösung

Gesucht ist die Maßzahl der Fläche zwischen dem Graphen von u und der Abszissenachse im Intervall [3; 5] (s. Abb.).

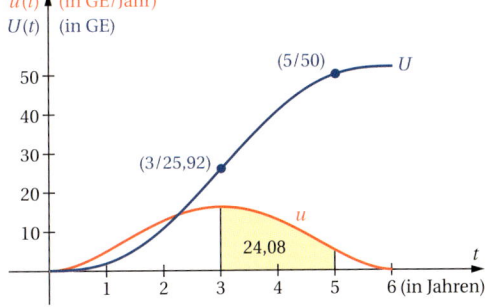

1. Stammfunktion für
    $u(t) = 0,2\,t^4 - 2,4\,t^3 + 7,2\,t^2$ ermitteln:
    $$U(t) = \frac{0,2}{5}t^5 - \frac{2,4}{4}t^4 + \frac{7,2}{3}t^3 + C$$
    $$U(t) = 0,04\,t^5 - 0,6\,t^4 + 2,4\,t^3 + C$$
    Zum Zeitpunkt $t = 0$, dem Zeitpunkt der Produkteinführung, ist der erzielte Gesamtumsatz mit dem Produkt 0. Also können wir $C = 0$ wählen:
    $$U(t) = 0,04\,t^5 - 0,6\,t^4 + 2,4\,t^3$$
2. $U(b)$ berechnen:
    $$U(5) = 50$$
3. $U(a)$ berechnen:
    $$U(3) = 25,92$$
4. Differenz $U(b) - U(a)$ berechnen:
    $$U(5) - U(3) = 50 - 25,92 = \underline{\underline{24,08}}$$

Interpretation: Im 4. und 5. Jahr nach der Produkteinführung wurde insgesamt ein Umsatz von 24,08 GE erzielt.

Situation 3

Die Grenzkostenfunktion K' eines Betriebes hat die Gleichung $K'(x) = 3x^2$. Die Fixkosten bei der Produktion betragen 2 GE.

a) Berechnen Sie die zusätzlich anfallenden Gesamtkosten, wenn die Produktionsmenge von einer ME auf 2 ME ausgeweitet wird.

b) Berechnen Sie die Gesamtkosten, wenn 2 ME produziert werden.

Lösung

a) Stammfunktion berechnen:

$$K'(x) = 3x^2 \Rightarrow K(x) = x^3 + C$$

Ökonomisch sinnvolle Gleichung für die Gesamtkosten ermitteln.

Wegen der Fixkosten in Höhe von 2 GE wählen wir $C = 2$:

$$K(x) = x^3 + 2$$

Gesamtkosten über dem Intervall [1; 2] berechnen (= Zuwachs der Gesamtkosten):

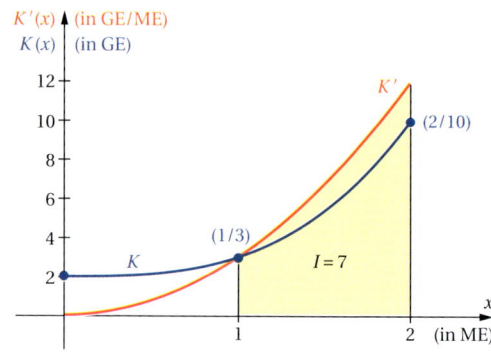

$$K(2) - K(1) = (8 + 2) - (1 + 2)$$
$$= 10 - 3 = \underline{\underline{7}}$$

b) Weil die Fixkosten bei den insgesamt entstandenen Gesamtkosten berücksichtigt werden müssen, dürfen wir nicht $K(2) - K(0)$ rechnen. Durch die Subtraktion von $K(0) = 2$ würden wir nämlich die Fixkosten von den Gesamtkosten subtrahieren. Deshalb berechnen wir zur Ermittlung der insgesamt entstandenen Gesamtkosten bei einer Produktion von 2 ME nur $K(2)$:

$$K(2) = 8 + 2 = \underline{\underline{10}}$$

Für die Rekonstruktion von Beständen aus Änderungsraten muss ein **Anfangsbestand ungleich 0** bei der Wahl der Integrationskonstanten im Term der Stammfunktion beachtet werden.

Situation 4

Die Produktlebenszyklusfunktion mit $a(t) = -0{,}1\,t^3 + 1{,}2\,t^2$; $D_{ök}(a) = [0; 12]$ beschreibt den jährlichen Absatz a (in ME/Jahr), das ist die momentane Änderungsrate des Gesamtabsatzes, zu einem beliebigen Zeitpunkt t (in Jahren) seit Jahresbeginn 2000 ($t = 0$). Von der Produkteinführung bis zum Jahresbeginn 2000 betrug der Gesamtabsatz mit dem Produkt bereits 5 ME.

Berechnen Sie den kumulierten Gesamtabsatz,

a) der mit dem Produkt in den Jahren von einschließlich 2009 bis einschließlich 2012 erzielt worden ist,

b) der mit dem Produkt insgesamt erzielt worden ist.

c) Skizzieren Sie die Graphen von a und A für $D_{ök}(a) = [0; 12]$ mit ihren charakteristischen Punkten in ein gemeinsames Koordinatensystem.

Lösung

$a(t) = -0,1\,t^3 + 1,2\,t^2$

$\Rightarrow A(t) = -0,025\,t^4 + 0,4\,t^3 + C$

Wegen des Anfangsbestandes in Höhe von

5 ME ist $C = 5$

$A(t) = -0,025\,t^4 + 0,4\,t^3 + 5$

a) $A(12) - A(8) = 177,8 - 107,4 = \underline{\underline{70,4\ [ME]}}$

b) Wenn der Anfangsbestand von 5 ME in den Gesamtabsatz einfließen soll, darf $A(0) = 5$ nicht von $A(12) = 177,8$ subtrahiert werden. Es wird lediglich $\underline{\underline{A(12) = 177,8\ [ME]}}$ berechnet.

c) s. Abb.

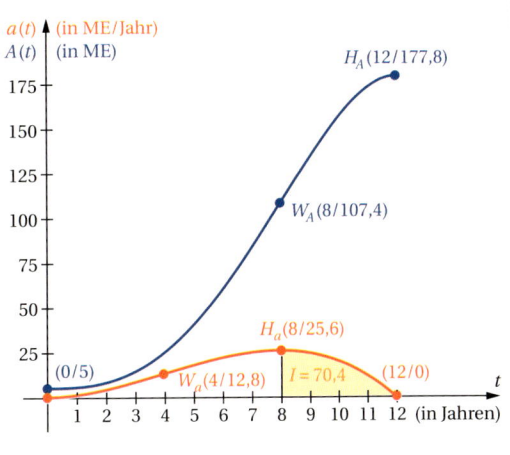

Im Folgenden seien an dieser Stelle noch einige weitere **Stammfunktionen** genannt:

Art der Funktion	$f(x)$	$F(x) + C$
e-Funktion	$f(x) = e^x$	$F(x) = e^x + C$
Sinusfunktion	$f(x) = \sin x$	$F(x) = -\cos x + C$
Kosinusfunktion	$f(x) = \cos x$	$F(x) = \sin x + C$

Integration linear verketteter Funktionen

Wenn eine äußere Funktion $\ddot{a}$ mit einer linearen inneren Funktion i mit dem Term $mx + b$ verkettet ist, wird die **lineare Kettenregel der Intergralrechnung** zum Integrieren angewandt:

$$f(x) = \ddot{a}\,[\underbrace{mx + b}_{\substack{\text{lineare}\\\text{innere}\\\text{Funktion}}}] \quad \Rightarrow \quad F(x) = \frac{1}{m} \cdot \ddot{A}\,[\underbrace{mx + b}_{\substack{\text{lineare}\\\text{innere}\\\text{Funktion}}}] + C$$

Lineare Kettenregel der Integralrechnung

Lineare Kettenregel der Integralrechnung in Worten: Eine verkettete Funktion mit linearer innerer Funktion wird integriert, indem die äußere Funktion unter Beibehaltung der inneren Funktion integriert wird und der entstandene Term mit dem Kehrwert des Vorfaktors des Lineargliedes multipliziert wird.

Beispiel:

$f(x) = (4x + 1)^2$

Dabei ist: $\ddot{a}(x) = x^2$ und $i(x) = 4x + 1$ mit $m = 4$

$\ddot{A}(x) = \frac{1}{3}x^3$

$\Rightarrow F(x) = \frac{1}{4} \cdot \frac{1}{3}(4x + 1)^3 + C$

$F(x) = \frac{1}{12}(4x + 1)^3 + C$

Probe (mit der Kettenregel der Differenzialrechnung):

$F'(x) = 3 \cdot \frac{1}{12}(4x + 1)^2 \cdot 4$

$\underline{\underline{= (4x + 1)^2 = f(x)}}$

Situation 5

Bestimmen Sie die Gleichung aller Stammfunktionen.

a) $f(x) = 2\,e^x$

b) $f(x) = -e^x$

c) $f(x) = e^{\frac{1}{2}x}$

d) $f(x) = -\frac{1}{2}\sin x$

e) $f(x) = \sin 2x$

f) $f(x) = -3\cos x$

g) $f(x) = e^{2x - 1}$

h) $f(x) = \sin(3x + 2)$

i) $f(x) = \cos(-x + 1)$

j) $f(x) = \left(e^{\frac{1}{3}x + 2} - 2\sin(2x)\right)$

k) $f(x) = \left(2\,e^{\frac{1}{2}x - 1} + 3x\right)$

l) $f(x) = -\sin(0{,}5x - 1)$

m) $f(x) = \frac{1}{2}\cos\left(-\frac{1}{3}x - 2\right)$

n) $f(x) = \left(0{,}5\,e^{-2x + 2} + 3x^2\right)$

Lösung

a) $F(x) = 2\,e^x + C$

b) $F(x) = -e^x + C$

c) $F(x) = 2\,e^{\frac{1}{2}x} + C$

d) $F(x) = \frac{1}{2}\cos x + C$

e) $F(x) = -\frac{1}{2}\cos 2x + C$

f) $F(x) = -3\sin x + C$

g) $F(x) = \frac{1}{2}e^{2x - 1} + C$

h) $F(x) = -\frac{1}{3}\cos(3x + 2) + C$

i) $F(x) = -\sin(-x + 1) + C$

j) $F(x) = 3\,e^{\frac{1}{3}x + 2} + \cos(2x) + C$

k) $F(x) = 4\,e^{\frac{1}{2}x - 1} + \frac{3}{2}x^2 + C$

l) $F(x) = 2\cos(0{,}5x - 1) + C$

m) $F(x) = -\frac{3}{2}\sin\left(-\frac{1}{3}x - 2\right) + C$

n) $F(x) = -0{,}25\,e^{-2x + 2} + x^3 + C$

Zusammenfassung

- In der **Differenzialrechnung** wird zu einer gegebenen Stammfunktion durch Differenzieren die Ableitungsfunktion bestimmt.
  In der **Integralrechnung** wird „rückwärts" **zu einer gegebenen Ableitungsfunktion f die Stammfunktion F gesucht**.

- Eine Funktion F, deren Ableitungsfunktion f ist, heißt **Stammfunktion** von f.

- Das Berechnen der Stammfunktion aus einer Ableitungsfunktion heißt **integrieren**.

- **Maßzahl einer Fläche** zwischen dem Graphen einer Randfunktion f und der Abszissenachse über einem Intervall $[a; b]$: $F(b) - F(a)$.[1]

- Zu einer gegeben Ableitungsfunktion f gibt es **unendlich viele Stammfunktionen** F, die sich lediglich durch eine Konstante C unterscheiden, die beim Ableiten aber wieder wegfällt.

- Für die Rekonstruktion von Beständen aus Änderungsraten muss ein **Anfangsbestand** ungleich 0 bei der Wahl der Integrationskonstanten im Term der Stammfunktion ggf. beachtet werden.

- **Integrieren und Differenzieren** sind einander entgegengesetzte Rechenoperationen, die sich gegenseitig aufheben.

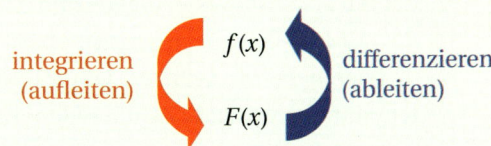

- **Potenzregel der Integralrechnung:**
  $f(x) = x^n \Rightarrow F(x) = \frac{1}{n+1} x^{n+1}$

- **Faktorregel der Integralrechnung:** $f(x) = a \cdot g(x) \Rightarrow F(x) = a \cdot G(x) + C$

- **Potenz- mit Faktorregel der Integralrechnung:** $f(x) = a x^n \Rightarrow F(x) = \frac{1}{n+1} a x^{n+1} + C$

- **Summen-/Differenzregel der Integralrechnung:**
  $f(x) = f_1(x) \pm f_2(x) \Rightarrow F(x) = F_1(x) \pm F_2(x) + C$

- Weitere **Stammfunktionen:**

	$f(x)$	$F(x) + C$
e-Funktion	$f(x) = e^x$	$F(x) = e^x + C$
Sinusfunktion	$f(x) = \sin x$	$F(x) = -\cos x + C$
Kosinusfunktion	$f(x) = \cos x$	$F(x) = \sin x + C$

- **Lineare Kettenregel der Integralrechnung:** $f(x) = ä[mx + b] \Rightarrow F(x) = \frac{1}{m} \cdot Ä[mx + b] + C$

---

[1] Diese Aussage gilt nur für bisher behandelte Funktionen, deren Funktionswerte größer oder gleich 0 sind. Flächen von Graphen ober- und unterhalb der x-Achse werden im Abschnitt 2.2.1 behandelt.

Übungsaufgaben

1 Die Produktlebenszyklusfunktion mit $u(t) = 0.5\,t^4 - 6\,t^3 + 18\,t^2$; $D_{ök}(u) = [0; 6]$ beschreibt den jährlichen Umsatz u mit einem Produkt in GE/Jahr. Das ist die momentane Änderungsrate des Gesamtumsatzes zu einem beliebigen Zeitpunkt t (in Jahren).
   a) Berechnen Sie den kumulierten Gesamtumsatz, der mit dem Produkt insgesamt erzielt werden kann.
   b) Berechnen Sie den kumulierten Gesamtumsatz vom 3. bis 5. Jahr nach der Produkteinführung.
   c) Veranschaulichen Sie den jeweiligen Gesamtumsatz der Teilaufgaben a) und b) in Zusammenhang mit dem Graphen von $u(t)$ in jeweils einer Grafik.

2 Der jährliche Absatz a (in ME/Jahr) eines Produktes zu einem beliebigen Zeitpunkt t (in Jahren seit Beginn dieses Jahres) lässt sich mit der Produktlebenszyklusfunktion mit $a(t) = -0.2\,t^3 + 1.8\,t^2$; $D_{ök}(a) = [0; 9]$ beschreiben. Von der Produkteinführung bis zum Beginn dieses Jahres betrug der kumulierte Gesamtabsatz mit dem Produkt bereits 10 ME.
   Berechnen Sie den kumulierten Gesamtabsatz,
   a) der mit dem Produkt in den letzten 3 Jahren seines Lebens erzielt werden kann,
   b) der mit dem Produkt insgesamt erzielt werden kann.
   c) Skizzieren Sie die Graphen von a und A in einem gemeinsamen Koordinatensystem mit den wesentlichen Punkten. Kennzeichnen Sie die maßgebliche Fläche der Teilaufgabe b).

3 Ermitteln Sie die jeweilige Flächenmaßzahl zwischen Graph und Abszissenachse für das angegebene Intervall und interpretieren Sie den berechneten Wert.
   a) $a(t) = -0.3\,t^3 + 1.5\,t^2$; $D_{ök}(u) = [0; 5]$; a in ME/Jahr, t in Jahren
   - $I_{[3; 5]}$
   - $I_{[1; 4]}$
   - $I_{[0; 5]}$

   b) $u(t) = 0.2\,t^3 - 2\,t^2 + 5t$; $D_{ök}(u) = [0; 5]$; u in GE/Jahr, t in Jahren
   - $I_{[0; 5]}$
   - $I_{[2; 4]}$
   - $I_{[3; 5]}$

   c) $u(t) = 0.1\,t^4 - t^3 + 2.5\,t^2$; $D_{ök}(u) = [0; 5]$; u in GE/Jahr, t in Jahren
   - $I_{[0; 3]}$
   - $I_{[1; 4]}$
   - $I_{[0; 5]}$

4 Die Grenzkosten K' eines Betriebes lassen sich mit der Gleichung $K'(x) = 0{,}6x^2 - 2x + 2$; $D_{\text{ök}}(K') = [0; 5]$ beschreiben. Die Fixkosten bei der Produktion betragen 1 GE.
   a) Bestimmen Sie die Gleichung für die Gesamtkosten.
   b) Berechnen Sie die anfallenden Gesamtkosten bei einer Produktionsmenge von 5 ME.
   c) Berechnen Sie die anfallenden Gesamtkosten, wenn die Produktionsmenge von $x = 1$ auf $x = 3$ ausgeweitet wird.

5 Die Grenzkosten K' eines Betriebes lassen sich mit der Gleichung $K'(x) = 0{,}3x^2 - 2x + 4$ beschreiben. Die Kapazitätsgrenze des Betriebes beträgt 3 ME. Die Gesamtkosten an der Kapazitätsgrenze belaufen sich auf 7,7 GE.
   a) Bestimmen Sie die Gleichung für die Gesamtkosten mit ihrem ökonomisch sinnvollen Definitionsbereich.
   b) Berechnen Sie die Gesamtkosten, wenn 2 ME produziert werden.
   c) Berechnen Sie die anfallenden Gesamtkosten, wenn die Produktionsmenge von einer ME ausgehend bis an die Kapazitätsgrenze ausgeweitet wird.

6 Die Grenzkostenfunktion eines Betriebes hat die Gleichung $K'(x) = 3x^2 - 18x + 30$. Die Fixkosten des Betriebes betragen 50 GE.
   Bestimmen Sie die Grenzkosten, die Gesamtkosten und die variablen Gesamtkosten bei einer Produktionsmenge von 2 ME.

7 Die Grenzerlöse E' eines Betriebes werden beschrieben durch die Funktionsgleichung $E'(x) = -10x + 45$. Bestimmen Sie die Gleichung, die die Erlöse des Betriebes in Abhängigkeit von der Produktionsmenge ökonomisch sinnvoll beschreibt.

8 Die Grenzproduktivität des Bodens eines Weizen anbauenden landwirtschaftlichen Betriebes wird ausgedrückt durch die Gleichung $P'(x) = -0{,}3x^2 + 12x + 150$. Dabei gibt x die Fläche des vorhandenen Bodens in Flächeneinheiten und P die Produktion in Mengeneinheiten an. Ermitteln Sie die ökonomisch sinnvolle Gleichung der Produktionsfunktion.

9 Der Grenzgewinn eines Betriebes wird beschrieben durch die Gleichung $G'(x) = -0{,}3x + 18$. Die Fixkosten des Betriebes betragen 300 GE. Bestimmen Sie die Gleichung der Gewinnfunktion.

10 Bestimmen Sie die Gleichung aller Stammfunktionen zu $f(x)$.
   a) $f(x) = -\frac{1}{2}x^2$ b) $f(x) = 2x^4$
   c) $f(x) = -\frac{1}{3}x^3$ d) $f(x) = -\frac{1}{4}x^5$
   e) $f(x) = -2$ f) $f(x) = 0$
   g) $f(x) = x + 3$ h) $f(x) = -2x + \frac{1}{2}x^3$
   i) $f(x) = -\frac{1}{5}x^4 + 3$ j) $f(x) = 3x^4 - 6x^2 + 2$

11 Integrieren Sie die Funktion f mit der angegebenen Gleichung.

a) $f(x) = x^2$

b) $f(x) = x$

c) $f(x) = x^3$

d) $f(x) = 3$

e) $f(x) = x^n$

f) $f(x) = 3x^2$

g) $f(x) = -2x^3$

h) $f(x) = ax^n$

i) $f(x) = 2x^2 + 3x$

j) $f(x) = \frac{1}{2}x^3 - x^2 + 2x - 1$

k) $f(x) = f_1(x) + f_2(x)$

l) $f(x) = f_1(x) - f_2(x)$

12 Bestimmen Sie die Gleichung einer Stammfunktion zu $f(x)$. Benutzen Sie ggf. eine Formelsammlung.

a) $f(x) = e^x$

b) $f(x) = \sqrt{x}$

c) $f(x) = \frac{1}{2}e^x$

d) $f(x) = x^{\frac{2}{3}}$

e) $f(x) = -2e^x$

f) $f(x) = -\frac{2}{3x}$

g) $f(x) = -2\sqrt[3]{x}$

h) $f(x) = -x^{-\frac{3}{2}}$

13 Bestimmen Sie die Gleichung aller Stammfunktionen:

a) $f(x) = e^{-2x+1}$

b) $f(x) = \sin\left(\frac{1}{2}x - 1\right)$

c) $f(x) = -\cos(-2x + 1)$

d) $f(x) = e^{-\frac{1}{3}x} - \sin(2x + 2)$

e) $f(x) = -2e^{-\frac{1}{2}x+1} + x$

f) $f(x) = -\sin(-0{,}5x) + 2$

g) $f(x) = -\frac{1}{2}\cos(-2x)$

h) $f(x) = -e^{-\frac{1}{3}x-2} + x^2$

2.1.3 Das unbestimmte Integral und das bestimmte Integral

$\int f(x)\,dx$, gelesen Integral f von $x\,dx$, ist der mathematische Befehl, eine Funktion zu integrieren. Der Ausdruck wird unbestimmtes Integral genannt.

$$\int f(x)\,dx$$

unbestimmtes Integral

$f(x)$ ist der **Integrand**, mit dx wird x als **Integrationsvariable**[1] bestimmt.

---

[1] Die Integrationsvariable ist die Variable, die auf der Abszissenachse abgetragen ist. So ist in $u(t)$ oder in $a(t)$ die Integrationsvariable t und es wird dann geschrieben: $\int u(t)\,dt$ oder $\int a(t)\,dt$

Das Ergebnis des unbestimmten Integrals ist die Menge aller Stammfunktionen F zu f.

$$\int f(x)\,dx = F(x) + C$$

Ergebnis des unbestimmten Integrals

Situation 6

Erläutern Sie die Aufgabenstellung $\int\left(-\frac{1}{2}x^2 + x\right)dx$ und geben Sie das Ergebnis an.

Lösung

Verbalisierte Aufgabenstellung: Bestimmen Sie die Menge aller Stammfunktionen zu $f(x) = -\frac{1}{2}x^2 + x$.

Ergebnis: $\int\left(-\frac{1}{2}x^2 + x\right)dx = -\frac{1}{6}x^3 + \frac{1}{2}x^2 + C$

Doch wie ist die Schreibweise $\int f(x)\,dx$ zu erklären?

Das Integralzeichen „$\int$" ist ein lang gezogenes S und steht für Summe. Hinter dem Integralzeichen steht das Produkt $f(x)\cdot dx$, wobei der Multiplikationspunkt nicht mitgeschrieben wird. $f(x)$ ist der Funktionswert des Graphen an einer Stelle x. dx ist ein **Differenzial, ein unendlich kleines Teilstück von Δx**.

Wie in Abschnitt 2.1.1 gezeigt kann man die Maßzahl der Fläche unter einem Graphen durch Rechtecke der Breite Δx und der Höhe $f(x)$ annähern (siehe Abbildung). Die Summe aller Rechteckflächen mit $f(x)\cdot\Delta x$ ist dann ein Näherungsmaß für die gesuchte Flächenmaßzahl.

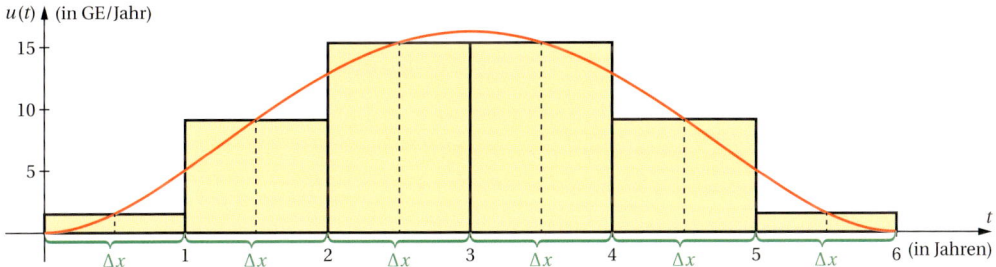

Ein genaueres Ergebnis erhält man, wenn man, wie in der folgenden Abbildung angedeutet, die Zahl der Rechtecke erhöht, indem man deren Breite Δx verringert.

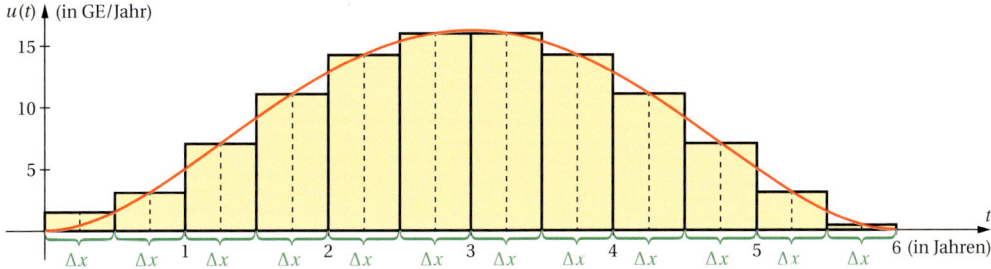

Wenn man Δx auf dx unendlich verringert, also Δx gegen 0 streben lässt, wird die Zahl der Rechtecke unendlich groß. Die Summe der Flächeninhalte aller beliebig schmalen Rechtecke entspricht dann der Maßzahl der Fläche zwischen dem Graphen der **Randfunktion** und der x-Achse.

Mit $\int_a^b f(x)dx$ (gelesen Integral f von x dx von a bis b) wird dann die Summe unendlich vieler beliebig schmaler Rechteckflächen unter dem Graphen von f für das Intervall $[a; b]$ berechnet. Das ist die Maßzahl der Fläche zwischen dem Graphen und der x-Achse von a bis b.

Der Ausdruck $\int_a^b f(x)\,dx$ wird **bestimmtes Integral** genannt.

$$\int_a^b f(x)\,dx$$

bestimmtes Integral

Dabei sind a und b die **Integrationsgrenzen**; a ist die **untere Integrationsgrenze**, b ist die **obere Integrationsgrenze**. Die **Integrationsgrenzen** können beliebige reelle Zahlen sein.

Die Reihenfolge der Integrationsgrenzen ist zu beachten. Ein Vertauschen der Integrationsgrenzen ändert das Vorzeichen des Integrals.

$$\int_a^b f(x)\,dx = -\int_b^a f(x)\,dx$$

Vertauschen der Integrationsgrenzen

$f(x)$ heißt **Integrand.** Durch den Faktor dx wird x als **Integrationsvariable**[1] bestimmt.

Das bestimmte Integral wird in drei Schritten berechnet:
- eine Stammfunktion F von f bestimmen
- die Integrationsgrenzen a und b in die Stammfunktion einsetzen
- die Differenz der Funktionswerte der Stammfunktion $F(b) - F(a)$ berechnen

Das Ergebnis ist eine reelle Zahl.

Die Vorgehensweise beim Integrieren ist im **Hauptsatz der Differenzial- und Integralrechnung** zusammengefasst:

$$\int_a^b f(x)\,dx = \left[F(x)\right]_a^b = F(b) - F(a)$$

Hauptsatz der Differenzial- und Integralrechnung

---

[1] Wenn die Funktion mit $u(t) = t^2$ über dem Intervall $[a, b]$ integriert werden soll, ist die Integrationsvariable t. Das bestimmte Integral lautet dann: $\int_a^b u(t)\,dt$.

Situation 7

Berechnen Sie die Maßzahl der dargestellten Fläche algebraisch und kontrollieren Sie Ihr Ergebnis mit dem Taschenrechner.

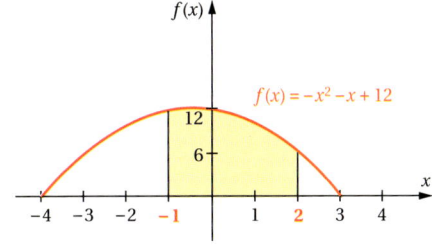

Lösung

- **Algebraische Lösung**

$$I = \int_{-1}^{2} (-x^2 - x + 12)\,dx = \left[-\frac{x^3}{3} - \frac{x^2}{2} + 12x \right]_{-1}^{2} = 19,\overline{3} + 12,1\overline{6} = \underline{\underline{31,5}}$$

- **GTR-Lösung:**

  Nach Eingabe der Funktionsgleichung von f im Y-Editor ($\boxed{Y=}$) und den passenden Fenstereinstellungen ($\boxed{\text{WINDOW}}$) wird der Graph mit $\boxed{\text{GRAPH}}$ dargestellt:

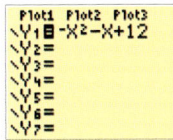 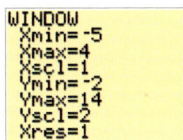 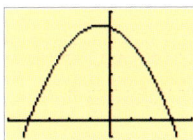

  Mit $\boxed{\text{2ND}}$, [CALC], 7: $\int f(x)\,dx$ wird die Integrationsfunktion des Taschenrechners aufgerufen. Die Eingabe der unteren und der oberen Integrationsgrenze erfolgt am einfachsten über die Zifferntastatur.

 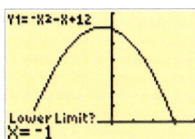 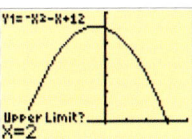

  Als Ergebnis wird neben dem numerischen Ergebnis auch noch die
  berechnete Fläche unterlegt dargestellt.
  Die Unterlegung im Grafikfenster kann mit $\boxed{\text{2ND}}$, [DRAW],
  1:ClrDraw wieder entfernt werden.

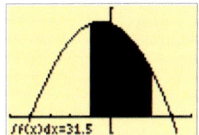

Zusammenfassung

- Das **unbestimmte Integral ist eine Menge von Stammfunktionen:**

$$\int f(x)\,dx = F(x) + C$$

- Das **bestimmte Integral ist eine reelle Zahl** und gibt die **Fläche zwischen dem Graphen der Randfunktion und der x-Achse zwischen den Integrationsgrenzen a und
  b an**[1].

---

[1] Diese Aussage gilt nur für Funktionen, deren Funktionswerte größer oder gleich 0 sind, deren Graphen also
oberhalb oder auf der x-Achse verlaufen.

- Hauptsatz der Integralrechnung: $\int\limits_a^b f(x)\,dx = [F(x)]_a^b = F(b) - F(a)$

- Das **Vertauschen der Integrationsgrenzen** ändert das Vorzeichen des Integrals.

$$\int\limits_a^b f(x)\,dx = -\int\limits_b^a f(x)\,dx$$

Übungsaufgaben

1 a) $\int (x^4 - 3x + 4)\,dx$　　　b) $\int (2x - 1)\,dx$　　　c) $\int 2\,dx$

　d) $\int dx$　　　　　　　　e) $\int ax^3\,dx$　　　　　f) $\int (1 - 4x + 2x^2)\,dx$

　g) $\int \frac{1}{2}x\,dx$　　　　　　h) $\int x\,dx$　　　　　i) $\int (-4x^3 + 2x^2)\,dx$

　j) $\int \left(-\frac{1}{2}x + x^2\right)dx$　　　k) $\int (0{,}4x^3 + 3x^2)\,dx$　　l) $\int \left(-\frac{1}{2}x^3 + 2x^2 - 6x + 12\right)dx$

2 Berechnen Sie die Maßzahl der Fläche, die vom Graphen der Funktion f, der x-Achse und den Parallelen zur y-Achse durch $x = a$ und $x = b$ begrenzt wird.

　a) $f(x) = x^2 - x + 1;\ a = -1,\ b = 3$　　　b) $f(x) = x^2 + 4;$　　　$a = -4,\ b = 1$
　c) $f(x) = 1{,}5x^2;$　　$a = 3,\ b = 7$　　　　d) $f(x) = -0{,}5x^2 + 5;$　　$a = -2,\ b = 1$
　e) $f(x) = 2x^2 + 1;$　　$a = 0,\ b = 4$　　　　f) $f(x) = \frac{1}{4}x^3 + 3;$　　$a = -2,\ b = 4$
　g) $f(x) = -x^3 - 1;$　　$a = -5,\ b = -3$　　h) $f(x) = -x^2 - 5x - 4;\ a = -4,\ b = -2$
　i) $f(x) = 0{,}1x^3 + 2;\ a = 0,\ b = 4$　　　　j) $f(x) = -3x^2 + 4;$　　$a = -1,\ b = 1$
　k) $f(x) = -x^3 - 1;$　　$a = -5,\ b = -3$　　l) $f(x) = 2;$　　　　　$a = -1,\ b = 1$

3 Berechnen Sie die Maßzahl der dargestellten Fläche.

a)
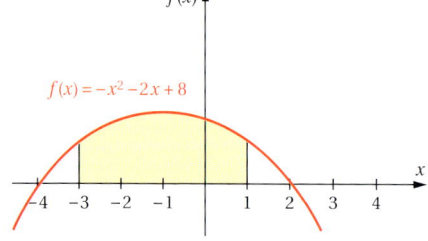

b)
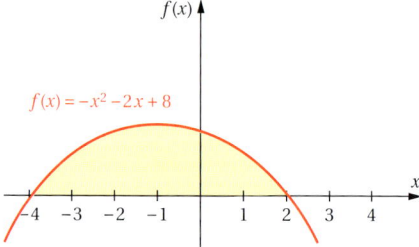

c)
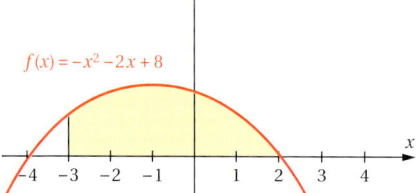

d)
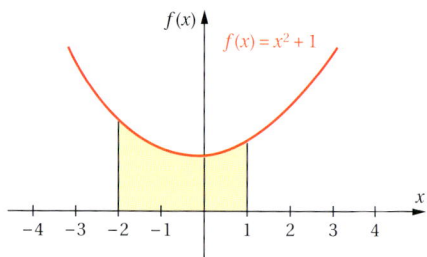

2.2   Inhalte begrenzter Flächen

2.2.1   Flächen ober-/unterhalb der *x*-Achse

Situation 1

Der jährliche Gewinn eines Unternehmens mit einem Produkt seit der Produkteinführung kann modelliert werden mit der Gleichung $f(x) = 0{,}1\,x^4 - 2{,}9\,x^3 + 26{,}4\,x^2 - 72\,x$, $D_{\text{ök}}(f) = [0; 12]$.

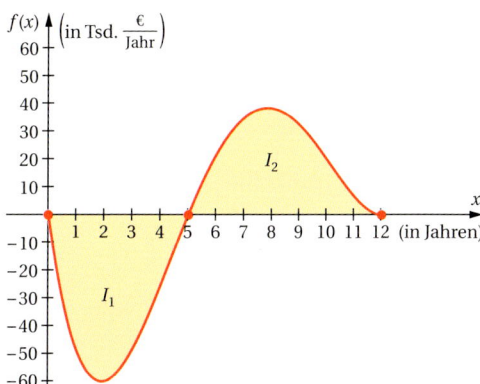

a) Berechnen Sie algebraisch die Maßzahl der Fläche I_1 und interpretieren Sie den ermittelten Wert.

b) Berechnen Sie algebraisch die Maßzahl der Fläche I_2 und interpretieren Sie den ermittelten Wert.

c) Berechnen Sie die Maßzahl der gelb unterlegten Fläche insgesamt.

d) Bestimmen Sie $\int_0^{12} (0{,}1\,x^4 - 2{,}9\,x^3 + 26{,}4\,x^2 - 72\,x)\,dx$ und erläutern Sie die geometrische und anwendungsbezogene Bedeutung des Ergebnisses.

Lösung

a) $I_1 = \int_0^5 (0{,}1\,x^4 - 2{,}9\,x^3 + 26{,}4\,x^2 - 72\,x)\,dx$

$\quad = [0{,}02\,x^5 - 0{,}725\,x^4 + 8{,}8\,x^3 - 36\,x^2]_0^5 = -190{,}625 - 0 = \underline{-190{,}625}$

Wegen des negativen Vorzeichens ist dies die *orientierte* **Flächenmaßzahl** von I_1. Orientiert bedeutet in diesem Zusammenhang, dass das Vorzeichen der Flächenmaßzahl berücksichtigt wird.

$I_{1_{\text{orientiert}}} = \underline{\underline{-190{,}625}}$

Interpretation: In den ersten 5 Jahren betrug der Verlust insgesamt 190 625 €.

Die *tatsächliche* **Flächenmaßzahl** von I_1 ist der *Betrag* der orientierten Flächenmaßzahl, weil Flächenmaßzahlen ja eigentlich nicht negativ sein können:

$I_{1_{\text{tatsächlich}}} = |-190{,}625| = \underline{\underline{190{,}625}}$

b) $I_2 = \displaystyle\int_5^{12} (0{,}1\,x^4 - 2{,}9\,x^3 + 26{,}4\,x^2 - 72\,x)\,\mathrm{d}x$

$= [0{,}02\,x^5 - 0{,}725\,x^4 + 8{,}8\,x^3 - 36\,x^2]_5^{12}$

$= -34{,}56 - (-190{,}625) = -34{,}56 + 190{,}625 = \underline{156{,}065}$

Wegen des positiven Vorzeichens ist die orientierte Flächenmaßzahl mit der tatsächlichen Flächenmaßzahl identisch: $I_{2_{\text{orientiert}}} = I_{2_{\text{tatsächlich}}} = \underline{156{,}065}$

Interpretation: In den letzten 7 Jahren betrug der Gewinn insgesamt 156 065 €.

c) Gesamte orientierte Flächenmaßzahl:

$I_{\text{gesamt}_{\text{orientiert}}} = I_1 + I_2 = -190{,}625 + 156{,}065 = \underline{\underline{-34{,}56}}$

Gesamte tatsächliche Flächenmaßzahl:

$I_{\text{gesamt}_{\text{tatsächlich}}} = |I_1| + I_2 = |-190{,}625| + 156{,}065 = 190{,}625 + 156{,}065 = \underline{\underline{346{,}69}}$

d) $\displaystyle\int_0^{12} (0{,}1\,x^4 - 2{,}9\,x^3 + 26{,}4\,x^2 - 72\,x)\,\mathrm{d}x = \underline{\underline{-34{,}56}}$

Geometrische Deutung:

Mit dem **bestimmten Integral** über einem Intervall $[a; b]$ wird der **orientierte Flächeninhalt** ermittelt. Dies ist die **Flächenbilanz,** bei der sich Maßzahlen von Flächen oberhalb der x-Achse mit positivem Vorzeichen und Maßzahlen von Flächen unterhalb der x-Achse mit negativem Vorzeichen gegenseitig teilweise aufheben.

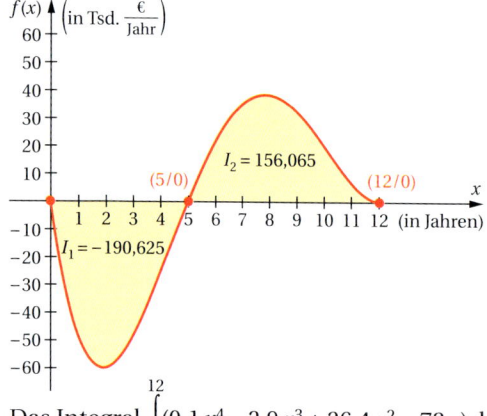

Gesamter orientierter Flächeninhalt
$= -190{,}625 + 156{,}065 = \underline{\underline{-34{,}56}}$

Gesamter tatsächlicher Flächeninhalt
$= |-190{,}625| + 156{,}065 = \underline{\underline{346{,}69}}$

Das Integral $\displaystyle\int_0^{12} (0{,}1\,x^4 - 2{,}9\,x^3 + 26{,}4\,x^2 - 72\,x)\,\mathrm{d}x = -34{,}56$ gibt anwendungsbezogen an, dass der Gesamtgewinn des Unternehmens mit dem Produkt in den ersten 12 Jahren nach der Produkteinführung $-34\,560$ € (= Verlust) betrug, der sich aus Verlusten in Höhe von 190 625 € in den ersten 5 Jahren und Gewinnen in Höhe von 156 065 € in den letzten 7 Jahren zusammensetzt.

Wenn über einem Intervall $[a; b]$ die Funktionswerte größer oder gleich 0 sind, dann liegt die **Fläche** zwischen Funktionsgraph und x-Achse ***oberhalb*** **der** ***x*-Achse.**

Das Integral $\int_a^b f(x)\,\mathrm{d}x$ führt dann zu einem positiven Ergebnis.

Die orientierte Maßzahl der Fläche ist positiv.

Wenn über einem Intervall $[a; b]$ die Funktionswerte kleiner oder gleich 0 sind, dann liegt die Fläche zwischen Funktionsgraph und x-Achse ***unterhalb*** **der** ***x*-Achse.**

Das Integral $\int_a^b f(x)\,\mathrm{d}x$ führt dann zu einem negativen Ergebnis.

Die orientierte Maßzahl der Fläche ist negativ.

Die ***tatsächliche* Maßzahl einer Fläche ist der Betrag der orientierten Fläche** und ist damit immer positiv.

Wenn über einem Intervall $[a; b]$ die Flächen oberhalb *und* unterhalb der x-Achse liegen, wird mit dem **bestimmten Integral** die **Flächenbilanz** ermittelt. Die Maßzahlen der Flächen oberhalb der x-Achse mit positivem Vorzeichen und orientierte Maßzahlen von Flächen unterhalb der x-Achse mit negativem Vorzeichen werden „verrechnet".

Das Integral $\int_a^b f(x)\,\mathrm{d}x$ gibt einen ***orientierten*** **Flächeninhalt** an, der positiv ist, wenn die Maßzahlen der Flächen oberhalb der x-Achse größer sind als die Beträge der negativen Maßzahlen der Flächen unterhalb der x-Achse und umgekehrt.

Berechnen Sie die tatsächliche und die orientierte Maßzahl der Fläche zwischen dem Graphen von f mit $f(x) = -x^2 - 5x - 4$ und der x-Achse über dem Intervall $[-5; 0]$ algebraisch und mit dem Taschenrechner.

Lösung

- **Berechnung der Nullstellen** mit VZW der Funktion im Intervall $[-5; 0]$:

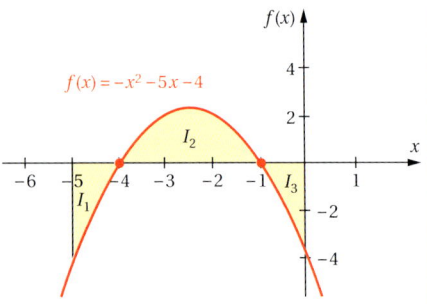

$f(x) = -x^2 - 5x - 4$

$$f(x) = 0$$
$$0 = -x^2 - 5x - 4 \qquad | \cdot (-1)$$
$$0 = x^2 + 5x + 4 \qquad | p\text{-}q\text{-Formel}$$
$$x_{01/02} = -\frac{5}{2} \pm \sqrt{\frac{25}{4} - \frac{16}{4}}$$
$$x_{01/02} = -\frac{5}{2} \pm \frac{3}{2}$$

$$\underline{x_{01} = -4}$$
$$\underline{x_{02} = -1}$$

- **Algebraische Bestimmung der *tatsächlichen* Flächenmaßzahl:**

  (Berechnung der Summe der Beträge der Teilflächen)

$$I_{\text{gesamt}_{\text{tatsächlich}}} = |I_1| + I_2 + |I_3|$$

$$= \left| \int_{-5}^{-4} (-x^2 - 5x - 4)\,dx \right| + \int_{-4}^{-1} (-x^2 - 5x - 4)\,dx + \left| \int_{-1}^{0} (-x^2 - 5x - 4)\,dx \right|$$

$$= \left| \left[-\frac{x^3}{3} - \frac{5}{2}x^2 - 4x \right]_{-5}^{-4} \right| + \left[-\frac{x^3}{3} - \frac{5}{2}x^2 - 4x \right]_{-4}^{-1} + \left| \left[-\frac{x^3}{3} - \frac{5}{2}x^2 - 4x \right]_{-1}^{0} \right|$$

$$= \left| -\frac{11}{6} \right| + \frac{9}{2} + \left| -\frac{11}{6} \right|$$

$$= \underline{\underline{\frac{49}{6} = 8,1\overline{6}}}$$

- **Algebraische Bestimmung der *orientierten* Flächenmaßzahl:**

$$I_{\text{gesamt}_{\text{orientiert}}} = I_1 + I_2 + I_3$$

$$= -\frac{11}{6} + \frac{9}{2} - \frac{11}{6} = \underline{\underline{\frac{5}{6} = 0,8\overline{3}}}$$

Oder einfacher:

$$I_{\text{gesamt}_{\text{orientiert}}} = \int_{-5}^{0} (-x^2 - 5x - 4)\,dx$$

$$= \left[-\frac{x^3}{3} - \frac{5}{2}x^2 - 4x \right]_{-5}^{0}$$

$$= 0 - \left(-\frac{5}{6} \right)$$

$$= \underline{\underline{\frac{5}{6} = 0,8\overline{3}}}$$

- **Bestimmung der *tatsächlichen* Flächenmaßzahl mit dem Taschenrechner** (vgl. GTR-Anhang 14):

    Man kann die Teilflächen einzeln berechnen und dann die Summe der Beträge addieren. Einfacher ist es aber, wenn man im **Y-Editor den Betrag der Funktion** mit ⟨MATH⟩, [CPX], 5:abs(eingibt. Dadurch werden negative Funktionswerte positiv, der Graph unterhalb der *x*-Achse wird nach oben gespiegelt. Alle Flächen liegen dann oberhalb der *x*-Achse.

    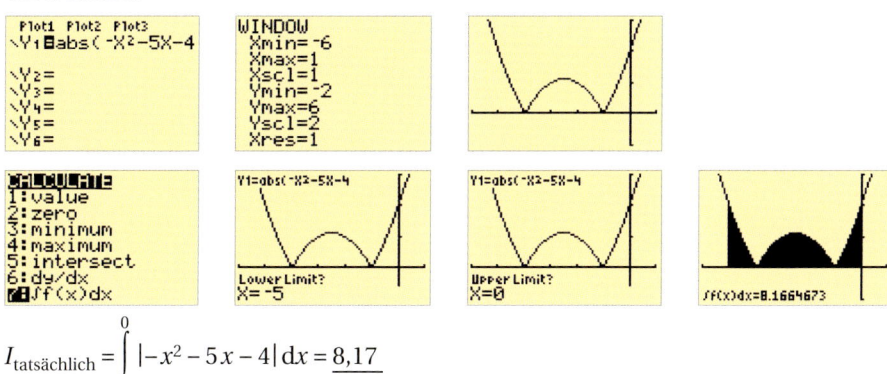

    $$I_{\text{tatsächlich}} = \int_{-5}^{0} |-x^2 - 5x - 4|\,dx = \underline{\underline{8,17}}$$

- **Bestimmung der *orientierten* Flächenmaßzahl mit dem Taschenrechner** (vgl. GTR-Anhang 14):

    Die Berechnung des Integrals $\int_{-5}^{0} (-x^2 - 5x - 4)\,dx$ führt direkt zur Lösung:

    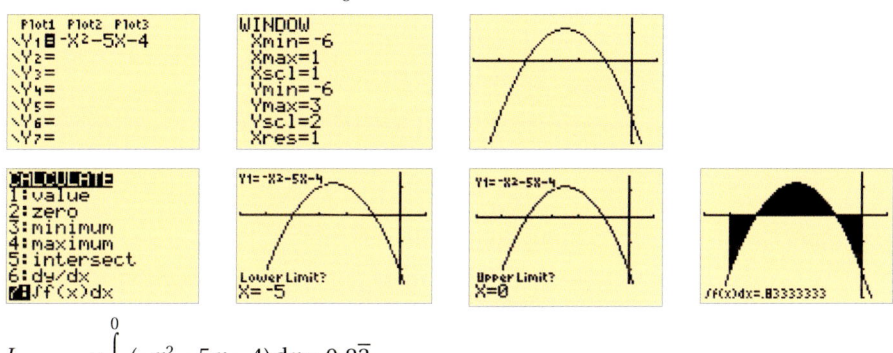

    $$I_{\text{orientiert}} = \int_{-5}^{0} (-x^2 - 5x - 4)\,dx = \underline{\underline{0,8\overline{3}}}$$

Bestimmung von Funktionsgleichungen bei vorgegebener Fläche

Situation 3

Eine Parabel schneidet die *x*-Achse bei $x = 1$ und bei $x = 4$. Bestimmen Sie die Funktionsgleichung der Parabel so, dass die von der Parabel und der *x*-Achse eingeschlossene Fläche die Maßzahl 4,5 annimmt.

Lösung

Da die Nullstellen der Parabel bekannt sind, kann die Linearfaktordarstellung der Funktionsgleichung ermittel werden, in der der Dehnungs-/Stauchungsfaktor dann noch so bestimmt werden muss, dass die Flächenmaßzahl den vorgegebenen Wert annimmt.

$f(x) = a(x-1)(x-4)$

$f(x) = ax^2 - 5ax + 4a$

Laut Aufgabenstellung soll

$$\left| \int_1^4 (ax^2 - 5ax + 4a)\,dx \right| = 4{,}5$$

sein.

$\Rightarrow \left| \left[\frac{a}{3}x^3 - \frac{5}{2}ax^2 + 4ax \right]_1^4 \right| = 4{,}5$

$\left| \left(\frac{64}{3}a - 40a + 16a \right) - \left(\frac{1}{3}a - \frac{5}{2}a + 4a \right) \right| = 4{,}5$

$|-4{,}5a| = 4{,}5$

$\Rightarrow \underline{\underline{a = \pm 1}}$

Ergebnis:

Die Parabeln mit den Gleichungen

$\underline{\underline{f(x) = x^2 - 5x + 4}}$

oder

$\underline{\underline{f(x) = -x^2 + 5x - 4}}$

schließen mit der x-Achse jeweils eine Fläche mit der tatsächlichen Maßzahl 4,5 ein.

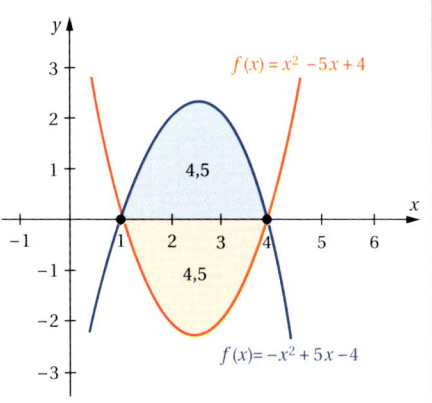

Übungsaufgaben

1   Bestimmen Sie die orientierte und tatsächliche Maßzahl der Fläche zwischen dem Graphen von f und der x-Achse über dem angegebenen Intervall.

   a) $f(x) = -0{,}25x^2 + x + 3;\ [1;5]$ b) $f(x) = \frac{1}{3}x^2 - 2x + 3;\ [0;5]$

   c) $f(x) = \frac{2}{9}x^2 - \frac{4}{3}x + 2;\ [0;5]$ d) $f(x) = -x^3 + 3x + 2;\ [-1{,}5;1]$

   e) $f(x) = -\frac{1}{3}x^3 + 2x^2 - 3x;\ [1;4]$ f) $f(x) = x^4 - 4x^2;\ [-2;2]$

2   Bestimmen Sie die orientierte und tatsächliche Maßzahl der Fläche zwischen dem Graphen von f und der x-Achse über dem angegebenen Intervall.

   a) $f(x) = x^2 - 2x;\ [-1;3]$ b) $f(x) = 2x^2 - 4x;\ [-1;2]$

   c) $f(x) = \frac{1}{2}(x+3)^2 - 2;\ [-6;0]$ d) $f(x) = 4 - x^2;\ [-3;1]$

   e) $f(x) = x^3 - 2x^2;\ [-1;3]$ f) $f(x) = x^2 - \frac{1}{3}x^3;\ [-2;4]$

3 Bestimmen Sie die Maßzahl der unterlegten Fläche.

a)
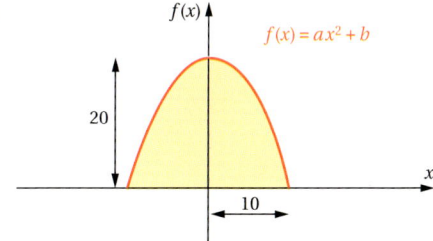

b)
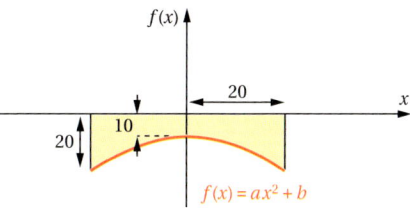

c)
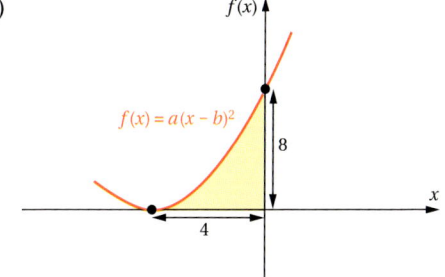

d)
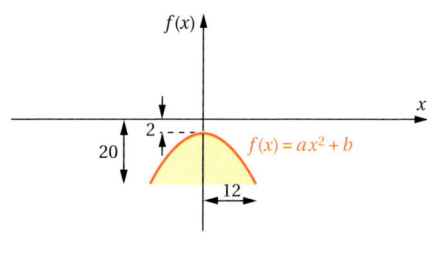

4 Die Segmente eines Abwasserkanals werden meterweise aus Beton gegossen. Berechnen Sie, wie viel Beton für ein Segment benötigt wird, wenn der Ausschnitt parabelförmig ist (Angaben in cm).

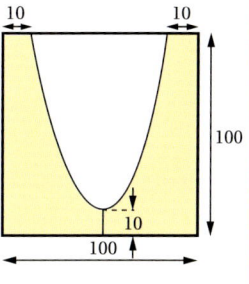

5 Ein Eisenbahntunnel hat einen parabelförmigen Querschnitt. Berechnen Sie, wie viel Beton verbraucht wird, wenn der Tunnel nach nebenstehender Abbildung mit 5 m Länge gebaut wird (Angaben in der Abb. in m).

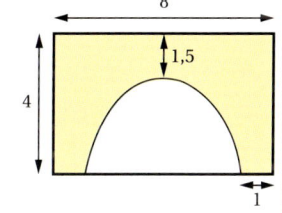

6 Berechnen Sie den Zahlenwert der Fläche, die der Graph von f mit der Abszissenachse einschließt.

a) $f(x) = x^2 - 5x + 4$

b) $f(x) = x^2 - x - 2$

c) $f(x) = x^2 - x$

d) $f(x) = -3x^2 - 6x + 9$

e) $f(x) = -\frac{1}{3}x^3 + 3x$

f) $f(x) = x^4 - 6x^2 + 5$

7 Ein 25 Quadratmeter großes quadratisches Werbeplakat soll von einer Druckerei entsprechend der Abbildung angefertigt werden. Die Druckerei berechnet pro Quadratmeter oranger Farbe 25,00 €, für blaue Farbe 30,00 € und für grüne Farbe 20,00 € inklusive aller Kosten.

Die Graphen gehören zu zwei Funktionen mit den Gleichungen:

$f(x) = \frac{4}{3}x(x-2)(x-2)$ und $g(x) = -2x^2 + 10x - 8$

Berechnen Sie die Kosten für die Herstellung des Werbeplakates.

8 Ein Maler hat den Auftrag erhalten, im Uelzener Hundertwasser-Bahnhof eine „Blaue Welle" entsprechend der Abbildung an die 15 m breite Südseite des Bahnhofs zu malen.

Die obere Begrenzung der Welle lässt sich durch eine ganzrationale Funktion dritten Grades beschreiben.

Ein Eimer Farbe reicht für 15 m².

Berechnen Sie, wie viele Eimer Farbe benötigt werden.

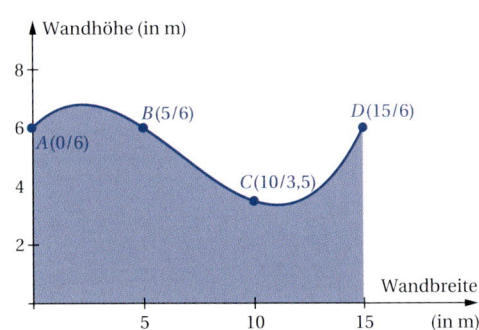

Bestimmung von Funktionsgleichungen bei vorgegebener Fläche

9 Eine Parabel schneidet die x-Achse bei $x = -3$ und bei $x = -1$. Das Flächenstück zwischen Parabel und x-Achse hat die Maßzahl 32. Bestimmen Sie die Gleichung der Parabel.

10 Eine Parabel schneidet die x-Achse bei $x = -3$ und bei $x = -1$ und schließt mit der x-Achse ein Flächenstück mit der Maßzahl $\frac{8}{3}$ ein. Bestimmen Sie die Gleichung der Parabel.

11 Der Graph der Funktion f mit $f(x) = -a^2 x^2 + 2$ schließt im 1. Quadranten mit den Achsen eine Fläche mit der Maßzahl $\frac{16}{3}$ ein. Bestimmen Sie a.

12 Der Graph der Funktion f mit $f(x) = ax^2 - 1$ schließt mit der x-Achse eine Fläche mit der Maßzahl 3 ein. Bestimmen Sie a.

13 Eine Parabel der Form $f(x) = ax^2 + 2ax - 8a$ soll mit der x-Achse eine Fläche mit der Maßzahl 18 einschließen. Bestimmen Sie a.

14 $f(x) = ax^4 + bx^2 + c$

Der Graph von f berührt bei $x = \pm 2$ die x-Achse und schließt mit der x-Achse eine Fläche der Maßzahl 34,13 ein. Bestimmen Sie die Funktionsgleichung.

2.2.2 Flächen zwischen Funktionsgraphen

Situation 4

Berechnen Sie die Maßzahl I der gelb unterlegten Fläche, die von den Graphen der Funktionen mit $g(x) = \frac{1}{2}x^2 - x + \frac{5}{2}$ und $h(x) = \frac{1}{2}x + \frac{5}{2}$ eingeschlossen wird.

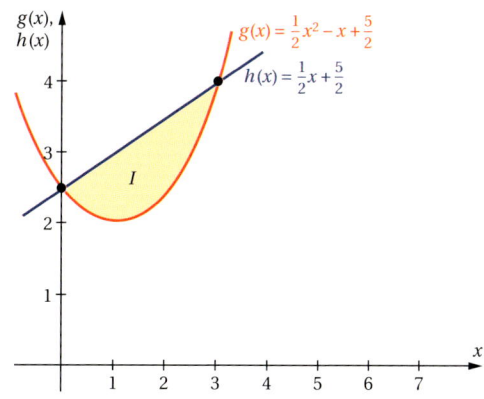

Lösung

Die Maßzahl der gelb unterlegten Fläche I lässt sich bestimmen, indem die schraffierte Fläche unter dem Graphen von h zwischen den gemeinsamen Schnittstellen der beiden Graphen berechnet wird und davon die Maßzahl der grün unterlegten Fläche unter dem Graphen von g subtrahiert wird (vgl. Abb.).

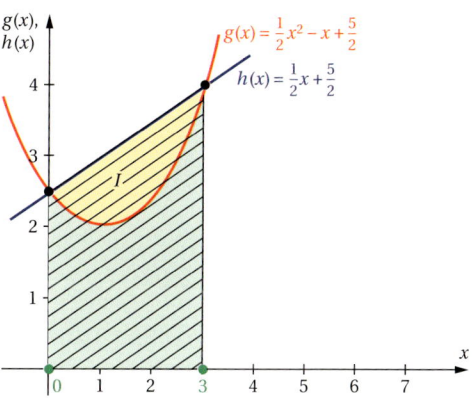

Zur Festlegung der Integrationsgrenzen müssen wir zunächst die gemeinsamen Schnittstellen der Funktionsgraphen berechnen:

$$g(x) = h(x)$$
$$\frac{1}{2}x^2 - x + \frac{5}{2} = \frac{1}{2}x + \frac{5}{2}$$
$$0 = \frac{1}{2}x^2 - \frac{3}{2}x$$
$$0 = x^2 - 3x$$
$$0 = x(x - 3)$$
$$\underline{x_{01} = 0}$$
$$\underline{x_{02} = 3}$$

Dies sind die Integrationsgrenzen für die weiteren Berechnungen.

$$I = \int_0^3 h(x)\,dx - \int_0^3 g(x)\,dx$$

$$I = \int_0^3 \left(\frac{1}{2}x + \frac{5}{2}\right) dx - \int_0^3 \left(\frac{1}{2}x^2 - x + \frac{5}{2}\right) dx$$

$$I = \left[\frac{1}{4}x^2 + \frac{5}{2}x\right]_0^3 - \left[\frac{1}{6}x^3 - \frac{1}{2}x^2 + \frac{5}{2}x\right]_0^3$$

$$I = \underline{\underline{2{,}25}}$$

Die Maßzahl der Fläche zwischen den Funktionsgraphen von g und h wurde berechnet mit:

$$I = \int_a^b h(x)\,dx - \int_a^b g(x)\,dx$$

Nach der Differenzregel der Integralrechnung kann dieser Ausdruck vereinfacht werden:

$$I = \int_a^b \left[h(x) - g(x)\right] dx$$

Der Integrand ist nichts anderes als die Differenz zweier Funktionen, die man auch als **Differenzfunktion** $f_{\text{diff}}(x) = h(x) - g(x)$ bezeichnet.

Man kann dann also die Maßzahl der Fläche zwischen zwei Funktionsgraphen auch in der Weise bestimmen, dass die Differenzfunktion über dem angegebenen Intervall integriert wird:

$$I = \int_a^b f_{\text{diff}}(x)\,dx$$

Hier:

$$I = \int_0^3 \left[\left(\frac{1}{2}x + \frac{5}{2}\right) - \left(\frac{1}{2}x^2 - x + \frac{5}{2}\right)\right] dx$$

$$\int_0^3 \left(-\frac{1}{2}x^2 + \frac{3}{2}x\right) dx = \underline{\underline{2{,}25}}$$

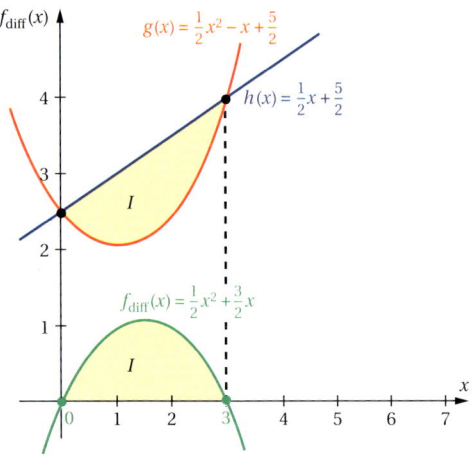

Da die Funktionswerte der Differenzfunktion genau den Differenzen der Funktionswerte der Einzelfunktionen entsprechen, ist die Maßzahl der Fläche zwischen den Graphen der Funktionen g und h genau gleich der Maßzahl der Fläche zwischen dem Graphen der Differenzfunktion und der x-Achse, obwohl die Flächen unterschiedliche Formen haben.

Die Berechnung der Maßzahl einer Fläche zwischen zwei Funktionsgraphen ist mit erheblich weniger Rechenaufwand verbunden, wenn sie mithilfe der Differenzfunktion durchgeführt wird.

Es ist jedoch zu beachten, ob die Fläche zwischen dem Graphen der Differenzfunktion und der x-Achse nur oberhalb, nur unterhalb oder ober- und unterhalb der x-Achse liegt. Je nach Lage der Flächen sind entsprechend Betragszeichen zu setzen.

Situation 5

Berechnen Sie die Maßzahl der Fläche, die die Funktionsgraphen mit $g(x) = x^3 - 4x$ und $h(x) = 5x$ miteinander einschließen, mithilfe der Differenzfunktion.

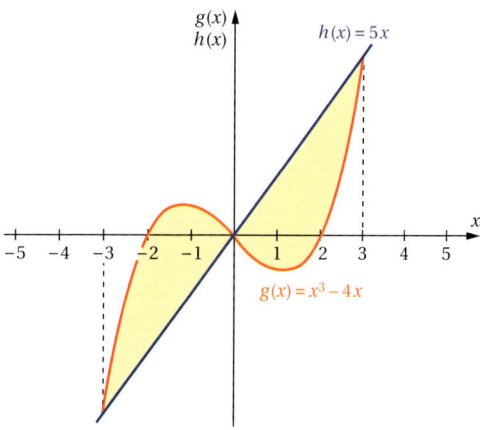

Lösung

1. **Aufstellen der Gleichung der Differenzfunktion:**

$$f_{\text{diff}}(x) = g(x) - h(x)$$
$$f_{\text{diff}}(x) = (x^3 - 4x) - 5x$$
$$f_{\text{diff}}(x) = x^3 - 9x$$

2. **Nullstellen der Differenzfunktion als Integrationsgrenzen[1]:**

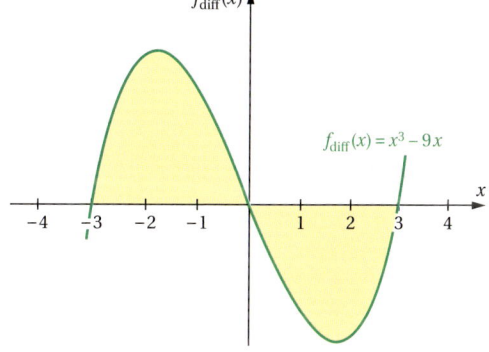

$$f_{\text{diff}}(x) = 0$$
$$0 = x^3 - 9x$$
$$0 = x(x^2 - 9)$$
$$x_{01} = 0$$
$$x_{02/03} = \pm 3$$

3. **Berechnung der Maßzahlen der Teilflächen zwischen dem Graphen der Differenzfunktion und der x-Achse[2]:**

$$I = \left| \int_{-3}^{0} (x^3 - 9x)\,dx \right| + \left| \int_{0}^{3} (x^3 - 9x)\,dx \right|$$

$$I = \left| \left[\frac{x^4}{4} - \frac{9}{2}x^2 \right]_{-3}^{0} \right| + \left| \left[\frac{x^4}{4} - \frac{9}{2}x^2 \right]_{0}^{3} \right|$$

$$I = |20{,}25| + |-20{,}25|$$

$$I = \underline{\underline{40{,}5}}$$

---

[1]   Diese sind identisch mit den Schnittstellen der Graphen von g und h.
[2]   Diese sind identisch mit den entsprechenden Maßzahlen der Flächen zwischen den Graphen von g und h.

Übungsaufgaben

1 Berechnen Sie die Maßzahl der Fläche zwischen den Graphen von g und h über dem angegebenen Intervall mithilfe der Differenzfunktion. (x_S = Schnittstelle von g und h)

a) $g(x) = x + 2;$ $h(x) = 3;$ $[1; 3]$

b) $g(x) = 2x - 1;$ $h(x) = \frac{1}{4}x - 1;$ $[0; 3]$

c) $g(x) = 3x - 1;$ $h(x) = -x;$ $[x_S; 2]$

d) $g(x) = x^2 - 1;$ $h(x) = x + 1;$ $[x_{S_1}; x_{S_2}]$

e) $g(x) = 2x^2 + 1;$ $h(x) = -x - 2;$ $[x_{S_1}; x_{S_2}]$

f) $g(x) = x^3;$ $h(x) = x;$ $[-1; 0]$

2 Die Graphen von g und h schneiden sich. Berechnen Sie die Maßzahl der Fläche zwischen den Graphen von g und h mithilfe der Differenzfunktion.

a) $g(x) = -x^2 - 1;$ $h(x) = -2$

b) $g(x) = x^2 + x;$ $h(x) = 3x$

c) $g(x) = x^3 - x;$ $h(x) = -x^2 + 1$

d) $g(x) = x^2;$ $h(x) = x^3$

e) $g(x) = 0{,}5x^2 - 4;$ $h(x) = -\frac{1}{4}x^2 + 2x$

f) $g(x) = x^3 - x;$ $h(x) = 3x$

3 Berechnen Sie die Maßzahl der Fläche zwischen den Graphen von g und h mithilfe der Differenzfunktion im angegebenen Intervall.

a) $g(x) = -x^3;$ $h(x) = -2x;$ $\left[-\sqrt{2}; \sqrt{2}\right]$

b) $g(x) = x^3 - 3x^2;$ $h(x) = \frac{1}{2}x^2;$ $[-1; 2]$

c) $g(x) = -x^3 + x^2;$ $h(x) = x^2;$ $[-3; 1]$

d) $g(x) = -x^2 + 4;$ $h(x) = -2x + 1;$ $[-2; 1]$

e) $g(x) = x^3;$ $h(x) = 1;$ $[0; 2]$

f) $g(x) = x^3 - 4x^2 + 4x - 4;$ $h(x) = x^2 - 4x;$ $[1; 2]$

2.3 Konsumenten- und Produzentenrente

Der Marktpreis für ein Produkt beträgt 10,00 € je Stück. Wenn Sie bereit gewesen wären, dieses Produkt auch zu einem Preis von 12,00 € je Stück zu kaufen, dann haben Sie durch den niedrigeren Marktpreis eine Ersparnis in Höhe von 2,00 € je Stück erzielt. Diese Ersparnis bezeichnet man als **individuelle Konsumentenrente.**

> Die **Konsumentenrente[1]** ist die Differenz aus Zahlungsbereitschaft und tatsächlich entrichtetem Preis.

Ein Hersteller ist aufgrund seiner Kostenstruktur bereit, sein Produkt ab einem Marktpreis von 7,00 € je Stück anzubieten. Wenn der Marktpreis 10,00 € je Stück beträgt, dann hat er eine Mehreinnahme in Höhe von 3,00 € je Stück, die man als **individuelle Produzentenrente** bezeichnet.

> Die **Produzentenrente** ist die Differenz zwischen dem Preis, zu dem ein Anbieter bereit gewesen wäre ein Gut anzubieten, und dem tatsächlichen Marktpreis.

Im Folgenden wollen wir berechnen, wie hoch die Summe *aller* individuellen Konsumentenrenten oder Produzentenrenten auf dem Markt für ein Gut ist.

2.3.1 Konsumentenrente

Durch den Schnittpunkt der Angebotskurve mit der Nachfragekurve ist das **Marktgleichgewicht G** mit dem **Gleichgewichtspreis p_G** und der **Gleichgewichtsmenge x_G** bestimmt. Die zu dem Preis p_G angebotene Menge x_G entspricht im Marktgleichgewicht genau der nachgefragten Menge.

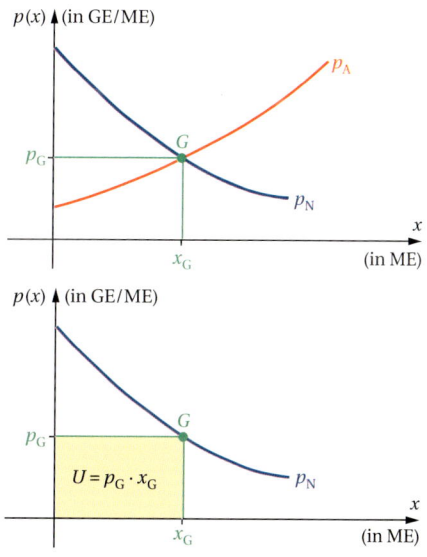

Betrachten wir zunächst nur die Nachfragekurve in der Gleichgewichtssituation.

Insgesamt zahlen die Konsumenten für das Gut im Marktgleichgewicht den Betrag $U = p_G \cdot x_G$ [GE]. Das ist der gesamte Umsatz, der mit diesem Produkt erzielt wird. Er wird durch das gelb unterlegte Rechteck in der nebenstehenden Abbildung dargestellt.

---

[1] Der Begriff **Rente** bezeichnet ein Einkommen, welches ohne aktuelle Gegenleistung bezogen wird. Das Wort leitet sich vom italienischen rendita ab.

Außer mit $U = p_G \cdot x_G$ kann der Umsatz U, das gelb unterlegte Rechteck auf der Vorseite, auch mithilfe der Integralrechnung bestimmt werden:

$$U = \int_0^{x_G} p_G \, dx.$$

Viele Nachfrager hätten aber auch einen höheren Preis für das Gut bezahlt, als sie ihn jetzt im Marktgleichgewicht G zu zahlen haben. Der Betrag B, den die Konsumenten insgesamt zu zahlen bereit gewesen wären, wenn jeder den für ihn gerade noch akzeptablen Höchstpreis gezahlt hätte, ist die Summe aller Einzelpreise von $x = 0$ bis $x = x_G$. Dies wiederum ist

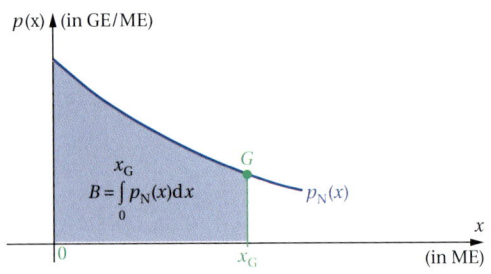

aber nichts anderes als das Integral der Nachfragefunktion über diesem Intervall und entspricht der hellblau dargestellten Fläche.

$$B = \int_0^{x_G} p_N(x) \, dx$$

Alle Nachfrager, die bereit waren einen höheren Preis als den Marktpreis p_G zu zahlen, haben Geld gespart. Den von diesen Nachfragern gesparten Geldbetrag bezeichnen wir als **Konsumentenrente** KR. Er entspricht der blauen Fläche in der nebenstehenden Abbildung und wird berechnet: $KR = B - U$

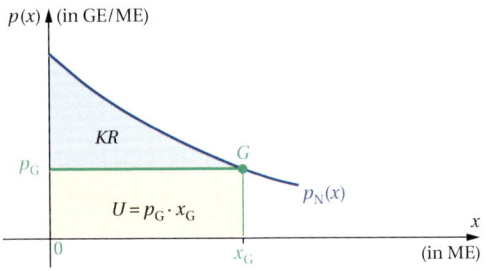

Die **Konsumentenrente KR** entspricht der Maßzahl der **Fläche zwischen der Nachfragekurve und der Preisgeraden** über dem Intervall $[0; x_G]$.

Die **Konsumentenrente KR** ist die **Summe aller Ersparnisse der Nachfrager,** die sich aus der Differenz zwischen dem Preis, den sie maximal bereit gewesen wäre zu zahlen, und dem tatsächlichen Marktpreis ergibt.

Es gibt zwei Möglichkeiten, die Konsumentenrente zu berechnen:

$$KR = \int_0^{x_G} p_N(x) \, dx - p_G \cdot x_G \qquad \text{oder mit der Differenzfunktion:} \qquad KR = \int_0^{x_G} [p_N(x) - p_G] \, dx$$

Konsumentenrente

Situation 1

Die Nachfrage nach einem Gut wird angegeben durch die Nachfragefunktion p_N mit $p_N(x) = -\frac{1}{2}x^2 + 24{,}5$; $D_{ök}(p_N) = [0; 7]$. Das Marktgleichgewicht wird bei einem Marktpreis von 12 GE/ME und einer Gleichgewichtsmenge von 5 ME erreicht. Bestimmen Sie die Konsumentenrente. Veranschaulichen Sie die gegebenen Daten in einer Grafik und kennzeichnen Sie die Konsumentenrente.

Lösung

$$KR = \int_0^{x_G} p_N(x)\,dx - p_G \cdot x_G$$

$$= \int_0^5 \left(-\frac{1}{2}x^2 + 24{,}5\right)dx - 12 \cdot 5$$

$$= \left[-\frac{1}{6}x^3 + 24{,}5x\right]_0^5 - 60 = 101{,}\overline{6} - 60$$

$$= 41{,}\overline{6}\ [GE]$$

oder:

$$KR = \int_0^{x_G} [p_N(x) - p_G]\,dx$$

$$= \int_0^5 \left(-\frac{1}{2}x^2 + 24{,}5 - 12\right)dx$$

$$= \int_0^5 \left(-\frac{1}{2}x^2 + 12{,}5\right)dx$$

$$= \left[-\frac{1}{6}x^3 + 12{,}5x\right]_0^5 = 41{,}\overline{6}\ [GE]$$

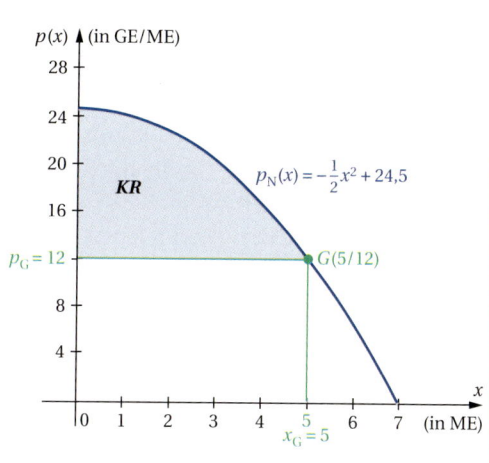

Übungsaufgaben

1 Für die gesamtwirtschaftliche Nachfrage x nach einem Gut in Abhängigkeit vom Marktpreis p gilt die Gleichung $p_N(x) = -0{,}75x + 100$ und für das Marktgleichgewicht $G(48/64)$.

a) Berechnen Sie, welche Menge die Nachfrager bei einem Marktpreis in Höhe von $p = 60$ GE/ME nachfragen würden.

b) Ermitteln Sie den Betrag, den die Konsumenten insgesamt einsparen konnten, indem sie das Gut zum Gleichgewichtspreis erwerben.

2 Die Gleichung $p_N(x) = 2x^2 - 16x + 32$ gibt den Zusammenhang zwischen dem Marktpreis p eines Gutes und der gesamtwirtschaftlichen Nachfrage x nach diesem Gut an. Die Gleichgewichtsmenge beträgt 2 ME/GE.

a) Geben Sie den ökonomisch sinnvollen Definitionsbereich für die Nachfragefunktion an.

b) Ermitteln Sie die Sättigungsmenge und den Höchstpreis für das Gut.

c) Berechnen Sie die Konsumentenrente.

3   Die gesamtwirtschaftliche Nachfrage x nach einem Gut kann in Abhängigkeit vom Marktpreis p durch die Gleichung $p_N(x) = -0,5x^2 + 50$ beschrieben werden. Der Marktpreis beträgt 42 GE/ME.

a) Ermitteln Sie die Sättigungsmenge und den Höchstpreis für das Gut.

b) Geben Sie den ökonomisch sinnvollen Definitionsbereich an.

c) Berechnen Sie die Konsumentenrente.

4   Der Markt für ein Gut kann durch die Nachfragefunktion p_N mit $p_N(x) = -0,1x^2 + 30$ und die Angebotsfunktion p_A mit $p_A(x) = 0,05x^2 + 10$ modelliert werden.
Ermitteln Sie

a) das Marktgleichgewicht,

b) den Höchstpreis und die Sättigungsmenge,

c) den Umsatz, der mit diesem Gut erzielt wird,

d) die Konsumentenrente.

e) Bestimmen Sie den ökonomisch sinnvollen Definitionsbereich für die Funktionen.

f) Erstellen Sie eine Grafik, die die Ergebnisse veranschaulicht.

2.3.2   Produzentenrente

Die Angebotsfunktion kommt dadurch zustande, dass jeder Produzent seine gesamte Warenmenge ab einer bestimmten Preisuntergrenze anbietet. Bei steigendem Marktpreis treten neue Anbieter hinzu; die bisherigen Anbieter halten ihr Angebot aufrecht.

Im Marktgleichgewicht G verkaufen alle Anbieter zum Preis p_G die Menge x_G und erzielen dadurch insgesamt den Umsatz

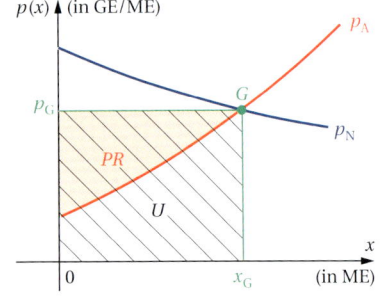

$U = p_G \cdot x_G$ (schwarz schraffiertes Rechteck in der Abbildung).

Diese Fläche kann auch mithilfe der Integralrechnung berechnet werden:

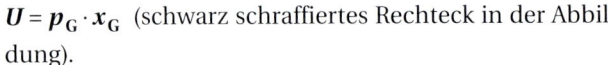

$$U = \int_0^{x_G} p_G \, dx$$

Diejenigen Anbieter, die ihren Warenbestand bereits zu einem geringeren Preis als p_G verkauft hätten, erhalten einen zusätzlichen Erlös. Die Summe all dieser Zusatzerlöse nennt man **Produzentenrente PR** (rot unterlegte Fläche in der Grafik oben).

Der Inhalt der weißen, schraffierten Fläche unter der Angebotskurve über dem Intervall $[0; x_G]$ entspricht dem gesamten **Minimalumsatz**, wenn jeder Produzent sein Warenangebot zum kleinsten jeweils akzeptablen Preis verkauft. Der bereits oben angegebene **tatsächliche Umsatz** $U = p_G \cdot x_G$ übertrifft den Minimalumsatz.

Die **Produzentenrente** *PR* entspricht der Maßzahl der **Fläche zwischen der Preisgeraden und der Angebotskurve** über dem Intervall $[0; x_G]$.

Die **Produzentenrente** *PR* ist die **Summe der Mehreinnahmen aller Produzenten,** weil der tatsächliche Marktpreis höher ist als der Preis, zu dem sie das Gut bereits angeboten hätten.

$$PR = p_G \cdot x_G - \int_0^{x_G} p_A(x)\,dx \qquad \text{oder mit der Differenzfunktion:} \qquad PR = \int_0^{x_G} [p_G - p_A(x)]\,dx$$

Produzentenrente

Situation 2

Die Angebotsfunktion für ein Gut habe die Gleichung $p_A(x) = 0{,}4x^2 + 2$. Das Marktgleichgewicht sei durch den Punkt $G(5/12)$ gegeben. Bestimmen Sie die Produzentenrente.

Lösung

$$PR = p_G \cdot x_G - \int_0^{x_G} p_A(x)\,dx$$

$$= 5 \cdot 12 - \int_0^5 (0{,}4x^2 + 2)\,dx$$

$$= 60 - [0{,}1\overline{3}x^3 + 2x]_0^5$$

$$= 60 - 26{,}\overline{6} = 33{,}\overline{3}\ [\text{GE}]$$

oder:

$$PR = \int_0^{x_G} [p_G - p_A(x)]\,dx$$

$$= \int_0^5 [12 - (0{,}4x^2 + 2)]\,dx$$

$$= \int_0^5 (-0{,}4x^2 + 10)\,dx$$

$$= [-0{,}13x^3 + 10x]_0^5 = 33{,}\overline{3}\ [\text{GE}]$$

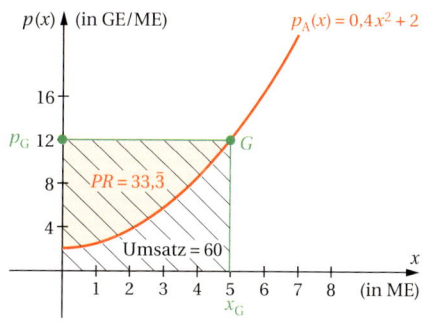

$p(x)$ (in GE/ME)

$p_A(x) = 0{,}4x^2 + 2$

16

p_G 12 ● G

8 $PR = 33{,}\overline{3}$

4

Umsatz $= 60$

1 2 3 4 5 6 7 8 (in ME)

x_G

x

Zusammenfassung

- Konsumentenrente:

$$KR = \int_0^{x_G} p_N(x)\,dx - p_G \cdot x_G$$

oder:

$$KR = \int_0^{x_G} [p_N(x) - p_G]\,dx$$

- Produzentenrente:

$$PR = p_G \cdot x_G - \int_0^{x_G} p_A(x)\,dx$$

oder:

$$PR = \int_0^{x_G} [p_G - p_A(x)]\,dx$$

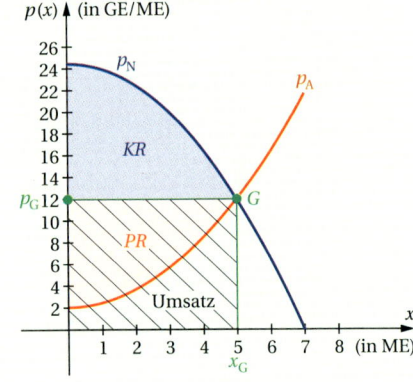

Übungsaufgaben

1 Berechnen Sie die Konsumenten- und die Produzentenrente. Veranschaulichen Sie die Ergebnisse. Geben Sie den Höchstpreis und die Sättigungsmenge für das Gut an.

a) $p_A(x) = 0{,}75x + 50; \quad p_N(x) = 200 - 0{,}5x$

b) $p_A(x) = 0{,}5x + 3; \quad p_N(x) = 18 - 0{,}1x^2$

c) $p_A(x) = \frac{1}{2}x^2 + 9; \quad p_N(x) = 36 - \frac{1}{4}x^2$

d) $p_A(x) = \frac{1}{4}x^2 + \frac{7}{4}; \quad p_N(x) = -\frac{1}{4}x^2 + \frac{25}{4}$

2 Vor Kurzem hat die Markteinführung eines neuen Produktes stattgefunden. Als Mitarbeiter der Industrie- und Handelskammer sollen Sie den Markt für das neue Produkt modellieren. Sie gehen von einer quadratischen Angebotsfunktion aus. Ab einem Preis von 2 GE/ME sind die Anbieter bereit, das Produkt anzubieten. Bei einem Preis von 2,1 GE/ME wird eine ME angeboten, bei einem Preis von 2,4 GE/ME werden 2 ME angeboten.

Für den linear verlaufenden Nachfragegraphen gilt:

p	8	6
x	2	4

a) Bestimmen Sie die Gleichungen der Angebots- und der Nachfragefunktion.

b) Ermitteln Sie den ökonomisch sinnvollen Definitionsbereich für die Funktionen.

c) Bestimmen Sie das Marktgleichgewicht und den Gesamtumsatz, der mit dem Produkt gemacht wird. Erstellen Sie eine Skizze.

d) Berechnen Sie die Produzenten- und die Konsumentenrente. Markieren Sie die Produzenten- und Konsumentenrente in der Skizze.

3 Die gesamte nachgefragte Menge nach einem Produkt kann modelliert werden mit der Nachfragefunktion p_N mit $p_N(x) = -0{,}5\,x^2 + 20$. Die Angebotsfunktion hat die Gleichung $p_A(x) = 0{,}2\,x^2 + 5$ (x in ME, p in GE/ME).
Ermitteln Sie

a) das Marktgleichgewicht,

b) den Höchstpreis und die Sättigungsmenge,

c) den Umsatz, der mit diesem Gut erzielt wird,

d) die Konsumentenrente und

e) die Produzentenrente.

f) Ermitteln Sie den ökonomisch sinnvollen Definitionsbereich für die Funktionen.

g) Stellen Sie Ihre Ergebnisse grafisch dar.

4 Für ein bestimmtes Produkt lässt sich das Angebot durch die Exponentialgleichung $p_A(x) = 0{,}3\,e^x$ beschreiben. Die Nachfragegleichung lautet $p_N(x) = e^{-0{,}6x}$. Dabei ist x die angebotene oder nachgefragte Menge in ME, p ist der Preis in GE/ME für das Produkt.

a) Ermitteln Sie den Höchstpreis für das Produkt, die Sättigungsmenge und den Mindestangebotspreis.

b) Bestimmen Sie das Marktgleichgewicht und den Gesamtumsatz, der mit dem Produkt auf dem Markt erreicht wird.

c) Berechnen Sie die Produzenten- und Konsumentenrente.

5 Auf einem Markt sollen das Angebot und die Nachfrage nach einem Produkt mit je einer gebrochen-rationalen Funktion modelliert werden:

$$p_A(x) = \frac{-0{,}3}{x-2} + 1; \qquad\qquad p_N(x) = \frac{1}{x-2} + 3$$

Dabei ist x die angebotene oder nachgefragte Menge in ME, p ist der Preis in GE/ME für das Produkt.

a) Beschreiben Sie, welche Aussagen zum Verlauf der Graphen man den Funktionsgleichungen direkt entnehmen kann.

b) Ermitteln Sie den Höchstpreis für das Produkt, die Sättigungsmenge und den Mindestangebotspreis.

c) Bestimmen Sie das Marktgleichgewicht und den Gesamtumsatz, der mit dem Produkt auf dem Markt erreicht wird.

d) Berechnen Sie die Produzenten- und Konsumentenrente.

2.4 Weitere Anwendungen der Integralrechnung

Situation 1

Der Lebenszyklus eines Produktes im Zeitablauf soll durch die Funktionsgleichung
$a(t) = -0,3\,t^3 + 1,8\,t^2$ mit $D_{\text{ök}}(a) = [0;\,6]$
dargestellt werden.
Dabei ist a der jährliche Absatz (in ME/Jahr) und t die Zeit (in Jahren) seit der Einführung des Produktes auf dem Markt. Die Abbildung zeigt den Graphen der Produktlebenszyklusfunktion.

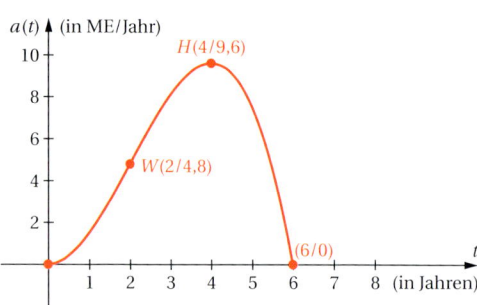

a) Interpretieren Sie die Koordinaten des Hochpunktes des Graphen.
   Berechnen Sie die Maßzahl der Fläche zwischen dem Funktionsgraphen und der Abszissenachse in dem unten angegebenen Intervall mit dem bestimmten Integral algebraisch und kontrollieren Sie Ihr Ergebnis mit dem Taschenrechner. Interpretieren Sie die jeweils berechnete Flächenmaßzahl anwendungsbezogen.
b) $[0;\,2]$
c) $[4;\,6]$
d) $[2;\,4]$
e) $[0;\,6]$

Lösung

a) 4 Jahre nach Einführung ist der jährliche Absatz mit dem Produkt mit 9,6 ME pro Jahr maximal.
   An der Einheit der Funktionswerte (ME/Jahr) ist zu erkennen, dass eine Ableitungsfunktion vorliegt. Diese gibt die Geschwindigkeit (Änderungsrate) an, mit der sich der Gesamtabsatz verändert. Demnach ist die Maßzahl der Fläche zwischen dem Graphen und der Abszissenachse in einem Intervall als Gesamtabsatz für diesen Zeitraum zu interpretieren.

b) $I_{[0;2]} = \int\limits_{0}^{2}(-0,3\,t^3 + 1,8\,t^2)\,dt = [-0,075\,t^4 + 0,6\,t^3]_0^2 = \underline{\underline{3,6}}$

   In den ersten beiden Jahren nach der Einführung auf dem Markt beträgt der Gesamtabsatz mit dem Produkt 3,6 ME.

c) $I_{[4;\,6]} = \int\limits_{4}^{6} (-0{,}3\,t^3 + 1{,}8\,t^2)\,dt = \underline{\underline{13{,}2}}$

In den letzten beiden Jahren vor dem Ausscheiden aus dem Markt beträgt der Gesamtabsatz mit dem Produkt 13,2 ME.

d) $I_{[2;\,4]} = \int\limits_{2}^{4} (-0{,}3\,t^3 + 1{,}8\,t^2)\,dt = \underline{\underline{15{,}6}}$

Im 3. und 4. Jahr nach der Einführung des Produktes auf dem Markt werden insgesamt 15,6 ME abgesetzt.

e) $I_{[0;\,6]} = \int\limits_{0}^{6} (-0{,}3\,t^3 + 1{,}8\,t^2)\,dt = \underline{\underline{32{,}4}}$

Der Gesamtabsatz des Produktes beträgt im Verlaufe seines Lebens insgesamt 32,4 ME.

Situation 2

Die Funktion mit der Gleichung $u(t) = t^4 - 20\,t^3 + 100\,t^2$ mit $D_{\text{ök}}(u) = [0;\,10]$ beschreibt den monatlichen Umsatz u mit einem Produkt im Zeitablauf t (in Monaten) seit seiner Einführung auf dem Markt.

a) Skizzieren Sie mithilfe des Taschenrechners den Graphen mit seinen charakteristischen Punkten. Interpretieren Sie den ersten Wendepunkt anwendungsbezogen.
   Berechnen Sie das angegebene Integral und interpretieren Sie das Ergebnis anwendungsbezogen.

b) $\int\limits_{0}^{10} u(t)\,dt$

c) $\int\limits_{0}^{3} u(t)\,dt$

d) $\int\limits_{6}^{10} u(t)\,dt$

e) $\int\limits_{2}^{4} u(t)\,dt$

Lösung

a) s. Abb.

Interpretation des 1. Wendepunktes: Gut zwei Monate nach seiner Einführung auf dem Markt nimmt die Umsatzgeschwindigkeit des Produktes am stärksten zu und beträgt dann knapp 28 GE je Monat.

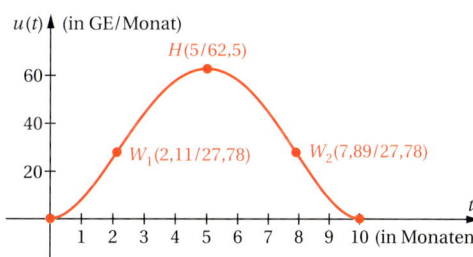

An der Einheit der Funktionswerte (GE/Monat) ist zu erkennen, dass eine Ableitungsfunktion vorliegt. Diese gibt die Geschwindigkeit (Änderungsrate) an, mit der sich der Gesamtumsatz verändert. Demnach ist das bestimmte Integral als Gesamtumsatz für den betreffenden Zeitraum zu interpretieren.

b) $\int_0^{10} (t^4 - 20\,t^3 + 100\,t^2)\,dt = \left[0,2\,t^5 - 5\,t^4 + 33,\overline{3}t^3\right]_0^{10} = \underline{\underline{333,\overline{3}}}$

In den 10 Monaten, in denen das Produkt auf dem Markt war, wurde mit diesem Produkt ein Gesamtumsatz von $333,\overline{3}$ GE erzielt.

c) $\int_0^3 (t^4 - 20\,t^3 + 100\,t^2)\,dt = \underline{\underline{54,36}}$

In den ersten 3 Monaten, in denen das Produkt auf dem Markt war, wurde mit diesem Produkt ein Gesamtumsatz von 54,36 GE erzielt.

d) $\int_6^{10} (t^4 - 20\,t^3 + 100\,t^2)\,dt = \underline{\underline{105,81}}$

In den letzten 4 Monaten, in denen das Produkt auf dem Markt war, wurde mit diesem Produkt ein Gesamtumsatz von 105,81 GE erzielt.

e) $\int_2^4 (t^4 - 20\,t^3 + 100\,t^2)\,dt = \underline{\underline{86,51}}$

Im 3. und 4. Monat nach der Produkteinführung wurde mit diesem Produkt ein Gesamtumsatz von 86,51 GE erzielt.

Situation 3

Der monatliche Gewinn g eines Betriebes (in GE/Monat) mit einem Produkt seit Beginn dieses Jahres ($t = 0$) soll für die folgenden 12 Monate mit der Gleichung $g(t) = 0,1\,t^4 - 2,3\,t^3 + 13,6\,t^2 + 1,2\,t - 72$ prognostiziert werden. Der Graph ist nebenstehend abgebildet. Vor Beginn dieses Jahres konnte mit dem Produkt bereits ein Gesamtgewinn von 100 GE realisiert werden.

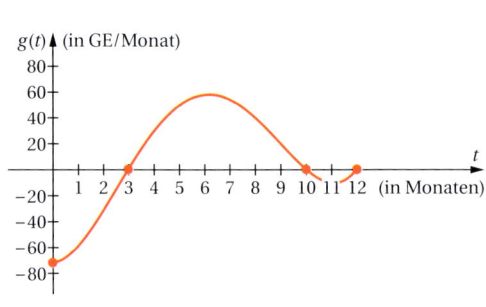

Berechnen Sie mithilfe des bestimmten Integrals die Gewinne, die

a) in den ersten 3 Monaten ab Beginn dieses Jahres,

b) in den Monaten 4 bis 10 ab Beginn dieses Jahres,

c) in den letzten 2 Monaten des Prognosezeitraums

erwirtschaftet werden sollen. Kennzeichnen Sie die Flächen, die diese Gewinne darstellen, in der Grafik.

d) Bestimmen Sie mithilfe des bestimmten Integrals den Gewinn, den der Betrieb mit dem Produkt in den 12 Monaten ab Beginn dieses Jahres erwirtschaften soll.

e) Geben Sie den Gesamtgewinn des Betriebes mit dem Produkt von der Produkteinführung bis zum Ende des Prognosezeitraums an.

Lösung

a) $I_{[0;3]} = \int_0^3 \left(0,1\,t^4 - 2,3\,t^3 + 13,6\,t^2 + 1,2\,t - 72\right)\mathrm{d}t$

$= \left[0,02\,t^5 - 0,575\,t^4 + 4,5\overline{3}t^3 + 0,6\,t^2 - 72\,t\right]_0^3 = 129,915 - 0 = -129,915\ [\text{GE}]$

b) $I_{[3;10]} = \int_3^{10} \left(0,1\,t^4 - 2,3\,t^3 + 13,6\,t^2 + 1,2\,t - 72\right)\mathrm{d}t$

$= \left[0,02\,t^5 - 0,575\,t^4 + 4,5\overline{3}t^3 + 0,6\,t^2 - 72\,t\right]_3^{10} = 123,\overline{3} - (-129,915) = 253,248\ [\text{GE}]$

c) $I_{[10;12]} = \int_{10}^{12} \left(0,1\,t^4 - 2,3\,t^3 + 13,6\,t^2 + 1,2\,t - 72\right)\mathrm{d}t$

$= \left[0,02\,t^5 - 0,575\,t^4 + 4,5\overline{3}t^3 + 0,6\,t^2 - 72\,t\right]_{10}^{12} = 109,44 - 123,\overline{3} = -13,89\overline{3}\ [\text{GE}]$

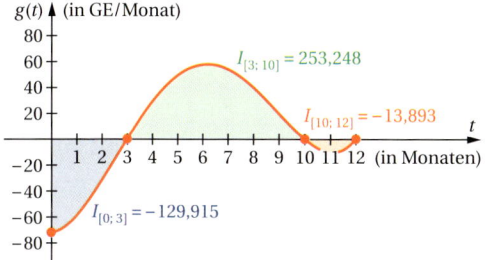

d) Gesamter Gewinn seit Jahresbeginn:

$G(12) = \int_0^{12} \left(0,1\,t^4 - 2,3\,t^3 + 13,6\,t^2 + 1,2\,t - 72\right)\mathrm{d}t$

$= \left[0,02\,t^5 - 0,575\,t^4 + 4,5\overline{3}t^3 + 0,6\,t^2 - 72\,t\right]_0^{12} = 109,44 - 0 = 109,44\ [\text{GE}]$

e) Gesamter Gewinn seit der Produkteinführung

$= G(12) + \text{Gesamtgewinn vor Jahresbeginn} = 109,4 + 100 = 209,4\ [\text{GE}]$

Wenn ein Bestand, hier der Gesamtgewinn, mithilfe des bestimmten Integrals aus Änderungsraten (Ableitungsfunktion) rekonstruiert wird, muss ein Anfangsbestand ungleich 0 berücksichtigt werden.

Situation 4

Ein Betrieb beschreibt die bei der Herstellung eines Produktes anfallenden Grenzkosten mit der Gleichung

$K'(x) = 0{,}3\,x^2 - x + 1$.

Die Kapazitätsgrenze des Betriebs beträgt 5 ME. Die Fixkosten bei der Produktion betragen 2 GE. Der Graph der Grenzkostenfunktion ist nebenstehend abgebildet.

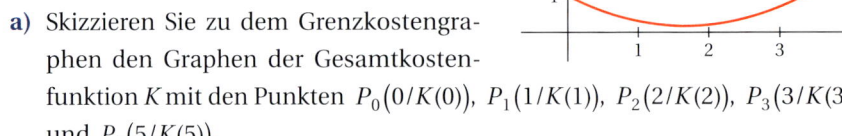

a) Skizzieren Sie zu dem Grenzkostengraphen den Graphen der Gesamtkostenfunktion K mit den Punkten $P_0\big(0/K(0)\big)$, $P_1\big(1/K(1)\big)$, $P_2\big(2/K(2)\big)$, $P_3\big(3/K(3)\big)$, $P_4\big(4/K(4)\big)$ und $P_5\big(5/K(5)\big)$.

b) Bestimmen Sie mithilfe des bestimmten Integrals die Gesamtkosten bei der Herstellung des Produktes, wenn 3 ME produziert werden. Stellen Sie das Ergebnis des bestimmten Integrals in der Grafik als Fläche dar.

c) Bestimmen Sie mithilfe des bestimmten Integrals die Gesamtkosten, wenn an der Kapazitätsgrenze produziert wird. Stellen Sie das Ergebnis des bestimmten Integrals in der Grafik als Fläche dar.

d) Berechnen Sie die Zunahme der Gesamtkosten, wenn die Produktionsmenge von 2 ME auf 4 ME ausgedehnt wird. Stellen Sie das Ergebnis des bestimmten Integrals in der Grafik als Fläche dar.

Lösung

a) $K(x) = 0{,}1\,x^3 - 0{,}5\,x^2 + x + 2$

Graph: s. Abb.

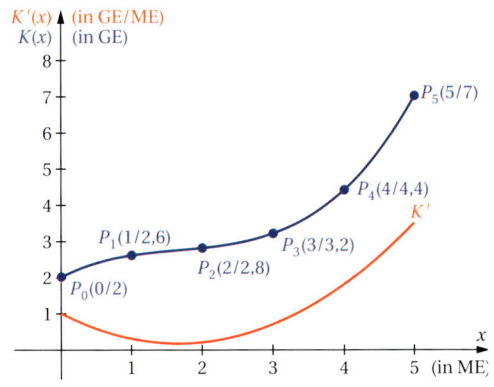

Wenn die Gesamtkosten aus den Grenzkosten mithilfe des bestimmten Integrals rekonstruiert werden, müssen die Fixkosten zum Ergebnis des bestimmten Integrals addiert werden.[1]

b) $K(3) = \int_0^3 K'(x)\,dx + K_f$

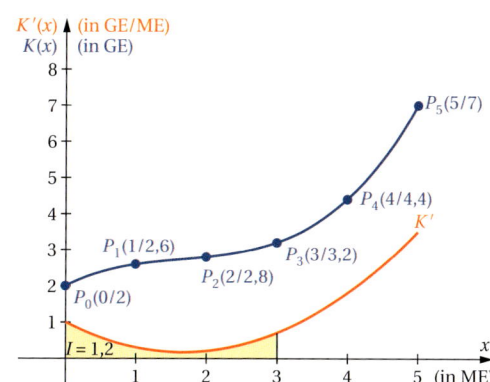

$$= \int_0^3 (0,3x^2 - x + 1)\,dx + 2$$

$$= \left[0,1x^3 - 0,5x^2 + x\right]_0^3 + 2$$

$$= \left[(2,7 - 4,5 + 3) - 0\right] + 2$$

$$= 1,2 + 2 = \underline{\underline{3,2}}\ [\text{GE}]$$

c) $K(5) = \int_0^5 K'(x)\,dx + 2$

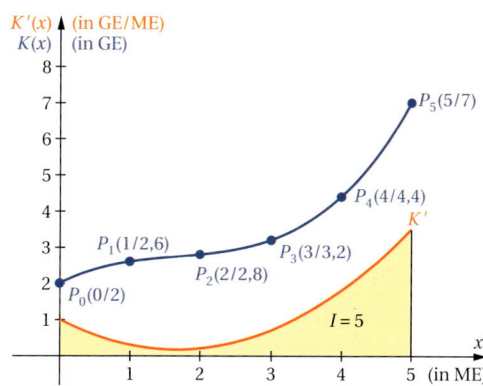

$$= \int_0^5 (0,3x^2 - x + 1)\,dx + 2$$

$$= \left[0,1x^3 - 0,5x^2 + x\right]_0^5 + 2$$

$$= \left[(12,5 - 12,5 + 5) - 0\right] + 2$$

$$= 5 + 2 = \underline{\underline{7}}\ [\text{GE}]$$

d) Bei der Berechnung eines Gesamtkostenzuwachses ist der Anfangsbestand, hier die Fixkosten, unerheblich.

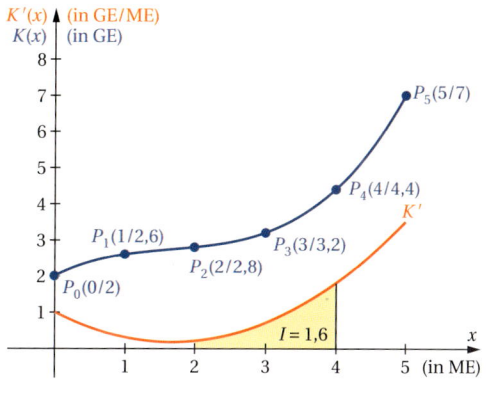

$$K(4) - K(2) = \int_2^4 K'(x)\,dx$$

$$= \int_2^4 (0,3x^2 - x + 1)\,dx$$

$$= \left[0,1x^3 - 0,5x^2 + x\right]_2^4$$

$$= (6,4 - 8 + 4) - (0,8 - 2 + 2)$$

$$= \underline{\underline{1,6}}\ [\text{GE}]$$

---

[1] Begründung: Bei der Berechnung des Integrals $\int_a^b f(x)\,dx$ wird die Differenz $F(b) - F(a)$ berechnet. Ein beliebiges Absolutglied der Stammfunktion, das sind in diesem Fall die Fixkosten, fällt durch die Subtraktion weg.

Mit dem Integral $\int\limits_{0}^{b} K'(x)\,dx$ werden nur die **variablen Gesamtkosten** berechnet.

Wenn die **Gesamtkosten** mithilfe des bestimmten Integrals aus den Grenzkosten rekonstruiert werden, müssen noch die Fixkosten addiert werden.

Bei der Bestimmung des Zuwachses der Gesamtkosten von einer Produktionsmenge a zu einer Produktionsmenge b sind die Fixkosten unerheblich.

Übungsaufgaben

1   Der Lebenszyklus eines Produktes im Zeitablauf soll durch die Funktionsgleichung $a(t) = -0,2\,t^3 + 1,5\,t^2$ mit $D_{ök}(a) = [0;\,7,5]$ dargestellt werden. Dabei ist a der monatliche Absatz (in ME/Monat) und t die Zeit (in Monaten) seit der Einführung des Produktes auf dem Markt. Die nebenstehende Abbildung zeigt den Graphen der Produktlebenszyklusfunktion.

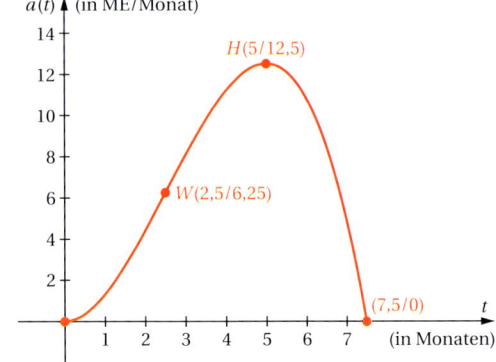

a) Interpretieren Sie die Koordinaten des Hochpunktes des Graphen.

Berechnen Sie die Maßzahl der Fläche zwischen dem Funktionsgraphen und der Abszissenachse über dem Intervall

b) $[0;\,3]$ c) $[2;\,5]$ d) $[0;\,7,5]$ e) $[6;\,7,5]$

mit dem bestimmten Integral algebraisch und kontrollieren Sie Ihr Ergebnis mit dem Taschenrechner.

Interpretieren Sie die jeweils berechnete Flächenmaßzahl anwendungsbezogen.

2   Für die Darstellung des Lebenszyklus' eines Produktes im Zeitablauf soll die Gleichung $a(t) = -0,2\,t^3 + 1,8\,t^2$ mit $D_{ök}(a) = [0;\,9]$ verwendet werden. Dabei ist a der jährliche Absatz (in ME/Jahr) und t die Zeit (in Jahren) seit der Einführung des Produktes auf dem Markt. Der Graph ist nebenstehend abgebildet.

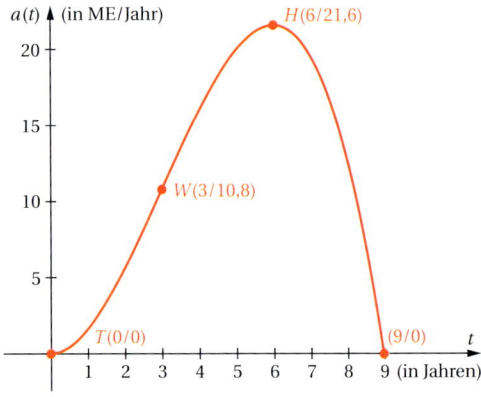

a) Interpretieren Sie die Koordinaten des Wendepunktes anwendungsbezogen.

Berechnen Sie mit dem bestimmten Integral algebraisch, welcher Absatz mit dem Produkt

b) in den ersten 3 Jahren nach seiner Einführung,

c) insgesamt,

d) im letzten Jahr vor dem Ausscheiden aus dem Markt erreicht werden kann.

Kontrollieren Sie Ihre Ergebnisse mit dem Taschenrechner.

3 Die Gleichung $u(t) = -0,1\,t^3 + 2,1\,t^2$

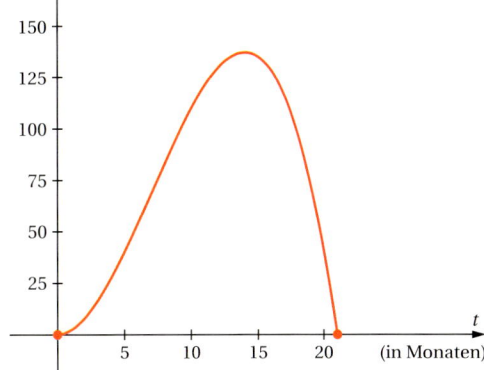

mit $D_{\text{ök}}(u) = [0;\,21]$ beschreibt einen Produktlebenszyklus. Dabei ist u der monatliche Umsatz (in GE/Monat) und t die Zeit (in Monaten) seit der Einführung des Produktes auf dem Markt. Der Graph ist nebenstehend abgebildet.

Berechnen Sie, welcher Umsatz mit dem Produkt

a) in den ersten 10 Jahren nach seiner Einführung,

b) insgesamt,

c) vom Beginn des 5. bis zum Ende des 10. Monats

erreicht werden kann.

d) Berechnen Sie, bis zu welchem Zeitpunkt ab Einführung des Produktes insgesamt ein Umsatz in Höhe von 1600 GE erreicht wird.

4 Die Gleichung $a(t) = -0,01\,t^4 + 0,2\,t^3$ mit $D_{\text{ök}}(a) = [0;\,20]$ beschreibt den Lebenszyklus eines Produktes. a ist der monatliche Absatz (in ME/Monat) und t die Zeit (in Monaten) seit der Einführung des Produktes auf dem Markt.

Berechnen Sie, welcher Absatz mit dem Produkt

a) in den ersten 5 Jahren,

b) insgesamt,

c) in den letzten 5 Jahren

erreicht werden kann.

d) Berechnen Sie, bis zu welchem Zeitpunkt ab Einführung des Produktes insgesamt ein Umsatz in Höhe von 300 GE erreicht wird.

5 Die Gleichung $u(t) = 0,1\,t(t-9)^2$ mit $D_{\text{ök}}(u) = [0;\,9]$ beschreibt den Jahresumsatz (in GE/Jahr) mit einem Produkt, seitdem es auf dem Markt ist $(t = 0)$.

Bestimmen Sie den Gesamtumsatz mit dem Produkt bis zu dem Zeitpunkt, zu dem der Jahresumsatz

a) am größten ist,

b) am stärksten abnimmt.

c) Bestimmen Sie den Gesamtumsatz, der mit diesem Produkt im Verlaufe seines Lebenszyklus' erwirtschaftet werden kann.

6 Der jährliche Gewinn g eines Betriebes (in GE/Jahr) mit einem Produkt seit seiner Einführung auf dem Markt zum Zeitpunkt $t = 0$ kann für die ersten 14 Jahre mit der Funktionsgleichung $g(t) = 0{,}1\,t^4 - 2{,}5\,t^3 + 16{,}2\,t^2 - 9{,}2\,t - 28;$

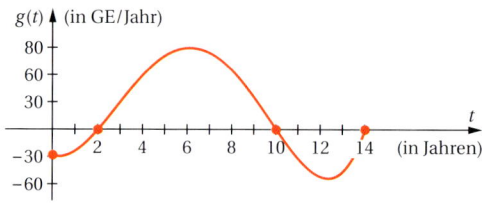

$D_{\text{ök}}(g) = [0; 14]$ dargestellt werden. Der Graph ist oben abgebildet. Vor der Einführung des Produktes sind bereits Entwicklungskosten in Höhe von 200 GE angefallen.

Berechnen Sie mithilfe des bestimmten Integrals die Gewinne, die

a) in den ersten 2 Jahren nach der Produkteinführung,

b) in den Jahren 3 bis 10 nach der Produkteinführung,

c) in den letzten 4 Jahren

erwirtschaftet wurden.

d) Bestimmen Sie mithilfe des bestimmten Integrals den Gewinn, den der Betrieb mit dem Produkt in den ersten 14 Jahren seit der Produkteinführung auf dem Markt erwirtschaftet hat.

e) Geben Sie den Gesamtgewinn des Betriebes mit dem Produkt einschließlich der Entwicklungskosten bis zum Ende des 14. Jahres an.

7 Ein Betrieb hat mit einem Produkt bis zum Beginn dieses Jahres einen Gesamtgewinn in Höhe von 2 000 GE erwirtschaftet. Seit Beginn dieses Jahres sind die Gewinne (in GE/ZE) stark rückläufig. Eine Unternehmensberatung soll für Abhilfe sorgen. Diese schlägt für einen genau definierten Zeitraum Marketingmaßnahmen vor, die den Gesamtgewinn steigern sollen. Die Unternehmensberatung prognostiziert den Gewinn je Zeiteinheit ab Beginn dieses Jahres bis zum Ausscheiden des Produktes aus dem Markt nach 18 Zeiteinheiten mit der Funktionsgleichung $g(t) = -0{,}2\,t^4 + 6{,}6\,t^3 - 57{,}6\,t^2 + 21{,}6\,t - 777{,}6$ (g in GE/ZE, t in ZE).

Ermitteln Sie mithilfe des bestimmten Integrals die Höhe

a) des Gesamtgewinns bis zu dem Zeitpunkt, zu dem die Gewinne je Zeiteinheit negativ werden,

b) des kumulierten Verlustes für den Zeitraum, in dem die Gewinne je Zeiteinheit negativ sind.

c) des Gesamtgewinns in den letzten 6 Jahren, in denen das Produkt auf dem Markt ist und

d) veranschaulichen Sie Ihre Ergebnisse in einer Grafik.

e) Bestimmen Sie mithilfe des bestimmten Integrals den Gesamtgewinn, den der Betrieb mit dem Produkt seit Jahresbeginn bis zum Ende der 18. Zeiteinheit macht.

f) Geben Sie den Gesamtgewinn des Betriebes mit dem Produkt seit seiner Einführung auf dem Markt bis zum Ende der 18. Zeiteinheit an.

8 Die Gleichung $K'(x) = 0{,}12\,x^2 - 2\,x + 10$ beschreibt die Grenzkosten eines Betriebes bei der Herstellung eines Produktes. Die Kapazitätsgrenze des Betriebes beträgt 20 ME. Die Fixkosten betragen 3 GE. Der Graph von K' ist nebenstehend abgebildet.

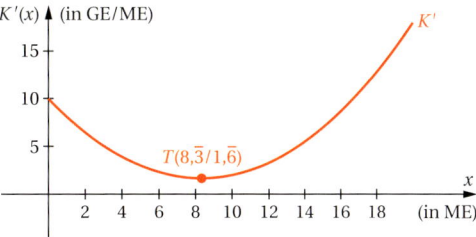

a) Interpretieren Sie die Koordinaten des abgebildeten Tiefpunktes.

b) Bestimmen Sie die Maßzahl der Fläche zwischen dem Graphen von K' und der x-Achse über dem Intervall [0; 20] und interpretieren Sie den berechneten Wert.

c) Bestimmen Sie die Maßzahl der Fläche zwischen dem Graphen von K' und der x-Achse über dem Intervall [4; 10] und interpretieren Sie den berechneten Wert.

d) Berechnen Sie die Gesamtkosten, wenn 15 ME produziert werden.

9 Bei der Herstellung eines Produktes werden die anfallenden Grenzkosten mit der Gleichung $K'(x) = 0{,}6\,x^2 - 2\,x + 2$ beschrieben. Die Kapazitätsgrenze des Betriebs beträgt 5 ME. Die Fixkosten bei der Produktion betragen 1 GE. Der Graph der Grenzkostenfunktion ist nebenstehend abgebildet.

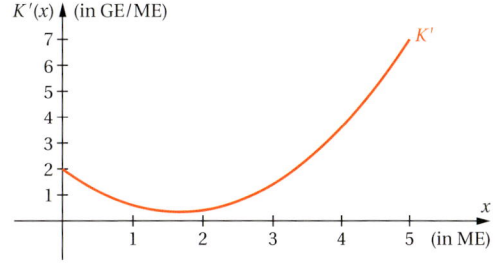

a) Skizzieren Sie den Graphen der Gesamtkostenfunktion zu dem Graphen der Grenzkostenfunktion.

b) Bestimmen Sie mithilfe des bestimmten Integrals die Gesamtkosten bei der Herstellung des Produktes, wenn 4 ME produziert werden. Stellen Sie das Ergebnis des bestimmten Integrals in der Grafik als Fläche dar.

c) Bestimmen Sie mithilfe des bestimmten Integrals die Gesamtkosten, wenn an der Kapazitätsgrenze produziert wird.

d) Berechnen Sie die Zunahme der Gesamtkosten, wenn die Produktionsmenge von 2 ME auf 4 ME ausgedehnt wird.

10 Der Saldo f der monatlichen Ein- und Auszahlungen des abgelaufenen Geschäftsjahres auf ein Konto (in Tsd. €/Monat) kann mit der Gleichung $f(x) = -x^3 + 18\,x^2 - 77\,x + 60$; $D_{ök}(f) = [0; 12]$ dargestellt werden. Dabei wird x in Monaten angegeben.

a) Skizzieren Sie den Graphen und berechnen und interpretieren Sie die Maßzahlen der orientierten Teilflächen zwischen dem Graphen und der x-Achse über dem Intervall [0; 12].

b) Ermitteln Sie den Kontostand zum Ende des Geschäftsjahres, wenn er zu Beginn des Geschäftsjahres 100 000,00 € betrug.

11 Die jährlichen Investitionen in ein Projekt und die jährlichen Desinvestitionen aus diesem Projekt (in 1 000,00 €/Jahr) in den vergangenen 6 Jahren beschreibt die Gleichung $f(x) = x^3 - 9x^2 - 4x + 96$; $D_{ök}(f) = [0; 6]$.

a) Skizzieren Sie den Graphen. Berechnen und interpretieren Sie die orientierten Maßzahlen der Teilflächen zwischen dem Graphen und der x-Achse über dem Intervall [0; 6].

Berechnen und interpretieren Sie:

b) $\displaystyle\int_0^6 f(x)\,dx$

c) $\displaystyle\int_2^4 f(x)\,dx$

12 Das Problem der Speicherung überschüssiger elektrischer Energie durch Windenergieanlagen bei starkem Wind oder durch Fotovoltaikanlagen bei starker Sonneneinstrahlung kann durch Pumpspeicherwerke gelöst werden. In Zeiten der Überproduktion von Energie wird Wasser mit der überschüssigen Energie in ein höheres Becken gepumpt. In Zeiten fehlender Energie wird das Wasser dann aus dem höher gelegenen Becken durch Turbinen abgelassen. Dabei wird Strom erzeugt, der ins Netz eingespeist wird. Die Zuflussgeschwindigkeit (in Tsd. m^3/Tag) in das obere Becken kann mit der Gleichung $f(x) = x^3 - 38x^2 + 295x + 750$; $D_{ök}(f) = [0; 30]$ beschrieben werden.

a) Skizzieren Sie den Graphen der Zuflussgeschwindigkeit und interpretieren Sie die Koordinaten der lokalen Extrempunkte.

b) Bestimmen Sie die orientierten Maßzahlen der Teilflächen zwischen dem Graphen und der x-Achse über dem Intervall [0; 30] und interpretieren Sie diese.

c) Berechnen Sie die Wassermenge, die sich zum Monatsende im oberen Becken befindet, wenn dort zu Monatsbeginn 10 Mio. m^3 gemessen wurden.

eA 2.5 Vertiefungen der Integralrechnung

eA 2.5.1 Integralfunktion

Wenn der Graph einer Funktion nur oberhalb (oder auf) der Abszissenachse verläuft, dann wird mit dem Integral $\int_a^b f(t)\,dt$ die tatsächliche Maßzahl der Fläche I zwischen dem Graphen von f und der Abszissenachse zwischen den Integrationsgrenzen a und b bestimmt. Wenn der Graph unterhalb *und* oberhalb der Abszissenachse verläuft, dann gibt das Integral $\int_a^b f(t)\,dt$ die **Flächenbilanz** an.

Wenn man nun die obere Grenze b des Integrals durch eine Variable ersetzt, z. B. x, dann wird durch das Integral $\int_a^x f(t)\,dt$ die Fläche oder die Flächenbilanz von a bis zu einer beliebigen variablen Grenze x berechnet. Die Fläche oder die Flächenbilanz ist dann abhängig von x, es liegt also eine Funktion vor, die **Integralfunktion**.

$$I_a(x) = \int_a^x f(t)\,dt = \left[F(t)\right]_a^x = F(x) - F(a)$$

Integralfunktion

Situation 1

Der jährliche Gewinn eines Betriebs mit einem Produkt (in GE/Jahr) kann mit der Gleichung $g(t) = -0,1\,t^3 + 0,9\,t^2 - 2,4\,t + 4$ dargestellt werden. Dabei ist t die Zeit in Jahren, $t = 0$ ist der Beginn dieses Kalenderjahres. Das Produkt wird nach 8,33 Jahren vom Markt genommen. Der Graph der Jahresgewinnfunktion ist nebenstehend abgebildet.

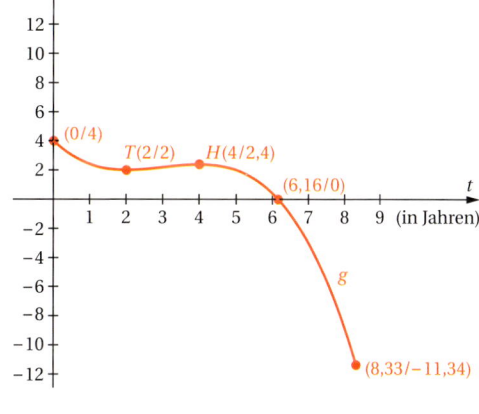

a) Interpretieren Sie den Verlauf des Graphen für $D_{\text{ök}}(g)$.

b) Ermitteln Sie algebraisch die Gleichung der Integralfunktion G_0, die den kumulierten Gesamtgewinn des Betriebes (in GE) im Zeitablauf von $t = 0$ bis zu einem beliebigen Zeitpunkt $t = x$ beschreibt. Skizzieren Sie den Graphen der Funktion G_0 mit dem Graphen von g in ein gemeinsames Koordinatensystem. Erläutern Sie die wesentlichen Zusammenhänge zwischen den Graphen.

c) Bestimmen Sie die Gleichung der Integralfunktion G_1, die den kumulierten Ge-
   samtgewinn des Betriebes im Zeitablauf ab Beginn des kommenden Jahres bis
   zu einem beliebigen Zeitpunkt $t = x$ beschreibt. Skizzieren Sie den Graphen der
   Funktion G_1 mit dem Graphen von g in ein gemeinsames Koordinatensystem.
   Kontrollieren Sie Ihr Ergebnis mit dem Taschenrechner. Erläutern Sie die wesentlichen
   Unterschiede zum Graphen von G_0 aus Teilaufgabe b).

d) Ermitteln Sie den Zeitpunkt, zu dem der kumulierte Gesamtgewinn, gerechnet ab Beginn des kommenden Kalenderjahres, 1 GE beträgt.

Lösung

a) $D_{ök}(g) = [0; 8{,}33]$

   Zu Beginn dieses Kalenderjahres betrug der jährliche Gewinn 4 GE/Jahr. Die folgenden
   2 Jahre sinkt der jährliche Gewinn und erreicht nach 2 Jahren mit 2 GE/Jahr ein (lokales)
   Minimum. Die folgenden 2 Jahre steigt der jährliche Gewinn wieder und erreicht nach
   4 Jahren (ab Beginn dieses Kalenderjahres) ein lokales Maximum mit 2,4 GE/Jahr. Dann
   fällt der jährliche Gewinn auf 0 GE/Jahr nach 6,16 Jahren und wird danach sogar negativ.
   Nach 8,33 Jahren beträgt der jährliche Verlust 11,34 GE/Jahr.

b) **Gleichung der Integralfunktion:**

   Der kumulierte Gesamtgewinn von $t = 0$ bis zu einem beliebigen Zeitpunkt x entspricht
   der Bilanz der Flächen zwischen dem Graphen von g und der Abszissenachse von $t = 0$
   bis $t = x$. Dieser Gewinn wird berechnet mit:

   $$G_0(x) = \int_0^x g(t)\,dt$$

   $$G_0(x) = \int_0^x \left(-0{,}1\,t^3 + 0{,}9\,t^2 - 2{,}4\,t + 4\right)dt$$

   $$G_0(x) = \left[-0{,}025\,t^4 + 0{,}3\,t^3 - 1{,}2\,t^2 + 4\,t\right]_0^x$$

   $$G_0(x) = \left(-0{,}025\,x^4 + 0{,}3\,x^3 - 1{,}2\,x^2 + 4\,x\right) - 0$$

   $$\underline{\underline{G_0(x) = -0{,}025\,x^4 + 0{,}3\,x^3 - 1{,}2\,x^2 + 4\,x}}$$

Graph: s. Abb.

Zusammenhänge: Solange der jährliche
Gewinn positiv ist, steigt der kumulierte
Gesamtgewinn. Nach 6,16 Jahren ist der
jährliche Gewinn 0, der Gesamtgewinn
erreicht sein Maximum (= 13,23 GE).
Danach ist der jährliche Gewinn negativ,
die Flächenbilanz verringert sich und
dadurch auch der Gesamtgewinn. Er
bleibt aber immer positiv.

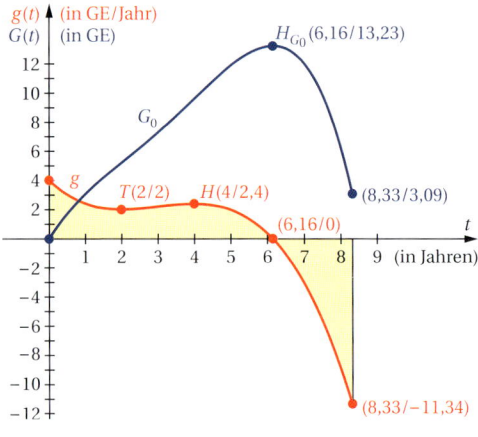

c) Der kumulierte Gesamtgewinn von $t = 1$ bis zu einem beliebigen Zeitpunkt x entspricht der Bilanz der Flächen zwischen dem Graphen von g und der Abszissenachse von $t = 1$ bis $t = x$:

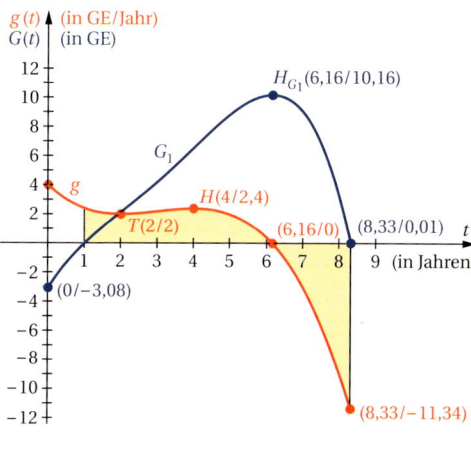

$$G_1(x) = \int_1^x g(t)\,dt$$

$$G_1(x) = \int_1^x \left(-0,1\,t^3 + 0,9\,t^2 - 2,4\,t + 4\right) dt$$

$$G_1(x) = \left[-0,025\,t^4 + 0,3\,t^3 - 1,2\,t^2 + 4\,t\right]_1^x$$

$$G_1(x) = \left(-0,025\,x^4 + 0,3\,x^3 - 1,2\,x^2 + 4\,x\right)$$
$$\qquad - (-0,025 + 0,3 - 1,2 + 4)$$

$$G_1(x) = \left(-0,025\,x^4 + 0,3\,x^3 - 1,2\,x^2 + 4\,x\right) - (3,075)$$

$$\underline{\underline{G_1(x) = -0,025\,x^4 + 0,3\,x^3 - 1,2\,x^2 + 4\,x - 3,075}}$$

Graph der Integralfunktion mit dem Taschenrechner

Eingabe des gegebenen Funktionsterms im Y-Editor bei Y1	Plot1 Plot2 Plot3 \Y1🔳-0.1X³+0.9X²▸ \Y2= \Y3= \Y4= \Y5= \Y6=
Im Y-Editor wird bei Y2 mit $\boxed{\text{MATH}}$, Math, 9:fnInt der Integrationsbefehl eingegeben.	**MATH** NUM CPX PRB 3↑³ 4:³√(5:ˣ√ 6:fMin(7:fMax(8:nDeriv(9🔳fnInt(
Die untere Integrationsgrenze entsprechend der Aufgabenstellung eingeben, für die obere Integrationsgrenze x wählen. Als Integrand kann mit $\boxed{\text{ALPHA}}$, $\boxed{\text{F4}}$, Y1 auf den Term bei Y1 verwiesen werden. Alternativ kann auch der gegebene Term als Integrand ausführlich eingegeben werden.	Plot1 Plot2 Plot3 \Y1🔳-0.1X³+0.9X²▸ \Y2🔳∫ₓ⟨Y1⟩dX \Y3= \Y4= \Y5=
Sinnvolle WINDOW-Einstellungen festlegen.	WINDOW Xmin=-2 Xmax=10 Xscl=2 Ymin=-12 Ymax=14 Yscl=2 ↓Xres=1
Graph der Produktlebenszyklusfunktion und der Integralfunktion anzeigen lassen. Achtung: Für das Zeichnen der Integralfunktion braucht der Taschenrechner viel Zeit.	

Der Graph von G_1 ist gegenüber dem Graphen von G_0 aus Teilaufgabe b) um 3,075 Einheiten nach unten verschoben. 3,075 ist die Maßzahl der Fläche zwischen dem Graphen von g und der Abszissenachse zwischen $t = 0$ und $t = 1$, also das Integral $\int_0^1 g(t)\,dt$. Der Gesamtumsatz ist zu jedem Zeitpunkt um 3,075 GE (= Gewinn des 1. Jahres) geringer, als wenn man ihn ab dem Zeitpunkt $t = 0$ berechnet hätte.

Nach 8,33 Jahren beträgt der Gesamtgewinn 0 GE, weil der anfänglich positive Gewinn ab dem Zeitpunkt $t = 6,16$ von den folgenden Verlusten aufgezehrt wird.

d) $G_1(x) = \int_1^x g(t)\,dt = 1$

$\int_1^x (-0,1\,t^3 + 0,9\,t^2 - 2,4\,t + 4)\,dt = 1$

$[-0,025\,t^4 + 0,3\,t^3 - 1,2\,t^2 + 4\,t]_1^x = 1$

$-0,025\,x^4 - 0,3\,x^3 - 1,2\,x^2 + 4\,x - 3,075 = 1$

Mit dem Taschenrechner (2ND , [CALC], 5:intersect):

$x_1 = 1,45$, also 0,45 Jahre nach Beginn des kommenden Kalenderjahres.

$x_2 = 8,24$, also 7,24 Jahre nach Beginn des kommenden Kalenderjahres.

Demnach gibt es zwei Zeitpunkte, zu denen der kumulierte Gesamtgewinn 1 GE beträgt.

Bei einer Integralfunktion $I_a(x) = \int_a^x f(t)\,dt = [F(t)]_a^x = F(x) - F(a)$ fällt beim Differenzieren $F(a)$ weg, da es eine Zahl ohne Variable ist. Es gilt daher: Die Ableitung der Integralfunktion ist die Funktion, die im Integral steht. Das heißt, es ist: $I_a'(x) = F'(x) = f(x)$. Die Integralfunktion ist also eine Stammfunktion von f. Umgekehrt gilt das nicht, nicht jede Stammfunktion von f ist eine Integralfunktion.

- Das bestimmte Integral $\int_a^b f(x)\,dx$ gibt die Flächenbilanz zwischen Funktionsgraph und Abszissenachse im Intervall $[a; b]$ an. Diese Flächenbilanz kann auch als Bestand interpretiert werden.
- Mithilfe der Stammfunktion kann das bestimmte Integral berechnet werden. Für die Stammfunktion gilt: $F'(x) = f(x)$
- Die Integralfunktion $I_a(x) = \int_a^x f(t)\,dt$ gibt die Flächenbilanz zwischen Funktionsgraph und Abszissenachse von a bis zu einer beliebigen Grenze x funktional an. Diese Flächenbilanz kann auch als Bestand interpretiert werden. Für die Integralfunktion gilt: $I_a'(x) = f(x)$

Zusammenfassung

- Eine **Integralfunktion** $I_a(x) = \int\limits_a^x f(t)\,dt$ ordnet jeder oberen Integrationsgrenze x die Maß-zahl der Fläche I oder der Flächenbilanz von a bis x zu.

- $I_a(x) = \int\limits_a^x f(t)\,dt = [F(t)]_a^x = F(x) - F(a)$

- Da $F(a)$ eine Zahl ohne Variable ist, die beim Differenzieren wegfällt, gilt:
  Die Ableitung der Integralfunktion ist die Funktion, die im Integral steht: $I_a'(x) = f(x)$

Übungsaufgaben

1 Die Gleichung

$g(t) = 0,25\,t^3 - 2,25\,t^2 + 6\,t - 5;$

$D_{\text{ök}}(g) = [0;\,7]$ gibt den jährlichen Ge-winn eines Betriebs mit einem seiner Produkte in GE/Jahr an. Dabei ist t die Zeit in Jahren, $t = 0$ ist der Zeitpunkt der Produkteinführung auf dem Markt. Der Graph der Jahresgewinnfunktion ist nebenstehend abgebildet.

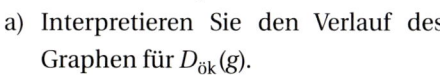

a) Interpretieren Sie den Verlauf des Graphen für $D_{\text{ök}}(g)$.

b) Ermitteln Sie die Gleichung der In-tegralfunktion G_0 und berechnen Sie $G_0(7)$. Interpretieren Sie das Ergebnis mathematisch und anwendungsbezogen.

c) Bestimmen Sie die Gleichung der Integralfunktion G_2, und berechnen Sie $G_2(5)$ und $G_2(7)$ und interpretieren Sie die Ergebnisse mathematisch und anwendungsbezogen.

Berechnen Sie, ab welchem Zeitpunkt der kumulierte Gewinn positiv wird,

d) gerechnet seit der Produkteinführung,

e) gerechnet nach Ablauf des 2. Jahres ab Produkteinführung.

2 Die Produktlebenszyklusfunktion mit

$u(t) = t^4 - 20\,t^3 + 100\,t^2;\quad D_{\text{ök}}(u) = [0;\,10]$

beschreibt den jährlichen Umsatz u ei-nes Produktes im Zeitablauf t in Jahren seit der Produkteinführung. Der Graph der Funktion ist nebenstehend abgebil-det.

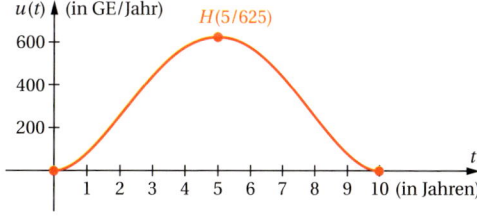

a) Bestimmen Sie die zugehörige Integralfunktion.

Berechnen Sie

b) $U_0(1)$,

c) $U_0(10)$,

d) $U_1(3)$,

e) $U_1(10)$

und interpretieren Sie die Ergebnisse.

f) 5 Jahre nach der Produkteinführung ist der jährliche Umsatz mit dem Produkt maximal. Berechnen Sie mit der Integralfunktion, wie lange das Produkt noch auf dem
Markt bleiben sollte, wenn der Gesamtgewinn ab diesem Zeitpunkt 1 000 GE nicht
unterschreiten soll.

3   In der Abbildung sind die Rückflüsse r
aus einer Investition in ein Projekt dargestellt.

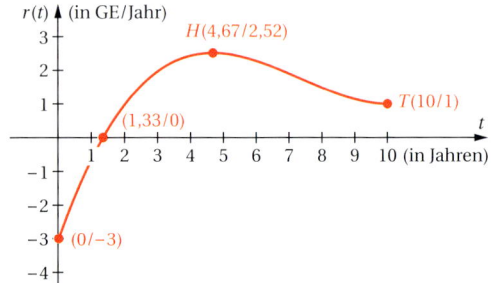

a) Geben Sie die Integralfunktion an,
die das insgesamt zurückgeflossene
Kapital aus dem Projekt bis zu einem
beliebigen Zeitpunkt angibt.

Berechnen Sie,

b) welcher Betrag insgesamt in den ersten 10 Jahren in das Unternehmen zurückfließt,

c) welcher Betrag vom Beginn des fünften bis zum Ende des zehnten Jahres seit Investitionsbeginn in das Unternehmen zurückfließt,

d) ab wann das Projekt für den Investor Gewinne abwirft.

4   Die geplanten Investitionen pro Jahr in einer Volkswirtschaft können für einen begrenzten Zeitraum beschrieben werden durch die Funktion i mit $i(x) = 0{,}1\,x^2$. Dabei wird x in
Jahren seit Beginn des Investitionsprogramms und i in Mrd. €/Jahr angegeben.

a) Geben Sie an, welche Integralfunktion die Summe der insgesamt getätigten Investitionen in dieser Volkswirtschaft im Zeitablauf beschreibt.

b) Berechnen Sie die Investitionssumme im 1. Jahr, im 2. Jahr und in den ersten 2 Jahren.

c) Berechnen Sie, wie lange die Investitionstätigkeit andauern muss, bis insgesamt
2 Mrd. € investiert worden sind.

5   Für ein Warenlager kann die Lagerentnahme e in 1 000 Stück je Woche beschrieben werden: $e(t) = 20 + 4\,t$. Dabei ist $t = 0$ der Jahresbeginn, t wird in Wochen angegeben.

a) Geben Sie die Integralfunktion an, die die dem Lager insgesamt entnommene
Warenmenge zu einem beliebigen Zeitpunkt beschreibt. Ermitteln Sie mithilfe der
Integralfunktion die Warenmenge, die dem Lager bis zum Ende der vierten Woche
entnommen worden ist.

b) Ermitteln Sie die Gleichung der Lagerbestandsfunktion $B(t)$, wenn zu Jahresbeginn
400 000 Stück vorrätig waren. Bestimmen Sie den Lagerbestand zum Ende der sechsten Woche. Berechnen Sie, wann das Lager geleert ist.

6 Bei einer Grippeepidemie lässt sich die Zahl der neu Erkrankten je Woche (k) im Zeitablauf t (in Wochen seit Ausbruch der Krankheit bei $t = 0$) mit der Funktionsgleichung $k(t) = 0{,}04\,t^4 - 1{,}25\,t^3 + 9\,t^2$; $D_{\text{sinnvoll}}(k) = [0;\ 11{,}25]$ beschreiben.
Berechnen Sie mithilfe der passenden Integralfunktion

    a) wie viele Menschen in den ersten 4 Wochen dieser Grippeepidemie insgesamt erkrankt waren;

    b) wie viele Menschen in der vierten bis einschließlich der achten Woche an der Grippe erkrankt waren;

    c) wie viele Menschen insgesamt von dieser Grippeepidemie betroffen waren;

    d) zu welchem Zeitpunkt die Zahl von insgesamt 500 Erkrankten überschritten worden ist.

7 Der Produktlebenszyklus des VW-Käfers kann näherungsweise durch die Funktion a mit $a(t) = 1{,}5\,t^4 - 177\,t^3 + 5\,221{,}5\,t^2$ beschrieben werden. Dabei wird der Jahresabsatz a (in Stück pro Jahr) der Zeit t (in Jahren) seit der Produkteinführung zugeordnet. $t = 0$ entspricht in diesem Modell dem Jahresbeginn 1945, 00:00 Uhr.
Berechnen Sie mithilfe einer Integralfunktion u,

    a) wie viele VW-Käfer bis einschließlich 1964 produziert wurden;

    b) wie viele VW-Käfer insgesamt produziert wurden;

    c) wie viele VW-Käfer in den letzten 10 Jahren vor Marktaustritt produziert wurden;

    d) in welchem Jahr der 10-millionste VW-Käfer verkauft worden war.

8 Bestimmen Sie die Integralfunktion von f mit der unteren Grenze a und interpretieren Sie ihren Aussagegehalt geometrisch.

    a) $f(t) = t^2 + t$; $a = 2$ b) $f(t) = t^3 + 2\,t^2$; $a = \dfrac{1}{2}$

    c) $f(t) = \dfrac{1}{4}t^3 + 2\,t$; $a = 2$ d) $f(t) = \dfrac{1}{3}t^4 + 2\,t^2$; $a = 1$

9 Bestimmen Sie die Nullstellen der angegebenen Funktion. Erläutern Sie, wie die Nullstellen geometrisch zu interpretieren sind.

    a) $I_a(x) = \displaystyle\int_{1}^{x} 3\,t\,\mathrm{d}t$ b) $I_a(x) = \displaystyle\int_{2}^{x} (2 + t)\,\mathrm{d}t$

    c) $I_a(x) = \displaystyle\int_{-2}^{x} \left(-\dfrac{1}{2}t + 1\right)\mathrm{d}t$ d) $I_a(x) = \displaystyle\int_{-1}^{x} 2\,t^3\,\mathrm{d}t$

eA 2.5.2   Uneigentliche Integrale

Gelegentlich ist es von Bedeutung Flächen zu berechnen, die „ins Unendliche" reichen, weil sich der Graph asymptotisch einer Achse nähert (s. Abb.). Dies kann z. B. der Fall sein, wenn zur Modellbildung Hyperbeln verwendet werden. Aber auch bei anderen Funktionsklassen nähern sich die Graphen den Achsen asymptotisch, z. B. bei den Exponentialfunktionen. In der Abbildung ist zu erkennen, dass

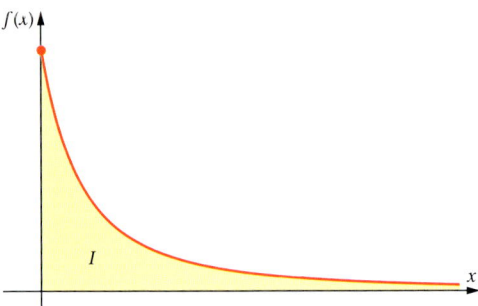

sich der Graph für $x \to \infty$ asymptotisch der x-Achse nähert. Die Fläche zwischen dem Graphen und der Abszissenachse reicht also in x-Richtung ins Unendliche.

Mit den folgenden Situationen wollen wir zeigen, wie man die Maßzahl solcher ins Unendliche reichenden Flächen berechnen kann.

Integration über ein unbeschränktes Intervall

Situation 2

In nebenstehender Abbildung ist der Graph der Funktion f mit $f(x) = \dfrac{1}{x^2}$ mit einer ins Unendliche reichenden Fläche abgebildet.

a) Bestimmen Sie die Maßzahl der Fläche zwischen dem Funktionsgraphen und der x-Achse über dem Intervall $[1; \infty)$ und erläutern Sie Ihr Ergebnis.

b) Kontrollieren Sie das Ergebnis aus Teilaufgabe a) mit dem Taschenrechner.

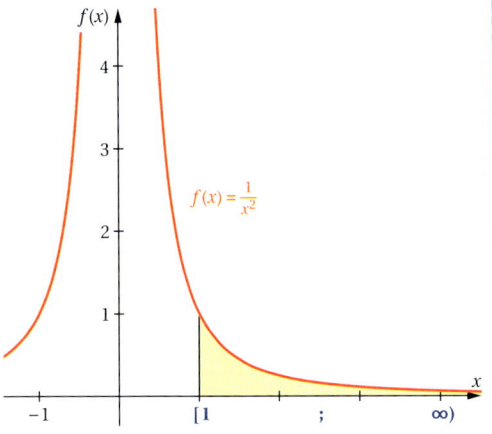

Lösung

a) Ansatz: $\int\limits_1^\infty \frac{1}{x^2}\,dx$

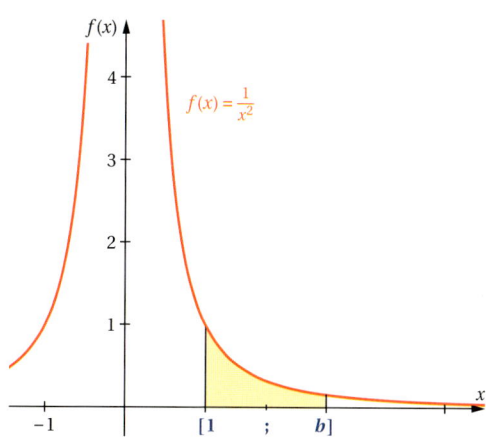

Dieses Integral kann nicht direkt berechnet werden, weil die obere Integrationsgrenze keine Zahl ist. Wir wenden zur Lösung einen kleinen „Trick" an, indem wir ∞ durch eine beliebige Zahl b ersetzen (s. Abb.).

$$I = \int\limits_1^b \frac{1}{x^2}\,dx$$

Berechnung des Integrals:

$$I = \int\limits_1^b x^{-2}\,dx = \left[-1 \cdot x^{-1}\right]_1^b = \left[-\frac{1}{x}\right]_1^b$$

$$= -\frac{1}{b} - (-1) = \underline{1 - \frac{1}{b}}$$

Wenn wir nun in diesem Term b mithilfe einer Grenzwertbetrachtung gegen ∞ streben lassen, erhalten wir die gesuchte Flächenmaßzahl.

$$I = \lim_{b \to \infty}\left(1 - \frac{1}{b}\right) = 1 - \frac{1}{\text{„}\infty\text{"}} = 1 - 0 = \underline{\underline{1}}$$

Alles in einer Rechnung zusammengefasst:

$$I = \int\limits_1^\infty \frac{1}{x^2}\,dx = \lim_{b \to \infty}\int\limits_1^b \frac{1}{x^2}\,dx = \lim_{b \to \infty}\left[-\frac{1}{x}\right]_1^b = \lim_{b \to \infty}\left(1 - \frac{1}{b}\right) = 1 - \frac{1}{\text{„}\infty\text{"}} = 1 - 0 = \underline{\underline{1}}$$

Erläuterung des Ergebnisses: Die ins Unendliche reichende Fläche zwischen dem Funktionsgraphen und der x-Achse über dem Intervall $[1; \infty)$ hat also erstaunlicherweise die Flächenmaßzahl 1.

Der Flächeninhalt ist endlich, obwohl die Randkurve unendlich lang ist.

Zur Veranschaulichung: Man könnte die oben berechnete Fläche mit einer begrenzten Menge Farbe vollständig anmalen. Für die Umrandung dagegen bräuchte man unendlich viel Farbe.

b) Der Taschenrechner kann keine uneigentlichen Integrale berechnen, weil weder die Eingabe von ∞ als obere Integrationsgrenze noch eine Grenzwertbetrachtung möglich ist. Man kann die Grenzwertbetrachtung aber „simulieren", indem man für die obere Integrationsgrenze große und immer größer werdende Zahlen eingibt und die Entwicklung der Ergebnisse beobachtet:

Mit MATH , MATH, 9:fnInt(den Integrationsbefehl im normalen Algebra-Fenster aufrufen.	████ NUM CPX PRB 3↑3 4:3√(5:ˣ√ 6:fMin(7:fMax(8:nDeriv(█:fnInt(
Dann entsprechend der Abb. die untere Integrationsgrenze 1 eingeben, für die obere Integrationsgrenze eine große Zahl, z. B. 1 000, wählen, der Integrand ist der Funktionsterm $\frac{1}{x^2}$ und die Integrationsvariable ist x. Das Taschenrechnerergebnis kommt dem algebraischen Ergebnis auf 3 Nachkommastellen schon recht nahe.	$\int_1^{1000}(1/x^2)dx$ .999
Die Genauigkeit des Ergebnisses kann erhöht werden, indem als obere Integrationsgrenze eine größere Zahl gewählt wird, z. B. $b = 1\,000\,000$. Damit wir nicht jedes Mal die ganze Eingabe wiederholt werden muss, wird die letzte Eingabe mit 2ND , [ENTRY] aufgerufen, der Cursor auf die obere Integrationsgrenze gesetzt und diese verändert.	$\int_1^{1000000}(1/x^2)dx$ .999999
Dieser Vorgang kann mit immer größer werdenden oberen Integrationsgrenzen, z. B. $b = 10\,000\,000$ wiederholt werden. Die obere Integrationsgrenze darf allerdings nicht zu groß sein, weil der Taschenrechner dann an seine Grenzen stößt und unsinnige Ergebnisse auswirft.	$\int_1^{10000000}(1/x^2)dx$ .9999999

Wenn die Maßzahl einer „ins Unendliche" reichenden Fläche mithilfe einer Grenzwertbetrachtung als Grenzwert g bestimmt werden kann, dann existiert ein **uneigentliches Integral**.

Da die Flächen auch in negative x-Richtung ins Unendliche reichen können (s. Abbildungen zur Situation 2), schreiben wir:

$$\int_a^{\infty} f(x)\,dx = \lim_{b \to \infty} \int_a^b f(x)\,dx = g \qquad \text{oder:} \qquad \int_{-\infty}^b f(x)\,dx = \lim_{a \to -\infty} \int_a^b f(x)\,dx = g$$

uneigentliches Integral bei unbeschränktem Integrationsintervall

Die folgende Situation soll zeigen, dass das uneigentliche Integral nicht immer existiert.

Situation 3

Berechnen Sie die Maßzahl der Fläche zwischen dem Graphen der Funktion f mit $\frac{1}{\sqrt{x}}$ und der x-Achse in dem Intervall $[1; \infty)$.

Lösung

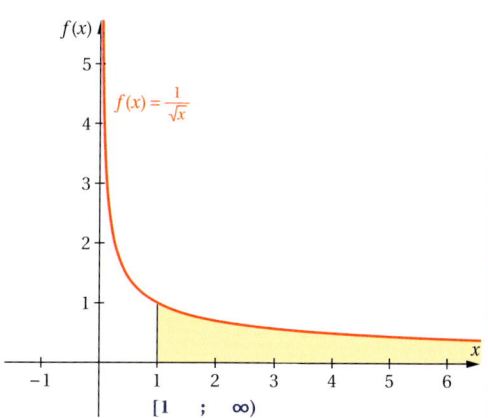

$$I = \int_1^\infty \frac{1}{\sqrt{x}}\,dx = \lim_{b \to \infty} \int_1^b \frac{1}{\sqrt{x}}\,dx = \lim_{b \to \infty} \int_1^b x^{-\frac{1}{2}}$$

$$= \lim_{b \to \infty} \left[2x^{\frac{1}{2}} \right]_1^b = \lim_{b \to \infty} \left[2\sqrt{x} \right]_1^b$$

$$= \lim_{b \to \infty} \left(2\sqrt{b} - 2 \right) = \text{„}\infty\text{"} - 2 = \underline{\underline{\text{„}\infty\text{"}}}$$

Es existiert kein Grenzwert für $b \to \infty$ und somit existiert auch kein uneigentliches Integral. Die Maßzahl der in der Aufgabenstellung beschriebenen Fläche ist unendlich.

Integration einer unbeschränkten Funktion

Eine Funktion heißt unbeschränkt, wenn ihre Funktionswerte im Definitionsbereich unendlich groß (oder klein) werden. Während in den vorausgegangenen Situationen eine Integrationsgrenze unendlich war, sollen jetzt die Funktionswerte am Rande des Integrationsintervalls unendlich groß (oder klein) sein.

Situation 4

Der Abbildung zeigt den Graphen der Funktion mit $f(x) = \frac{1}{\sqrt{x}}$; $D(f) = \mathbb{R}_+$. Die Funktion ist an der Stelle $x = 0$ nicht definiert, weil man 0 nicht für x in den Funktionsterm einsetzen darf (unerlaubte Division durch 0). Dadurch reicht die Fläche rechts von $x = 0$ nach oben ins Unendliche.

Bestimmen Sie die Maßzahl der Fläche zwischen dem Funktionsgraphen und der x-Achse über dem Intervall $(0; 2]$ und erläutern Sie Ihr Ergebnis.

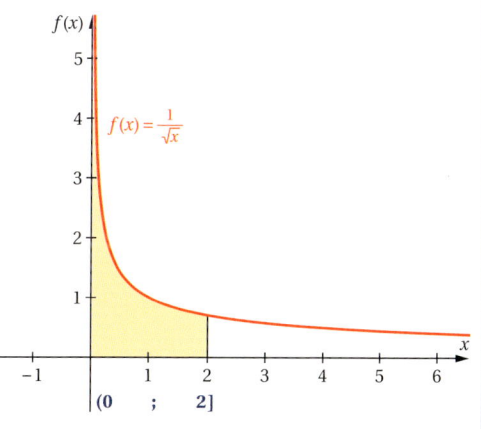

Lösung

Ansatz: $I = \int_{0}^{2} \frac{1}{\sqrt{x}} \, dx$

Da die Funktion an der Stelle $x = 0$ nicht definiert ist, kann man die untere Integrationsgrenze 0 nicht einfach einsetzen.

Zur Lösung des Problems wenden wir einen ähnlichen Trick wie oben an: Wir integrieren nicht von 0 an, sondern von einer Zahl c ein wenig weiter rechts (s. Abb.) und lassen dann die untere Integrationsgrenze c gegen 0 streben.

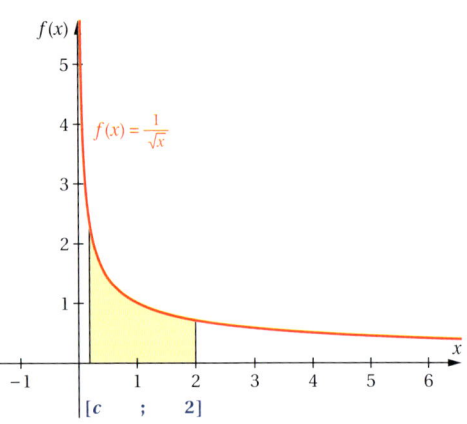

$[c \quad ; \quad 2]$

$$I = \lim_{c \to 0} \int_{c}^{2} \frac{1}{\sqrt{x}} \, dx = \lim_{c \to 0} \int_{c}^{2} x^{-\frac{1}{2}} \, dx = \lim_{c \to 0} \left[2 x^{\frac{1}{2}} \right]_{c}^{2}$$

$$= \lim_{c \to 0} \left[2 \sqrt{x} \right]_{c}^{2} = \lim_{c \to 0} \left(2\sqrt{2} - 2\sqrt{c} \right)$$

$$= 2\sqrt{2} - 0 = \underline{\underline{2\sqrt{2} \approx 2{,}828}}$$

Die Flächenmaßzahl ist also endlich, während der Funktionsgraph unendlich lang ist.

Auch wenn eine Funktion an einer Stelle nicht definiert ist, heißen die Integrale uneigentlich, wenn ein Grenzwert g existiert.

f sei an der Stelle $x = a$ nicht definiert, dann ist	f sei an der Stelle $x = b$ nicht definiert, dann ist
$\int_{a}^{b} f(x) \, dx = \lim_{c \to a} \int_{c}^{b} f(x) \, dx = g$	$\int_{a}^{b} f(x) \, dx = \lim_{c \to b} \int_{a}^{c} f(x) \, dx = g$
uneigentliches Integral bei unbeschränkter Funktion	

Situation 5

Bestimmen Sie die Maßzahl der Fläche, die der Graph von f mit $f(x) = \frac{1}{x^2}$ über dem Intervall $(0; 1]$ mit den Achsen einschließt.

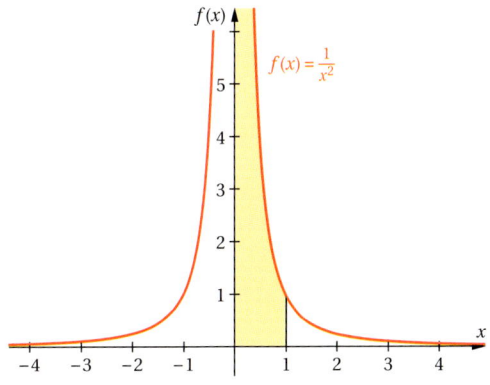

Lösung

$$\int_0^1 \frac{1}{x^2}\,dx = \lim_{c \to 0} \int_c^1 \frac{1}{x^2}\,dx = \lim_{c \to 0} \int_c^1 x^{-2}\,dx = \lim_{c \to 0}\left[-1 \cdot x^{-1}\right]_c^1 dx = \lim_{c \to 0}\left[-\frac{1}{x}\right]_c^1$$

$$= \lim_{c \to 0}\left(-1 - \left(-\frac{1}{c}\right)\right) = -1 + \text{„}\infty\text{“} = \underline{\underline{\text{„}\infty\text{“}}}$$

Das uneigentliche Integral existiert nicht, die Maßzahl der Fläche ist unendlich.

Eine Funktion ist über einem Intervall nicht integrierbar, wenn sie im Inneren dieses Intervalls eine Unendlichkeitsstelle aufweist. Wir können die Maßzahl einer solchen sich ins Unendliche erstreckenden Fläche unter Umständen mithilfe einer **additiven Zerlegung** und anschließender Bestimmung von uneigentlichen Integralen berechnen.

Situation 6

Bestimmen Sie $\displaystyle\int_{-1}^1 \frac{1}{\sqrt[3]{x^2}}\,dx$.

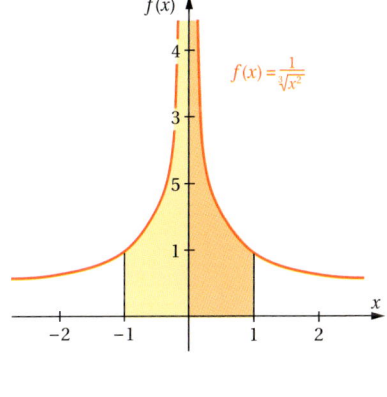

Lösung

Wir zerlegen das gegebene Integral in 2 Intervalle: $[-1; 0]$ und $(0; 1]$:

$$\int_{-1}^1 x^{-\frac{2}{3}} = \lim_{\substack{c \to 0 \\ c < 0}} \int_{-1}^c x^{-\frac{2}{3}}\,dx + \lim_{\substack{d \to 0 \\ d > 0}} \int_d^1 x^{-\frac{2}{3}}\,dx$$

$$= \lim_{\substack{c \to 0 \\ c < 0}} \left[3x^{\frac{1}{3}}\right]_{-1}^c + \lim_{\substack{d \to 0 \\ d > 0}} \left[3x^{\frac{1}{3}}\right]_d^1$$

$$= \lim_{\substack{c \to 0 \\ c < 0}} \left(3\sqrt[3]{c} - 3\sqrt[3]{-1}\right) + \lim_{\substack{d \to 0 \\ d > 0}} \left(3\sqrt[3]{1} - 3\sqrt[3]{d}\right)$$

$$= (0 + 3) + (3 - 0) = \underline{\underline{6}}$$

Zusammenfassung

- Das bestimmte Integral $\int\limits_a^b f(x)\,dx$ kann nicht berechnet werden, wenn

  ▸ der Integrationsbereich $[a;\,b]$ oder $(a;\,b]$ unendlich (unbeschränkt) ist;

  ▸ der Integrand $f(x)$ in $(a;\,b]$ oder in $[a;\,b)$ unbeschränkt ist.

- Ist bei einem Integral mindestens eine der obigen Voraussetzungen erfüllt und man kann das Integral mit einer Grenzwertbetrachtung berechnen, so liegt ein **uneigentliches Integral** vor.

  ▸ uneigentliche Integrale mit unbeschränktem Integrationsbereich:

  $$\int\limits_a^{\infty} f(x)\,dx = \lim_{b \to \infty} \int\limits_a^b f(x)\,dx = g$$

  oder:

  $$\int\limits_{-\infty}^b f(x)\,dx = \lim_{a \to -\infty} \int\limits_a^b f(x)\,dx = g$$

  ▸ uneigentliche Integrale mit unbeschränktem Integranden:

  f ist an der Stelle $x = a$ nicht definiert:

  $$\int\limits_a^b f(x)\,dx = \lim_{c \to a} \int\limits_c^b f(x)\,dx = g$$

  oder:

  f ist an der Stelle $x = b$ nicht definiert:

  $$\int\limits_a^b f(x)\,dx = \lim_{c \to b} \int\limits_a^c f(x)\,dx = g$$

- Wenn eine Funktion im Inneren des Integrationsintervalls eine Unendlichkeitsstelle aufweist, kann die Maßzahl einer solchen sich ins Unendliche erstreckenden Fläche mithilfe einer **additiven Zerlegung** und anschließender Bestimmung von uneigentlichen Integralen berechnet werden.

Übungsaufgaben

1 Berechnen Sie die Integrale algebraisch und kontrollieren Sie Ihr Ergebnis mit dem Taschenrechner.

a) $\displaystyle\int_{2}^{\infty} \frac{1}{x^2}\,dx$

b) $\displaystyle\int_{0}^{1} \frac{1}{\sqrt[3]{x}}\,dx$

c) $\displaystyle\int_{0}^{0,5} \frac{1}{x^3}\,dx$

d) $\displaystyle\int_{1}^{\infty} \frac{1}{\sqrt[3]{x^4}}\,dx$

e) $\displaystyle\int_{-1}^{0} \frac{1}{\sqrt[3]{x^2}}\,dx$

f) $\displaystyle\int_{1}^{\infty} \frac{1}{\sqrt[3]{x}}\,dx$

g) $\displaystyle\int_{1}^{\infty} \frac{1}{x}\,dx$

h) $\displaystyle\int_{-\infty}^{-1} \frac{1}{x^2}\,dx$

2 Untersuchen Sie ohne Taschenrechner, ob das uneigentliche Integral existiert. Kontrollieren Sie Ihr Ergebnis mit dem Taschenrechner.

a) $\displaystyle\int_{0}^{\infty} \frac{1}{(x+1)^2}\,dx$

b) $\displaystyle\int_{-\infty}^{0} \frac{1}{(3x-2)^2}\,dx$

c) $\displaystyle\int_{4}^{\infty} \frac{1}{(x-2)^3}\,dx$

d) $\displaystyle\int_{0}^{\infty} \frac{1}{(2x+1)^3}\,dx$

e) $\displaystyle\int_{0}^{1} \left(x - \frac{1}{\sqrt{x}}\right)dx$

f) $\displaystyle\int_{0}^{1} \frac{1}{\sqrt{2x}}\,dx$

3 Bestimmen Sie das angegebene Integral zunächst ohne Taschenrechner. Ermitteln Sie dazu die Stammfunktion mit der Formelsammlung. Kontrollieren Sie Ihr Ergebnis mit dem Taschenrechner.

a) $\displaystyle\int_{-\infty}^{0} 2^x\,dx$

b) $\displaystyle\int_{1}^{\infty} \left(\frac{1}{2}\right)^x dx$

c) $\displaystyle\int_{-\infty}^{1} 2 \cdot 3^x\,dx$

d) $\displaystyle\int_{-\infty}^{0} 2^{3x-1}\,dx$

e) $\displaystyle\int_{0}^{\infty} 3 \cdot \left(\frac{1}{2}\right)^{2x} dx$

f) $\displaystyle\int_{1}^{\infty} -\left(\frac{1}{3}\right)^{4x+2} dx$

eA 2.5.3   Rotationsvolumina

Viele im täglichen Leben und in der Technik vorkommende Körper sind durch Drehungen z. B. auf einer Töpferscheibe, auf einer Drehbank oder durch Drehung per Computeranimation entstanden. Mathematisch kann man sich die Entstehung eines solchen Körpers in der Weise vorstellen, dass sich eine vom Graphen einer Randfunktion f und der x-Achse erzeugte Fläche um die x-Achse dreht (rotiert).
Derartige Körper heißen **Rotationskörper**.

Beispiel 1:
Durch Rotation der Fläche um die x-Achse, die der Graph der Funktion mit $f(x) = c$ mit der x-Achse über eincm beliebigen Intervall erzeugt, entsteht ein **Zylinder**.

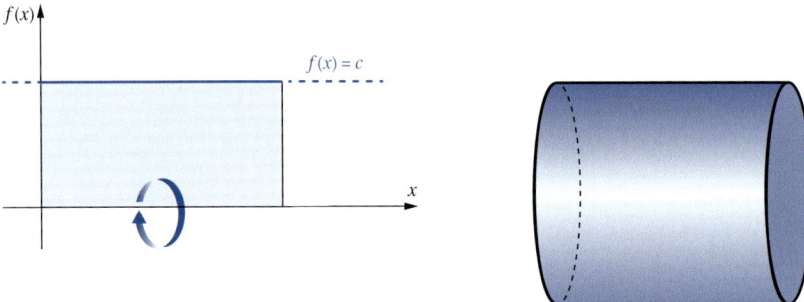

Beispiel 2:
Durch Rotation der Fläche um die x-Achse, die der Graph der Funktion mit $f(x) = mx$ mit der x-Achse über einem beliebigen Intervall erzeugt, entsteht ein **Kegel**.

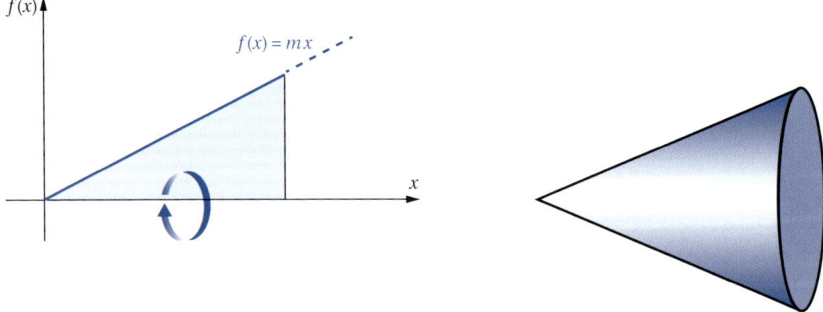

Beispiel 3:

Durch Rotation der Fläche um die x-Achse, die der Graph der Funktion mit $f(x) = mx + b$ mit der x-Achse über einem beliebigem Intervall erzeugt, entsteht ein **Kegelstumpf**.

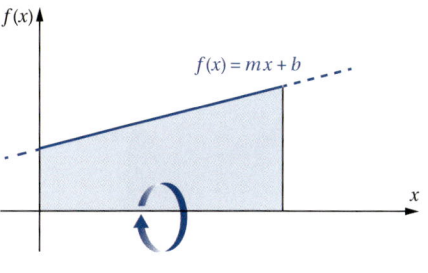
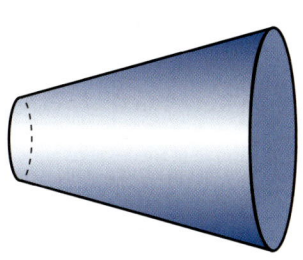

Beispiel 4:

Durch Rotation der Fläche um die x-Achse, die der Graph der Funktion mit $f(x) = \sqrt{r^2 - x^2}$ mit der x-Achse erzeugt, entsteht eine **Kugel**.

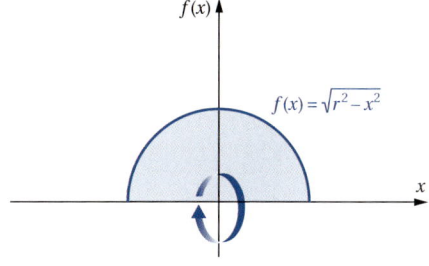
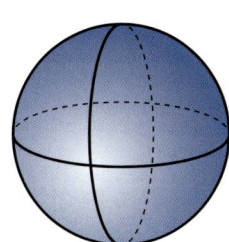

Beispiel 5:

Durch Rotation der Fläche um die x-Achse, die der Graph der Funktion mit $f(x) = \sqrt{x}$ mit der x-Achse über einem belibiegem Intervall erzeugt, entsteht ein **Paraboloid**.

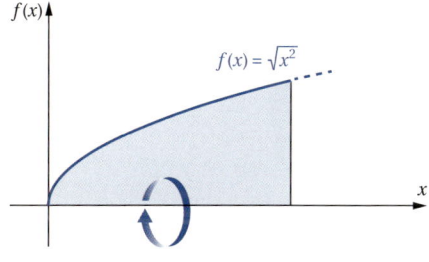

Beispiel 6:

Durch Rotation der Fläche um die x-Achse, die vom Graphen einer beliebig zusammengesetzten Funktion f mit der x-Achse erzeugt wird, entsteht ein beliebiger Rotationskörper.

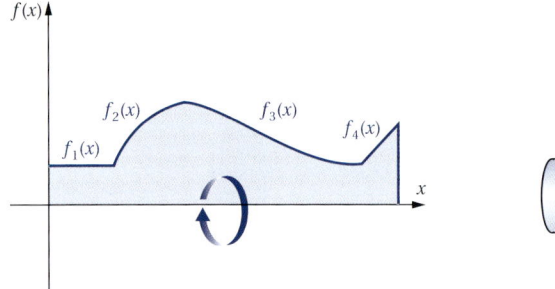
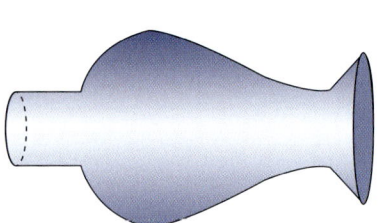

Ziel in diesem Abschnitt ist es, eine **Formel zur Berechnung des Volumens eines beliebigen Rotationskörpers** zu ermitteln, der durch Drehung um die x-Achse entstanden ist. Die Gleichung der Randfunktion muss dabei gegeben sein.

Das Vorgehen wird im Folgenden am Beispiel eines Paraboloids erläutert:

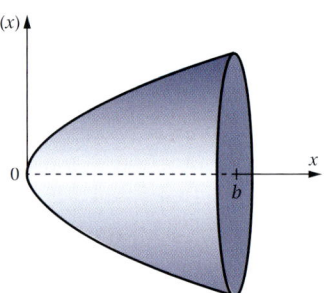

Die prinzipiell gleichen Überlegungen, die uns auch schon die Berechnung von Flächeninhalten ermöglicht haben, helfen uns auch hier weiter. Während wir bei der **Flächenberechnung** die zu berechnende Fläche in **Streifen** gleicher Breite zerlegt haben, zerschneiden wir nun den **Rotationskörper** in **Zylinderscheiben** gleicher Breite (s. Abb.).

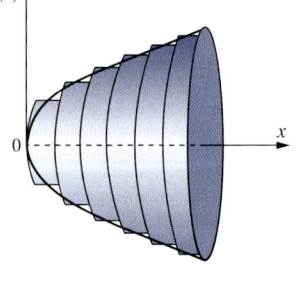

Das **Volumen eines Zylinders beträgt allgemein**

$$V_{\text{Zylinder}} = \pi r^2 \cdot h \quad (= \text{Grundfläche} \cdot \text{Höhe})$$

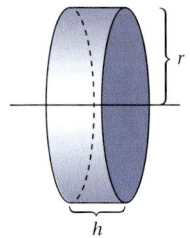

Das Volumen V einer beliebigen Zylinderscheibe n im Rotationskörper ist dann $V_n = \pi \, [f(x)]^2 \, \Delta x$.

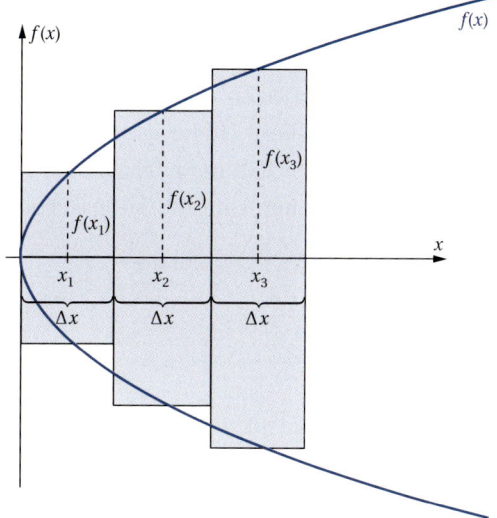

Das Volumen des Rotationskörpers kann man nun berechnen, indem man jede einzelne Zylinderscheibe im Rotationskörper beliebig dünn werden lässt und gleichzeitig die Zahl der Zylinderscheiben gegen unendlich streben lässt:

Das Differenzial dV ist anschaulich das Volumen einer beliebig dünnen (dx) Zylinderscheibe.

$$dV = \pi \, [f(x)]^2 \, dx$$

Die Summe aller Differenziale (aller beliebig dünnen Zylinderscheiben) ist dann gleich dem gesuchten Rotationsvolumen.
Mit dem Summenzeichen Σ schreiben wir:

$$\sum dV = \sum \pi \, [f(x)]^2 \, dx$$

Diese Summe kann auch mithilfe des Integralzeichens geschrieben werden (Zur Erinnerung: Das Integralzeichen ist ein langezogenes „S" und steht für Summe.):

$$\int dV = \int \pi \, [f(x)]^2 \, dx$$

Wird nur ein bestimmter Teil der Funktion betrachtet, muss in den entsprechenden Grenzen integriert werden:

$$V = \pi \int_a^b [f(x)]^2 \, dx$$

Damit haben wir eine Formel erarbeitet, mit der man bei gegebener Randfunktion f das Volumen V des Rotationskörpers berechnen kann, der entsteht, wenn sich die von dem Graphen der Randfunktion f erzeugte Fläche um die x-Achse dreht.

$$V = \pi \int_a^b [f(x)]^2 \, dx$$

Volumen eines Rotationskörpers

Situation 7

Die Fläche zwischen dem Graphen der Funktion f mit $f(x) = \sqrt{x}$; $D(f) = [0; 2]$ und der x-Achse rotiere um die x-Achse. Durch diese Drehung entsteht ein **Paraboloid**. Berechnen Sie das Volumen des Paraboloids mit der Formel für das Volumen eines Rotationskörpers.

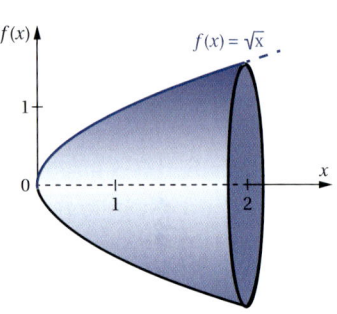

Lösung

$$V(x) = \pi \int_{a}^{b} [f(x)]^2 \, dx$$

$$= \pi \int_{0}^{2} (\sqrt{x})^2 \, dx = \pi \int_{0}^{2} x \, dx = \pi \left[\tfrac{1}{2}x^2 \right]_0^2 = \pi(2 - 0) = \underline{\underline{2\pi}}$$

Übungsaufgaben

1 Die Fläche zwischen dem Graphen der Funktion f und der x-Achse über dem angegebenen Intervall rotiere um die x-Achse. Skizzieren Sie den entstandenen Rotationskörper und bestimmen Sie sein Volumen.

a) $f(x) = 2x$; $\quad$ $[1; 3]$

b) $f(x) = x^2 - 1$; $\quad$ $[-1; 1]$

c) $f(x) = 2x^2 + 1$; $[0; 4]$

d) $f(x) = \frac{1}{x}$; $\qquad$ $[1; 2]$

e) $f(x) = \sqrt[2]{x+2}$; $[-2; 7]$

f) $f(x) = 1 - x^2$; $\quad$ $[-1; 1]$

g) $f(x) = 2x^2$; $\quad$ $[0; 1]$

h) $f(x) = x^3$; $\qquad$ $[-10; 10]$

i) $f(x) = \sqrt{9 - x^2}$; $[-3; 3]$

j) $f(x) = \sqrt{x+1}$; $[-1; 3]$

2 Durch Rotation des Graphen der Funktion f mit $f(x) = \frac{1}{x^2}$; $D(f) = \mathbb{R}^*$ um die x-Achse über dem Intervall $[1; 2]$ entsteht ein Rotationskörper. Bestimmen Sie die Maßzahl des Volumens dieses Rotationskörpers und skizzieren Sie ihn.

3 Beweisen Sie mithilfe der Formel für Rotationsvolumina die bekannte Formel für das Volumen

a) eines Zylinders $V = \pi r^2 h$,

b) eines Kegels $V = \frac{\pi}{3} r^2 h$,

c) eines Kegelstumpfes $V = \pi \cdot \frac{h}{3}(r_1^2 + r_1 r_2 + r_2^2)$ und

d) einer Kugel $V = \frac{4}{3} \pi r^3$.

(Hinweis: $f(x) = \sqrt{r^2 - x^2}$ ist die Gleichung eines Halbkreises mit dem Radius r und dem Mittelpunkt im Ursprung.

4 Ermitteln Sie mithilfe der Integralrech - nung die Formel zur Berechnung des Rauminhalts einer Kugelkappe der Höhe h (Kugelradius $= r$).

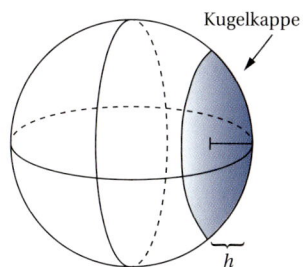

5 Zur Bestimmung der Tragfähigkeit einer Hochseeboje soll ihr Volumen (mithilfe der Integralrechnung) bestimmt werden. Bestimmen Sie das Volumen.

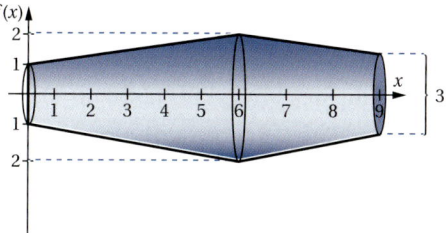

6 Die Fläche zwischen dem Graphen von f mit $f(x) = \sqrt{x}$ und der x-Achse rotiere um die x-Achse. Der dabei entstehende Rotationskörper ist ein liegendes Gefäß. Dieses Gefäß wird aufgestellt und mit einer Flüssigkeit gefüllt. Berechnen Sie, bis zu welcher Höhe die Flüssigkeit in dem Gefäß steht, wenn ihr Volumen 30 Volumeneinheiten (VE) beträgt.

eA 2.5.4   Integration von ganzrationalen Funktionenscharen zum Produktlebenszyklus

Situation 8

Für die Darstellung des Lebenszyklus eines Produktes im Zeitablauf soll die Gleichung der Funktionenschar $a_k(t) = -0{,}2\,t^3 + k\,t^2$ mit $D_{\text{ök}}(a_k) = [0;\,5k]$ und $k > 0$ verwendet werden. Dabei ist a der jährliche Absatz (in ME/Jahr) und t die Zeit (in Jahren) seit der Einführung des Produktes auf dem Markt. Mit dem Parameter k kann die Kaufbereitschaft der potenziellen Kunden ausgedrückt werden. Die Abbildung zeigt den Graphen der Produktlebenszyklusfunktion für den Parameterwert $k = 1{,}8$.

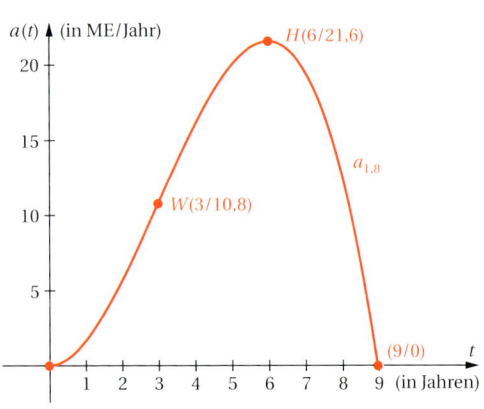

Berechnen Sie für einen beliebigen Parameterwert k, welcher Absatz mit dem Produkt

a) in den ersten 3 Jahren nach seiner Einführung,

b) insgesamt

erreicht werden kann.

c) Ermitteln Sie den Wert des Parameters k, der dazu führt, dass mit dem Produkt im Verlaufe seines Lebens insgesamt ein Absatz in Höhe von $\dfrac{500}{3}$ ME erreicht wird.

Lösung

a) $\displaystyle\int_0^3 \left(-0{,}2\,t^3 + k\,t^2\right)\mathrm{d}t = \left[-0{,}05\,t^4 + 0{,}\overline{3}\,k\,t^3\right]_0^3 = \underline{\underline{9\,k - 4{,}05}}$ [ME]

b) $\displaystyle\int_0^{5k} \left(-0{,}2\,t^3 + k\,t^2\right)\mathrm{d}t = \left[-0{,}05\,t^4 + \tfrac{1}{3}\,k\,t^3\right]_0^{5k} = \frac{125}{12}\,k^4 - 0 = \underline{\underline{\frac{125}{12}\,k^4}}$ [ME]

c) $\displaystyle\int_0^{5k} \left(-0{,}2\,t^3 + k\,t^2\right)\mathrm{d}t = \frac{500}{3}$

$\dfrac{125}{12}\,k^4 = \dfrac{500}{3}$ (siehe b))

$k^4 = 16$

$\underline{\underline{k = 2}}$

$\left(k = -2 \notin D(k)\right)$

Übungsaufgaben

1 Die Schargleichung $u_k(t) = -0{,}1\,t^3 - k\,t^2$ mit $D_{\text{ök}}(u_k) = [0; -10\,k]$ und $k < 0$ beschreibt einen Produktlebenszyklus. Dabei ist u der monatliche Umsatz (in GE/Monat) und t die Zeit (in Monaten) seit der Einführung des Produktes auf dem Markt. Der Parameter k steht für die Intensität der Werbemaßnahmen für dieses Produkt. Der Graph der Schar für $k = -2{,}1$ ist abgebildet.

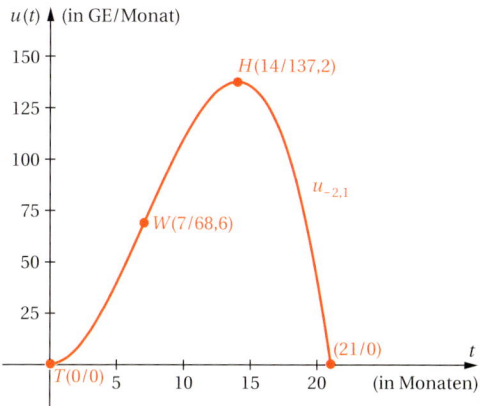

Berechnen Sie für einen beliebigen Parameterwert k, welcher Umsatz mit dem Produkt

a) in den ersten 10 Monaten nach seiner Einführung und

b) insgesamt

erreicht werden kann.

c) Berechnen Sie, für welchen Wert des Parameters k mit dem Produkt insgesamt ein Umsatz in Höhe von 874,8 GE erreicht werden kann.

2 Die Gleichung $a_k(t) = -0{,}01\,t^4 + k\,t^3$ mit $D_{\text{ök}}(a_k) = [0; 100\,k]$ und $k > 0$ beschreibt den Lebenszyklus eines Produktes. a ist der monatliche Absatz (in ME/Monat) und t die Zeit (in Monaten) seit der Einführung des Produktes auf dem Markt. k ist ein Konjunkturparameter. Der Graph für $k = 0{,}2$ ist abgebildet.

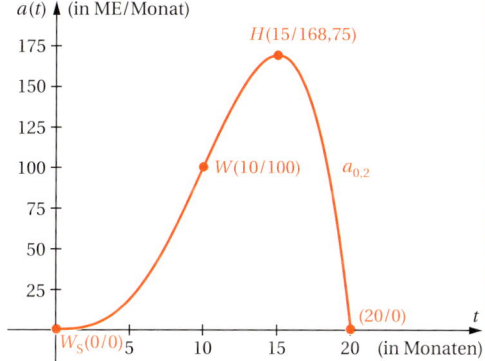

Berechnen Sie für einen beliebigen Parameterwert, welcher Absatz

a) mit dem Produkt in den ersten 10 Jahren erreicht wird,

b) insgesamt erreicht werden kann.

c) Berechnen Sie für welchen Wert des Parameters k mit dem Produkt insgesamt ein Absatz in Höhe von 50 ME erreicht wird.

3 Die Gleichung $u_{a;k}(t) = a\,t\,(t-k)^2$ mit $D_{\text{ök}}(u_{a;k}) = [0;k]$ und $k > 0$ einer Funktionenschar beschreibt den Jahresumsatz (in GE/Jahr) mit einem Produkt.
t gibt die Anzahl der Jahre ab Beginn dieses Jahres an. a und k sind Parameter, die den Umsatz mit dem Produkt beeinflussen. Der Graph der Schar für $a = 0,1$ und $k = 9$ ist nebenstehend abgebildet. Im Folgenden soll der Parameter a den Wert 0,1 annehmen.

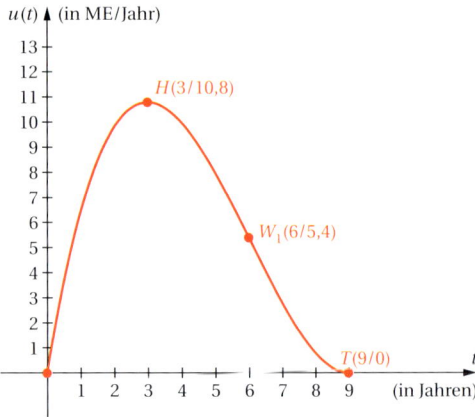

a) Bestimmen Sie, abhängig vom Parameter k, den Gesamtumsatz, der mit diesem Produkt in den ersten 3 Jahren erwirtschaftet werden kann.

b) Bestimmen Sie den Gesamtumsatz, der mit diesem Produkt im Verlaufe seines Lebens erwirtschaftet werden kann.

c) Berechnen Sie, welchen Wert der Parameter k annehmen muss, damit der Gesamtumsatz in den ersten 4 Jahren 9,6 GE beträgt.

4 In der Grafik beschreibt der durchgezeichnete Teil des Graphen einen Produktlebenszyklus seit der Einführung des Produktes auf dem Markt.

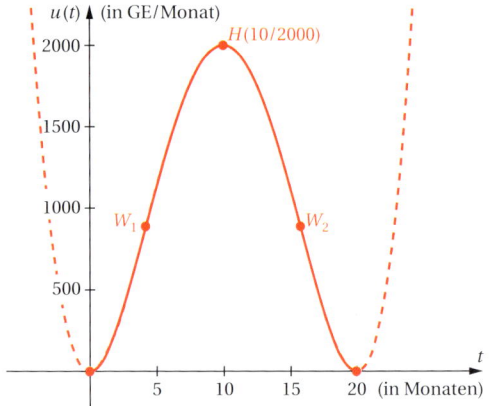

a) Zeigen Sie durch Funktionssynthese, dass $u(t) = 0,2\,t^4 - 8\,t_9 + 80\,t^2$ die Gleichung dieser Produktlebenszykluskurve ist.

b) Bestimmen Sie den kumulierten Gesamtumsatz, der mit diesem Produkt maximal erzielt werden kann.

Die Produktlebenszykluskurve gehört zur Kurvenschar mit $u_k(t) = 2\,k\,t^2\,(t-20)^2$. Der Parameter k steht für den Werbeaufwand, der für dieses Produkt betrieben wird.

c) Bestimmen Sie für einen beliebigen Parameterwert $k > 0$ den kumulierten Gesamtumsatz, der mit diesem Produkt maximal erzielt werden kann.

d) Bestimmen Sie den Parameter k so, dass der maximale Umsatz mit diesem Produkt 25 600,00 € beträgt. Ermitteln Sie, wie hoch dann der maximale Monatsumsatz ist.

2.6   Handlungssituationen zur Integralrechnung

Die Handlungssituationen sollten Sie mit der Ihnen zur Verfügung stehenden Rechnertechnologie bearbeiten. Besonders wichtig ist die Interpretation der von Ihnen ermittelten Ergebnisse.

Handlungssituation 1

Die Rückflüsse r eines Unternehmens (in €/Jahr) aus einer Investition können im Zeitablauf t (in Jahren) als Zahlungsstrom mit $r(t) = 36\,000 - 1\,500\,t$ beschrieben werden.

a) Geben Sie den ökonomisch sinnvollen Definitionsbereich für die Funktion r an und skizzieren Sie ihren Graphen.

b) Interpretieren Sie den Verlauf des Graphen unter besonderer Berücksichtigung der Koordinaten des Punktes $P(10/r(10))$.

c) Ermitteln Sie die Gleichung, die die Menge des insgesamt zurückgeflossenen Kapitals in das Unternehmen seit der Investition bis zu einem beliebigen Zeitpunkt t beschreibt.

d) Berechnen Sie, welcher Betrag insgesamt in den ersten 10 Jahren seit Beginn der Investition in das Unternehmen zurückfließt.

e) Berechnen Sie, welcher Betrag vom Beginn des fünften bis zum Ende des zehnten Jahres seit Investitionsbeginn in das Unternehmen zurückfließt.

f) Berechnen Sie, wie hoch die Rückflüsse insgesamt sind.

g) Ermitteln Sie den Zeitpunkt, zu dem die Rückflüsse aus der Investition insgesamt 240 000,00 € betragen.

Handlungssituation 2

Für ein Warenlager kann die Lagerentnahme e in 1 000 Stück je Woche beschrieben werden durch $e(t) = 20 + 4\,t$; $D_{\text{ök}}(e) = [0; 10]$. Dabei ist $t = 0$ der Jahresbeginn, t wird in Wochen angegeben.

a) Skizzieren Sie den Graphen und interpretieren Sie seinen Verlauf unter besonderer Berücksichtigung der Koordinaten des Punktes $P(4/e(4))$.

b) Ermitteln Sie die Gleichung, die die dem Lager insgesamt entnommene Warenmenge zu einem beliebigen Zeitpunkt beschreibt.

c) Bestimmen Sie die Warenmenge, die dem Lager bis zum Ende der vierten Woche entnommen worden ist.

d) Berechnen Sie die Warenmenge, die dem Lager in der vierten Woche entnommen worden ist.

e) Geben Sie die Gleichung der Lagerbestandsfunktion B an, wenn zu Jahresbeginn 420 000 Stück vorrätig waren. Berechnen Sie den Lagerbestand zum Ende der sechsten Woche. Geben Sie an, wann das Lager geleert ist.

Handlungssituation 3

Im Rahmen eines Konjunkturprogramms werden in einer Volkswirtschaft für die kommenden 6 Jahre Investitionen geplant, die beschrieben werden durch die Funktion i mit $i(t) = 0{,}1\,t^2$. Dabei wird t in Jahren seit Beginn des Investitionsprogramms und i in Mrd. €/Jahr angegeben.

a) Skizzieren Sie den Graphen und interpretieren Sie seinen Verlauf.

b) Interpretieren Sie die Koordinaten des Punktes $P(4/i(4))$.

c) Ermitteln Sie die Funktion, die die Summe der insgesamt getätigten Investitionen in dieser Volkswirtschaft im Zeitablauf beschreibt.

d) Bestimmen Sie die Investitionssumme im 1. Jahr, im 2. Jahr und in den ersten 3 Jahren.

e) Ermitteln Sie, welches Volumen das Konjunkturprogramm insgesamt hat.

f) Berechnen Sie, wie lange das Konjunkturprogramm andauern muss, bis insgesamt 2 Mrd. € investiert worden sind.

Handlungssituation 4

Eine Produktlebenszyklusfunktion beschreibt den Absatz oder Umsatz eines Produktes je Periode im Zeitablauf seit Einführung des Produktes auf dem Markt. In der Funktionsgleichung $a(t) = t^4 - 20\,t^3 + 100\,t^2$; $D_{\text{ök}}(a) = [0;\,10]$ gibt a die Anzahl der verkauften Produkte pro Jahr an und t die Zeit in Jahren seit der Einführung des Produktes auf dem Markt.

a) Skizzieren und beschreiben Sie den Lebenszyklus des Produktes im Zeitablauf. Ermitteln Sie dazu charakteristische Punkte des Funktionsgraphen.

b) Berechnen Sie $a(1)$ und $a(3)$ und interpretieren Sie jeweils das Ergebnis genau.

c) Beschreiben Sie, welcher mathematische Zusammenhang zwischen dem Gesamtabsatz im Zeitablauf (= kumulierter Absatz) und dem Absatz/Jahr des Produktes besteht.

d) Interpretieren Sie die Fläche unter dem Funktionsgraphen über einem Intervall $[t_1;\,t_2]$.

e) Berechnen Sie, wie viele Produkte
  - im ersten Jahr seit der Markteinführung verkauft wurden.
  - in den ersten drei Jahren seit der Markteinführung verkauft wurden.
  - insgesamt verkauft wurden.
  - im zweiten und dritten Jahr nach der Markteinführung verkauft wurden.

Handlungssituation 5

Bei einer Grippeepidemie lässt sich die Zahl der neu Erkrankten je Woche (k) im Zeitablauf t (in Wochen seit Ausbruch der Krankheit) beschreiben mit der Funktionsgleichung $k(t) = 0{,}04\,t^4 - 1{,}25\,t^3 + 9\,t^2$.

a) Skizzieren Sie den Graphen der „Grippewelle". Führen Sie die dazu notwendigen Berechnungen durch. Geben Sie einen sinnvollen Definitionsbereich für die Funktion an.

b) Interpretieren Sie den Verlauf des Graphen der Grippeepidemie unter Berücksichtigung seiner markanten Punkte.

c) Skizzieren Sie (ohne weitere Rechnung) den Verlauf des Graphen der Funktion, der die Zahl der Personen im Zeitablauf angibt, die insgesamt an dieser Grippe erkrankt waren, in das Koordinatensystem zu Teilaufgabe a).

d) Berechnen Sie, wie viele Menschen in den ersten 4 Wochen dieser Grippeepidemie insgesamt erkrankt waren.

e) Berechnen Sie, wie viele Menschen in der vierten bis achten Woche (einschließlich) an der Grippe erkrankt waren.

f) Berechnen Sie, wie viele Menschen insgesamt von dieser Grippeepidemie betroffen waren.

Handlungssituation 6

Für das Modell eines Produktlebenszyklus (Absatz pro Jahr) eines sehr erfolgreichen Nachkriegsproduktes sollen folgende Daten berücksichtigt werden:
*   10 Jahre nach Produkteinführung betrug der jährliche Absatz 360 150 Stück/Jahr.
*   20 Jahre nach Produkteinführung betrug der jährliche Absatz 912 600 Stück/Jahr.
*   30 Jahre nach Produkteinführung betrug der jährliche Absatz 1 135 350 Stück/Jahr.

Die Gleichung der Produktzykluslebensfunktion hat die allgemeine Form $a(t) = u\,t^4 + v\,t^3 + w\,t^2$. Bestimmen Sie die Gleichung der Produktlebenszyklusfunktion, mit der man den Jahresabsatz a in Abhängigkeit von der Zeit t in Jahren seit der Produkteinführung beschreiben kann. Geben Sie auch den ökonomisch sinnvollen Definitionsbereich an.

Skizzieren Sie den Graphen der Produktlebenszykluskurve und (in einem weiteren Koordinatensystem) den Graphen des kumulierten Gesamtabsatzes im Zeitablauf von der Produkteinführung bis zum Ausscheiden des Produktes aus dem Markt. Tragen Sie die markanten Punkte beider Graphen mit ihren Koordinaten in die Schaubilder ein und interpretieren Sie diese Werte.

Beschreiben Sie den mathematischen Zusammenhang zwischen den Graphen.

Berechnen Sie beispielhaft für verschiedene Intervalle die Maßzahl der Fläche zwischen dem Graphen der Produktlebenszyklusfunktion und der Abszissenachse mithilfe der Integralfunktion und interpretieren Sie die berechneten Werte.

Handlungssituation 7

Während der Fußball-Europameisterschaft galt für einen Fan-Artikel die folgende (zeitlich kurz begrenzte) Produktlebenszyklusfunktion:

$a(x) = x^4 - 8x^3 + 16x^2$. Dabei gibt a die Anzahl der verkauften Produkte pro Woche (in ME/Woche) an und x die Zeit (in Wochen) seit der Markteinführung.

Berechnen Sie,

a) wie lange der Fan-Artikel auf dem Markt war.

b) wann der höchste Wochenabsatz erzielt wurde und wie hoch er war (mit Einheit).

c) wann der wöchentliche Absatz am stärksten zugenommen hat und wie hoch diese Zunahme war.

d) wie viele dieser Fan-Artikel in der ersten Woche verkauft wurden.

e) wie viele dieser Fan-Artikel in der zweiten und dritten Woche verkauft wurden.

f) wie viele dieser Fan-Artikel insgesamt verkauft wurden.

g) wann der Gesamtabsatz die Grenze von 10 ME überschritten hat.

Handlungssituation 8

Die Hersteller eines Industrieproduktes wurden befragt, welche Mengen sie bei bestimmten Marktpreisen anbieten würden. Dabei stellte sich heraus, dass bei einem Marktpreis von 2,80 € je Stück insgesamt 5 Mio. Stück, bei einem Marktpreis von 6,00 € je Stück 9 Mio. Stück und bei einem Marktpreis von 8,20 € je Stück 11 Mio. Stück auf dem Markt angeboten werden würden. Auch das Verhalten der Nachfrager nach diesem Produkt wurde untersucht. Es wurde festgestellt, dass bei einem Preis von 7,10 € je Stück nur 2 Mio. Stück des Produktes nachgefragt werden. Bei einem Marktpreis von 3,90 € je Stück werden von diesem Produkt insgesamt schon 6 Mio. Stück nachgefragt, bei einem Marktpreis von 1,50 € je Stück sogar 10 Mio. Stück.

Modellieren Sie Angebot und Nachfrage mit quadratischen Funktionen und untersuchen Sie mit mathematischen Methoden detailliert die gesamtwirtschaftliche Situation auf dem Markt für dieses Produkt (einschließlich Umsatz im Marktgleichgewicht). Bestimmen Sie die Konsumenten- und die Produzentenrente und interpretieren Sie die berechneten Werte. Stellen Sie Ihre Ergebnisse grafisch dar.

Handlungssituation 9

Auf einem regional begrenzten Markt für ein Schüttgut wurde festgestellt, dass für die Nachfrage nach diesem Produkt ein Höchstpreis von 1 000,00 €/Tonne realistisch ist und der Markt mit 100 Mio. Tonnen gesättigt ist. Bei einem Preis 640,00 €/Tonne werden 20 Mio. Tonnen nachgefragt. Die Herstellungsbetriebe würden das Produkt erst anbieten, wenn der Marktpreis höher als 300,00 €/Tonne ist. Bei einem Marktpreis von 390,00 €/Tonne würden sie insgesamt 30 Mio. Tonnen und bei einem Marktpreis von 550,00 €/Tonne sogar 50 Mio. Tonnen anbieten.

Bereiten Sie als Volkswirt der zuständigen Industrie- und Handelskammer eine Präsentation vor. Erstellen Sie dafür mit quadratischen Funktionen ein Modell für diesen Markt und untersuchen Sie ihn mit mathematischen Methoden, auch unter Einbeziehung der Konsumenten- und Produzentenrente.

Handlungssituation 10

Die Gesamtkosten K (in 1 000,00 €) in Abhängigkeit von der Produktionsmenge x (in 1 000 hl) für die Produktion eines Flüssiggases sollen durch eine ertragsgesetzliche Gesamtkostenfunktion modelliert werden. Die Fixkosten des Betriebes betragen 50 000,00 €. Die Kapazitätsgrenze für die Produktion beträgt 14 000 hl, die momentane Änderungsrate der Gesamtkosten bei dieser Produktionsmenge beträgt 300,00 € je hl. Es gelten die in der Tabelle angegebenen Grenzkosten:

Produktionsmenge x (in 1 000 hl)	4	10
Grenzkosten K' (in €/hl)	0	108

Untersuchen Sie die Gesamtkostensituation des Betriebes in Abhängigkeit von der Ausbringungsmenge mithilfe einer Grafik. Wie hoch sind die Gesamtkosten, wenn der Betrieb eine Produktion von 10 000 hl für eine Periode plant?

Berechnen und interpretieren Sie $\int_{0}^{5} K'(x)\,dx$ mathematisch und anwendungsbezogen.

Handlungssituation 11

Ein Produzent ist monopolistischer Anbieter für das Produkt Z. Dem Rechnungswesen des Betriebes ist bekannt, dass die Grenzerlöse mit der Gleichung $E'(x) = -160x + 8000$ berechnet werden können (x in Tsd. Stück, E' in €/Tsd. Stück).

Für die ertragsgesetzlich anfallenden Gesamtkosten gelten die in der Tabelle angegebenen Grenzkosten:

Produktionsmenge x (in Tsd. Stück)	10	20	30
Grenzkosten K' (in €/Tsd. Stück)	1 480	820	520

Die Fixkosten des Betriebes für die Produktion des Produktes Z betragen 25 000,00 €/Jahr.

Untersuchen Sie den Erlös, die Gesamtkosten und den Gewinn des Betriebes in Abhängigkeit von der jährlichen Produktionsmenge. Erläutern Sie, welchen Angebotspreis Sie dem Produzenten für das Produkt Z vorschlagen würden.

Geben Sie den mathematischen Ansatz an, mit dem sich die Gesamtkosten bei einer Produktion von 50 000 Stück unter Verwendung der Grenzkostenfunktion berechnen lassen.

Handlungssituation 12

In seinem Geschäftsbericht hat ein Unternehmen eine Gewinn-Verlust-Kurve der letzten 5 Jahre für ein bestimmtes Produkt vorgelegt, die sich durch die Funktion

$g(t) = 0{,}5\,t^3 - 4\,t^2 + 8\,t - 1$ beschreiben lässt. Dabei gibt g den Gewinn in 10 000,00 €/Jahr an und t die Zeit in Jahren seit Beginn der letzten 5 Jahre.

Untersuchen Sie die Kurve, die den jährlichen Gewinn mit diesem Produkt für die letzten 5 Jahre darstellt.

Berechnen Sie, wie hoch der gesamte Gewinn mit diesem Produkt in den einzelnen Jahren war. Berechnen Sie, wie hoch der Gewinn in den letzten 5 Jahren insgesamt war. Bestimmen Sie den Zeitpunkt, zu dem sich die gesamten Gewinne mit den Verlusten ausgeglichen haben. Erstellen Sie eine Tischvorlage für die Präsentation mit einer passenden Grafik.

Handlungssituation 13

Ein Marktforschungsinstitut hat den Markt für ein neues Produkt bezüglich des gesamtwirtschaftlichen Angebots und der gesamtwirtschaftlichen Nachfrage untersucht. Für das Angebot wurde der in der Tabelle angegebene Zusammenhang zwischen Markt-

Marktpreis	Angebotsmenge
20,00 €/Stück	1 Mio. Stück
33,00 €/Stück	2 Mio. Stück
44,00 €/Stück	3 Mio. Stück

preis und gesamtwirtschaftlicher Angebotsmenge festgestellt:

Für die Nachfrage gilt: $p_N(x) = \dfrac{40}{\sqrt{x}} - 20$.

Stellen Sie Sie den Markt grafisch dar, indem Sie als Modell für das gesamtwirtschaftliche Angebot eine quadratische Funktion zugrunde legen.

Untersuchen Sie mit mathematischen Hilfsmitteln detailliert die gesamtwirtschaftliche Situation auf dem Markt. Berücksichtigen Sie dabei auch die Umsätze und die Konsumenten- und Produzentenrente.

Präsentieren Sie Ihre Ergebnisse mit Unterstützung einer Grafik.

Handlungssituation 14

Ein Wasserabflusskanal hat den nebenstehend abgebildeten Querschnitt (Angaben im dm). Berechnen Sie, wie viel Liter Wasser ein 3 Meter langes Kanalstück maximal fassen kann.

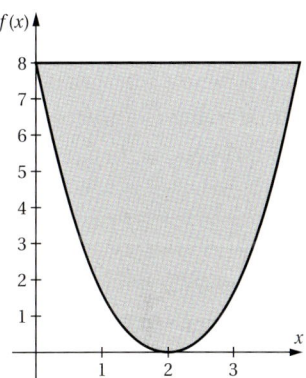

Handlungssituation 15

Ein Kanalsegment soll entsprechend der Skizze aus Beton gegossen werden.
Berechnen Sie, wie viel m³ Beton für jedes Segment benötigt werden, wenn es 2 m lang ist.

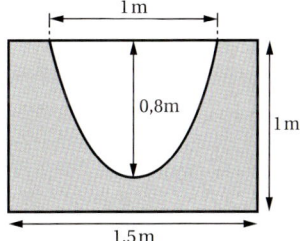

Handlungssituation 16

Die Stadtverwaltung bemüht sich um die Anschaffung neuer Abwasserkanäle in einem Neubaugebiet. Die Bauelemente bezieht die Stadtverwaltung bei dem örtlichen Bauunternehmer. Ein Bauunternehmer bietet die Elemente mit einer Länge von genau 2,00 m an und berechnet pro Kubikmeter Beton 150,00 €. Bestimmen Sie die Materialkosten für die beiden Varianten.

Variante A:

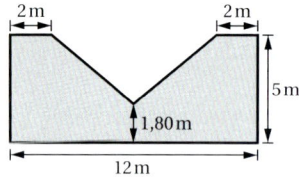

Variante B:

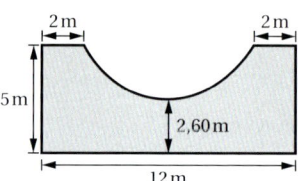

Handlungssituation 17

Ein Designerbüro hat einem Kunden die nebenstehende Abbildung als Entwurf für ein Firmenlogo vorgelegt. Der obere Rand des Logos soll durch den Graphen einer ganzrationalen Funktion der Form $f(x) = ax^4 + bx^2 + c,\ a \neq 0$ dargestellt werden. Der untere Rand des Logos wird durch den Graphen einer Funktion g beschrieben, der durch Spiegelung des Graphen von f an der Abszissenachse entstanden ist. In den Berührpunkten der Graphen beträgt ihre Steigung jeweils 0.

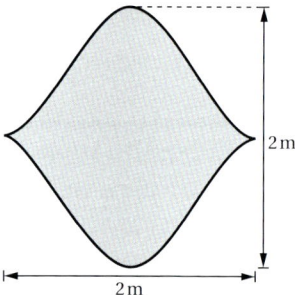

Bestimmen Sie die Maßzahl der Fläche, die vom Logo bedeckt wird.

eA ## Handlungssituation 18[1]

Der Markt für Sonnenschutzmittel wurde untersucht. Die Marketingabteilung des Unternehmens AEVIN bereitet die Informationen für den Vorstand grafisch und rechnerisch auf.

1. Sonnencreme für „empfindliche Haut"

Preis in Geldeinheiten pro Mengeneinheit (GE/ME)	Angebotsmenge in Mengeneinheiten (ME)	Nachfragemenge in Mengeneinheiten (ME)
20	1	2,8364
50	2	2,1055
86	3	1,5190
152	5	0,7713
170	7	0,6077

---

[1] In Anlehnung an: Niedersächsisches Kultusministerium (Hrsg.): Zentralabitur 2015, Berufliches Gymnasium Wirtschaft/Gesundheit und Soziales, Rechnertyp GRT, eA, Aufgabe 1B

Angebotsfunktion: ganzrationale Funktionen unbekannten Grades

Nachfragefunktion: ganzrationale Funktion 4. Grades

2. Sonnencreme für „normale Haut"

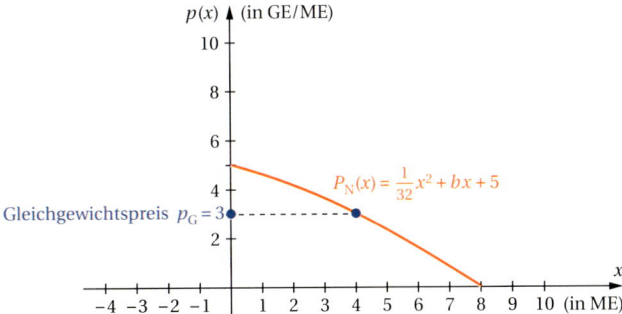

3. Sonnencreme für „sonnengewöhnte Haut"

Preiselastizität der Nachfrage: $e_{x;p}(x) = \dfrac{p_N(x)}{p_N'(x) \cdot x} = \dfrac{p_N(x)}{(-2x-1) \cdot x}$

Der Höchstpreis beträgt 56 GE/ME.

a) Die Auswertung für die Sonnencreme für „empfindliche Haut" soll als erstes grafisch aufbereitet werden:

Bestimmen Sie die Funktionsterme der Angebots- und der Nachfragefunktion.

Zeichnen Sie die ökonomisch relevanten Abschnitte der Graphen der beiden Funktionen in ein geeignetes Koordinatensystem und kennzeichnen Sie:

- Marktgleichgewicht
- Gleichgewichtsmenge
- Gleichgewichtspreis
- Konsumentenrente
- Produzentenrente
- Sättigungsmenge
- Höchstpreis

Berechnen Sie die Höhe der Produzentenrente, und interpretieren Sie Ihr Ergebnis im Sinne der Aufgabenstellung.

b) Die Aufbereitung der Daten für die Sonnencreme für „normale Haut" ist schon begonnen worden und muss ergänzt werden:

Die Sättigungsmenge liegt bei 8 ME, der Mindestangebotspreis liegt bei 1 GE/ME und bei einem Preis von 10 GE/ME werden 8 ME angeboten.

Berechnen Sie im Marktgleichgewicht den Umsatz für diese Sonnencreme.

Bestimmen Sie die Konsumentenrente im Marktgleichgewicht.

Ermitteln Sie den quadratischen Funktionsterm für die Angebotsfunktion.

Übertragen Sie den Graphen der Nachfragefunktion in Ihr Heft und zeichnen Sie den Graphen der Angebotsfunktion in dieses Koordinatensystem.

c) Das Unternehmen AEVIN hat die Sonnencreme für „sonnengewöhnte Haut" neu im Programm und analysiert deshalb in erster Linie die Nachfragesituation:

Ermitteln Sie die zugehörige Funktionsgleichung der Nachfragefunktion p_N.

Berechnen Sie das Intervall, in dem die Nachfrage nach dieser Sonnencreme elastisch reagiert.

Zeichnen Sie den Graphen der Nachfragefunktion in ein geeignetes Koordinatensystem und kennzeichnen Sie das ermittelte Elastizitätsintervall.

Bestimmen Sie die Nachfragemenge, bei der eine 4%ige Preissteigerung zu einem 5%igen Nachfragerückgang führt, und kennzeichnen Sie Ihr Ergebnis in Ihrer Zeichnung.

Bestimmen Sie die Asymptote der Funktion $e_{x;\,p}$ und interpretieren Sie diese im Sachzusammenhang.

eA Handlungssituation 19[1]

Das Unternehmen *Bio-Fresh!* produziert und vertreibt in Europa mehrere etablierte Sorten Bio-Limonade. Auf dem Markt für Bio-Limonaden finden sich inzwischen zahlreiche Anbieter.

Das Unternehmen *Bio-Fresh!* möchte die wirtschaftliche Steuerung länderspezifisch stärker unterscheiden und hat eine Marketingagentur beauftragt, die Gewinnentwicklung über die Zeit in verschiedenen europäischen Ländern zu untersuchen. Die Marketingagentur prognostiziert, das die Funktionenschar $g_a(t) = -\frac{3}{4}t^2 + 2at - \frac{7}{2}$ den Gewinn je Zeiteinheit (ZE) in GE/ZE beschreibt und vom Parameter a abhängig ist. Der Parameter a mit $a \in \{1, 2, 3, 4, 5\}$ steht für verschiedene Länder in Europa und kann der nachstehenden Tabelle entnommen werden:

Land	Italien	Deutschland	Österreich	Frankreich	Portugal
Parameter a	1	2	3	4	5

Für die Planung der Markteinführung neuer Geschmackssorten sind verschiedene Zeitpunkte relevant.

Ermitteln Sie für den deutschen Markt den Zeitpunkt, an dem der anfängliche Verlust ausgeglichen wird.

Bestimmen Sie ebenfalls für den deutschen Markt, um wie viel Prozent der höchste prognostizierte Gesamtgewinn den Gesamtgewinn der letzten Geschäftsperiode, der 2 GE betrug, übersteigt.

---

[1] In Anlehnung an: Niedersächsisches Kultusministerium (Hrsg.): Zentralabitur 2015, Berufliches Gymnasium Wirtschaft/Gesundheit und Soziales, Rechnertyp GRT, eA, Aufgabe 1A, Nachschreibtermin; Ausschnitt aus Teilaufgabe c)

3 Lernbereich: Wachstums- modelle mit Exponential- und e-Funktionen

Mit Exponentialfunktionen kann man gut die Entwicklung beliebiger „Bestände" im Zeitablauf beschreiben, z. B. das Bevölkerungswachstum, die Absatz-, Umsatz- oder Gewinnentwicklung, Medikamentendosierungen, Abkühlungsprozesse, radioaktiven Zerfall etc.

Die e-Funktion ist eine besondere Exponentialfunktion. Weil das Rechnen mit der e-Funktion besonders einfach ist, wollen wir Wachstumsprozesse in den folgenden Abschnitten mithilfe von e-Funktionen beschreiben. Wir beginnen zunächst aber mit einfachen Exponentialfunktionen, wie wir sie bereits in der Einführungsphase kennengelernt haben.

3.1   Wachstumsmodelle

3.1.1   Exponentielles Wachstum und Logarithmieren

Exponentielles Wachstum, auch **unbegrenztes Wachstum** genannt, kennzeichnet, dass jeder Bestand f zu einem beliebigen Zeitpunkt x pro Zeitschritt mit dem gleichen **Wachstumsfaktor (Vervielfachungsfaktor) b** multipliziert wird. Es gilt also die **rekursive[1] Darstellung:**

$$f(x + 1) = f(x) \cdot b \ \Leftrightarrow \ b = \frac{f(x + 1)}{f(x)}.$$

Der Bestand zu einem beliebigen Zeitpunkt x lässt sich bei exponentiellem Wachstum mit der Gleichung der **Exponentialfunktion** $f(x) = a \cdot b^x$ **explizit** darstellen.

Der **Faktor a** gibt den **Anfangsbestand** (Bestand zum Zeitpunkt $x = 0$) an, ist also der Ordinatenabschnitt des Graphen: $f(0) = a$

Die **Basis b** gibt die **Vervielfachung für einen Zeitschritt** an und wird auch **Wachstumsfaktor** oder auch **Verviefachungsfaktor** genannt.

Für $b > 1$ ist das Wachstum positiv, es liegt eine **exponentielle Zunahme** vor.	Für $0 < b < 1$ ist das Wachstum negativ, man spricht auch von **exponentieller Abnahme.**
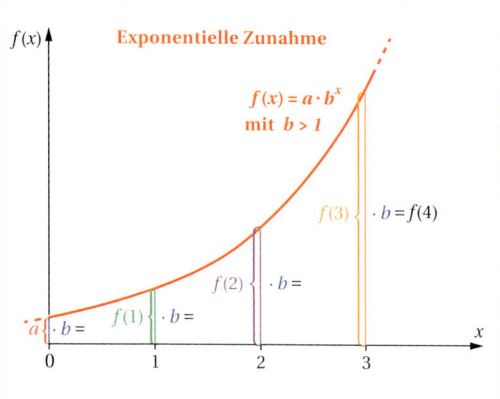	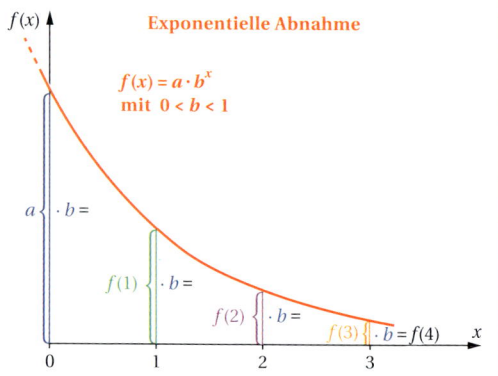
• Asymptote $f^*(x) = 0$, aber nur für $x \to -\infty$	• Asymptote $f^*(x) = 0$, aber nur für $x \to +\infty$
Wenn der **Prozentsatz p** für die prozentuale Veränderung in einem Zeitschritt bekannt ist, kann man den **Wachstumsfaktor b** bestimmen:	
• bei exponentieller Zunahme: $b = 1 + p$	• bei exponentieller Abnahme: $b = 1 - p$

---

[1]   rekursiv (lat.) = zurückgehend zu bekannten Werten

$$f(x) = a \cdot b^x$$

Für $b > 1$: exponentielle Zunahme

Für $0 < b < 1$: exponentielle Abnahme

a ist der Anfangsbestand zum Zeitpunkt $x = 0$

Exponentielles Wachstum mit der Basis b

Logarithmieren

Eine Gleichung mit der Variablen x im Exponenten, (z. B. $0,5^x = 0,125$) heißt Exponentialgleichung. Solche Gleichungen muss man lösen können, um u. a. Wachstumsprobleme zu bearbeiten. Mit den bisher bekannten Rechenmethoden können wir solche Exponentialgleichungen nicht nach x auflösen. Zur Berechnung des Exponenten ist eine neue Rechenart erforderlich, das **Logarithmieren**.

Das Berechnen des Exponenten heißt Logarithmieren.

Logarithmus ist sozusagen ein anderes Wort für Exponent (Hochzahl).
In der Exponentialgleichung $b^x = y$ kann x durch **Umformen der Exponentialgleichung in eine Logarithmusgleichung** bestimmt werden.

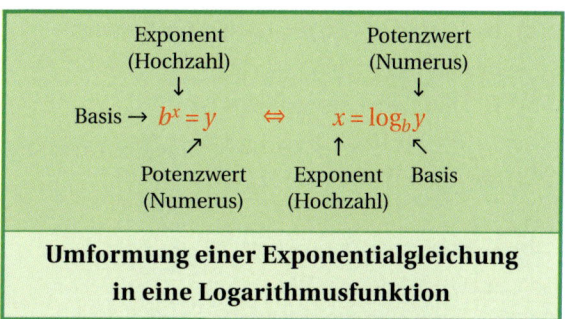

Umformung einer Exponentialgleichung in eine Logarithmusfunktion

Der Taschenrechner kann direkt nur Logarithmen zur Basis 10 (**Zehnerlogarithmus[1]**) mit der Taschenrechnertaste $\boxed{\log}$, und Logarithmen zur Basis e (**natürlicher Logarithmus[2]**) mit der Taschenrechnertaste $\boxed{\ln}$ berechnen.

Logarithmen, die nicht die Basis 10 oder die Basis e haben, werden zur Benutzung des Taschenrechners umgeformt:

$$\log_b a = \frac{\ln a}{\ln b} \text{ oder } \log_b a = \frac{\lg a}{\lg b}$$

Berechnung des Logarithmus zu einer beliebigen Basis b

Dann können sie mit dem Taschenrechner berechnet werden.

---

[1] Der **Zehnerlogarithmus** $\log_{10} y$ wird mit $\lg y$ abgekürzt.
[2] Der **natürliche Logarithmus** $\log_e y$ hat als Basis die eulersche Zahl e, sie wird im Abschnitt 3.1.3 näher erläutert. Der natürliche Logarithmus $\log_e y$ wird mit $\ln y$ abgekürzt.

Situation 1

Die Verwaltung einer aufstrebenden Region strebt für die nächsten 5 Jahre ab Beginn dieses Jahres ein Bevölkerungswachstum von 10 % pro Jahr an. Zu Beginn dieses Jahres betrug die Bevölkerungszahl 10 000 Personen.

a) Ermitteln Sie die Gleichung der Exponentialfunktion, die die Bevölkerungszahl ab Beginn dieses Jahres für die nächsten 10 Jahre beschreibt.

b) Berechnen Sie die Bevölkerungszahl nach 10 Jahren.

c) Bestimmen Sie algebraisch den Zeitpunkt, zu dem sich die Bevölkerungszahl auf 20 000 Personen verdoppelt hat. Ermitteln Sie diesen Zeitpunkt auch mit dem Taschenrechner.

d) Skizzieren Sie den Graphen für den maximal möglichen Definitionsbereich $D_{max}(f)$. Kennzeichnen Sie den ökonomisch relevanten Teil des Graphen und veranschaulichen Sie Ihre Ergebnisse in der Grafik.

Lösung

a) In $f(x) = a \cdot b^x$ ist $a = 10\,000$ der Anfangsbestand.

Der Vervielfachungsfaktor ist
$$b = 1 + 10\,\% = 1 + 0{,}1 = 1{,}1$$
$$\Rightarrow \underline{\underline{f(x) = 10\,000 \cdot 1{,}1^x;\ D_{ök}(f) = [0;\,10]}}$$

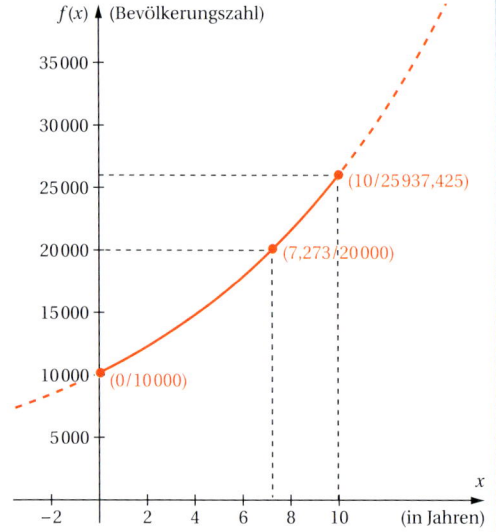

b) Gegeben ist der x-Wert 10, gesucht ist der zugehörige y-Wert.
$$f(10) = 10\,000 \cdot 1{,}1^{10}$$
$$\underline{\underline{f(10) \approx 25\,937\ [\text{Personen}]}}$$

c) Gegeben ist der Funktionswert 20 000, gesucht ist der zugehörige x-Wert.

Ansatz: $f(x) = 20\,000$

Daraus ergibt sich die **Exponentialgleichung**
$$20\,000 = 10\,000 \cdot 1{,}1^x$$
mit der Variablen x im Exponenten.

Wir wollen im Folgenden zwei algebraische Verfahren zur Lösung einer Exponentialgleichung und eine Taschenrechnerlösung vorstellen.

Algebraische Lösung:

In jedem Fall muss erreicht werden, dass die Potenz mit der Variablen x im Exponenten allein auf einer Seite der Gleichung steht.

$$20\,000 = 10\,000 \cdot 1{,}1^x \qquad |:10\,000$$

$$\frac{20\,000}{10\,000} = 1{,}1^x$$

$$2 = 1{,}1^x$$

Diese Exponentialgleichung gilt es nun zu lösen.

▶ **Lösungsweg 1**

Zur Lösung wird die **Exponentialgleichung** mit der Formel $b^x = y \Leftrightarrow x = \log_b y$ in eine **Logarithmusgleichung** umgeformt:

$$2 = 1{,}1^x \Leftrightarrow x = \log_{1{,}1} 2 \qquad \textit{(gelesen: } x = \textit{Logarithmus von 2 zur Basis 1,1)}$$

Wir berechnen $x = \log_{1{,}1} 2$ mit dem **natürlichen Logarithmus**, Taschenrechnertaste $\boxed{\ln}$ (ebenso wäre eine Berechnung mit dem Zehnerlogarithmus, Taschenrechnertaste $\boxed{\log}$ möglich):

$$x = \log_{1{,}1} 2$$

$$x = \frac{\ln 2}{\ln 1{,}1} \approx \frac{0{,}693}{0{,}095}$$

$$\underline{\underline{x \approx 7{,}273}} \text{ [Jahre]}$$

Nach ca. 7 Jahren und 4 Monaten hat sich die Bevölkerungszahl verdoppelt.

● **Lösungsweg 2**

$$2 = 1{,}1^x$$

Beide Seiten der Gleichung werden logarithmiert; wir wählen dazu den natürlichen Logarithmus ln:

$$2 = 1{,}1^x \qquad |\ln(\ )$$

$$\ln 2 = \ln 1{,}1^x$$

Mithilfe des Logarithmusgesetzes

$$\ln a^u = u \cdot \ln a$$

können wir auf der rechten Seite der Gleichung den Exponenten vor den Logarithmus ziehen.

Für unsere Aufgabe:

$$\ln 2 = \ln 1{,}1^x$$

$$\ln 2 = x \cdot \ln 1{,}1$$

und dann mit den bekannten Methoden lösen:

$$\ln 2 = x \cdot \ln 1{,}1 \qquad |:\ln 1{,}1$$

$$x = \frac{\ln 2}{\ln 1{,}1} \approx \frac{0{,}693}{0{,}095}$$

$$\underline{\underline{x \approx 7{,}273}} \text{ [Jahre]}$$

Taschenrechnerlösung (vgl. GTR-Anhang 6):

- Funktionsterm $10\,000 \cdot 1{,}1^x$ für Y1 in den Y-Editor eingeben
- gegebenen Funktionswert 20 000 für Y2 in den Y-Editor eingeben
- passende WINDOW -Einstellungen vornehmen
- mit GRAPH die Graphen anzeigen lassen
- mit 2ND , [CALC], 5:intersect den Schnittpunkt der Geraden mit $y = 20\,000$ und der Exponentialkurve berechnen

Der angezeigte x-Wert ist die gesuchte Jahreszahl

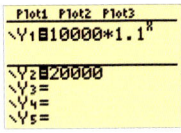 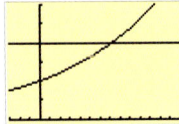 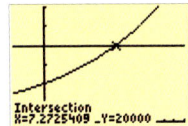

d) Grafik: s. Abb. oben

Für das Lösen von Exponentialgleichungen werden u. U. noch weitere **Logarithmengesetze** benötigt.

Für Logarithmen mit beliebiger Basis	entsprechend für den natürlichen Logarithmus
$\log a^u = u \cdot \log a$	$\ln a^u = u \cdot \ln a$
$\log \sqrt[v]{a^u} = \log a^{\frac{u}{v}} = \dfrac{u}{v} \cdot \log a$	$\ln \sqrt[v]{a^u} = \ln a^{\frac{u}{v}} = \dfrac{u}{v} \cdot \ln a$
$\log (u \cdot v) = \log u + \log v$	$\ln (u \cdot v) = \ln u + \ln v$
$\log \dfrac{u}{v} = \log u - \log v$	$\ln \dfrac{u}{v} = \ln u - \ln v$
Logarithmengesetze	

Situation 2

Die Verwaltung einer Kommune will ihren Schuldenstand in den nächsten 10 Jahren jährlich um 15 % verringern. Zu Jahresbeginn hatte die Kommune Schulden in Höhe von 500 00,00 €.

a) Bestimmen Sie die Gleichung der Exponentialfunktion, die den Schuldenstand der Kommune beschreibt. Geben Sie auch den ökonomisch sinnvollen Definitionsbereich an.

b) Berechnen Sie den Schuldenstand nach 10 Jahren.

c) Bestimmen Sie algebraisch den Zeitpunkt, zu dem der Schuldenstand auf 250 000,00 € verringert worden ist. Führen Sie zur Kontrolle die Berechnung mit dem Taschenrechner durch.

d) Skizzieren Sie den Graphen für den maximal möglichen Definitionsbereich $D_{max}(f)$. Kennzeichnen Sie den ökonomisch relevanten Teil des Graphen und veranschaulichen Sie Ihre Ergebnisse in der Grafik.

Lösung

a) In $f(x) = a \cdot b^x$ ist $a = 500\,000$ der Anfangsbestand.

Der Vervielfachungsfaktor ist

$\qquad b = 1 - 15\,\% = 1 - 0{,}15 = 0{,}85$

$\Rightarrow \underline{\underline{f(x) = 500\,000 \cdot 0{,}85^x;\ D_{\text{ök}}(f) = [0;\,10]}}$

b) Gegeben ist der x-Wert 10, gesucht ist der zugehörige y-Wert.

$\qquad f(10) = 500\,000 \cdot 0{,}85^{10}$

$\qquad \underline{\underline{f(10) = 98\,437{,}20}}\ [€]$

c) Gegeben ist der Funktionswert 250 000, gesucht ist der zugehörige x-Wert.

Ansatz: $f(x) = 250\,000$

Algebraische Lösung durch Logarithmieren:

Zuerst immer die Potenz allein auf eine Seite der Gleichung bringen:

$\qquad 250\,000 = 500\,000 \cdot 0{,}85^x \qquad |:500\,000$

$\qquad \dfrac{1}{2} = 0{,}85^x$

- **Lösungsweg 1**

  Umformen der Logarithmusgleichung in eine Exponentialgleichung entsprechend der Formel:

  $\qquad b^x = y \Leftrightarrow x = \log_b y$

  $\qquad x = \log_{0{,}85} \dfrac{1}{2}$

  Damit der Taschenrechner benutzt werden kann, Umformung dieser Gleichung mit $\log_b y = \dfrac{\ln y}{\ln b}$:

  $\qquad x = \dfrac{\ln \frac{1}{2}}{\ln 0{,}85} \approx \dfrac{-0{,}693}{-0{,}163}$

  $\qquad \underline{\underline{x \approx 4{,}27}}\ [\text{Jahre}]$

  Nach ca. 4 Jahren und 4 Monaten ist der Schuldenstand auf 250 000,00 € reduziert.

- **Lösungsweg 2**

  Beidseitiges Logarithmieren der Exponentialgleichung:

  $\qquad \dfrac{1}{2} = 0{,}85^x \qquad |\ln(\ )$

  $\qquad \ln \dfrac{1}{2} = \ln 0{,}85^x$

Mithilfe der Logarithmusgesetzes

$$\ln a^u = u \cdot \ln a$$

den Exponenten vor den Logarithmus ziehen:

$$\ln \frac{1}{2} = x \cdot \ln 0{,}85 \qquad | : \ln 0{,}85$$

$$x = \frac{\ln \frac{1}{2}}{\ln 0{,}85} \approx \frac{-0{,}693}{-0{,}163}$$

$$\underline{\underline{x \approx 4{,}27 \; [\text{Jahre}]}}$$

Taschenrechnerlösung

(vgl. GTR-Anhang 6)

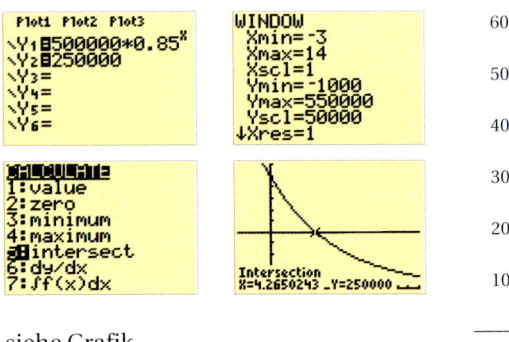

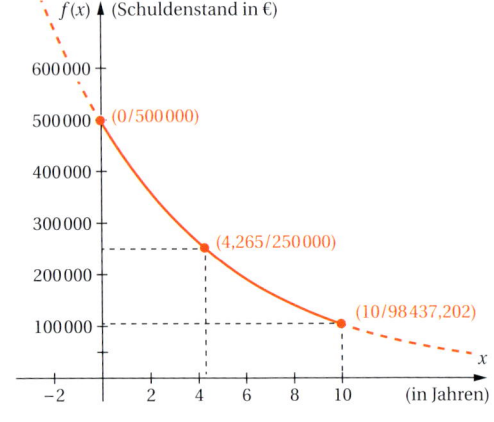

d) siehe Grafik

Graphen der Logarithmusfunktionen

Der Logarithmus einer Zahl x kann auch grafisch in Form der **Logarithmusfunktion** dargestellt werden. Wir bilden beispielhaft die Graphen der

- natürlichen Logarithmusfunktion

  $$f(x) = \log_e x = \ln x$$

und der

- Zehnerlogarithmusfunktion

  $$f(x) = \log_{10} x = \lg x$$

ab.

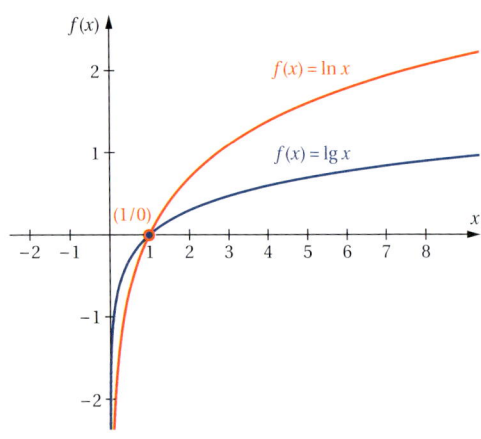

Es ist zu erkennen, dass

- der Logarithmus nur für positive Zahlen x berechnet werden kann,
- der Logarithmus von 1 bei jeder Basis 0 ist,
- der Logarithmus von Zahlen zwischen 0 und 1 negativ ist,
- der Logarithmus von Zahlen größer als 1 positiv ist.

Zusammenfassung

- **Exponentielles Wachstum**

  $f(x) = a \cdot b^x; \; b \in \mathbb{R}_+^* \backslash \{1\}$

  a = Anfangsbestand = Ordinatenabschnitt

  b = Wachstumsfaktor

- **Exponentielle Zunahme**

  $f(x) = a \cdot b^x; \; b > 1$

  $b = 1 + $ Prozentsatz p

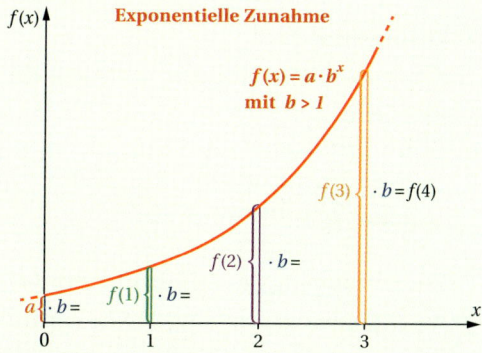

- **Exponentielle Abnahme**

  $f(x) = a \cdot b^x; \; 0 < b < 1$

  $b = 1 - $ Prozentsatz p

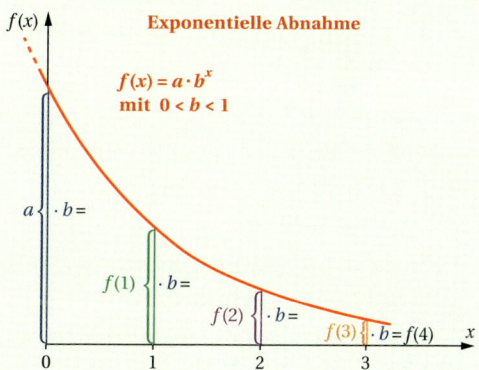

- **Logarithmieren** = Berechnen des Exponenten

- Der **Zehnerlogarithmus** $\log_{10} y$ wird mit $\lg y$ abgekürzt und wird mit der Taschenrechner-taste $\boxed{\text{log}}$ berechnet.

- Der **natürliche Logarithmus** $\log_e y$ hat als Basis die eulersche Zahl e. Der natürliche Logarithmus $\log_e y$ wird mit $\ln y$ abgekürzt. Mit dem Taschenrechner wird der natürliche Logarithmus $\log_e y = \ln y$ mit der Taste $\boxed{\text{ln}}$ berechnet.

Situation 3

Berechnen Sie die Nullstellen der Funktion f mit $f(x) = 3\,e^{2x} - 10$.

Lösung

$f(x) = 0$

$0 = 3\,e^{2x} - 10$

- **Lösungsweg 1**

  Zunächst bringen wir die Potenz mit der gesuchten Variablen im Exponenten allein auf eine Seite:

  $0 = 3\,e^{2x} - 10 \qquad | + 10$

  $3\,e^{2x} = 10 \quad | : 3$

  $e^{2x} = \dfrac{10}{3}$

  Zur Berechnung des Exponenten wird nun entsprechend der Formel $b^x = y \Leftrightarrow x = \log_b y$ die Exponentialgleichung in eine Logarithmusgleichung umgeformt:

  $2x = \log_e \dfrac{10}{3}$ oder einfacher: $2x = \ln \dfrac{10}{3} \qquad | : (2)$

  $\underline{\underline{x = \dfrac{1}{2} \ln \dfrac{10}{3} \approx 0{,}602}}$

- **Lösungsweg 2**

  Beide Seiten der Gleichung werden logarithmiert:

  $3\,e^{2x} = 10 \qquad | \ln(\ )$

  $\ln(3\,e^{2x}) = \ln 10$

  Nach den Logarithmengesetzen ist $\ln(u \cdot v) = \ln u + \ln v$:

  $\ln 3 + \ln e^{2x} = \ln 10$

  Nach den Logarithmengesetzen ist $\ln a^u = u \cdot \ln a$ (Eponenten vor den Logarithmus ziehen):

  $\ln 3 + 2x \ln e = \ln 10$

  Da $\ln e = 1$:

  $\ln 3 + 2x = \ln 10 \qquad | - \ln 3$

  $2x = \ln 10 - \ln 3$

  Nach den Logarithmengesetzen ist $\ln \dfrac{u}{v} = \ln u - \ln v$:

  $2x = \ln \dfrac{10}{3}$

  $\underline{\underline{x = \dfrac{1}{2} \ln \dfrac{10}{3} \approx 0{,}602}}$

- **Lösungsweg 3**

  $3\,e^{2x} = 10$

  Nach den Potenzgesetzen ist $(b^u)^v = b^{u \cdot v}$. Also kann man auch schreiben:

  $3\,(e^x)^2 = 10$

Nun kann man e^x durch z substituieren: $e^x = z$

$$3z^2 = 10$$

$$z^2 = \frac{10}{3}$$

$$z = \pm\sqrt{\frac{10}{3}}$$

Rücksubstitution von z durch e^x ergibt:

$$e^x = z$$

$$e^x = \pm\sqrt{\frac{10}{3}}$$

$$x = \ln\pm\sqrt{\frac{10}{3}} \qquad |\text{Umformung mit der Logarithmusgleichung}$$

Der Logarithmus ist nur für einen positiven Numerus definiert:

$$x = \ln\sqrt{\frac{10}{3}} = \ln\left(\frac{10}{3}\right)^{\frac{1}{2}}$$

Mit dem Logarithmusgesetz $\ln a^u = u \cdot \ln a$ erhält man:

$$\underline{\underline{x = \tfrac{1}{2}\ln\frac{10}{3} \approx 0{,}602}}$$

Zusammenfassung

- **Umformung einer Exponentialgleichung in eine Logarithmusgleichung:**
  1. Potenz allein auf eine Seite der Gleichung bringen
  2. Lösen der Exponentialgleichung
  - ▶ Alternative 1: Mit der Grundgleichung
    $$b^x = y \iff x = \log_b y$$
  - ▶ Alternative 2: Beidseitiges Logarithmieren der Exponentialgleichung

- Logarithmen, die nicht die Basis 10 oder die Basis e haben, werden zur **Benutzung des Taschenrechners** umgeformt:
  $$\log_b y = \frac{\ln y}{\ln b}$$

- **Logarithmengesetze:**
  - ▶ für Logarithmen mit beliebiger Basis
    $$\log a^u = u \cdot \log a$$
    $$\log \sqrt[v]{a^u} = \log a^{\frac{u}{v}} = \frac{u}{v} \cdot \log a$$
    $$\log (u \cdot v) = \log u + \log v$$
    $$\log \frac{u}{v} = \log u - \log v$$
  - ▶ für den natürlichen Logarithmus
    $$\ln a^u = u \cdot \ln a$$
    $$\ln \sqrt[v]{a^u} = \ln a^{\frac{u}{v}} = \frac{u}{v} \cdot \ln a$$
    $$\ln (u \cdot v) = \ln u + \ln v$$
    $$\ln \frac{u}{v} = \ln u - \ln v$$

- **Graphen der Logarithmusfunktionen:**
  - ▸ Der Logarithmus kann nur für positive Zahlen berechnet werden.
  - ▸ Der Logarithmus von 1 bei jeder Basis ist 0.
  - ▸ Der Logarithmus von Zahlen zwischen 0 und 1 ist negativ.
  - ▸ Der Logarithmus von Zahlen größer als 1 ist positiv.

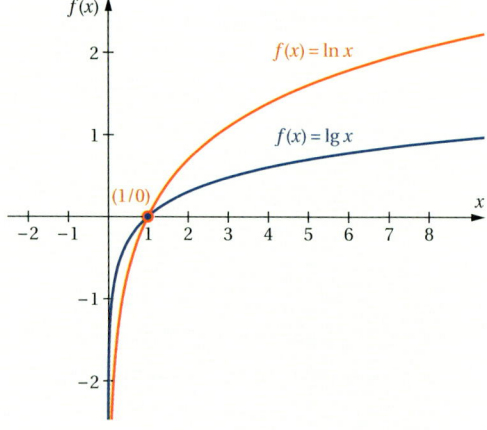

Übungsaufgaben

Logarithmieren

1 Berechnen Sie ohne Taschenrechner. Nutzen Sie die Logarithmengesetze.

a) $x = \log_2 32$ b) $x = \lg 0{,}01$ c) $x = \log_3 27$

d) $x = \log_4 4$ e) $x = \log_5 1$ f) $x = \log_{0,2} 25$

g) $x = \log_3 \sqrt[3]{1}$ h) $x = \ln e$ i) $x = \ln 1$

j) $x = \ln 0$ k) $x = \ln e^2$ l) $x = \ln \frac{1}{e^3}$

m) $x = \log_2 \frac{1}{2}$ n) $x = \ln \frac{e}{3}$ o) $x = \ln(2\,e)$

p) $x = -4 \ln \sqrt{e}$ q) $x = \log_2 2$ r) $x = \frac{1}{4} \ln e^4$

2 Lösen Sie zunächst ohne Taschenrechner und kontrollieren Sie Ihr Ergebnis anschließend mit dem Taschenrechner.

a) $10^x = 1\,000$ b) $e^x = \frac{1}{e}$ c) $3^x = 3$

d) $2 \cdot 2^x = 16$ e) $1{,}5^x = 1$ f) $2 \cdot e^x = 2$

g) $x = \log_3 81$ h) $x = \log_a 1$ i) $x = \log_4 64$

j) $x = \log_{0,5} 16$ k) $x = \log_{1,4} 1$ l) $x = \log_3 9$

m) $x = \ln e$ n) $x = \ln 0$ o) $x = \ln 1$

p) $x = \lg 10$ q) $x = \lg \frac{1}{10}$ r) $x = \log_2 2$

3 Berechnen Sie mithilfe des Taschenrechners.

a) $x = \lg 150$ b) $x = \ln 10$ c) $x = \log_2 20$

d) $x = \lg 4$ e) $x = \log_2 \frac{1}{8}$ f) $x = \ln 0{,}25$

g) $x = \log_3 4$ h) $x = \log_5 3$ i) $x = \log_{0,25} 2$

4 Die Anzahl der durch ein neues Virus befallenen Computer vermehrt sich in den ersten 24 Stunden pro Stunde um 30 %. Zu Beobachtungsbeginn waren 500 Computer infiziert.

a) Ermitteln Sie die Gleichung mit Definitionsbereich, die die Anzahl der infizierten Computer beschreibt.

b) Berechnen Sie, wie viele Computer innerhalb von 10 Stunden infiziert sind.

c) Bestimmen Sie algebraisch den Zeitpunkt, zu dem 10 000 Computer durch den Virus infiziert sind. Kontrollieren Sie das Ergebnis mit dem Taschenrechner.

d) Skizzieren Sie den Graphen mit den wesentlichen Daten.

5 Nach der Injektion eines neuen Medikamentes befinden sich 50 ME dieses Medikamentes in 10 ml Blut der Testperson. Stündlich werden dem Patienten weitere 10 ml Blut abgenommen und geprüft. Es wird festgestellt, dass stündlich 10 % des Medikamentes abgebaut werden.

a) Ermitteln Sie die Gleichung mit Definitionsbereich, die die Menge des Medikamentes im Blut beschreibt.

b) Berechnen Sie, wie viele ME des Medikamentes innerhalb von 12 Stunden noch nachzuweisen sind. Erläutern Sie, wie sich die Menge des Medikamentes im Blut langfristig entwickeln wird.

c) Bestimmen Sie algebraisch den Zeitpunkt, zu dem sich die ursprüngliche Menge des Medikamentes halbiert hat. Kontrollieren Sie das Ergebnis mit dem Taschenrechner.

d) Skizzieren Sie den Graphen mit den wesentlichen Daten.

6 Um das Jahr 1800 betrug die Weltbevölkerung rund 1 Milliarde Menschen, um 1930 waren es 2 Milliarden, 1960 dann 3 Milliarden und im Jahr 1975 mehr als 4 Milliarden Menschen.

a) Bestimmen Sie die Gleichung einer Exponentialgleichung, die das Wachstum der Weltbevölkerung auf Grundlage der gegebenen Daten beschreibt. Setzen Sie dabei für $x = 0$ das Jahr 1800.

b) Berechnen Sie nach diesem Modell die Weltbevölkerung im Jahr 2020.

c) Bestimmen Sie algebraisch das Jahr, in dem die Weltbevölkerung nach diesem Modell die 6-Milliarden-Grenze überschreitet. Kontrollieren Sie das Ergebnis mit dem Taschenrechner.

7 Ein radioaktives Präparat zerfällt in der Weise, dass jeweils nach einem Jahr immer nur noch $\frac{1}{3}$ der zuvor vorhandenen Menge existiert.

a) Bestimmen Sie die Gleichung der Funktion, die den Zerfall beschreibt, wenn die Ausgangsmenge 50 g beträgt.

b) Berechnen Sie, wie viel radioaktives Material nach 5 Jahren noch vorhanden ist.

c) Ermitteln Sie den Zeitpunkt, zu dem die Menge des radioaktiven Materials nur noch 1 g beträgt.

(jeweils algebraische Lösung und Kontrolle mit dem Taschenrechner)

8   Eine Wasserpumpe fördert 60 l/min in ein Auffangbecken.
   a) Bestimmen Sie die Gleichung der Funktion, die die Wassermenge in dem Auffangbecken in Abhängigkeit von der Zeit (in min) beschreibt, wenn zu Beginn 10 000 Liter in dem Auffangbecken vorhanden waren.
   b) Berechnen Sie, wie viel Wasser nach 2 Stunden vorhanden ist.
   c) Berechnen Sie, wann sich die ursprünglich vorhandene Wassermenge in dem Auffangbecken verdoppelt hat.
   (jeweils algebraische Lösung und Kontrolle mit dem Taschenrechner)

9   Ein Waldbestand mit 100 000 m³ Holz wächst gleichmäßig um 6 % je Jahr.
   a) Bestimmen Sie die Funktionsgleichung, die diesen Sachverhalt beschreibt
   b) Berechnen Sie, wie viele m³ Holz nach 8 Jahren zur Verfügung stehen.
   c) Berechnen Sie, wann sich der Waldbestand verdoppelt hat.
   (jeweils algebraische Lösung und Kontrolle mit dem Taschenrechner)

10 Von einem radioaktiven Material zerfällt in jeweils 10 Jahren ein Anteil von 16 %. 1990 betrug die Masse des radioaktiven Materials 100 g.
   a) Bestimmen Sie die Funktionsgleichung, die den radioaktiven Zerfall beschreibt (10 Jahre sollen einer Zeiteinheit entsprechen).
   b) Zeichnen Sie den Graphen der Funktion für den Zeitraum von 1990 bis 2090.
   c) Berechnen Sie algebraisch die Halbwertzeit[1] und kennzeichnen Sie diese in der Grafik.
   (jeweils algebraische Lösung und Kontrolle mit dem Taschenrechner)

11 Ein Unternehmen produziert exklusive Erfrischungsgetränke. Zur Qualitätskontrolle sollen in einem Labor einige Tests durchgeführt werden.
   Zunächst wird die Abkühlung des Getränkes in Abhängigkeit von der Zeit getestet. Das Erfrischungsgetränk wird in einem Kühlschrank auf exakt 10 °C temperiert, bevor es herausgenommen wird. In dem unternehmenseigenen Labor herrscht zwecks Analyse unter Idealbedingungen eine Temperatur von 0 °C. Zwei Minuten, nachdem das Getränk aus dem Kühlschrank genommen worden ist, wurde eine Temperatur von 8,1 °C gemessen.
   a) Bestimmen Sie algebraisch die Funktionsgleichung der Exponentialfunktion f mit $f(t)$, welche die Temperatur in °C in Abhängigkeit von der Zeit in Minuten angibt. Geben Sie den mathematisch maximalen Definitionsbereich und Wertebereich und den bezogen auf diese Situation sinnvollen Definitionsbereich und Wertebereich der Exponentialfunktion an.
   b) Bestimmen Sie die Temperatur 10 Minuten nach Herausnahme aus dem Kühlschrank.
   c) Berechnen Sie, wie lange es dauert, bis das Getränk auf 3 °C abgekühlt ist.

---

[1]   Die **Halbwertzeit** gibt an, nach welcher Zeit sich die Masse des strahlenden Materials halbiert hat.

Ein Marktforschungsunternehmen hat herausgefunden, dass das Getränk im Sommer umso erfolgreicher am Markt bestehen wird, je weniger schnell es sich aufwärmt. Zu diesem Zweck wurde das Getränk im Freien bei 21 °C untersucht, jedoch zuvor weiterhin auf 10 °C gekühlt gehalten. 2 Minuten nach Herausnahme aus dem Kühlschrank wurde die Temperatur mit 12,09 °C gemessen.

d) Bestimmen Sie algebraisch die neue Funktionsgleichung, die die Temperatur in °C in Abhängigkeit von der Zeit in Minuten angibt. Beschreiben Sie, inwiefern sich der Verlauf dieser Temperaturkurve von der ersten Kurve unterscheidet. Skizzieren Sie die beiden Graphen in einem Koordinatensystem.

e) Bestimmen Sie die Zeit in Minuten, welche das Getränk maximal nach Herausnahme aus dem Kühlschrank im Freien stehen darf, wenn es nicht wärmer als 15 °C werden soll.

f) Berechnen Sie, welche Temperatur das Getränk nach 5 Minuten erreicht hat.

Lösen von Exponentialgleichungen

12 Bestimmen Sie die Nullstellen der Graphen der Funktionen mit den folgenden Funktionsgleichungen. Geben Sie das Ergebnis zunächst exakt und dann gerundet an.

a) $f(x) = 2^x - 4$

b) $f(x) = 3^{2x} - 6$

c) $f(x) = -3 \cdot 3^x + 9$

d) $f(x) = 2 \cdot 0,5^x - 1$

e) $f(x) = 2 \cdot 3^{x-1} - 18$

f) $f(x) = -0,5 \cdot 2^{2x-2} + 2$

g) $f(x) = \frac{1}{4} \cdot 2^{-2x+1} - 2$

h) $f(x) = -\frac{1}{3} \cdot 3^{-x-2} + 1$

13 Bestimmen Sie die Nullstellen exakt und gerundet.

a) $f(x) = e^x - 8$

b) $f(x) = 2e^x - 1$

c) $f(x) = e^{2x-2} - 1$

d) $f(x) = 2 e^{2x} - 2$

e) $f(x) = \frac{1}{2}e^{-x} - 2$

f) $f(x) = e^x - e$

g) $f(x) = -0,5 \, e^{x-2} + 0,5$

h) $f(x) = -e^{-0,5x+1} + 1$

3.1.2   Begrenztes Wachstum und Logarithmieren

Bei **begrenztem Wachstum** (auch **beschränktes Wachstum** genannt) nähert sich der Bestand f im Zeitablauf einer **Sättigungsgrenze** g. Der Graph nähert sich also für $x \to \infty$ einer Asymptote mit der Gleichung $f^*(x) = g$. Das **Sättigungsmanko** $m = g - f$ (auch **Sättigungsdefizit** genannt) ist der Betrag, der jeweils noch bis zur Sättigungsgrenze fehlt.

Begrenztes Wachstum ist dadurch gekennzeichnet, dass das Sättigungsmanko m exponentiell abnimmt:

Sättigungsmanko: $m(x) = a \cdot b^x$

Dabei ergibt sich der Wachstumsfaktor b aus der prozentualen Abnahme p des Sättigungsmankos: $b = 1 - p$ mit $0 < b < 1$

a ist das Sättigungsmanko zum Zeitpunkt $x = 0$.

Begrenztes Wachstum kann als begrenzte Zunahme oder als begrenzte Abnahme auftreten. Im Folgenden wollen wir beide Modelle darstellen.

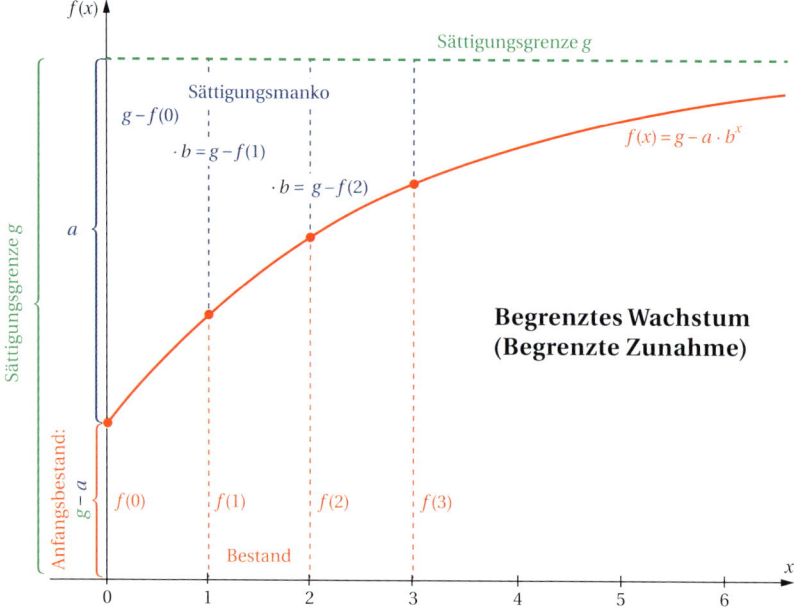

Der Bestand f ist bei begrenztem Wachstum jeweils die **Differenz aus Sättigungsgrenze g und Sättigungsmanko m**:

$f = g - m$

Für den Bestand f zu einem beliebigen Zeitpunkt x gilt dann:

$f(x) = g - m(x)$

$f(x) = g - a \cdot b^x$

Begrenztes Wachstum kann also mit der folgenden Gleichung beschrieben werden:

> $$f(x) = g - a \cdot b^x$$
>
> mit $b = 1 - p$; $0 < b < 1$
>
> **begrenztes Wachstum**

Für $f(x) = g - a \cdot b^x$ gilt:

- f ist der **Bestand** zum Zeitpunkt x.
- g ist die **Sättigungsgrenze**.

  Die Funktionswerte der Funktion für begrenztes Wachstum nähern sich für $x \to \infty$ immer mehr der Sättigungsgrenze an, erreichen sie aber nie:

  $\lim\limits_{x \to \infty} f(x) = g$

- $f^*(x) = g$ ist die Gleichung der **Asymptote** bei begrenztem Wachstum.
- a ist das **Sättigungsmanko** zum Zeitpunkt $x = 0$.
- $f(0) = g - a$ ist der **Anfangsbestand** zum Zeitpunkt $x = 0$.

- Der **Prozentsatz p** gibt die Abnahme des Sättigungsmankos für einen Zeitschritt an $(0 < p < 1)$.
- Wenn der **Prozentsatz p** für die prozentuale Verringerung des Sättigungsmankos in einem Zeitschritt bekannt ist, gilt für den **Wachstumsfaktor des Sättigungsmankos $b = 1 - p$** mit $0 < b < 1$.
- $m(x) = a \cdot b^x$ ist das **Sättigungsmanko m** zum Zeitpunkt x.
- Das neue Sättigungsmanko $m(x+1)$ nach einem Zeitschritt ergibt sich durch Multiplikation des alten Sättigungsmankos $m(x)$ mit dem **Wachstumsfaktor b:**

$$m(x+1) = m(x) \cdot b \Leftrightarrow b = \frac{m(x+1)}{m(x)}$$

Situation 4

In einer niedersächsischen Kleinstadt mit 50 000 Einwohnern sind zurzeit 6 000 Einwohner Kunde des Internetanbieters T. Man schätzt, dass insgesamt maximal 20 000 Personen der Kleinstadt Kunde von T werden könnten.

Durch regelmäßige Werbemaßnahmen werden pro Jahr jeweils 30 % der verbliebenen potenziellen Kunden zu einem Vertragsabschluss bewegt.

a) Berechnen Sie die Anzahl der T-Kunden vom Anfangsbestand ausgehend nach einem Jahr.

b) Ermitteln Sie die Funktionsgleichung einer Exponentialfunktion, mit der sich die Anzahl der T-Kunden der Kleinstadt für die folgenden Jahre explizit beschreiben lässt. Geben Sie die Gleichung der Asymptote an. Skizzieren Sie den Graphen der Funktion. Bestimmen Sie mit der ermittelten Gleichung zur Kontrolle die Funktionswerte an den Stellen $x = 0$ und $x = 1$ (vgl. Teilaufgabe a)).

c) Berechnen Sie die Anzahl der T-Kunden nach 10 Jahren.

d) Ermitteln Sie algebraisch und mit dem Taschenrechner den Zeitpunkt, zu dem 15 000 Einwohner T-Kunden sind.

Lösung

a) $f(1) = f(0) + m(0) \cdot p = f(0) + (g - f(0)) \cdot p$

$\qquad = 6\,000 + (20\,000 - 6\,000) \cdot 0{,}3 = 6\,000 + 14\,000 \cdot 0{,}3$

$\qquad = 6\,000 + 4\,200 = \underline{\underline{10\,200}}$ [Kunden]

b) $f(x) = g - a \cdot b^x$ mit $b = 1 - p$

$\qquad f(x) = 20\,000 - (20\,000 - 6\,000) \cdot 0{,}7^x$

$\qquad \underline{\underline{f(x) = 20\,000 - 14\,000 \cdot 0{,}7^x}}$

Gleichung der Asymptote:

$\qquad f^*(x) = 20\,000$ für $x \to \infty$

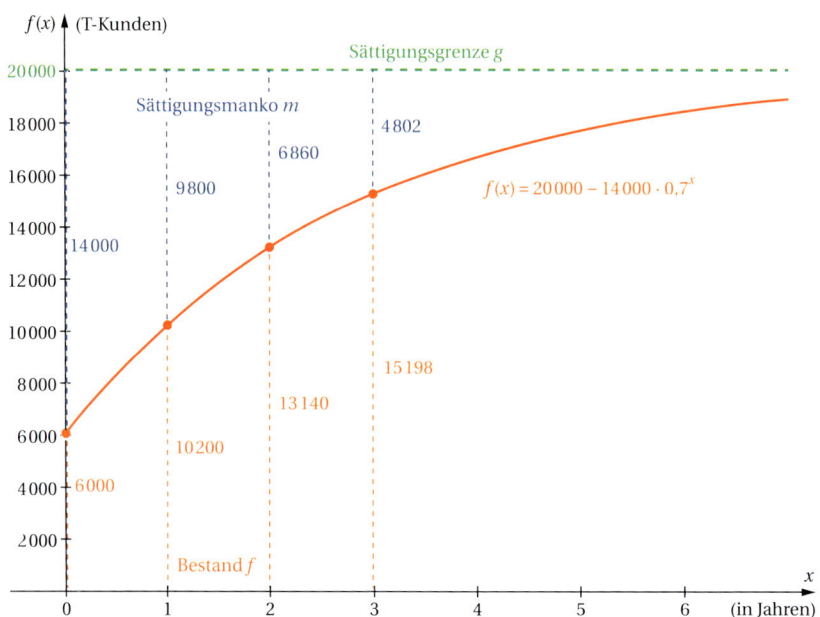

Kontrolle:

$f(0) = 20\,000 - 14\,000 \cdot 0,7^0$

$f(0) = 20\,000 - 14\,000 \cdot 1 = \underline{\underline{6\,000}}$

$f(1) = 20\,000 - 14\,000 \cdot 0,7^1$

$f(1) = 20\,000 - 14\,000 \cdot 0,7 = 20\,000 - 9\,800 = \underline{\underline{10\,200}}$

c) Gegeben: $x = 10$, gesucht: der zugehörige Funktionswert $f(10)$

$f(10) = 20\,000 - 14\,000 \cdot 0,7^{10} = 20\,000 - 395,47 = \underline{\underline{19\,604,53}}$

Nach 10 Jahren sind $19\,604$ Einwohner der niedersächsischen Kleinstadt Kunden von T.

d) Gegeben: Der Funktionswert $f(x) = 15\,000$, gesucht: der zugehörige x-Wert.

Ansatz: $f(x) = 15\,000$

$\qquad 15\,000 = 20\,000 - 14\,000 \cdot 0,7^x$

Die Potenz allein auf eine Seite bringen:

$\qquad 15\,000 = 20\,000 - 14\,000 \cdot 0,7^x \qquad |-20\,000$

$\qquad -5\,000 = -14\,000 \cdot 0,7^x \qquad |:(-14\,000)$

$\qquad \dfrac{5\,000}{14000} = 0,7^x$

Lösung mit der Grundgleichung	Lösung durch beidseitiges Logarithmieren
$\dfrac{5\,000}{14\,000} = 0{,}7^x \qquad \mid b^x = y \Leftrightarrow x = \log_b y$ $x = \log_{0{,}7} \dfrac{5\,000}{14\,000}$ $x = \dfrac{\ln \frac{5\,000}{14\,000}}{\ln 0{,}7} \approx \dfrac{-1{,}03}{-0{,}36} = \underline{\underline{2{,}89}}$	$\dfrac{5\,000}{14\,000} = 0{,}7^x \qquad \mid \ln(\ )$ $\ln \dfrac{5\,000}{14\,000} = \ln 0{,}7^x \qquad \mid$ Exponenten vor dem Logarithmus ziehen $\ln \dfrac{5\,000}{14\,000} = x \cdot \ln 0{,}7$ $x = \dfrac{\ln \frac{5\,000}{14\,000}}{\ln 0{,}7} \approx \dfrac{-1{,}03}{-0{,}36} = \underline{\underline{2{,}89}}$

In knapp 3 Jahren sind 15 000 Einwohner der Kleinstadt Kunden von T.

Situation 5

Ein neues Fiebermittel soll bei einer Grippe die über die Normaltemperatur von 37 °C hinausgehende Temperatur jeweils um 60 % je Tag senken. Bei einem Patienten wurde zu Beginn der Behandlung eine Körpertemperatur von 41 °C gemessen.

a) Bestimmen Sie, ausgehend von 41 °C, die Körpertemperatur des Patienten einen Tag nach Einnahme des fiebersenkenden Mittels.

b) Ermitteln Sie die Funktionsgleichung, die die Körpertemperatur f des Patienten, der dieses Mittel einnimmt, im Zeitablauf x (in Tagen) beschreibt. Skizzieren Sie den Graphen der Funktion mit seinen Punkten an den Stellen $x = 0$, $x = 1$, $x = 2$ und $x = 3$ und kennzeichnen Sie das jeweilige Sättigungsmanko und die Sättigungsgrenze. Geben Sie die Gleichung der Asymptote an.

c) Berechnen Sie algebraisch, wann die Körpertemperatur unter 37,5 °C sinkt.

Lösung

a) $f(x + 1) = f(x) + (g - f(x)) \cdot p$

Hier: $f(1) = f(0) + (g - f(0)) \cdot p$

Mit der Anfangstemperatur $f(0) = 41$, dem Grenzwert $g = 37$ und dem Prozentsatz $p = 0{,}6$ ergibt sich:

$$f(1) = 41 + (37 - 41) \cdot 0{,}6$$
$$= 41 - 4 \cdot 0{,}6$$
$$= 41 - 2{,}4 = \underline{\underline{38{,}6}} \ [°C]$$

b) $f(x) = g - a \cdot b^x$

$f(x) = 37 - a \cdot (1 - 0{,}6)^x$

Wegen

$a = g - f(0)$:

$a = 37 - 41 = -4$

$\underline{\underline{f(x) = 37 + 4 \cdot 0{,}4^x}}$

$\underline{\underline{f^*(x) = 37}}$

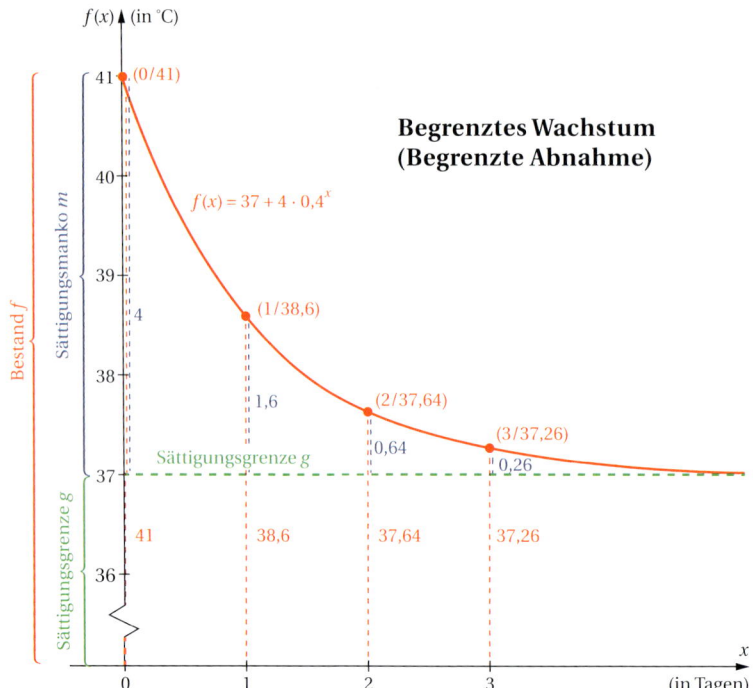

c) Ansatz: $f(x) = 37{,}5$

$$37{,}5 = 37 + 4 \cdot 0{,}4^x$$

Die Potenz allein auf eine Seite bringen:

$$37{,}5 = 37 + 4 \cdot 0{,}4^x \qquad | -37$$
$$0{,}5 = 4 \cdot 0{,}4^x \qquad |:4$$
$$0{,}125 = 0{,}4^x$$

Lösung mit der Grundgleichung	Lösung durch beidseitiges Logarithmieren
$0{,}125 = 0{,}4^x$ $b^x = y \Leftrightarrow x = \log_b y$ $x = \log_{0,4} 0{,}125$ $x = \dfrac{\ln 0{,}125}{\ln 0{,}4} \approx \underline{\underline{2{,}27}}$ [Tage]	$0{,}125 = 0{,}4^x \qquad \|\ln(\ )$ $\ln 0{,}125 = \ln 0{,}4^x \qquad \|$ Exponenten vor den $\qquad\qquad\qquad\qquad\quad$ Logarithmus ziehen $\ln 0{,}125 = x \cdot \ln 0{,}4$ $x = \dfrac{\ln 0{,}125}{\ln 0{,}4} \approx \underline{\underline{2{,}27}}$ [Tage]

Ca. 2,27 Tage, also 2 Tage und 6,5 Stunden, nach Therapiebeginn sinkt die Körpertemperatur unter 37,5 °C.

Zusammenfassung

- **Begrenztes Wachstum:** $f(x) = g - a \cdot b^x$; $0 < b < 1$

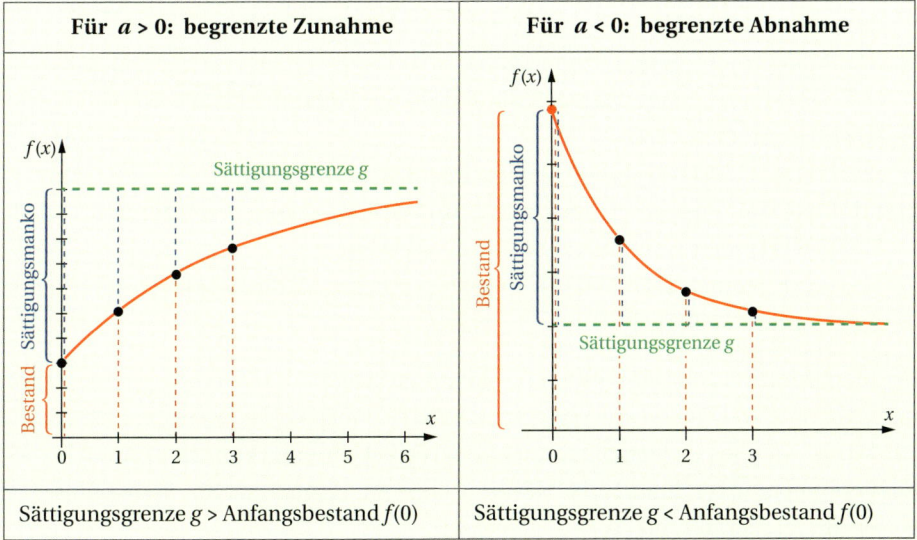

Für $a > 0$: begrenzte Zunahme	Für $a < 0$: begrenzte Abnahme
Sättigungsgrenze $g >$ Anfangsbestand $f(0)$	Sättigungsgrenze $g <$ Anfangsbestand $f(0)$

Dabei gilt:

- f ist der **Bestand** zum Zeitpunkt x.

- g ist die **Sättigungsgrenze.**

- a ist das **Sättigungsmanko** zum Zeitpunkt $x = 0$.
  - ▸ $a > 0$: begrenzte Zunahme
  - ▸ $a < 0$: begrenzte Abnahme

- $f(0) = g - a$ ist der **Anfangsbestand** zum Zeitpunkt $x = 0$.

- $b = 1 - p$ mit $0 < b < 1$ ist der **Wachstumsfaktor des Sättigungsmankos** für einen Zeitschritt, mit dem das *verringerte Sättigungsmanko* bestimmt wird.

- p ist der Prozentsatz, der die Abnahme des Sättigungsmankos für einen Zeitschritt angibt.

- $m(x) = a \cdot b^x$ ist jeweils das **Sättigungsmanko** zum Zeitpunkt x.

- Der Bestand f strebt bei begrenztem Wachstum immer gegen eine Grenze g.
  $\lim\limits_{x \to \infty} (g - a \cdot b^x) = g - a \cdot 0 = g$ für $0 < b < 1$ $\Rightarrow$ Asymptote: $f^*(x) = g$

Übungsaufgaben

1 Ein Marktforschungsinstitut hat festgestellt, dass in einer Stadt mit 100 000 Einwohnern zurzeit 1 000 Elektrofahrzeuge angemeldet sind. Man schätzt, dass insgesamt maximal 60 000 Elektrofahrzeuge gefahren werden könnten. Weiterhin wird gehofft, dass durch eine Erhöhung der Anzahl der Ladestationen und eine Verbesserung der sonstigen Rah-

menbedingungen jeweils 20 % der verbliebenen potenziellen Kunden zu einem Umstieg auf Elektrofahrzeuge bewegt werden können.

a) Berechnen Sie die Anzahl der Elektrofahrzeuge vom Anfangsbestand ausgehend nach einem Jahr.

b) Ermitteln Sie die Funktionsgleichung einer Exponentialfunktion (mit sinnvollem Definitionsbereich), mit der sich die Anzahl der Elektrofahrzeuge für die folgenden Jahre beschreiben lässt.

c) Berechnen Sie die Anzahl der Elektrofahrzeuge nach 5 Jahren.

d) Ermitteln Sie algebraisch und mit dem Taschenrechner den Zeitpunkt, zu dem 50 000 Elektrofahrzeuge angemeldet sein werden.

e) Skizzieren Sie den Graphen der Funktion mit der Sättigungsgrenze und den von Ihnen ermittelten Ergebnissen.

2 Ein Marktforschungsunternehmen hat herausgefunden, dass ein bestimmtes Getränk im Sommer so erfolgreich am Markt ist, weil es sich in gekühltem Zustand nur langsam aufwärmt. Um dies zu testen, wurde ein zuvor auf 5 °C abgekühltes Getränk bei 25 °C Außentemperatur untersucht. 3 Minuten nach Herausnahme aus dem Kühlschrank wurde die Temperatur mit 10,42 °C gemessen.

a) Bestimmen Sie algebraisch die Funktionsgleichung (mit sinnvollem Definitionsbereich), die die Temperatur in °C in Abhängigkeit von der Zeit in Minuten angibt.

b) Berechnen Sie, welche Temperatur das Getränk nach 10 Minuten erreicht hat.

c) Bestimmen Sie die Zeit in Minuten, welche das Getränk maximal nach Herausnahme aus dem Kühlschrank im Freien stehen darf, wenn es nicht wärmer als 16 °C werden soll.

d) Geben Sie die Gleichung der Asymptote an und interpretieren Sie diese Gleichung anwendungsbezogen.

e) Skizzieren Sie den Graphen mit den gegebenen Daten und den von Ihnen berechneten Ergebnissen.

3 In der Tabelle ist die Größe einer Pilzkultur (in cm²) auf einer Testfläche der Größe 1 000 cm² für die ersten 3 Stunden nach Beobachtungsbeginn angegeben.

Zeit seit Beobachtungsbeginn (in h)	1	2	3
Pilzbestand (in cm²)	415	619,75	752,84

a) Der Pilzbestand soll mit dem Modell des beschränkten Wachstums dargestellt werden. Bestimmen Sie die Gleichung der Exponentialfunktion, die das Wachstum der Pilzkultur beschreibt.

b) Berechnen Sie die Größe des Pilzbestandes zu Beobachtungsbeginn.

c) Ermitteln Sie, wann die Pilzkultur eine Fläche von 500 cm² bedeckt.

d) Skizzieren Sie den Graphen mit den gegebenen Daten und den Ergebnissen.

4 In einem Ortsteil sind zurzeit 500 Einwohner registriert. Die Verwaltung will die Entwicklung der Einwohnerzahlen mit begrenztem Wachstum modellieren. Man erwartet, dass in 10 Jahren 300 Einwohner mehr in dem Ortsteil wohnen werden und will wegen der vorhandenen Infrastruktur maximal 2 000 Einwohner zulassen.
  a) Bestimmen Sie die Gleichung der Funktion, mit der sich die Entwicklung der Einwohnerzahlen des Ortsteils beschreiben lässt.
  b) Berechnen Sie, wie viele Einwohner der Ortsteil nach diesem Modell vor 10 Jahren hatte.
  c) Ermitteln Sie, wann sich die Einwohnerzahl gegenüber heute verdoppelt hat.

5 In den letzten Jahren registrieren fast alle Sportvereine zurückgehende Mitgliederzahlen. Ein Verein, der heute noch 1 800 Mitglieder hat, rechnet langfristig nur noch mit 1 000 Mitgliedern. Es wird davon ausgegangen, dass die Differenz zwischen der langfristig erwarteten und der tatsächlichen Mitgliederzahl von Jahr zu Jahr um 20 % abnimmt.
  a) Erstellen Sie eine Funktionsgleichung für die Mitgliederzahlen im Zeitablauf (in Jahren).
  b) Berechnen Sie, wie viele Mitglieder der Verein nach 5 Jahren haben wird.
  c) Ermitteln Sie, wann die Anzahl der Mitglieder die kritische Grenze von 1 200 Mitgliedern unterschreiten wird.

6 In einer landwirtschaftlichen Versuchsanstalt wird die Höhe einer neu gezüchteten Pflanze zur Produktion von Bio-Diesel in den ersten Wochen ihres Wachstums vermessen.

Es wird davon ausgegangen, dass die Pflanze ca. 1 m hoch wird.

Zeit (in Wochen)	0	2	4	7
Höhe (in cm)	0	19	34,39	52,17

  a) Ermitteln Sie mit dem Taschenrechner die Gleichung einer Exponentialfunktion, die das Wachstum der Pflanze beschreibt. Zeichnen Sie den Graphen der Funktion mit den gegebenen Daten.
  b) Berechnen Sie die Höhe der Pflanze nach 5 Wochen.
  c) Berechnen Sie, wann die Pflanze die Hälfte der erwarteten Höhe erreicht hat.

7 Ein Unternehmen will ein völlig neuartiges Smartphone auf den Markt bringen. Eine Stadt mit 2 000 potenziellen Kunden wird als Testverkaufsgebiet ausgewählt. Nach einer intensiven Werbeaktion wird zum Zeitpunkt $x = 0$ mit dem Verkauf begonnen; schon nach einem Monat sind insgesamt 360 Geräte verkauft worden.
  a) Stellen Sie die Verkaufszahlen der Smartphones in diesem Testgebiet mit dem Modell des begrenzten Wachstums dar.
  b) Geben Sie den Prozentsatz an, mit dem sich das Marktsättigungsdefizit von Monat zu Monat verringert.
  c) Berechnen Sie, wie viele Geräte innerhalb der ersten 10 Monate verkauft wurden.
  d) Bestimmen Sie den Zeitpunkt, zu dem der Markt zu 50 % gesättigt ist.

3.1.3 Umformung der Exponentialfunktionen in e-Funktionen

Eine ganz besondere Bedeutung in der Mathematik hat die Exponentialfunktion zur Basis e. Sie wird **natürliche Exponentialfunktion** oder meistens verkürzt **e-Funktion** genannt.

> $$f(x) = e^x$$
> **Gleichung der e-Funktion**

Die Basis e = 2,71828… heißt nach dem Schweizer Mathematiker Leonhard Euler (1707 – 1783) **eulersche Zahl**[1].

Eulersche Zahl e = 2,71828…

Die eulersche Zahl e hat, wie auch die bereits bekannte Kreiszahl π, unendlich viele nichtperiodische Nachkommastellen. Mit dem Taschenrechner kann man sie als e^1 berechnen:
2ND, [e^x], 1 oder noch einfacher mit 2ND, [e].

Man kann mithilfe des Logarithmusgesetzes $b^x = e^{x \cdot \ln b}$ jede Exponentialfunktion in eine e-Funktion umformen.

> $$f(x) = b^x \Leftrightarrow f(x) = e^{x \cdot \ln b}$$
> **Umformung einer Exponentialfunktion in eine e-Funktion**

Die Exponentialgleichung $f(x) = a \cdot b^x$ für **exponentielles Wachstum** lautet als Gleichung einer e-Funktion:
$f(x) = a \cdot e^{x \cdot \ln b}$.

> $$f(x) = a \cdot b^x \Leftrightarrow f(x) = a \cdot e^{x \cdot \ln b} = a \cdot e^{k \cdot x}$$
> **Exponentielles Wachstum als e-Funktion**

$k = \ln b$ wird als **Wachstumskonstante** bezeichnet. Man kann exponentielles Wachstum statt mit der Exponentialfunktion $f(x) = a \cdot b^x$ also auch mit der e-Funktion $f(x) = a \cdot e^{kx}$ beschreiben.
- Für $b > 1$ ist $k > 0$, das Wachstum ist positiv, es liegt eine **exponentielle Zunahme** vor.
- Für $0 < b < 1$ ist $k < 0$, das Wachstum ist negativ, es liegt eine **exponentielle Abnahme** vor.

Entsprechend kann bei **begrenztem Wachstum** die Exponentialfunktion mit
$f(x) = g - a \cdot b^x;\ 0 < b < 1$
umgeformt werden zu
$f(x) = g - a \cdot e^{x \cdot \ln b};\ 0 < b < 1$

---

[1] Die eulersche Zahl e ist das Ergebnis einer Grenzwertbetrachtung: $e = \lim\limits_{x \to \infty} \left(1 + \frac{1}{x}\right)^x$.

Oder **mit der Wachstumskonstanten** $k = \ln b$:

$$f(x) = g - a \cdot b^x \Leftrightarrow f(x) = g - a \cdot e^{x \cdot \ln b} = g - a \cdot e^{k \cdot x}$$

Begrenztes Wachstum als e-Funktion

Dabei ist $0 < b < 1$, also $k = \ln b < 0$.

Situation 6

Die Bevölkerungszahl f einer aufstrebenden Region wird im Zeitablauf x (in Jahren) durch die Exponentialgleichung $f(x) = 10\,000 \cdot 1{,}1^x;\ D_{\text{ök}}(f) = [0;\,10]$ dargestellt.

a) Formen Sie die Gleichung in die einer e-Funktion um.

b) Berechnen Sie mit der Gleichung der e-Funktion die Bevölkerungszahl nach 10 Jahren.

c) Bestimmen Sie mit der Gleichung der e-Funktion algebraisch den Zeitpunkt, zu dem sich die Bevölkerungszahl verdoppelt hat.

Lösung

a) $f(x) = 10\,000 \cdot 1{,}1^x$

Mit $b^x = e^{x \cdot \ln b}$:

$$f(x) = 10\,000 \cdot e^{x \cdot \ln 1{,}1} \approx 10\,000 \cdot e^{0{,}9531x}$$

b) Gegeben: $x = 10$, gesucht: der zugehörige Funktionswert $f(10)$

$f(10) = 10\,000 \cdot e^{10 \cdot \ln 1{,}1}$

$f(10) = 10\,000 \cdot e^{9{,}531\ldots}$

$f(10) = 10\,000 \cdot 2{,}5937\ldots$

$\underline{\underline{f(10) = 25\,937{,}42}}$

Nach 10 Jahren beträgt die Bevölkerungszahl in der Region ca. 25 937 Personen.

c) Gegeben: Der Funktionswert $f(x) = 20\,000$, gesucht: der zugehörige x-Wert.

$20\,000 = 10\,000 \cdot e^{x \cdot \ln 1{,}1}$ $| : 10\,000$

$2 = e^{x \cdot \ln 1{,}1}$

Lösung mit der Grundgleichung	Lösung durch beidseitiges Logarithmieren
$2 = e^{x \cdot \ln 1{,}1}$	$2 = e^{x \cdot \ln 1{,}1}$ $\| \ln(\ )$
$y = b^x \Leftrightarrow x = \log_b y$	$\ln 2 = \ln e^{x \cdot \ln 1{,}1}$
$x \cdot \ln 1{,}1 = \log_e 2$	$\ln 2 = x(\ln 1{,}1) \cdot \ln e$
$x \cdot \ln 1{,}1 = \ln 2$ $\| : \ln 1{,}1$	$\ln 2 = x(\ln 1{,}1) \cdot 1$ $\| : \ln 1{,}1$
$x = \dfrac{\ln 2}{\ln 1{,}1} \approx \dfrac{0{,}693}{0{,}095} = \underline{\underline{7{,}273}}$	$x = \dfrac{\ln 2}{\ln 1{,}1} \approx \dfrac{0{,}693}{0{,}095} = \underline{\underline{7{,}273}}$

Nach ca. 7 Jahren und 3 Monaten hat sich die Bevölkerungszahl auf 20 000 Personen verdoppelt.

Situation 7

Die Anzahl der Kunden des Internetanbieters T in einer niedersächsischen Kleinstadt kann durch die Exponentialfunktion mit der Gleichung $f(x) = 20\,000 - 14\,000 \cdot 0{,}7^x$ beschrieben werden. Dabei gibt f die Anzahl der T-Kunden und x die Zeit in Jahren an.

a) Formen Sie die Exponentialgleichung in die Gleichung einer e-Funktion um.

b) Berechnen Sie mit der Gleichung der e-Funktion die Anzahl der T-Kunden nach 10 Jahren.

c) Ermitteln Sie mit der Gleichung der e-Funktion algebraisch den Zeitpunkt, zu dem 15 000 Einwohner T-Kunden sind.

Lösung

a) $f(x) = 20\,000 - 14\,000 \cdot 0{,}7^x$

Mit $b^x = e^{(\ln b) \cdot x}$:

$$f(x) = 20\,000 - 14\,000 \cdot e^{x \cdot \ln 0{,}7} \approx 20\,000 - 14\,000 \cdot e^{-0{,}35667 x}$$

b) Gegeben: $x = 10$, gesucht: der zugehörige Funktionswert $f(10)$

$f(10) = 20\,000 - 14\,000 \cdot e^{10 \cdot \ln 0{,}7}$

$f(10) = 20\,000 - 14\,000 \cdot e^{-3,5667\ldots}$

$f(10) = 20\,000 - 14\,000 \cdot 0{,}02825\ldots$

$f(10) = 20\,000 - 395{,}465$

$f(10) = 19\,604{,}53$ [Kunden von T]

c) Gegeben: Der Funktionswert $f(x) = 15\,000$, gesucht: der zugehörige x-Wert.

$15\,000 = 20\,000 - 14\,000 \cdot e^{x \cdot \ln 0{,}7}$ $\qquad | -20\,000$

$-5\,000 = -14\,000 \cdot e^{x \cdot \ln 0{,}7}$ $\qquad | : (-14\,000)$

$\dfrac{5\,000}{14\,000} = e^{x \cdot \ln 0{,}7}$

Lösung mit der Grundgleichung	Lösung durch beidseitiges Logarithmieren	
$\dfrac{5\,000}{14\,000} = e^{x \cdot \ln 0{,}7}$	$\dfrac{5\,000}{14\,000} = e^{x \cdot \ln 0{,}7}$	$\lvert \ln(\ )$
$y = b^x \;\Leftrightarrow\; x = \log_b y$	$\ln \dfrac{5\,000}{14\,000} = \ln e^{x \cdot \ln 0{,}7}$	
$x \cdot \ln 0{,}7 = \ln \dfrac{5\,000}{14\,000}$ $\quad \lvert : \ln 0{,}7$	$\ln \dfrac{5\,000}{14\,000} = x(\ln 0{,}7) \cdot \ln e$	
$x = \dfrac{\ln \dfrac{5\,000}{14\,000}}{\ln 0{,}7} \approx \dfrac{-1{,}03}{-0{,}36} = \underline{\underline{2{,}89}}$	$\ln \dfrac{5\,000}{14\,000} = x(\ln 0{,}7) \cdot 1$ $\quad \lvert : \ln 0{,}7$	
	$x = \dfrac{\ln \dfrac{5\,000}{14\,000}}{\ln 0{,}7} \approx \dfrac{-1{,}03}{-0{,}36} = \underline{\underline{2{,}89}}$	

In knapp 3 Jahren sind 15 000 Einwohner der Kleinstadt Kunden des Internetanbieters T.

Stetige Verzinsung

Wird ein Kapital über mehrere Jahre angelegt und die jährlich anfallenden Zinsen werden nach den Regeln der **Zinseszinsrechnung** dem angelegten Kapital zugeschlagen, so lässt sich das Endkapital wie folgt berechnen:

$$K(x) = K_0(1 + p)^x$$

Endkapital bei jährlicher Verzinsung

$K(x)$: Endkapital nach x Jahren (mit Zinseszins)

K_0:　Anfangskapital

p:　nomineller[1] Jahreszinssatz per annum (pro Jahr)

x:　Verzinsungszeitraum in Jahren

Bei der unterjährlichen Verzinsung wird mit **Zinsperioden** gerechnet, die **kürzer als ein Jahr** sind. Z. B. erhält ein Kunde bei halbjährlicher Verzinsung bereits nach jedem Halbjahr und somit 2-mal im Verlaufe eines Jahres Zinsen, die mit der Hälfte des nominellen Jahreszinssatzes berechnet worden sind. Entsprechend den Regeln der Zinseszinsrechnung werden diese Zinsen jeweils wieder verzinst. Somit ergeben sich bei unterjährlicher Verzinsung, durch Anwendung der Zinseszinsrechnung, höhere Endkapitalbeträge als bei jährlicher Verzinsung. Damit ist auch der effektive Zinssatz p. a. (per annum) höher.

Aus der Länge der Zinsperioden ergibt sich die Anzahl der Zinsperioden pro Jahr.

So gibt es z. B. bei halbjährlicher Verzinsung $m = 2$ Zinsperioden pro Jahr.

$$K(x) = K_0 \left(1 + \frac{p}{m}\right)^{m \cdot x}$$

Endkapital bei unterjährlicher Verzinsung

$K(x)$: Endkapital nach x Jahren (mit Zinseszins)

K_0:　Anfangskapital

p:　nomineller Jahreszinssatz p. a.

x:　Verzinsungszeitraum in Jahren

m:　Zinsperioden/Jahr

Die stetige Verzinsung ist eine Fortführung der unterjährlichen Verzinsung mit **unendlich vielen und damit beliebig kurzen Zinsperioden pro Jahr.** Die stetige Verzinsung wird deshalb auch **kontinuierliche Verzinsung** oder **Augenblicksverzinsung** genannt.

$$K(x) = K_0 \cdot e^{px}$$

Endkapital bei stetiger Verzinsung

---

[1]　Nomineller Zinssatz: zahlenmäßig angegebener Zinssatz, der im Gegensatz zum Effektivzins noch keine Bearbeitungsgebühren oder sonstige Kreditkosten erfasst.

$K(x)$: Endkapital nach x Jahren

K_0:   Anfangskapital

p: nomineller Jahreszinssatz p. a.

x: Verzinsungszeitraum in Jahren

Situation 8

Ein Kapital in Höhe von 20 000,00 € wird zu 5 % Zinseszins angelegt. Berechnen Sie, wie groß das Endkapital nach 10 Jahren ist, wenn die Zinsen

a) jährlich,

b) halbjährlich,

c) monatlich,

d) täglich

berechnet werden.

e) Bestimmen Sie die Höhe des Endkapitals nach 10 Jahren, wenn die Zinszeiträume beliebig kurz werden (stetige Verzinsung).

Lösung

a) $K(10) = 20\,000 \cdot 1{,}05^{10} = \underline{\underline{32\,577{,}89}}$ [€]

b) $K(10) = 20\,000 \cdot \left(1 + \dfrac{0{,}05}{2}\right)^{2 \cdot 10} = 20\,000 \cdot 1{,}025^{20} = \underline{\underline{32\,772{,}33}}$ [€]

c) $K(10) = 20\,000 \cdot \left(1 + \dfrac{0{,}05}{12}\right)^{12 \cdot 10} = 20\,000 \cdot 1{,}0041\overline{6}^{120} = \underline{\underline{32\,940{,}19}}$ [€]

d) $K(10) = 20\,000 \cdot \left(1 + \dfrac{0{,}05}{365}\right)^{365 \cdot 10} = 20\,000 \cdot 1{,}000136986^{3650} = \underline{\underline{32\,973{,}30}}$ [€]

e) $K(10) = 20\,000 \cdot e^{0{,}05 \cdot 10} = 20\,000 \cdot e^{0{,}5} = 20\,000 \cdot 1{,}64872 = \underline{\underline{32\,974{,}43}}$ [€]

Entgegen der Erwartungen wird das Endkapital bei stetiger Verzinsung trotz der unendlich vielen und beliebig kurzen Zinsperioden nicht unendlich groß.

Zusammenfassung

- **Gleichung der e-Funktion:**

  $f(x) = e^x$

- **Umformung einer Exponentialfunktion in eine e-Funktion:**

  $f(x) = b^x \; \Leftrightarrow \; f(x) = e^{x \cdot \ln b}$

- **Exponentielles Wachstum als e-Funktion:**

  $f(x) = a \cdot b^x \; \Leftrightarrow \; f(x) = a \cdot e^{x \cdot \ln b}$

  oder mit der Wachstumskonstanten k:

  $f(x) = a \cdot b^x \; \Leftrightarrow \; f(x) = a \cdot e^{kx}$ mit $k = \ln b$

- **Begrenztes Wachstum als e-Funktion:**

  $f(x) = g - a \cdot b^x \;\Leftrightarrow\; f(x) = g - a \cdot e^{x \cdot \ln b}$ mit $0 < b < 1$

  oder mit der Wachstumskonstanten k:

  $f(x) = g - a \cdot b^x \;\Leftrightarrow\; f(x) = g - a \cdot e^{kx}$ mit $k = \ln b$ und $0 < b < 1,\; k < 0$

eA - **Endkapital bei jährlicher Verzinsung:** $K(x) = K_0 \cdot (1 + p)^x$

eA - **Endkapital bei unterjährlicher Verzinsung:** $K(x) = K_0 \cdot \left(1 + \dfrac{p}{m}\right)^{m \cdot x}$

eA - **Endkapital bei stetiger Verzinsung:** $K(x) = K_0 \cdot e^{px}$

Übungsaufgaben

1 Der Schuldenstand einer Kommune soll mit der Gleichung $f(x) = 500\,000 \cdot 0{,}85^x$ beschrieben werden (x in Jahren, f in €).
   a) Ermitteln Sie die Gleichung der entsprechenden e-Funktion.
   b) Berechnen Sie mit der Gleichung der e-Funktion den Schuldenstand der Kommune nach 10 Jahren.
   c) Ermitteln Sie mit der Gleichung der e-Funktion algebraisch den Zeitpunkt, zu dem der Schuldenstand auf 250 000,00 € gesunken ist.

2 Die Wirkung eines Fiebermittels auf die Körpertemperatur f (in °C) kann durch die Gleichung $f(x) = 37 + 4 \cdot 0{,}4^x$ beschrieben werden. Dabei wird x in Tagen angegeben.
   a) Ermitteln Sie die Gleichung der e-Funktion, die die Körpertemperatur angibt.
   b) Geben Sie an, wie hoch die Körpertemperatur des Patienten zu Beginn der Messung war und wie sie sich langfristig entwickeln wird.
   c) Ermitteln Sie mit der Gleichung der e-Funktion algebraisch den Zeitpunkt, zu dem die Körpertemperatur auf 37,5 °C gesunken ist.

3 Die Anzahl f der durch einen neuen Virus befallenen Computer wird durch die Gleichung $f(x) = 500 \cdot 1{,}3^x$ angegeben (x in Stunden).
   a) Ermitteln Sie die Gleichung der entsprechenden e-Funktion.
      Berechnen Sie mithilfe dieser e-Funktion,
   b) wie viele Computer innerhalb von 10 Stunden infiziert sind.
   c) den Zeitpunkt, zu dem 10 000 Computer durch den Virus infiziert sind.

4 Die Elektromobilität in einer Stadt kann mit der Gleichung $f(x) = 60\,000 - 59\,000 \cdot 0{,}8^x$ dargestellt werden. Dabei gibt f die Anzahl der angemeldeten Elektrofahrzeuge und x die Zeit in Jahren an.
   a) Ermitteln Sie die Funktionsgleichung der e-Funktion, mit der sich die Anzahl der Elektrofahrzeuge für die folgenden Jahre beschreiben lässt.
   b) Berechnen Sie die Anzahl der Elektrofahrzeuge mithilfe der e-Funktion nach 5 Jahren.
   c) Ermitteln Sie mit der e-Funktion algebraisch den Zeitpunkt, zu dem 50 000 Elektrofahrzeuge angemeldet sind.

5 Der Anschaffungswert eines Anlagegutes beträgt 30 000,00 €.

   a) Bestimmen Sie die Gleichung der e-Funktion, die den Buchwert des Anlagegutes bei einer jährlichen degressiven Abschreibung in Höhe von 20 % angibt (f in €, x in Jahren).

   Ermitteln Sie mit der Gleichung der e-Funktion

   b) den Wert des Anlagegutes nach 3 Jahren,

   c) wann das Anlagegut nur noch 5 000,00 € wert ist.

eA Stetige Verzinsung

6 Eine Kapitalanlage führte bei stetiger Verzinsung zu 4 % p. a. nach 10 Jahren zu einem Endkapital in Höhe von 74 591,23 €. Berechnen Sie den Anlagebetrag. Geben Sie die entsprechende Formel zur Berechnung des Anfangskapitals bei stetiger Verzinsung an.

7 Bestimmen Sie den nominellen Zinssatz, zu dem ein Kapital in Höhe von 30 000,00 € bei stetiger Verzinsung angelegt wurde, wenn es nach 5 Jahren auf 40 495,76 € angewachsen ist. Geben Sie die Formel zur Berechnung des Zinssatzes bei stetiger Verzinsung an.

8 Berechnen Sie, wie lange 5 000,00 € zu nominell 4,5 % p. a. bei stetiger Verzinsung angelegt waren, wenn 9 820,16 € ausgezahlt wurden. Geben Sie die allgemeine Formel zur Berechnung des Verzinsungszeitraumes bei stetiger Verzinsung an.

9 Der nominelle Jahreszinssatz einer Anlage beträgt 4 % p. a. Ermitteln Sie den effektiven Jahreszinssatz bei

   a) vierteljährlichem,

   b) monatlichem,

   c) täglichem Zinszuschlag und

   d) bei stetiger Verzinsung.

10 Berechnen Sie, auf welchen Betrag ein Kapital in Höhe von 30 000,00 € zu 5 % p. a. Zinseszins nach 20 Jahren bei

   a) jährlicher,

   b) halbjährlicher,

   c) stetiger Verzinsung

   angewachsen ist.

3.1.4 Logistisches Wachstum

Situation 9

Die Tabelle zeigt die insgesamt mit einem Produkt erzielten Umsätze für die letzten 8 Jahre.

Zeit (in Jahre)	0	1	2	3	4	5	6	7	8
Umsatz (in GE)	0,196	0,469	1,079	2,293	4,226	6,429	8,158	9,159	9,64

a) Stellen Sie die Datenpunkte mit dem Taschenrechner dar. Beschreiben Sie die Entwicklung des Umsatzes unter Verwendung der Begrifflichkeiten für die bisher bekannten Wachstumsmodelle.

Die genannten Daten lassen sich mit dem Modell **„Logistisches Wachstum"** beschreiben.

b) Ermitteln Sie mithilfe der „Logistic"-Regressionsfunktion des Taschenrechners ($\boxed{\text{STAT}}$, CALC, B:Logistic) die Funktionsgleichung für dieses Wachstumsmodell allgemein und konkret für die gegebenen Daten. Zeichnen Sie den Graphen mit den Datenpunkten.

c) Bestimmen Sie die Sättigungsgrenze des logistischen Wachstums algebraisch. Erläutern Sie, wie man die Sättigungsgrenze im Funktionsterm direkt erkennen kann.

d) Berechnen Sie die Koordinaten des Wendepunktes der logistischen Wachstumskurve mit dem Taschenrechner und interpretieren Sie seine Koordinaten anwendungsbezogen.

Lösung

a) **Datenpunkte im GTR** (vgl. GTR-Anhang 3): Datenpaare aus der Tabelle mit $\boxed{\text{STAT}}$, EDIT, 1:Edit als Listen eingeben. Mit $\boxed{\text{2ND}}$ [STAT PLOT] den Datenplotter einschalten. Die zur Tabelle passenden WINDOW-Einstellungen wählen und dann die Datenpunkte mit $\boxed{\text{GRAPH}}$ anzeigen lassen.

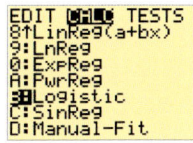 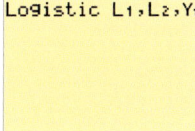 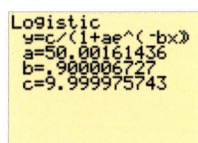 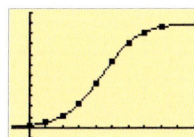

Für die ersten ca. 4 Jahre liegt exponentielles Wachstum (exponentielle Zunahme) vor, danach erfolgt ein Übergang in begrenztes Wachstum (begrenzte Zunahme). Der gesamte Umsatz mit dem Produkt steigt zunächst progressiv und dann degressiv.

b) **Logistische Regressionsfunktion und Graph**

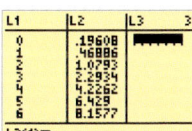 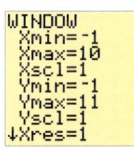 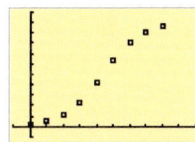

Allgemeine Gleichung für logistisches Wachstum im Taschenrechner (s. 2. Zeile der Abb. 3):

$$f(x) = \frac{c}{1 + a \cdot e^{-bx}} \quad ^{1)}$$

Logistisches Wachstum

Hier (mit gerundeten Werten): $f(x) = \dfrac{10}{1 + 50 \cdot e^{-0,9x}}$

c) **Grenzwertbetrachtung:** $\displaystyle\lim_{x \to \infty} \dfrac{10}{1 + 50\,e^{-0,9x}} = \dfrac{10}{1 + 50 \cdot 0} = \underline{\underline{10}}$

In $f(x) = \dfrac{c}{1 + a \cdot e^{-bx}}$ gibt also c die Sättigungsgrenze g an.

d) **Wendepunkt** (vgl. GTR-Anhang 8 und 2):

Im Y-Editor bei Y1 die zuvor ermittelte logistische Wachstumsfunktion eingeben. Dann bei Y2 vom Taschenrechner die 1. Ableitung berechnen lassen. Dazu bei Y2 mit MATH, MATH, 8:nDeriv den abgebildeten Term eingeben. Mit GRAPH den Ausgangs- und den Ableitungsgraphen zeichnen lassen.

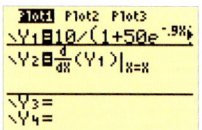 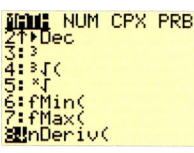 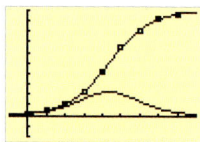

Die Extremstelle des Graphen der 1. Ableitungsfunktion f' gibt die Wendestelle der Wachstumsfunktion an. Wir bestimmen diese Extremstelle mit: 2ND, [CALC], 4:maximum für den Ableitungsgraphen (mit den Cursortasten im GRAPH-Fenster auswählen). Den zugehörigen Funktionswert ermitteln wir mit: 2ND, [CALC], 1:value für die Wachstumsfunktion f.

 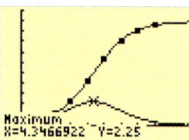 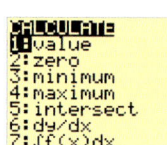 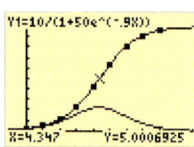

Wir erhalten als Wendepunkt der Kurve für das logistische Wachstum: $\underline{\underline{W(4,347/5)}}$.

Interpretation: Nach ca. 4 Jahren und 4 Monaten geht die Umsatzentwicklung vom exponentiellen Wachstum (mit progressiv steigenden Umsatzzahlen) in begrenztes Wachstum (mit degressiv steigenden Umsatzzahlen) über. Der insgesamt erzielte Umsatz beträgt bis dahin 5 GE. Das ist die halbe Sättigungsgrenze.

---

[1] Das logistische Wachstum lässt sich als Verkettung und Verknüpfung von Funktionen darstellen. Dabei versteht man unter einer Verknüpfung zweier Funktionen deren Verbindung durch eine der Grundrechenarten und unter Verkettung das Einsetzen einer inneren in eine äußere Funktion.

Das **logistische Wachstum**[1] ist ein Modell, bei dem der Bestand **zunächst exponentiell un-beschränkt wächst** und an der **Wendestelle x_W**, z.B. durch ein begrenztes Nahrungs- oder Ausbreitungsangebot, **in begrenztes Wachstum übergeht.** Der Bestand strebt im Zeitablauf gegen eine **Sättigungsgrenze g.**

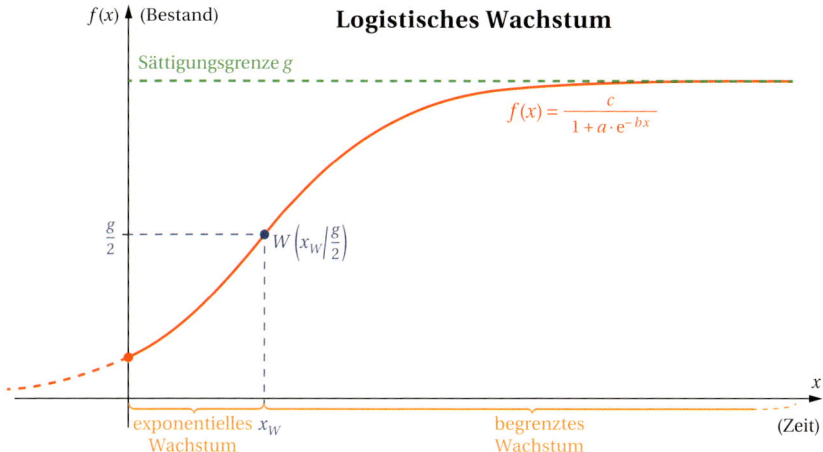

Bei logistischem Wachstum geht an der Wendestelle x_W das exponentielle Wachstum in begrenztes Wachstum über. Der Bestand hat bei x_W die halbe Sättigungsgrenze $\frac{g}{2}$ erreicht.

In der o.a. Gleichung $f(x) = \frac{c}{1 + a \cdot e^{-bx}}$ des Taschenrechners für logistisches Wachstum gibt der Parameter c die Sättigungsgrenze g an:

c = Sättigungsgrenze g

Für den Parameter a gilt:

$$a = \frac{\text{Sättigungsgrenze}}{\text{Anfangsbestand}} - 1$$

$$a = \frac{g}{f(0)} - 1$$

Der Parameter b wird auch definiert als:

$$b = \text{Wachstumskonstante} \cdot \text{Sättigungsgrenze}$$

$$b = k \cdot g$$

Dann kann man logistisches Wachstum auch mit folgender Gleichung beschreiben:

---

[1]   Das Modell des logistischen Wachstums wurde von dem belgischen Mathematiker Pierre-Francois Verhulst (1804–1849) auf Grundlage der Bevölkerungsdaten der USA von 1790 bis 1840 entwickelt.

$$f(x) = \frac{g}{1 + \left(\frac{g}{f(0)} - 1\right) \cdot e^{-kgx}}$$

Logistisches Wachstum

Situation 10

In einem Land leben zu Beobachtungsbeginn 2 Mio. Menschen. Nach 5 Jahren ist die Bevölkerung des Landes auf 16,835 Mio. Menschen angewachsen. Es wird mit einer maximalen Bevölkerungszahl von 50 Mio. Menschen gerechnet.

1, 2, 8, 4

a) Entwickeln Sie algebraisch ein logistisches Wachstumsmodell, mit dem sich die Bevölkerungsentwicklung in dem Land beschreiben lässt. Skizzieren Sie den Graphen des Modells mit dem Taschenrechner.

b) Bestimmen Sie die Bevölkerungszahl nach 10 Jahren.

c) Ermitteln Sie mit dem Taschenrechner den Zeitpunkt, zu dem eine Trendwende in der Bevölkerungsentwicklung einsetzt (2 Lösungsansätze).

Lösung

a) Gegeben: $f(0) = 2$

$\ f(5) = 16{,}835$

$\ g = 50$

$$f(x) = \frac{50}{1 + \left(\frac{50}{2} - 1\right) \cdot e^{-k \cdot 50 \cdot x}} = \frac{50}{1 + 24\,e^{-k \cdot 50 \cdot x}}$$

Wir bestimmen k durch Einsetzen von $f(5) = 16{,}835$:

$$16{,}835 = \frac{50}{1 + 24\,e^{-k \cdot 50 \cdot 5}} \qquad |\cdot (1 + 24\,e^{-k \cdot 50 \cdot 5})$$

$$16{,}835 \cdot (1 + 24\,e^{-250k}) = 50 \qquad |\,\text{ausmultiplizieren}$$

$$16{,}835 + 404{,}04\,e^{-250k} = 50 \qquad |-16{,}835$$

$$404{,}04\,e^{-250k} = 33{,}165 \qquad |:404{,}04$$

$$e^{-250k} = 0{,}082083457 \qquad |\ln(\ )$$

$$\ln e^{-250k} = \ln 0{,}082083457$$

$$-250\,k \cdot \ln e = \ln 0{,}082083457$$

$$-250\,k = -2{,}5 \qquad |:(-250)$$

$$k = 0{,}01$$

$$\Rightarrow \underline{\underline{f(x) = \frac{50}{1 + 24\,e^{-0{,}5x}}}}$$

Graph (vgl. GTR-Anhang 1):

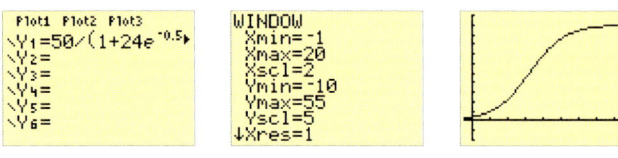

b) $f(10) = \dfrac{50}{1 + 24\,e^{-0,5 \cdot 10}}$

$f(10) = 43{,}04$ [Mio. Menschen]

GTR-Anhänge 1 oder 2: $\boxed{\text{2ND}}$, [TABLE], oder: $\boxed{\text{2ND}}$, [CALC], 1:value

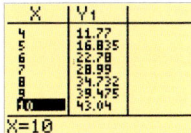 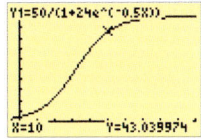

c) Berechnung der Wendestelle:

1. Möglichkeit: Bestimmung der Maximalstelle der 1. Ableitung

GTR-Anhang 8:

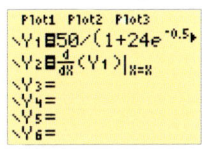 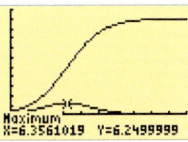

$x_W = 6{,}356$ [Jahre]

2. Möglichkeit: Bestimmung der Schnittstelle der Geraden mit $f(x) = \dfrac{g}{2} = \dfrac{50}{2} = 25$ mit der Wachstumskurve, weil der Bestand an der Wendestelle immer $\dfrac{g}{2}$ beträgt $\left(f(x_W) = \dfrac{g}{2}\right)$.

GTR-Anhang 4:

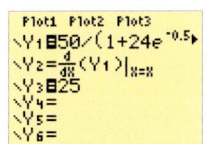 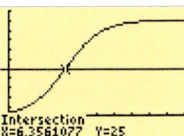

$x_W = 6{,}356$ [Jahre]

Zusammenfassung

- Bei **logistischem Wachstum wächst der Bestand zunächst exponentiell und dann begrenzt bis zur Sättigungsgrenze g.**

- Der **Wechsel von exponentieller Zunahme zu begrenzter Zunahme** erfolgt an der Wendestelle x_W.

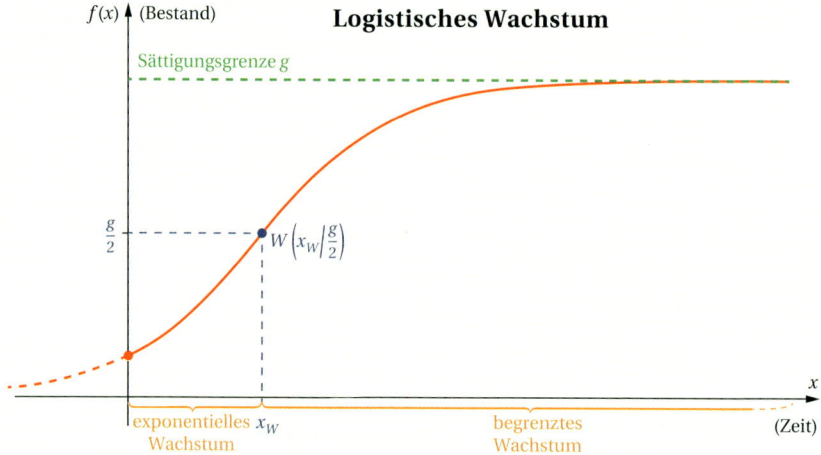

- Bei der Wendestelle x_W wird die halbe Sättigungsmenge $\frac{g}{2}$ erreicht:

$$f(x_W) = \frac{g}{2}$$

- **Logistisches Wachstum** kann mit folgenden **Gleichungen** beschrieben werden:

$$f(x) = \frac{c}{1 + a \cdot e^{-bx}} \quad \text{mit } a, b, c > 0$$

oder:

$$f(x) = \frac{g}{1 + \left(\frac{g}{f(0)} - 1\right) \cdot e^{-kgx}} \quad \text{mit dem Anfangsbestand } f(0), \text{ der Sättigungsgrenze } g > 0 \text{ und der Wachstumskonstanten } k > 0.$$

Aus den beiden Formeln ergibt sich folgender Zusammenhang zwischen Anfangsbestand und Grenzwert:

$$a = \frac{g}{f(0)} - 1 \Leftrightarrow f(0) = \frac{g}{a+1} \Leftrightarrow g = f(0) \cdot (a + 1)$$

Übungsaufgaben

1 Die Gemeinde Haßloch nahe dem Ballungszentrum Mannheim/Ludwigshafen ist Testmarkt der Gesellschaft für Konsumforschung (GfK) für neue Konsumprodukte. Im dortigen Einzelhandel sind vorab Produkte erhältlich, die erst in Zukunft in der Bundesrepublik Deutschland eingeführt werden sollen. In das örtliche Fernsehkabelnetz werden eigens gedrehte Werbefilme für diese Produkte eingeblendet, einzelne Zeitungen werden speziell für Haßloch mit Anzeigen für die neuen Produkte herausgegeben etc. Einige Bürger besitzen zudem Karten mit Strichcodes, die beim Einkauf gescannt

werden, sodass eine Zuordnung der Einkäufe zu einzelnen Haushalten oder Personen möglich wird.

Die GfK kann so ermitteln, wie die getesteten Produkte von den Kunden angenommen werden. Die Erfahrungen, die die GfK hier macht, stimmen zu 90 Prozent mit späteren Marktdaten überein.

Ausgewählt wurde Haßloch deshalb, weil dieser Ort eine Bevölkerungsstruktur aufweist, die nach verschiedenen Kriterien dem deutschen Durchschnitt sehr nahe kommt.

Für ein neu eingeführtes Produkt wurden folgende Absatzzahlen für die vergangenen Monate erhoben:

Zeit (in Monaten)	0	2	4	6	8	10
Absatz (in Stück)	20	81	319	1 179	3 515	6 873

a) Bestimmen Sie eine (auf eine Nachkommastelle gerundete) Funktionsgleichung für logistisches Wachstum, mit der sich die Absatzzahlen dieses neuen Produktes beschreiben lassen und skizzieren Sie mit dem Taschenrechner den Graphen mit den o. a. Datenpunkten.

b) Berechnen Sie, welcher Absatz nach diesem Modell nach 12 Monaten erreicht wird. Ermitteln Sie das Sättigungsmanko zu diesem Zeitpunkt.

c) Geben Sie die Sättigungsmenge an.

d) Bestimmen Sie mit dem Taschenrechner den Übergang vom exponentiellen zum begrenzten Wachstum.

2 In einer Region mit einer Bevölkerungszahl in Höhe von 20 000 Personen hat sich ein neuer Virus ausgebreitet. Zu Beobachtungsbeginn wurden 200 Infizierte gezählt, nach 7 Tagen hatte sich die Zahl bereits verdoppelt.

a) Stellen Sie Gleichung logistischen Wachstums auf, die die Zahl der mit diesem Virus insgesamt Infizierten seit Beobachtungsbeginn beschreibt (in Tagen). Skizzieren Sie den Graphen mit dem Taschenrechner.

b) Bestimmen Sie den Zeitpunkt, zu dem schon mehr als 1 000 Personen mit dem Virus infiziert worden sind.

c) Geben Sie an, wie viele Personen insgesamt langfristig von dem Virus infiziert sein werden.

d) Berechnen Sie die Koordinaten des Wendepunktes und interpretieren Sie diese Koordinaten.

3 Eine ARD-ZDF-Online-Studie hat die Internetnutzung in Deutschland untersucht. Die Tabelle gibt von 1997 bis 2009 den Anteil der Internetnutzer an der Gesamtbevölkerung an (Basis: Erwachsene ab 14 Jahre).

Jahr	1997	1998	1999	2000	2001	2002	2003	2004	2005	2006	2007	2008	2009
Prozent	6,5%	10,4%	17,7%	28,6%	38,8%	44,1%	53,5%	55,3%	57,9%	59,5%	62,7%	65,8%	67,1%

a) Ermitteln Sie eine geeignete Funktionsgleichung, mit der sich der Anteil der Internetnutzer in Deutschland beschreiben lässt.

b) Berechnen Sie den Anteil der Internetnutzer 1996.

c) Ermitteln Sie den Anteil der Internetnutzer im Jahr 2015.

d) Bestimmen Sie das Jahr, in dem nach diesem Modell eine „Trendwende" in der Internetnutzung festzustellen war.

4 Der Bundesverband der Windenergie e. V. (www.wind-energie.de) veröffentlicht jährlich eine Statistik zur Anzahl der Windenergieanlagen in Deutschland. Für den Zeitraum von 1992 bis 2010 lagen folgende Zahlen vor:

Jahr	1992	1993	1994	1995	1996	1997	1998	1999	2000	2001
Anzahl	1211	1797	2617	3655	4326	5193	6205	7879	9359	11438

Jahr	2002	2003	2004	2005	2006	2007	2008	2009	2010
Anzahl	13759	15387	16543	17574	18685	19460	20301	21164	21607

a) Ermitteln Sie die Gleichung logistischen Wachstums, die die Zahl der Windenergieanlagen in Deutschland von 1992 bis 2010 beschreibt. Skizzieren Sie den Graphen mit dem Taschenrechner.

b) Bestimmen Sie die Zahl der Windenergieanlagen nach diesem Modell 1990 in Deutschland.

c) Berechnen Sie die Anzahl der Anlagen nach diesem Modell für das Jahr 2015.

d) Bestimmen Sie das Jahr, zu dem die Zahl der Windenergieanlagen in Deutschland nach diesem Modell am stärksten zugenommen hat.

5 In Formelsammlungen wird die Gleichung für logistisches Wachstum in unterschiedlichen Schreibweisen angegeben. Zeigen Sie durch geeignete Äquivalenzumformungen, dass die Gleichungen $f(x) = \dfrac{g}{1 + \left(\frac{g}{f(0)} - 1\right) \cdot e^{-kgx}}$ und $f(x) = \dfrac{f(0) \cdot g}{f(0) + (g - f(0)) \cdot e^{-kgx}}$ gleichwertig sind.

3.2   Ableitung der Exponentialfunktionen und e-Funktionen

Für die Ableitung einer Exponentialfunktion gilt:

$$f(x) = b^x \;\Rightarrow\; f'(x) = b^x \cdot \ln b$$

Ableitung der Exponentialfunktion mit der Basis b

Im Ableitungsterm wird demnach der Term der Stammfunktion mit dem Logarithmus der Basis multipliziert. $\ln b$ ist also nichts anderes als ein Dehnungs-/Stauchungsfaktor in y-Richtung für den Ableitungsgraphen gegenüber dem Stammgraphen.

In der nebenstehenden Abb. liegt für den Ableitungsgraphen eine **Stauchung** in y-Richtung gegenüber dem Stammgraphen vor, weil $\ln 2 = 0{,}693\ldots$ zwischen 0 und 1 liegt.

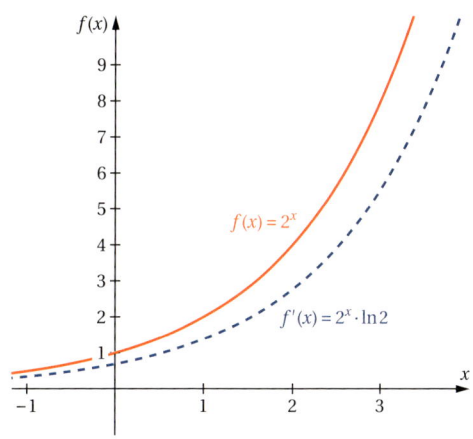

In der nebenstehenden Abb. liegt für den Ableitungsgraphen eine **Dehnung** in y-Richtung gegenüber dem Stammgraphen vor, weil $\ln 4 = 1{,}386\ldots$ größer als 1 ist.

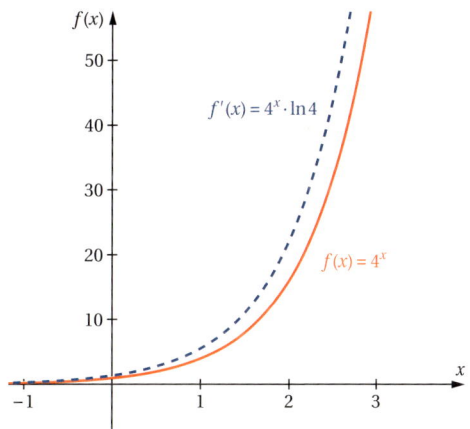

Es muss also für die Basis b einen Wert zwischen 2 und 4 geben, der weder zu einer Stauchung noch zu einer Dehnung des Ableitungsgraphen gegenüber dem Stammgraphen führt. Das ist der Fall, wenn der Dehnungs-/Stauchungsfaktor $\ln b = 1$ ist.

Wir wollen diesen Wert für b berechnen und schreiben dazu die Bedingung $\ln b = 1$ ausführlich als $\log_e b = 1$.

Durch Umformung dieser Logarithmusgleichung zu einer Exponentialgleichung erhalten wir das Ergebnis.

$$e^1 = b \;\Leftrightarrow\; \underline{\underline{b = e}}$$

Wenn also in einer Exponentialfunktion der Form $f(x) = b^x$ **als Basis die eulersche Zahl e** gewählt wird, ist für **$f(x) = e^x$** der Dehnungs-/Stauchungsfaktor in der Ableitung gleich 1 und der **Ableitungsgraph ist mit dem Stammgraphen identisch**. (s. Abb.).

$$f(x) = e^x$$
$$\Rightarrow f'(x) = e^x \cdot \ln e$$
$$f'(x) = e^x \cdot 1$$
$$\underline{\underline{f'(x) = e^x}}$$

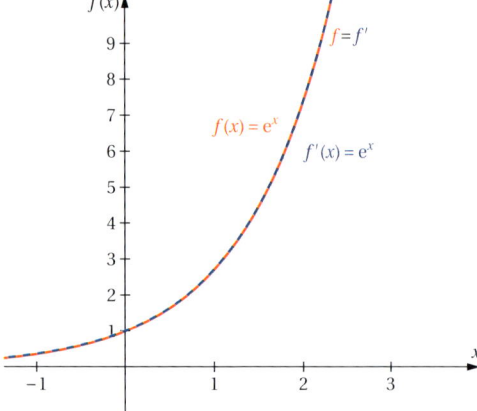

> $$f(x) = e^x \Rightarrow f'(x) = e^x$$
>
> **Ableitung der e-Funktion**

Die Ableitung der e-Funktion ist die e-Funktion selbst. Dadurch wird das Differenzieren (und auch das Integrieren) sehr vereinfacht.

3.2.1 Wachstumsgeschwindigkeit bei exponentiellem Wachstum

Situation 1

Die Bevölkerungszahl f eines Dorfes soll im Zeitablauf x (in Jahren) für einen begrenzten Zeitraum ab heute mit der Gleichung $f(x) = 750 \cdot 1{,}15^x$ beschrieben werden.
a) Interpretieren Sie die Basis $b = 1{,}15$ anwendungsbezogen.
b) Ermitteln Sie die Gleichung der Ableitungsfunktion.
c) Berechnen Sie $f(1)$ und $f'(1)$ und interpretieren Sie die berechneten Werte.
d) Berechnen Sie $f(2)$ und $f'(2)$ und interpretieren Sie die berechneten Werte im Vergleich mit denen aus Teilaufgabe c).

Lösung

a) $b = 1{,}15 \Rightarrow \underline{\underline{p = 0{,}15 = 15\,\%}}$

Die Bevölkerung des Dorfes wächst von Jahr zu Jahr (das ist ein Zeit*raum*!) immer um 15 % von der Vorjahreszahl. Es liegt also exponentielles Wachstum in Form von exponentieller Zunahme vor.

b) $f(x) = 750 \cdot 1{,}15^x \Rightarrow \underline{\underline{f'(x) = 750 \cdot 1{,}15^x \cdot \ln 1{,}15}}$

c) $f(1) = 750 \cdot 1{,}15^1 = \underline{\underline{862{,}5}}$

Interpretation: Nach einem Jahr wohnen 862 Menschen in dem Dorf.

$f'(1) = 750 \cdot 1,15 \cdot \ln 1,15 = \underline{\underline{120,55}}$

Interpretation: Genau nach einem Jahr ab heute, das ist ein Zeit*punkt* (!), nimmt die Bevölkerung in dem Dorf um 120,55 Menschen pro Jahr zu. Das ist die **Wachstumsgeschwindigkeit.**

d) $f(2) = 750 \cdot 1,15^2 = \underline{\underline{991,88}}$

Interpretation: Die Bevölkerungszahl hat sich in einem Jahr, also vom Ende des 1. Jahres bis zum Ende des 2. Jahres, von 862 Personen um 15 % auf 991 Personen erhöht.

$f'(2) = 750 \cdot 1,15^2 \cdot \ln 1,15 = \underline{\underline{138,63}}$

Interpretation: Die Wachstumsgeschwindigkeit der Bevölkerung nimmt zu jedem Zeitpunkt zu und hat sich nach genau 2 Jahren ab heute, das ist ein Zeit*punkt*, von 120 Personen pro Jahr auf 138,63 Personen pro Jahr erhöht.

Für $f(x) = b^x$ gilt die Ableitung $f'(x) = b^x \cdot \ln b$.
Da b^x der Stammterm ist, kann man auch schreiben:

$f'(x) = f(x) \cdot \ln b \qquad | : f(x)$

$\dfrac{f'(x)}{f(x)} = \ln b$

Das bedeutet:

> Die **Wachstumsgeschwindigkeit $f'(x)$** ist **bei exponentiellem Wachstum proportional zum Bestand $f(x)$.**

Situation 2

In einer Region wird die Bevölkerungszahl f im Zeitablauf x (in Jahren) ab heute mit der Gleichung $f(x) = 1\,000 \cdot e^{-0,0513x}$ beschrieben.
a) Berechnen Sie, wie sich die Bevölkerungszahl von Jahr zu Jahr prozentual verändert.
b) Ermitteln Sie die Gleichung der Ableitungsfunktion.
c) Bestimmen Sie $f(2)$ und $f'(2)$ und interpretieren Sie die berechneten Werte.

Lösung

a) $f(x) = a \cdot e^{(\ln b) \cdot x}$

Hier: $f(x) = 1\,000 \cdot e^{-0,0513x}$, also ist $\ln b = -0,0513$
Wir formen $\ln b = -0,0513$ mithilfe von $\log_e b = -0,0513$ um zu $e^{-0,0513} = b$ und berechnen mit dem Taschenrechner: $\underline{\underline{b \approx 0,95}}$.
Der prozentuale Rückgang der Bevölkerungszahl beträgt in jedem Jahr ca. 5 % vom Vorjahreswert.

b) $f(x) = 1\,000 \cdot e^{-0,0513x}$ ist eine verkettete e-Funktion mit dem konstanten Vorfaktor $a = 1\,000$, der entsprechend der Faktorregel beim Differenzieren erhalten bleibt.

Beim Ableiten von $e^{-0,0513x}$ ist zu beachten, dass eine verkettete Funktion vorliegt. Äußere Funktion: $ä(x) = e^x$, lineare innere Funktion $i(x) = -0,0513x$.

Für den Term $e^{-0,0513x}$ ist dann die Ableitungsregel für verkettete Funktionen mit linearer innerer Funktion anzuwenden:

$$f(x) = ä(mx + b) \implies f'(x) = ä'(mx + b) \cdot m$$

Lineare Kettenregel

In Worten: Ableitung der äußeren Funktion, unter Beibehaltung der linearen inneren Funktion, mal Koeffizient m des Linearfaktors der linearen inneren Funktion.

Für $f(x) = 1\,000 \cdot e^{-0,0513x}$ ergibt sich dann insgesamt folgende Ableitung:

$$f'(x) = \underbrace{1\,000}_{a} \cdot \underbrace{e^{-0,0513x}}_{ä(mx+0)} \cdot \underbrace{(-0,0513)}_{m}$$

$$f'(x) = 1\,000 \cdot (-0,0513) \cdot e^{-0,0513x}$$

$$\underline{\underline{f'(x) = -51,3 \cdot e^{-0,0513x}}}$$

c) $f(2) = 1\,000 \cdot e^{-0,0513 \cdot 2} = \underline{\underline{902,49}}$

Interpretation: Nach 2 Jahren wohnen noch 902 Menschen in der Region.

$f'(2) = -51,3 \cdot e^{-0,0531 \cdot 2} = \underline{\underline{-46,3}}$

Interpretation: Genau nach 2 Jahren (ab heute) beträgt die **Wachstumsgeschwindigkeit** der Bevölkerung $-46,3$ Personen pro Jahr. Die Bevölkerungszahl nimmt genau zu diesem Zeitpunkt also um 46,3 Personen pro Jahr ab.

In $f(x) = a \cdot e^{kx}$ mit $k = \ln b$ heißt k Wachstumskonstante und b Wachstumsfaktor.

$$f(x) = a \cdot e^{kx}; \text{ Wachstumskonstante } k = \ln b$$

e-Funktion für exponentielles Wachstum

Für $b > 1$ ist $k = \ln b > 0 \implies$ exponentielle Zunahme
Für $0 < b < 1$ ist $k = \ln b < 0 \implies$ exponentielle Abnahme

Mithilfe der Faktor- und der linearen Kettenregel lässt sich die e-Funktion für exponentiellen Wachstum ableiten:

$$f(x) = a \cdot e^{kx} \implies f'(x) = a \cdot e^{kx} \cdot k$$

Ableitung der e-Funktion für exponentielles Wachstum

Zusammenfassung

- **Ableitung der Exponentialfunktionen**: $f(x) = b^x \Rightarrow f'(x) = b^x \cdot \ln b$

- **Ableitung der e-Funktion**: $f(x) = e^x \Rightarrow f'(x) = e^x$

- **e-Funktion für exponentielles Wachstum**: $f(x) = a \cdot e^{kx}$ mit $k = \ln b$
  - ▶ **exponentielle Zunahme**: $k > 0$
  - ▶ **exponentielle Abnahme**: $k < 0$

- In $f(x) = a \cdot b^x = a \cdot e^{x \cdot \ln b} = a \cdot e^{kx}$ heißt $\ln b$ **Wachstumskonstante** k.

- **Ableitung der e-Funktion für exponentielles Wachstum**
  $f(x) = a \cdot e^{kx} \Rightarrow f'(x) = a \cdot e^{kx} \cdot k$

- Die **Wachstumsgeschwindigkeit** $f'(x)$ ist bei exponentiellem Wachstum **proportional zum Bestand**: $f(x)$: $\dfrac{f'(x)}{f(x)} = \ln b = k$

- Die **Wachstumsgeschwindigkeit** nimmt bei exponentieller Zunahme zu, bei exponentieller Abnahme ab.

- **Lineare Kettenregel**: $f(x) = ä(mx + b) \Rightarrow f'(x) = ä'(mx + b) \cdot m$

Übungsaufgaben

1   Die Schulden f (in GE) eines Staates sollen ab Beginn dieses Jahres $(x = 0)$ mit der Gleichung $f(x) = 200 \cdot 1{,}05^x$ beschrieben werden. Dabei wird x in Jahren angegeben.
   a) Interpretieren Sie die Basis $b = 1{,}15$ anwendungsbezogen.
   b) Ermitteln Sie die Gleichung der Ableitungsfunktion.
   c) Berechnen Sie $f(1)$ und $f'(1)$ und interpretieren Sie die berechneten Werte.
   d) Berechnen Sie $f(2)$ und $f'(2)$ und interpretieren Sie die berechneten Werte im Vergleich mit denen aus Teilaufgabe c).

2   Ein Staat bemüht sich intensiv um den Abbau seiner Schulden. Die Höhe der Schulden f (in GE) soll mit der Gleichung $f(x) = 400 \cdot e^{-0{,}2877x}$ beschrieben werden. Dabei wird x in Jahren seit Beginn dieses Jahres angegeben.
   a) Berechnen Sie, wie sich der Schuldenstand von Jahr zu Jahr prozentual verändert.
   b) Ermitteln Sie die Gleichung der Ableitungsfunktion $f'(x)$.
   c) Vergleichen Sie die Wachstumsgeschwindigkeit zu Beginn dieses Jahres mit der nach 4 Jahren

3   Die u. a. Tabelle zeigt die globalen Kohlendioxid-Emissionen (in Mrd. Tonnen) von 1860 bis 2000.

Jahr	1860	1880	1900	1920	1940	1960	1980	2000
CO_2-Emissionen	0,55	1,0	1,8	3,9	4,9	8,95	19,53	24,68

a) Ermitteln Sie die Gleichung der e-Funktion, die den Wachstumsprozess für den angegebenen Zeitraum beschreibt ($x = 0$ soll dem Jahr 1860 entsprechen).

b) Berechnen Sie, wie hoch nach diesem Modell die Kohlendioxid-Emissionen für die Jahre 2010 und 2020 wären.

c) Ermitteln Sie die Wachstumsgeschwindigkeit zu Beginn und zum Ende des dargestellten Zeitraums. Interpretieren Sie die Ergebnisse vergleichend.

d) Bestimmen Sie die durchschnittliche Wachstumsgeschwindigkeit der CO_2-Emissionen für den angegebenen Zeitraum.

4 Die Bevölkerungszahlen in den USA haben sich in der ersten Hälfte des 19. Jahrhunderts exponentiell entwickelt.

Jahr	1800	1810	1820	1830	1840	1850
Einwohner (in Mio.)	5,3	7,2	9,6	12,9	17,1	23,4

a) Ermitteln Sie, welche e-Funktionsgleichung das Bevölkerungswachstum für den angegebenen Zeitraum beschreibt. Ermitteln Sie eine algebraische und eine Regressionslösung mit dem Taschenrechner. Berechnen Sie die Bevölkerungszahl, die man mit dem Modell des exponentiellen Wachstums für 1860 prognostizieren kann. (Alle Rechnungen mit 4 Nachkommastellen.)

b) Berechnen Sie die durchschnittliche Änderungsrate der Bevölkerungszahlen
   - für die ersten beiden Jahrzehnte des 19. Jahrhunderts,
   - für den Zeitraum von 1800 bis 1850.

   Interpretieren Sie die berechneten Werte.

c) Berechnen Sie algebraisch, wie schnell die Bevölkerung
   - im Jahr 1810,
   - im Jahr 1850

   gewachsen ist. Verwenden Sie die Regressionsgleichung.

d) Ermitteln Sie, wann sich der Bevölkerungsstand von 1800 verdoppelt hatte.

5 Nach intensiver Werbung schon vor der Markteinführung, wird ein weltweit neues Produkt (zum Zeitpunkt $t = 0$) auf den Markt gebracht. Nach einer Woche ($t = 1$) wurde der gesamte, mit diesem Produkt erzielte Umsatz mit 0,15 Mio. GE angegeben, nach zwei Wochen schon mit 0,3225 Mio. GE und nach 5 Wochen wurde mit 1,0114 Mio. GE schon die Millionengrenze überschritten.

a) Stellen Sie die Gesamtumsatzentwicklung f im Zeitablauf t mit einer Funktion der Form $f(t) = e^{kt} + c$ dar (algebraische und Taschenrechnerlösung). Berechnen Sie, um wie viel Prozent sich der Umsatz von Woche zu Woche verändert.

b) Bestimmen Sie den Umsatz 12 Wochen nach der Produkteinführung.

c) Bestimmen Sie $f'(12)$ und interpretieren Sie den berechneten Wert.

d) Berechnen Sie, wann der gesamte Umsatz mit dem Produkt die 10-Millionengrenze überschreitet. Geben Sie den wöchentlichen Umsatz zu diesem Zeitpunkt an.

6 Am 26. April 1986 fand in Tschernobyl (Ukraine) ein katastrophaler Atomkraftwerksunfall statt. Im radioaktiven Niederschlag war das Cäsiumisotop ^{131}Cs mit einer Halbwertszeit von 30 Jahren besonders stark festzustellen.
Unmittelbar nach dem Reaktorunfall betrug die Bodenbelastung in der Nähe des Reaktors 55 000 000 Becquerel/m². Becquerel ist eine Einheit für die Aktivität radioaktiver Stoffe. Der Grenzwert für unverseuchte Gebiete liegt bei 35 000 Becquerel/m².
   a) Stellen Sie die Verseuchung des Bodens seit der Reaktorkatastrophe mit einer e-Funktionsgleichung dar.
   b) Bestimmen Sie, wann das Gebiet um den Reaktor wieder bewohnbar ist.
   c) Vergleichen Sie die Zerfallsgeschwindigkeit des Cäsiums unmittelbar nach der Reaktorkatastrophe und nach 30 Jahren.

7 Ein Anlagegut hat einen Anschaffungswert von 300 000,00 €.
   a) Bestimmen Sie die Gleichung der e-Funktion, die den Buchwert für eine jährliche degressive Abschreibung in Höhe von 20 % beschreibt.
   b) Berechnen Sie, wann der Buchwert die Hälfte des Anschaffungswertes beträgt.
   c) Bestimmen Sie die Sekantensteigung zwischen den Stellen $x = 1$ und $x = 3$ und interpretieren Sie den berechneten Wert.
   d) Berechnen Sie $f'(2)$ und interpretieren Sie das Ergebnis.

8 Bestimmen Sie die Gleichung der 1. Ableitungsfunktion.
   a) $f(x) = -e^x$
   b) $f(x) = 2\,e^{-x}$
   c) $f(x) = 2\,e^{-\frac{1}{3}x}$
   d) $f(x) = -\frac{1}{2}e^{2x}$
   e) $f(x) = -3\,e^{-\frac{1}{3}x}$
   f) $f(x) = \frac{1}{4}e^{-2x+1}$
   g) $f(x) = -\frac{1}{4}e^{-3x-2}$
   h) $f(x) = 1 + 3\,e^{-\frac{1}{4}x}$
   i) $f(x) = -e^{-x+2} + 4$
   j) $f(x) = -\frac{1}{2}e^{-x+2} - x$

3.2.2 Wachstumsgeschwindigkeit bei begrenztem Wachstum

Situation 3

In einem Testgebiet wird massiv für ein Smartphone der Marke S geworben. Die Anzahl der Personen in diesem Testgebiet, die ein Smartphone der Marke S besitzen, soll mit der Gleichung $f(x) = 20\,000 - 14\,000 \cdot 0{,}7^x$ beschrieben werden. f ist die Anzahl der Personen, die ein S besitzen, x ist die Zeit in Jahren ab heute.
   a) Erläutern Sie, welche Erkenntnisse man direkt der Funktionsgleichung über den Verlauf des Graphen entnehmen kann.
   b) Berechnen Sie die Gleichung der e-Funktion, die der gegebenen Exponentialfunktion entspricht.

c) Bestimmen Sie, wie schnell die Anzahl der Besitzer eines S in der Stadt durchschnittlich in den kommenden 3 Jahren wächst.

d) Ermitteln Sie für die Gleichung der e-Funktion aus Teilaufgabe b) algebraisch die Gleichung der 1. Ableitungsfunktion.

e) Skizzieren Sie die Graphen von f und f' in ein Koordinatensystem.

f) Bestimmen Sie den Bestand und die Wachstumsgeschwindigkeit der S-Besitzer nach 3 Jahren (ab heute). Kennzeichnen Sie Ihre Ergebnisse in der Grafik zu Teilaufgabe e).

Lösung

a) Weil die Gleichung die Form $f(x) = g - a \cdot b^x$ hat, liegt **begrenztes Wachstum** mit der Sättigungsgrenze $g = 20\,000$ und dem Anfangsbestand $f(0) = g - a = 20\,000 - 14\,000 = 6\,000$ vor. Weil $a > 0$ ist, liegt **begrenzte *Zunahme*** vor.

b) $f(x) = 20\,000 - 14\,000 \cdot 0{,}7^x$

$\Rightarrow\ f(x) = 20\,000 - 14\,000 \cdot e^{(\ln 0{,}7) \cdot x} \approx 20\,000 - 14\,000 \cdot e^{-0{,}3567\,x}$

c) Die durchschnittliche Steigung in einem Intervall wird mithilfe der Sekantensteigung berechnet.

$$m_{s[0;\,3]} = \frac{\Delta y}{\Delta x} = \frac{f(3) - f(0)}{3 - 0} = \frac{15\,198 - 6\,000}{3 - 0} = 3\,066\ [\text{Personen}/\text{Jahr}]$$

d) Der Funktionsterm von $f(x) = 20\,000 - 14\,000 \cdot e^{(\ln 0{,}7) \cdot x}$ ist grundsätzlich eine Differenz für dessen Ableitung die Differenzregel anzuwenden ist: Differenzen von Funktionen dürfen gliedweise differenziert werden. 20 000 abgeleitet wird 0, sodass das 1. Glied durch das Ableiten wegfällt.

Das 2. Glied der Differenzfunktion ist eine verkettete e-Funktion mit dem konstanten Vorfaktor $a = 14\,000$, der entsprechend der Faktorregel beim Differenzieren erhalten bleibt.

Beim Ableiten von $e^{(\ln 0{,}7) \cdot x}$ ist zu beachten, dass eine verkettete Funktion vorliegt. Äußere Funktion: $\ddot{a}(x) = e^x$, lineare innere Funktion $i(x) = (\ln 0{,}7) \cdot x$.

Für den Term $e^{(\ln 0{,}7) \cdot x}$ ist dann die Ableitungsregel für verkettete Funktionen mit linearer innerer Funktion, die **lineare Kettenregel**, anzuwenden:

$$f(x) = \ddot{a}(mx + b) \ \Rightarrow\ f'(x) = \ddot{a}'(mx + b) \cdot m$$

Für $f(x) = 20\,000 - 14\,000 \cdot e^{(\ln 0{,}7) \cdot x}$ ergibt sich dann insgesamt die Ableitung:

$$f'(x) = 0 - \underbrace{14\,000}_{a} \cdot \underbrace{e^{(\ln 0{,}7) \cdot x}}_{\ddot{a}(mx + 0)} \cdot \underbrace{(\ln 0{,}7)}_{m}$$

$$f'(x) = -14\,000 \cdot (\ln 0{,}7) \cdot e^{(\ln 0{,}7) \cdot x}$$

$$f'(x) \approx 4\,993{,}45 \cdot e^{-0{,}357\,x}$$

e) Graphen: s. Abb.

f) $f(3) = 20\,000 - 14\,000 \cdot \mathrm{e}^{(\ln 0,7) \cdot 3}$

$\underline{\underline{f(3) = 15\,198}}$

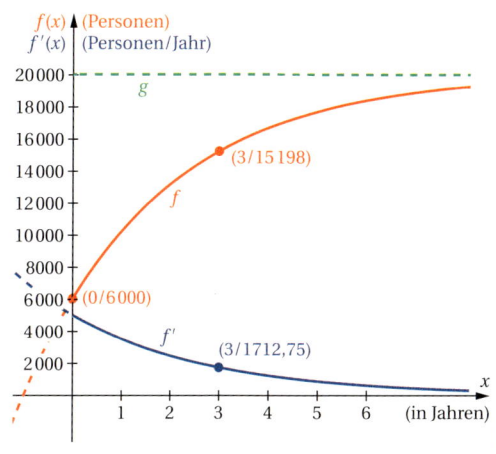

Genau nach 3 Jahren (Zeit*punkt* ab heute) besitzen 15 198 Personen ein Smartphone der Marke S.

$f'(3) = 4\,993,45 \cdot \mathrm{e}^{(\ln 0,7) \cdot 3}$

$\underline{\underline{f'(3) = 1\,712,75}}$

Die **Wachstumsgeschwindigkeit** der Smartphone-Besitzer der Marke S beträgt genau nach 3 Jahren (Zeit*punkt* ab heute) ca. 1 713 Personen pro Jahr.

$$f(x) = g - a \cdot b^x \;\Rightarrow\; f'(x) = -a \cdot b^x \cdot \ln b$$

$$\text{mit } 0 < b < 1$$

$$f(x) = g - a \cdot \mathrm{e}^{kx} \;\Rightarrow\; f'(x) = -a \cdot \mathrm{e}^{kx} \cdot k$$

$$\text{Wachstumskonstante } k = \ln b < 0$$

Wachstumsgeschwindigkeit $f'(x)$ bei begrenztem Wachstum

Situation 4

Ein Unternehmen hat für 8 Jahre seit Ende 2010 (entspricht $x = 0$ (Jahre)) die Absatzzahlen $f(x)$ für eines seiner Produkt festgestellt und daraus die Gleichung $f(x) = 5\,000 + 20\,000 \cdot \mathrm{e}^{(\ln 0,9) \cdot x}$ ermittelt.

a) Erläutern Sie, welche Aussagen man direkt der Funktionsgleichung über den Verlauf des Graphen entnehmen kann.

b) Bestimmen Sie die durchschnittliche Geschwindigkeit, mit der sich der Absatz von Ende 2010 bis Ende 2018 verändert hat.

c) Ermitteln Sie algebraisch die Gleichung für die Wachstumsgeschwindigkeit des Absatzes.

d) Skizzieren Sie den Graphen von f mit dem Graphen von f' in eine gemeinsames Koordinatensystem.

e) Berechnen Sie den Absatz und die Absatzgeschwindigkeit zum Jahresende 2010 und zum Jahresende 2018 und kennzeichnen Sie die Ergebnisse in der Grafik.

Lösung

a) Die Gleichung $f(x) = g - a \cdot e^{(\ln b) \cdot x}$ wird erfüllt, daher liegt **begrenztes Wachstum** mit der Sättigungsgrenze $g = 5\,000$ und dem Anfangsbestand
$f(0) = g - a = 5\,000 - (-20\,000) = 25\,000$ vor. Weil $a < 0$ ist, liegt **begrenzte Abnahme** vor.

b) Die durchschnittliche Absatzgeschwindigkeit wird mithilfe des Differenzenquotienten berechnet.

$$m_{s[0;\,8]} = \frac{\Delta y}{\Delta x} = \frac{f(8) - f(0)}{8 - 0} = \frac{13\,609,34 - 25\,000}{8 - 0} = -\underline{\underline{1\,423,83}}\ [\text{Stück/Jahr}]$$

c) Der Funktionsterm von $f(x) = 5\,000 + 20\,000 \cdot e^{(\ln 0,9) \cdot x}$ ist grundsätzlich eine Summe von Funktionen, für dessen Ableitung die Summenregel anzuwenden ist: Summen von Funktionen dürfen gliedweise differenziert werden. $5\,000$ abgeleitet wird 0, sodass das 1. Glied durch das Ableiten wegfällt.

Das 2. Glied der Summenfunktion ist eine verkettete e-Funktion mit dem konstanten Vorfaktor $a = 20\,000$, der entsprechend der Faktorregel beim Differenzieren erhalten bleibt.

Beim Ableiten von $e^{(\ln 0,9) \cdot x}$ ist zu beachten, dass eine verkettete Funktion vorliegt. Äußere Funktion: $\ddot{a}(x) = e^x$, lineare innere Funktion $i(x) = (\ln 0,9) \cdot x$.

Für den Term $e^{(\ln 0,9) \cdot x}$ ist dann die Ableitungsregel für verkettete Funktionen mit linearer innerer Funktion, die lineare Kettenregel, anzuwenden:

$$f(x) = \ddot{a}(mx + b) \Rightarrow f'(x) = \ddot{a}'(mx + b) \cdot m$$

Für $f(x) = 5\,000 + 20\,000 \cdot e^{(\ln 0,9) \cdot x}$ ergibt sich dann insgesamt die Ableitung:

$$f'(x) = \underbrace{0}_{} + \underbrace{20\,000}_{a} \cdot \underbrace{e^{(\ln 0,9) \cdot x}}_{\ddot{a}(mx + 0)} \cdot \underbrace{(\ln 0,9)}_{m}$$

$$\underline{\underline{f'(x) = 20\,000 \cdot (\ln 0,9) \cdot e^{(\ln 0,9) \cdot x}}}$$

$$\underline{\underline{f'(x) \approx -2\,107,21 \cdot e^{-0,1054 x}}}$$

d) Graphen: s. Abb.

e) $\underline{\underline{f(0) = 25\,000}}$ [Stück]

$\underline{\underline{f'(0) = -2\,107,21}}$ [Stück/Jahr]

$\underline{\underline{f(8) = 13\,609,34}}$ [Stück]

$\underline{\underline{f'(8) = -907,08}}$ [Stück/Jahr]

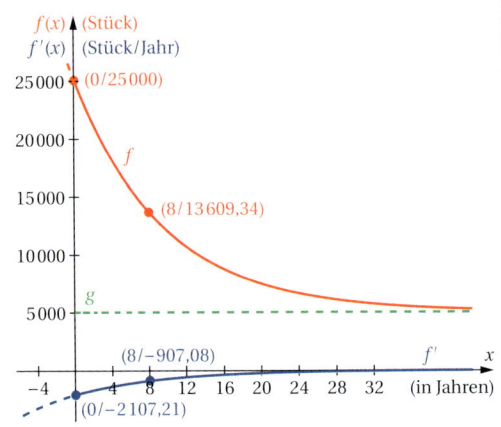

Bei begrenztem Wachstum strebt die Wachstumsgeschwindigkeit $f'(x)$ für x gegen unendlich immer gegen 0.

Zusammenfassung

- **Wachstumsgeschwindigkeit $f'(x)$ bei begrenztem Wachstum:**
  - ▶ Exponentialfunktion: $f(x) = g - a \cdot b^x \Rightarrow f'(x) = -a \cdot b^x \cdot \ln b$ mit $0 < b < 1$
  - ▶ e- Funktion: $f(x) = g - a \cdot e^{kx} \Rightarrow f'(x) = -a \cdot e^{kx} \cdot k$ mit $k = \ln b < 0$
  - ▶ **begrenzte Zunahme: $a > 0$**   ▶ **begrenzte Abnahme: $a < 0$**

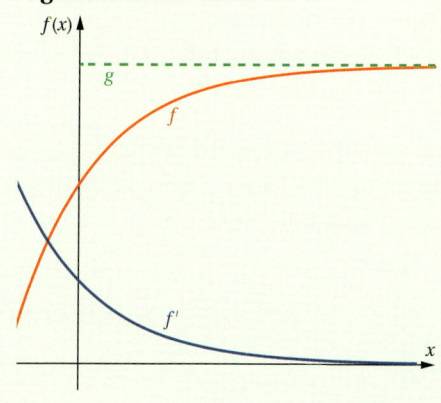 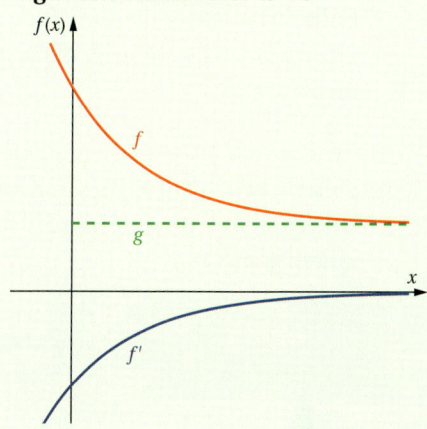

- Die **Wachstumsgeschwindigkeit** strebt bei begrenztem Wachstum immer gegen 0.
  - ▶ $\lim\limits_{x \to \infty} (-a \cdot b^x \cdot \ln b) = -a \cdot 0 \cdot \ln b = 0$ für $0 < b < 1$
  - ▶ $\lim\limits_{x \to \infty} (-a \cdot e^{kx} \cdot k) = -a \cdot 0 \cdot k = 0$ für $k < 0$

Übungsaufgaben

1 Ein demografisches Institut prognostiziert die Anzahl der Bewohner f in einer Region für die nächsten Jahre (x) mit der Gleichung $f(x) = 5\,000 + 2\,000 \cdot 0{,}9^x$.

   a) Erläutern Sie, welche Erkenntnisse man direkt der Funktionsgleichung über den Verlauf des Graphen entnehmen kann.

   b) Berechnen Sie die Gleichung der e-Funktion, die der gegebenen Exponentialfunktion entspricht.

   c) Bestimmen Sie, wie sich die Bevölkerungszahlen durchschnittlich in den ersten 4 Jahren verändern.

   d) Ermitteln Sie mithilfe der Gleichung der zugehörigen e-Funktion algebraisch die Wachstumsgeschwindigkeit der Bevölkerung nach 4 Jahren.

2 Ein Marktforschungsinstitut hat für ein Unternehmen die zu erwartenden Absatzzahlen untersucht und dafür die Gleichung $f(x) = 800 + 1\,000 \cdot e^{(\ln 0,85)\cdot x}$ aufgestellt. Dabei wird f in ME und x in Jahren ab Beginn dieses Jahres angegeben.

a) Erläutern Sie, welche Informationen zum Absatz man direkt der Funktionsgleichung entnehmen kann.

b) Bestimmen Sie die durchschnittliche Geschwindigkeit, mit der sich der Absatz vom Ende des 2. Jahres bis zum Ende des 5. Jahres verändert hat.

c) Ermitteln Sie algebraisch die Wachstumsgeschwindigkeit zu Beginn und zum Ende dieses Jahres.

3 In einem Labor mit einer Raumtemperatur von $20\,°C$ wird zum Zeitpunkt $x = 0$ eine Flüssigkeit aus einem Kühlschrank genommen und im Labor abgestellt. In den ersten 3 Minuten nach Entnahme der Flüssigkeit aus dem Kühlschrank werden folgende Temperaturen gemessen:

Zeit (in min.)	1	2	3
Temperatur (in °C)	8	10,4	12,32

a) Bestimmen Sie mit dem Taschenrechner die Gleichung einer exponentiellen Regressionsfunktion, die die Erwärmung der Flüssigkeit im Zeitablauf (in Minuten) angibt.

b) Berechen Sie, welche Temperatur die Flüssigkeit bei Entnahme aus dem Kühlschrank hatte. Bestimmen Sie, nach welcher vollen Minute sich die Flüssigkeit auf über $15\,°C$ erwärmt hat.

c) Berechnen Sie, mit welcher Geschwindigkeit sich die Flüssigkeit eine Minute nach Entnahme aus dem Kühlschrank erwärmt.

4 In der Tabelle ist die Größe einer Pilzkultur (in cm²) auf einer Testfläche der Größe $1\,000\,cm^2$ für die ersten 3 Stunden nach Beobachtungsbeginn angegeben.

Zeit seit Beobachtungsbeginn (in h)	1	2	3
Pilzbestand (in cm²)	415	619,75	752,84

a) Bestimmen Sie die Gleichungen der Exponentialfunktion und der e-Funktion, die das Wachstum der Pilzkultur beschreiben, algebraisch und mit dem Taschenrechner.

b) Berechnen Sie die Größe des Pilzbestandes zu Beobachtungsbeginn.

c) Ermitteln Sie die Geschwindigkeit, mit der sich der Bestand innerhalb der 1. Stunde verändert.

d) Berechnen Sie $f'(0)$ und $f'(1)$ und interpretieren Sie die Ergebnisse, auch im Vergleich zu dem Ergebnis aus Teilaufgabe c).

5 In einem Ortsteil sind zurzeit 500 Einwohner registriert. Die Verwaltung will die Entwicklung der Einwohnerzahlen mit begrenztem Wachstum modellieren. Man erwartet, dass in 10 Jahren 300 Einwohner mehr in dem Ortsteil wohnen werden und will wegen der vorhandenen Infrastruktur maximal 2 000 Einwohner zulassen.
  a) Bestimmen Sie direkt die Gleichung der e-Funktion, mit der sich die Entwicklung der Einwohnerzahlen des Ortsteils beschreiben lässt.
  b) Berechnen Sie, wie viele Einwohner der Ortsteil nach diesem Modell vor 10 Jahren hatte.
  c) Ermitteln Sie, wann sich die Einwohnerzahl gegenüber heute verdoppelt hat.
  d) Berechnen Sie die Wachstumsgeschwindigkeit der Einwohnerzahlen des Ortsteils zurzeit. Bestimmen Sie, wann sich die Wachstumsgeschwindigkeit der Einwohnerzahlen gegenüber heute halbiert hat.

6 In den letzten Jahren registrieren fast alle Sportvereine zurückgehende Mitgliederzahlen. Ein Verein, der heute noch 1 800 Mitglieder hat, rechnet langfristig nur noch mit 1 000 Mitgliedern. Es wird davon ausgegangen, dass die Differenz zwischen der langfristig erwarteten und der tatsächlichen Mitgliederzahl von Jahr zu Jahr um 20 % abnimmt.
  a) Erstellen Sie für die Mitgliederzahlen im Zeitablauf ein Modell des begrenzten Wachstums ab heute $(x = 0)$.
  b) Berechnen Sie, wie viele Mitglieder der Verein nach 5 Jahren haben wird.
  c) Berechnen Sie, wie groß der durchschnittliche Rückgang der Mitgliederzahlen vom Beginn des 3. Jahres bis zum Ende des 5. Jahres ist.
  d) Berechnen Sie, wie stark die Mitgliederzahl genau nach 5 Jahren abnimmt.
  e) Ermitteln Sie, wie sich langfristig die Abnahmegeschwindigkeit verändert (algebraischer Nachweis).

7 Eine 80 °C heiße Flüssigkeit wird in einem 20 °C warmen Raum abgestellt. Die Abkühlung beträgt je Minute 15 % der noch vorhandenen Temperaturdifferenz zur Raumtemperatur.
  a) Berechnen Sie, wie lange es dauert, bis sich die Flüssigkeit auf 45 °C abgekühlt hat.
  b) Ermitteln Sie die durchschnittliche Abkühlungsgeschwindigkeit in den ersten 6 Minuten.
  c) Bestimmen Sie die Geschwindigkeit, mit der die Flüssigkeit unmittelbar nach dem Abstellen im Raum abkühlt.

8 In einer landwirtschaftlichen Versuchsanstalt wird die Höhe einer neu gezüchteten Pflanze zur Produktion von Bio-Diesel in den ersten Wochen ihres Wachstums vermessen:

Zeit (in Wochen)	0	2	4	7
Höhe (in cm)	0	19	34,39	52,17

Es wird davon ausgegangen, dass die Pflanze ca. 1 m hoch wird.

a) Ermitteln Sie mit dem Taschenrechner die Gleichung einer Exponentialfunktion, die das Wachstum der Pflanze beschreibt. Zeichnen Sie den Graphen der Funktion mit den gegebenen Daten.

b) Berechnen Sie die Höhe der Pflanze nach 5 Wochen.

c) Berechnen Sie, wann die Pflanze die Hälfte der erwarteten Höhe erreicht hat.

d) Bestimmen Sie die Wachstumsgeschwindigkeit nach 7 Wochen.

e) Weisen Sie algebraisch nach, dass die Pflanze nach dem von Ihnen aufgestellten Modell maximal 1 m hoch wird.

9 Ein Unternehmen will ein völlig neuartiges Smartphone auf den Markt bringen. Eine Stadt mit 2 000 potenziellen Kunden wird als Testverkaufsgebiet ausgewählt. Nach einer intensiven Werbeaktion wird mit dem Verkauf begonnen; schon nach 13 Wochen wurden insgesamt 1 852 Geräte verkauft.

a) Stellen Sie die Verkaufszahlen der Smartphones in diesem Testgebiet mit dem Modell des begrenzten Wachstums als e-Funktion dar.

b) Berechnen Sie, wie viele Geräte innerhalb der ersten Woche verkauft wurden.

c) Berechnen Sie, wann der Markt zu 50 % gesättigt ist.

d) Ermitteln Sie den Zeitpunkt, wann voraussichtlich 1 900 Smartphones verkauft sein werden.

e) Ermitteln Sie den Prozentsatz, mit dem sich das Marktsättigungsdefizit von Woche zu Woche verringern wird.

f) Berechnen Sie, wie viele Smartphones durchschnittlich je Woche von der 5. bis zur 10. Woche verkauft werden.

g) Berechnen Sie die Wachstumsgeschwindigkeit der Verkaufszahlen nach einer Woche und nach zwei Wochen.

h) Bestimmen Sie, wann die Verkaufszahlen unter 10 Stück je Woche sinken.

eA 3.2.3 Wachstumsgeschwindigkeit bei logistischem Wachstum

Situation 5

Der mit einem Produkt im Zeitablauf insgesamt zu erzielende Umsatz soll mit der Gleichung für logistisches Wachstum

$f(x) = \dfrac{10}{1 + 50\,e^{-0,9x}}$ prognostiziert werden. Dabei wird x in Jahren seit Beginn dieses Jahres und $f(x)$ in GE angegeben. Der Graph der Funktion ist nebenstehend abgebildet.

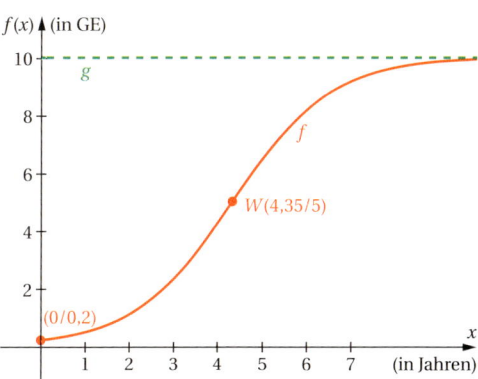

a) Berechnen Sie den durchschnittlichen Jahresumsatz, der mit dem Produkt in den ersten 4 Jahren (seit Beginn dieses Jahres) erzielt werden kann.

b) Ermitteln Sie die Gleichung der 1. Ableitungsfunktion algebraisch und kontrollieren Sie Ihr Ergebnis grafisch mit dem Taschenrechner. Leiten Sie aus Ihrem Ergebnis die allgemeine Gleichung der Ableitungsfunktion von $f(x) = \dfrac{g}{1 + a \cdot e^{-bx}}$ für logistisches Wachstum her.

c) Skizzieren Sie mithilfe des Taschenrechners den Graphen der 1. und der 2. Ableitungsfunktion. Interpretieren Sie den Verlauf des Graphen der 1. Ableitungsfunktion unter Beachtung seiner charakteristischen Punkte anwendungsbezogen.

d) Geben Sie an, wie hoch der Gesamtumsatz zu dem Zeitpunkt ist, bei dem die Wachstumsgeschwindigkeit des Umsatzes am größten ist.

e) Bestimmen Sie mit dem Taschenrechner den Zeitpunkt, zu dem der jährliche Umsatz, also die Wachstumsgeschwindigkeit, auf 2 GE/Jahr angestiegen ist.

Lösung

a) Es muss die **Steigung der Sekante** durch die Punkte $P_1(0/0,2)$ und $P_2(4/4,226)$ berechnet werden. Das ist die **durchschnittliche Änderungsrate** des Umsatzes.

$$m_{S[0;\,4]} = \frac{\Delta y}{\Delta x} = \frac{f(4) - f(0)}{4 - 0} = \frac{4,226 - 0,2}{4 - 0} = \frac{4,026}{4} = \underline{\underline{1,007}} \ [\text{GE/Jahr}]$$

b) **Gleichung der 1. Ableitungsfunktion**:

Es liegt eine **verkettete Funktion** vor. Die Verkettung ist dadurch zustande gekommen, dass man in die äußere Funktion $\ddot{a}(x) = \dfrac{10}{x}$ für x die innere Funktion $i(x) = 1 + 50\,e^{-0,9x}$ eingesetzt hat. Eine verkettete Funktion wird mit der **Kettenregel** differenziert:

$$f(x) = \ddot{a}\,[i(x)] \ \Rightarrow \ f'(x) = \ddot{a}'[i(x)] \cdot i'(x)$$

Kettenregel der Differenzialrechnung

> **Kettenregel in Worten:**
> Ableitung der äußeren Funktion, unter Beibehaltung der inneren Funktion, mal Ableitung der inneren Funktion.

Die Ableitung der äußeren Funktion $ä(x) = \frac{10}{x} = 10 \cdot x^{-1}$ ist nach der Potenz-/Faktorregel:
$$ä'(x) = -1 \cdot 10 \cdot x^{-2} = -\frac{10}{x^2}.$$

Die Ableitung der äußeren Funktion unter Beibehaltung der inneren Funktion
$$i(x) = 1 + 50 \cdot e^{-0,9x} \text{ ist dann:}$$
$$ä'(x) = -\frac{10}{(1 + 50e^{-0,9x})^2}$$

Um die Ableitung der gesamten verketteten Funktion zu erhalten, muss die Ableitung der äußeren Funktion unter Beibehaltung der inneren Funktion noch mit der Ableitung der inneren Funktion multipliziert werden.

Die innere Funktion $i(x) = 1 + 50\,e^{-0,9x}$ ist eine Summe von Funktionen, die nach der Summenregel gliedweise abgeleitet werden darf. Der 1. Summand (1) fällt beim Ableiten weg, der 2. Summand $50\,e^{-0,9x}$ ist wiederum eine verkette Funktion, die mit der Kettenregel (s. o.) abgeleitet wird:
$$i'(x) = \underbrace{50\,e^{-0,9x}}_{} \cdot \underbrace{(-0,9)}_{} = -0,9 \cdot 50\,e^{-0,9x} = -45\,e^{-0,9x}$$

Ableitung der
äußeren Funktion Ableitung
unter Beibehaltung der inneren
der inneren Funktion Funktion

Also ist
$$f'(x) = -\underbrace{\frac{10}{(1 + 50\,e^{-0,9x})^2}}_{} \cdot \underbrace{(-45\,e^{-0,9x})}_{} = -\frac{10 \cdot (-45\,e^{-0,9x})}{(1 + 50\,e^{-0,9x})^2}$$

Ableitung der
äußeren Funktion Ableitung
unter Beibehaltung der inneren
der inneren Funktion Funktion

$$f'(x) = \frac{450\,e^{-0,9x}}{(1 + 50\,e^{-0,9x})^2}$$

> $$f(x) = \frac{g}{1 + a \cdot e^{-bx}} \Rightarrow f'(x) = \frac{abg \cdot e^{-bx}}{(1 + a \cdot e^{-bx})^2}$$
>
> **1. Ableitungsfunktion des logistischen Wachstums**

Kontrolle mit dem Taschenrechner (vgl. GTR-Anhang 11):
1. Im Y-Editor für Y1 den Term der logistischen Wachstumsfunktion eingeben:
   $$f(x) = \frac{10}{1 + 50\,e^{-0,9x}}$$
2. Bei Y2 den Ableitungsgraphen mit $\boxed{\text{MATH}}$, MATH, 8:nDeriv(vom Taschenrechner bestimmen lassen.
3. Für Y3 die berechnete Gleichung der Ableitungsfunktion $f'(x) = \frac{450\,e^{-0,9x}}{(1 + 50\,e^{-0,9x})^2}$ eingeben.

4. Mit $\boxed{\text{GRAPH}}$ prüfen, ob der vom Taschenrechner ermittelte Ableitungsgraph Y2 mit dem algebraisch ermittelten Ableitungsgraph (Y3) übereinstimmt. Sicherheitshalber kann die Überprüfung auch noch mit den Wertetabellen erfolgen: $\boxed{\text{2ND}}$, [TABLE].

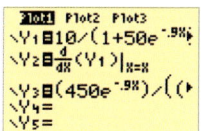
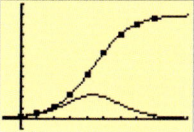
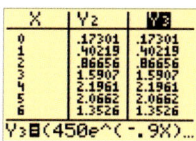

c) Graphen (vgl. GTR-Anhang 10):
(Hinweise zum Taschenrechnereinsatz: Die Wendestellen von f' werden mithilfe der Extremstellen von f'' ermittelt.)

Interpretation des Graphen der 1. Ableitungsfunktion:

Die 1. Ableitungsfunktion gibt die **momentanen Änderungsraten** des Gesamtumsatzes an. Das ist nichts anderes als die **Wachstumsgeschwindigkeit**

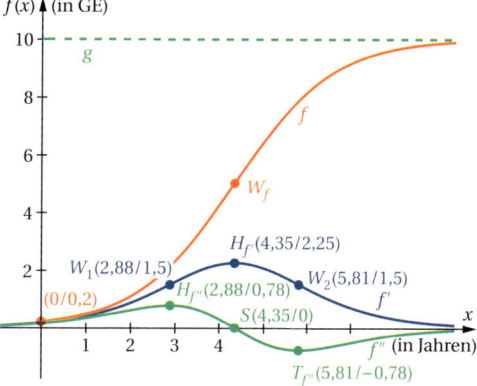

des Umsatzes. Der Graph der 1. Ableitungsfunktion ist eine Produktlebenszyklusfunktion, die den jährlichen Umsatz in GE/Jahr angibt.

Zu Beginn dieses Jahres betrug die Wachstumsgeschwindigkeit des Umsatzes 0,17 GE/Jahr. In den ersten 2,88 Jahren nimmt die Wachstumsgeschwindigkeit des Umsatzes progressiv zu, die nächsten 1,47 Jahre nur noch degressiv. Nach 4,35 Jahren ist die Wachstumsgeschwindigkeit des Umsatzes mit 2,25 GE/Jahr maximal. Danach nimmt sie erst progressiv ab (bis 5,81 Jahre ab Beginn dieses Jahres) und danach degressiv. Langfristig strebt die Wachstumsgeschwindigkeit des Umsatzes gegen 0.

d) **Die Wachstumsgeschwindigkeit ist an der Wendestelle x_W des Graphen von f am größten.** Der Funktionswert des Wendepunktes von f gibt an, wie hoch der insgesamt erzielte Umsatz zu diesem Zeitpunkt ist.

$$\underline{\underline{W_f(4,347/5)}}$$

Nach 4,347 Jahren beträgt der bis dahin insgesamt erzielte Umsatz 5 GE. Das ist genau die halbe Sättigungsmenge.

e) Ansatz: $f'(x) = 2$

Im Y-Editor des Taschenrechners wird bei Y3 der Term der Geraden mit $g(x) = 2$ eingegeben und dann die 1. Schnittstelle der Geraden mit dem Graphen der 1. Ableitungsfunktion berechnet (vgl. GTR-Anhang 6): $\boxed{\text{2ND}}$, [CALC], 5:intersect.

$$\underline{\underline{x_1 = 3,58}}$$

Nach 3,58 Jahren ist die Wachstumsgeschwindigkeit auf 2 GE/Jahr angewachsen.

Der Bestand $f(x) = \dfrac{g}{1 + a \cdot e^{-bx}}$ hat bei der Wendestelle x_W die halbe Sättigungsgrenze $\dfrac{g}{2}$ erreicht: $f(x_W) = \dfrac{g}{2}$

Die Wachstumsgeschwindigkeit ist dort am größten.

Zusammenfassung

- Die **Ableitung einer verketteten Funktion** mit der äußeren Funktion $\ddot{a}(x)$ und der inneren Funktion $i(x)$ erfolgt mit der **Kettenregel der Differzialrechnung**:

$$f(x) = \ddot{a}\,[i(x)] \;\Rightarrow\; f'(x) = \ddot{a}'\,[i(x)] \cdot i'(x)$$

- Im Modell des logistischen Wachstums gibt die **1. Ableitungsfunktion $f'(x)$** die **Wachstumsgeschwindigkeit** des jeweiligen Bestandes $f(x)$ an.

$$f(x) = \frac{g}{1 + a \cdot e^{-bx}} \;\Rightarrow\; f'(x) = \frac{a\,b\,g \cdot e^{-bx}}{(1 + a \cdot e^{-bx})^2}$$

- Die **Wachstumsgeschwindigkeit $f'(x)$** ist **an der Wendestelle x_W** der Stammfunktion f **am größten**.

- Der **Bestand $f(x)$** hat **bei x_W die halbe Sättigungsgrenze $\dfrac{g}{2}$** erreicht.
$$f(x_W) = \frac{g}{2}$$

- Wenn der Stammgraph den kumulierten Absatz (Umsatz) im Zeitablauf angibt, dann stellt die 1. Ableitungsfunktion den **Produktlebenszyklus** dar.

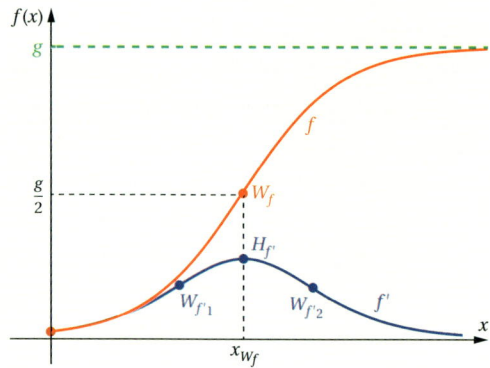

Übungsaufgaben

1 Die zahlenmäßige Entwicklung der Bevölkerung eines Landes im Zeitablauf wird mit der Gleichung $f(x) = \dfrac{50}{1 + 24\,e^{-0,5x}}$ beschrieben.

Der Graph ist nebenstehend abgebildet. Dabei ist x die Zeit in Jahren ab Beobachtungsbeginn, $f(x)$ ist die Anzahl der Mio. Menschen dieses Landes.

a) Bestimmen Sie die durchschnittliche Wachstumsgeschwindigkeit der Bevölkerung in den ersten 10 Jahren seit Beobachtungsbeginn.

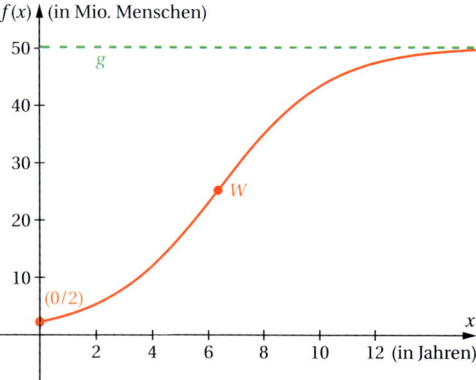

b) Ermitteln Sie die Gleichung der 1. Ableitungsfunktion algebraisch und kontrollieren Sie Ihr Ergebnis grafisch mit dem Taschenrechner.

c) Skizzieren Sie mithilfe des Taschenrechners den Graphen der 1. Ableitungsfunktion. Interpretieren Sie den Verlauf des Graphen der 1. Ableitungsfunktion unter Beachtung seiner charakteristischen Punkte anwendungsbezogen.

d) Berechnen Sie die Wachstumsgeschwindigkeit der Bevölkerung nach einem Jahr.

e) Ermitteln Sie die Anzahl der Bewohner des Landes, wenn die Wachstumsgeschwindigkeit maximal ist.

f) Berechnen Sie, wann die Wachstumsgeschwindigkeit der Bevölkerung unter 500 000 Menschen/Jahr sinkt.

2 Für ein neu eingeführtes Produkt wurde aufgrund der erhobenen Absatzzahlen der vergangenen Monate die Absatzgleichung $f(x) = \dfrac{10\,000}{1 + 499\,e^{-0,7x}}$ aufgestellt. x ist die Zeit in Monaten seit Beginn der Absatzbeobachtung, $f(x)$ gibt den insgesamt seit Beobachtungsbeginn erzielten Absatz in Stück an.

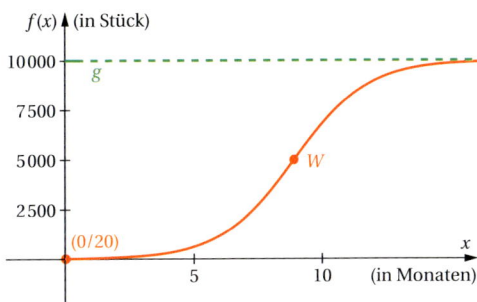

a) Berechnen Sie die durchschnittliche Veränderung des Absatzes im ersten halben Jahr seit Beobachtungsbeginn.

b) Ermitteln Sie die Gleichung der 1. Ableitung algebraisch. Kontrollieren Sie das Ergebnis mit den Taschenrechner.

c) Untersuchen und interpretieren Sie den Verlauf des Graphen der 1. Ableitungsfunktion unter besonderer Berücksichtigung seines Extrempunktes.

d) Berechnen Sie, wie hoch die Absatzgeschwindigkeit nach einem Jahr ist. Wie hoch ist dann der insgesamt erzielte Absatz mit dem Produkt?

e) Bestimmen Sie den Zeitpunkt, zu dem die Absatzgeschwindigkeit auf 1000 Stück/Monat absinkt.

3 In einer Region, in der 20 000 Personen leben, sind zurzeit 200 Personen mit einem Virus infiziert. Aufgrund der Erfahrungen in der Vergangenheit soll der Verlauf der Infektion mit der Gleichung $f(x) = \dfrac{20\,000}{1 + 99\,e^{-0,1x}}$ modelliert werden. $f(x)$ gibt die Anzahl der insgesamt Infizierten an, x die Zeit in Tagen seit Beobachtungsbeginn.

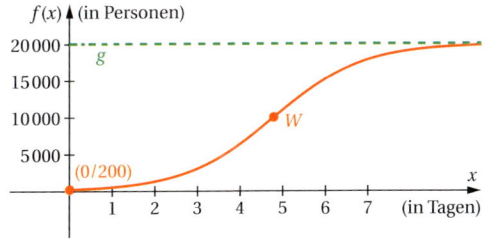

a) Berechnen Sie die durchschnittliche Zunahme der Erkrankten in den ersten 20 Tagen seit Beobachtungsbeginn.

b) Ermitteln Sie die Gleichung der 1. Ableitung algebraisch.

c) Bestimmen Sie die Koordinaten des Wendepunktes des Graphen von f und die Koordinaten des Hochpunktes des 1. Ableitungsgraphen. Interpretieren Sie die Koordinaten anwendungsbezogen.

d) Berechnen Sie, wie hoch die Ausbreitungsgeschwindigkeit der Epidemie nach 20 Tagen ist. Wie hoch ist dann die Anzahl der Infizierten insgesamt?

e) Bestimmen Sie den Zeitpunkt, ab dem sich der Virus mit mehr als 100 infizierten Personen je Tag ausbreitet.

4 Für die Anzahl der Windkraftanlagen in einer Region wird von den Planern logistisches Wachstum vermutet. Ab Jahresbeginn 2000 soll die Zahl der Windkraftanlagen mit der Gleichung $\dfrac{f(x) = c}{1 + a \cdot e^{-bx}}$ beschrieben werden (x = Jahre seit Jahresbeginn 2000, $f(x)$ = Anzahl der Windkraftanlagen).

Bestimmen Sie die Parameter a, b und c so, dass langfristig 15 000 Windkraftanlagen entstehen. Zu Jahresbeginn 2000 soll mit 750 Windkraftanlagen und zum Jahresende 2016 mit 2 232,8 Windkraftanlagen gerechnet werden. (Runden Sie den Parameter b auf eine Nachkommastelle.)

Analysieren Sie die Anzahl und Wachstumsgeschwindigkeit der Windkraftanlagen in der Region.

5 Zeigen Sie, dass die 1. Ableitungsfunktion des logistischen Wachstums mit

$$f(x) = \frac{g}{1 + a \cdot e^{-bx}} \text{ die Gleichung } f'(x) = \frac{abg \cdot e^{-bx}}{(1 + a \cdot e^{-bx})^2} \text{ hat.}$$

eA 3.2.4 Differenzialgleichungen

Situation 6

In den vorherigen Abschnitten wurden die Wachstumsmodelle

1. exponentielles Wachstum,

2. begrenztes Wachstum und

3. logistisches Wachstum

dargestellt.

Grenzen Sie diese Wachstumsmodelle voneinander ab, indem Sie die jeweils wichtigsten Charakteristika übersichtlich zusammenfassen.

Lösung

1. Exponentielles Wachstum:

Der neue Bestand nach einem Zeitabschnitt ergibt sich durch Multiplikation des alten Bestandes mit einem Vervielfachungsfaktor b, dem Wachstumsfaktor.

- rekursive Darstellung: $f(x + 1) = f(x) \cdot b$
- explizite Darstellung: $f(x) = a \cdot b^x$ oder:

$\qquad\qquad\qquad\qquad\quad f(x) = a \cdot e^{kx}$ mit $k = \ln b$

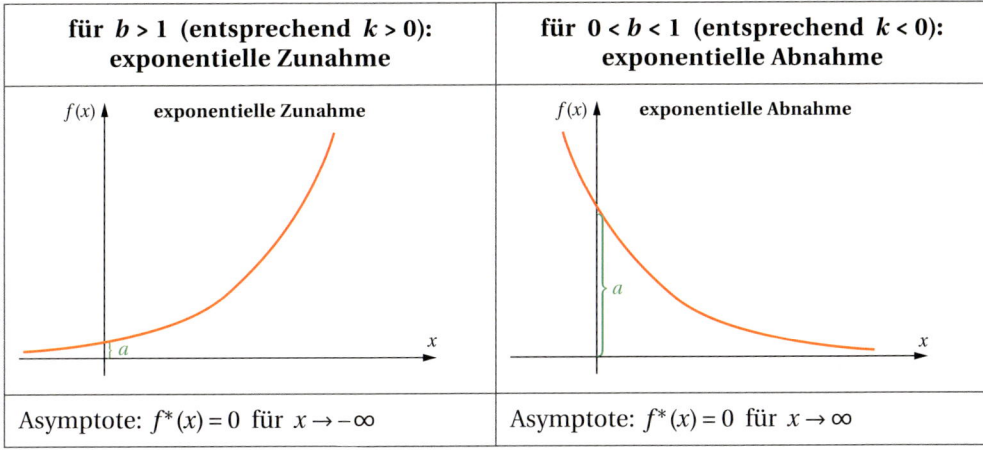

für $b > 1$ (entsprechend $k > 0$): exponentielle Zunahme	für $0 < b < 1$ (entsprechend $k < 0$): exponentielle Abnahme
Asymptote: $f^*(x) = 0$ für $x \to -\infty$	Asymptote: $f^*(x) = 0$ für $x \to \infty$

2. Begrenztes Wachstum:

Der neue Bestand nach einem Zeitabschnitt ergibt sich durch Multiplikation des alten Sättigungsmankos mit einem Vervielfachungsfaktor b (Wachstumsfaktor).

- rekursive Darstellung: $f(x + 1) = f(x) + (g - f(x)) \cdot b$
- explizite Darstellung: $f(x) = g - a \cdot b^x$ mit $0 < b < 1$, oder:

$\qquad\qquad\qquad\qquad\quad f(x) = g - a \cdot e^{kx}$ mit $k < 0$

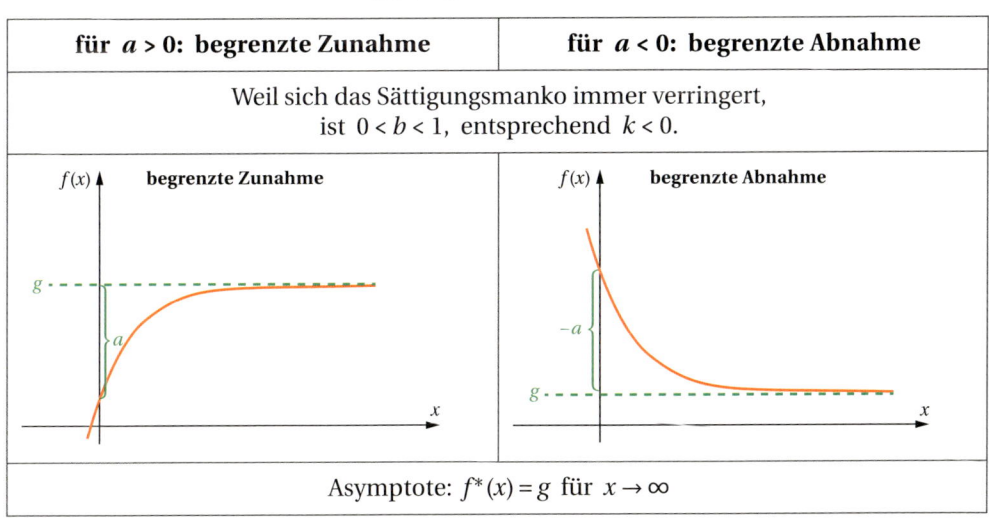

für $a > 0$: begrenzte Zunahme	für $a < 0$: begrenzte Abnahme
Weil sich das Sättigungsmanko immer verringert, ist $0 < b < 1$, entsprechend $k < 0$.	
Asymptote: $f^*(x) = g$ für $x \to \infty$	

3. Logistisches Wachstum

ist eine Kombination aus zunächst exponentiellem Wachstum (exponentieller Zunahme) und dann begrenztem Wachstum (begrenzter Zunahme).

- rekursive Darstellung:

$$f(x + 1) = f(x) + f(x) \cdot b \cdot (g - f(x))$$

- explizite Darstellung:

$$f(x) = \frac{c}{1 + a \cdot e^{-bx}}; \ a, b, c > 0$$

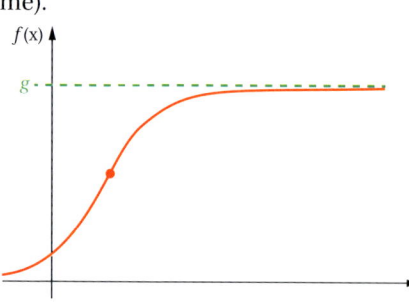

(Variablen entsprechend der Taschenrechnerregression benannt)

oder:

$$f(x) = \frac{g}{1 + \left(\frac{g}{f(0)} - 1\right) \cdot e^{-kgx}}$$

$$k > 0$$

Asymptote:

$$f^*(x) = 0 \ \text{für} \ x \to -\infty$$

$$f^*(x) = g \ \text{für} \ x \to \infty$$

Man kann die drei Wachstumsmodelle auch dadurch voneinander abgrenzen, dass man den Zusammenhang zwischen der Wachstumsgeschwindigkeit $f'(x)$ und dem jeweiligen Bestand $f(x)$ zum Ausdruck bringt. Die Gleichung, die diesen Zusammenhang darstellt, enthält dann sowohl die Wachstumsgeschwindigkeit $f'(x)$ als auch den Bestand $f(x)$. Eine solche Gleichung heißt **Differenzialgleichung.**

> Eine **Differenzialgleichung** enthält $f(x)$ und die 1. Ableitung $f'(x)$ oder eine höhere Ableitung.

Die einfachste Differenzialgleichung hat die Form $f'(x) = f(x)$. Sie gilt für die e-Funktion, weil die Ableitung der e-Funktion wieder die e-Funktion ist.

Für unsere Wachstumsmodelle gelten drei **Differenzialgleichungen**[1]:

---

[1] Der Nachweis ist durch Differenzieren der Wachstumsgleichungen möglich.

	Exponentielles Wachstum	Begrenztes Wachstum	Logistisches Wachstum
Wachstums-gleichung	$f(x) = a \cdot e^{kx}$	$f(x) = g - a \cdot e^{kx}$	$f(x) = \dfrac{g}{1 + a \cdot e^{-kgx}}$
	für $k > 0$: exponentielle Zunahme, für $k < 0$: exponentielle Abnahme	$k < 0$ für $a > 0$: begrenzte Zunahme, für $a < 0$: begrenzte Abnahme	$k > 0$
Differenzial-gleichung	$f'(x) = f(x) \cdot k$	$f'(x) = (g - f(x)) \cdot (-k)$	$f'(x) = f(x) \cdot (g - f(x)) \cdot k$

Interpretation der Differenzialgleichungen

1. **Exponentielles Wachstum:** $f'(x) = f(x) \cdot k$

   Die Wachstumsgeschwindigkeit $f'(x)$ ist proportional zum Bestand $f(x)$.

   Zu jedem Zeitpunkt ist die Wachstumsgeschwindigkeit das k-fache des Bestandes zu diesem Zeitpunkt.

   Z. B.: Für $k = 0,1 = 10\%$ beträgt die Wachstumsgeschwindigkeit zu jedem Zeitpunkt 10 % des Bestandes zu diesem Zeitpunkt. Achtung: Diese 10 % dürfen nicht verwechselt werden mit dem Prozentsatz p, mit dem der Bestand innerhalb einer Zeiteinheit wächst.

   Die Wachstumsgeschwindigkeit zu einem Zeitpunkt kann also dadurch bestimmt werden, dass der Bestand zu diesem Zeitpunkt mit dem Proportionalitätsfaktor k multipliziert wird. Oder umgekehrt: Der Bestand zu einem Zeitpunkt kann dadurch berechnet werden, dass die Wachstumsgeschwindigkeit zu diesem Zeitpunkt durch k dividiert wird.

2. **Begrenztes Wachstum:** $f'(x) = (g - f(x)) \cdot (-k)$ **mit $k < 0$**

   Die Wachstumsgeschwindigkeit $f'(x)$ ist proportional zum Sättigungsmanko

   $m(x) = g - f(x)$. Die Wachstumsgeschwindigkeit kann dadurch bestimmt werden, dass das Sättigungsmanko mit dem Proportionalitätsfaktor $-k$ multipliziert wird.

   Z. B.: $k = -0,1$

   Die Wachstumsgeschwindigkeit beträgt zu jedem Zeitpunkt 10 % des Sättigungsmankos zu diesem Zeitpunkt.

   Die Wachstumsgeschwindigkeit zu einem Zeitpunkt kann also dadurch bestimmt werden, dass das Sättigungsmanko zu diesem Zeitpunkt mit dem Proportionalitätsfaktor $-k$ multipliziert wird.

   Oder umgekehrt: Das Sättigungsmanko zu einem Zeitpunkt kann dadurch berechnet werden, dass die Wachstumsgeschwindigkeit zu diesem Zeitpunkt durch $-k$ dividiert wird.

3. **Bei logistischem Wachstum ist die Wachstumsgeschwindigkeit proportional zum Bestand $f(x)$ *und* zum Sättigungsmanko $m = g - f(x)$: $f'(x) = f(x) \cdot (g - f(x)) \cdot k$**

   Die Wachstumsgeschwindigkeit kann dadurch bestimmt werden, dass das Produkt aus Bestand und Sättigungsmanko mit der Wachstumskonstanten k multipliziert wird.

Übungsaufgaben

1 Weisen Sie algebraisch nach,

   a) dass für das Modell des exponentiellen Wachstums mit $f(x) = a \cdot e^{kx}$ die Differenzialgleichung $f'(x) = f(x) \cdot k$ gilt.

   b) dass für das Modell des begrenzten Wachstums mit $f(x) = g - a \cdot e^{kx}$ die Differenzialgleichung $f'(x) = (g - f(x))(-k)$ gilt.

2 Für das Wachstum eines Bestandes $f(x)$ in ME gelte die Differenzialgleichung $f'(x) = f(x) \cdot 0,05$. Dabei wird x in Zeiteinheiten (ZE) angegeben. Der Anfangsbestand betrage 300 ME.

   a) Erläutern Sie, was diese Differenzialgleichung aussagt.

   b) Ermitteln Sie die e-Funktionsgleichung von f für den Bestand. Skizzieren Sie den Graphen.

   c) Ermitteln Sie den Bestand zum Zeitpunkt $x = 1$. Bestimmen Sie die Wachstumsgeschwindigkeit zu diesem Zeitpunkt mithilfe der Differenzialgleichung.

   d) Erläutern Sie den geometrischen Zusammenhang zwischen den Graphen von f und f'.

   e) Bestimmen Sie die prozentuale Zunahme des Bestandes in jeweils einer Zeiteinheit.

3 Eine Stadt hat zurzeit 20 000 Einwohner. Die Statistiker in der Verwaltung gehen für die nächsten Jahre von einer jährlichen Zunahme der Bevölkerung von 10 % aus.

   a) Erstellen Sie die Gleichung der e-Funktion für die Einwohnerzahl in Abhängigkeit von der Zeit. Skizzieren Sie den Graphen der Funktion.

   b) Ermitteln Sie ohne Berechnung der Ableitung die Wachstumsgeschwindigkeit, wenn die Einwohnerzahl 30 000 beträgt.

   c) Berechnen Sie die Einwohnerzahl der Stadt zu dem Zeitpunkt, wenn sie um 3 070 Einwohner je Jahr zunimmt.

4 Ein Wachstumsprozess kann durch die Differenzialgleichung $f'(x) = -0,01 \cdot f(x)$ mit $f(0) = 20$ beschrieben werden (f in ME, x in ZE).

   a) Erläutern Sie die Bedeutung der Zahlen $-0,01$ und $f(0) = 20$.

   b) Geben Sie die Gleichung der e-Funktion an.

   c) Bestimmen Sie die Wachstumsgeschwindigkeit zu Beobachtungsbeginn ohne Berechnung der Ableitungsfunktion.

   d) Skizzieren Sie den Graphen der Wachstumsfunktion für das Intervall [0; 400] mit dem Punkt $P(100/f(100))$ und interpretieren Sie die Koordinaten des Punktes P.

5 Einem Patienten werden vor einer medizinischen Untersuchung 10 mg eines Kontrastmittels injiziert. Nach der Injektion wird das Kontrastmittel in jeder Stunde stetig um 20 % abgebaut.

   a) Bestimmen Sie die Differenzialgleichung für den Abbau des Kontrastmittels.

   b) Ermitteln Sie die Gleichung der e-Funktion für die Menge des Kontrastmittels im Körper und skizzieren Sie ihren Graphen. Visualisieren Sie auch die Ergebnisse aus den folgenden Teilaufgaben in dieser Grafik.

c) Berechnen Sie die Dosis im Körper des Patienten, wenn die Untersuchung eine halbe Stunde nach der Injektion stattfindet.

d) Ermitteln Sie die Geschwindigkeit, mit der das Kontrastmittel eine halbe Stunde nach der Injektion abgebaut wird.

e) Berechnen Sie, bis zu welchem Zeitpunkt die Untersuchung spätestens durchgeführt sein muss, wenn mindesten noch 8 mg Kontrastmittel im Körper vorhanden sein müssen.

6 Ein Wachstumsprozess mit dem Anfangsbestand 300 ME kann mit der Differenzialgleichung $f'(x) = f(x) \cdot 0,05 \cdot (1\,000 - f(x))$ beschrieben werden.
   a) Ermitteln Sie die Gleichung der e-Funktion, die den Bestand (in ME) in Abhängigkeit von der Zeit (in ZE) angibt.
   b) Skizzieren Sie den Graphen der Wachstumsfunktion mit dem Punkt $P(10/f(10))$. Kennzeichnen und berechnen Sie den Bestand $f(10)$ und das Sättigungsmanko $m(10)$ in der Skizze.
   c) Bestimmen Sie, um wie viel Prozent sich das Sättigungsmanko in einer Zeiteinheit verändert.
   d) Berechnen Sie die Wachstumsgeschwindigkeit nach 10 Zeiteinheiten.
   e) Ermitteln Sie den Bestand, wenn die Abnahme 17,38 ME/ZE beträgt.

7 Ein Stück Butter mit einer Temperatur von 24,5° Celsius wird in einen Kühlschrank gestellt, der eine Innentemperatur von 5,5 °C hat. Man geht davon aus, dass die Temperaturabnahme pro Minute 12 % der Differenz zwischen der Temperatur der Butter und der Kühlschranktemperatur beträgt.
   a) Ermitteln Sie eine Exponentialgleichung, die den Abkühlungsprozess beschreibt. Skizzieren Sie den Graphen.
   b) Bestimmen Sie die entsprechende Gleichung der e-Funktion.
   c) Ermitteln Sie die Differenzialgleichung, die den Abkühlungsprozess beschreibt.
   d) Berechnen Sie, nach wie vielen Minuten eine Temperatur von 10 °C erreicht wird.
   e) Bestimmen Sie die Wachstumsgeschwindigkeit zu diesem Zeitpunkt.

8 Für das Wachstum eines Bestandes gelte die Differenzialgleichung $f'(x) = f(x) \cdot 0,02 \cdot (10 - f(x))$. Dabei wird der Bestand f in ME und die Zeit x in Zeiteinheiten (ZE) angegeben. Der Anfangsbestand betrage 1 ME.
   a) Erläutern Sie, was diese Differenzialgleichung aussagt.
   b) Berechnen Sie die Wachstumsgeschwindigkeit des Bestandes zum Zeitpunkt $x = 0$ mithilfe der Differenzialgleichung.
   c) Ermitteln Sie die Funktionsgleichung von f für den Bestand. Skizzieren Sie den Graphen.
   d) Berechnen Sie den Bestand zum Zeitpunkt $x = 1$. Bestimmen Sie die Wachstumsgeschwindigkeit zu diesem Zeitpunkt algebraisch mithilfe der Differenzialgleichung.

9 Für das Wachstum einer Hopfenpflanze wird von der Differenzialgleichung
$f'(x) = f(x) \cdot (6 - f(x)) \cdot 0{,}06$ ausgegangen. Zu Jahresbeginn hatte die Pflanze eine Höhe von 50 cm.

a) Ermitteln Sie die Wachstumsgeschwindigkeit zu Jahresbeginn.

b) Ermitteln Sie die Gleichung, mit der sich die Höhe der Hopfenpflanze (in Meter) in Abhängigkeit von der Zeit (in Jahren) beschreiben lässt.

c) Berechnen Sie die Höhe der Hopfenpflanze 3 Jahre nach Beobachtungsbeginn.

d) Ermitteln Sie mithilfe der Differenzialgleichung, wie schnell die Hopfenpflanze nach 10 Jahren wächst.

e) Bestimmen Sie den Zeitpunkt, zu dem die Wachstumsgeschwindigkeit der Hopfenpflanze maximal ist. Berechnen Sie, wie groß die Pflanze und wie hoch die Wachstumsgeschwindigkeit zu diesem Zeitpunkt ist.

10 Bei logistischen Wachstumsfunktionen gilt, dass der Bestand f an der Wendestelle x_W die halbe Sättigungsgrenze mit $f(x_W) = \frac{g}{2}$ erreicht und die Wachstumsgeschwindigkeit zu diesem Zeitpunkt durch $f'(x_W) = \frac{k \cdot g^2}{4}$ beschrieben wird.

Weisen Sie die Richtigkeit dieser Behauptung mit einer Differenzialgleichung nach.

3.2.5 Handlungssituationen zu Wachstumsmodellen mit Wachstumsgeschwindigkeiten

Die Handlungssituationen sollten Sie mit der Ihnen zur Verfügung stehenden Rechnertechnologie bearbeiten. Besonders wichtig ist die Interpretation der von Ihnen ermittelten Ergebnisse.

Handlungssituation 1

In einem medizinischen Labor wird die Wirkung eines neuen Medikaments auf eine bestimmte Bakterienart untersucht. Zu Beginn der Untersuchung befanden sich 5000 Bakterien in einem Milliliter Blut. Durch die stetige Verabreichung des Medikaments kann die Anzahl der Bakterien tatsächlich von Tag zu Tag um 25 % gesenkt werden, bis sie schließlich auf annähernd 0 zurückgeht.

Bestimmen Sie die Gleichung der Exponentialfunktion und die Gleichung der e-Funktion, die den täglichen Abnahmeprozess der Bakterienanzahl beschreiben und skizzieren Sie ihren Graphen mit einigen Punkten. Interpretieren Sie beispielhaft die Koordinaten des Punktes $P(1/f(1))$.

Berechnen Sie, wie hoch die Anzahl der Bakterien nach 4 Tagen ist.

Bestimmen Sie den Zeitpunkt, zu dem sich die Anzahl der ursprünglich vorhandenen Bakterien halbiert hat. Weisen Sie nach, dass die Anzahl der noch vorhandenen Bakterien gegen 0 strebt, wenn man das Medikament sehr lange verabreicht.

Berechnen Sie $f'(6)$ und interpretieren Sie das Ergebnis geometrisch und anwendungsbezogen.

Handlungssituation 2

Die **Staatsverschuldung** bezeichnet die zusammengefassten Schulden der öffentlichen Haushalte eines Staates gegenüber den Kredit gebenden Gläubigern. Im ersten Jahrzehnt des neuen Jahrtausends hat die Verschuldung vieler Staaten, u.a. bedingt durch die Banken-/Finanzkrise, teilweise sehr stark zugenommen. Die bedrohliche Entwicklung der gesamten Schuldenlast eines Staates für den Zeitraum von 2015 bis 2019 ist in der folgenden Tabelle angegeben.

Staatsverschuldung eines Landes

Jahr	2015	2016	2017	2018	2019
Schuldenstand (zu Jahresbeginn in Mrd. €)	791	978	1 262	1 650	2 520

Führen Sie verschiedene Berechnungen durch, mit denen Sie Ihre Kompetenzen, die Sie in diesem Lernbereich erworben haben, unter Beweis stellen können. Präsentieren Sie Ihre Ergebnisse mit einer anschaulichen Grafik.

Handlungssituation 3

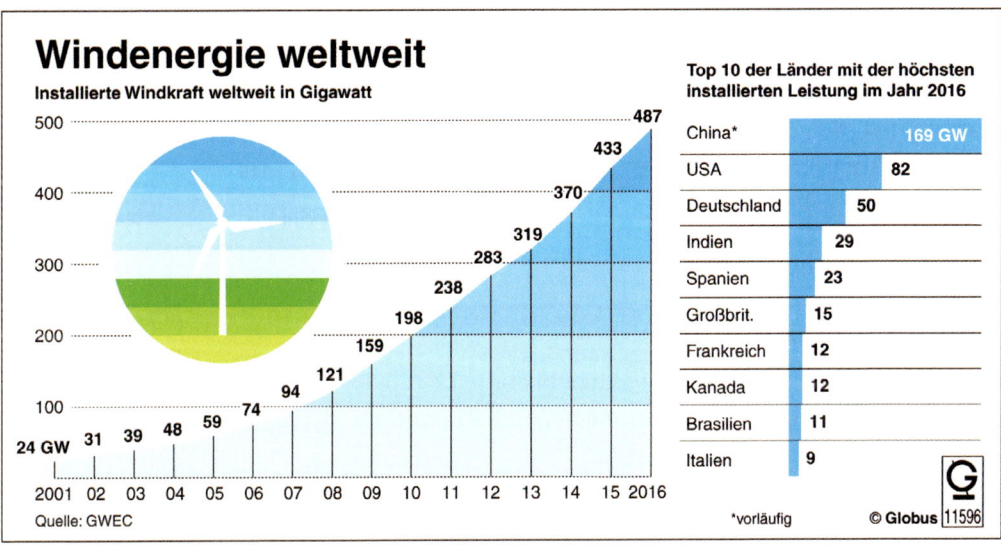

Modellieren Sie die in der Grafik dargestellte Entwicklung der weltweiten Windenergie mit einer e-Funktion. Interpretieren Sie die einzelnen Bestandteile des Funktionsterms.

Führen Sie beispielhaft sinnvolle Berechnungen durch:

- x-Wert gegeben, y-Wert gesucht,
- y-Wert gegeben, x-Wert gesucht,
- durchschnittliche Änderungsrate,
- momentane Änderungsrate.

Präsentieren Sie Ihre Ergebnisse anschaulich Ihrem Publikum.

Handlungssituation 4

Die nebenstehende Abbildung zeigt, wie sich das Filialnetz der Banken und Sparkassen in den letzten Jahren entwickelt hat. Gehen Sie davon aus, dass sich die Anzahl der Filialen langfristig auf 10 000 verringern wird. Modellieren Sie unter dieser Voraussetzung und unter Beachtung der in der Grafik dargestellten Zahlen die Entwicklung des Filialnetzes der Banken und Sparkassen in Deutschland mit einer e-Funktion.

Interpretieren Sie die einzelnen Bestandteile des Funktionsterms.

Führen Sie beispielhaft sinnvolle Berechnungen durch:

- x-Wert gegeben, y-Wert gesucht,
- y-Wert gegeben, x-Wert gesucht,
- durchschnittliche Änderungsrate,
- momentane Änderungsrate.

Präsentieren Sie Ihre Ergebnisse anschaulich Ihrem Publikum.

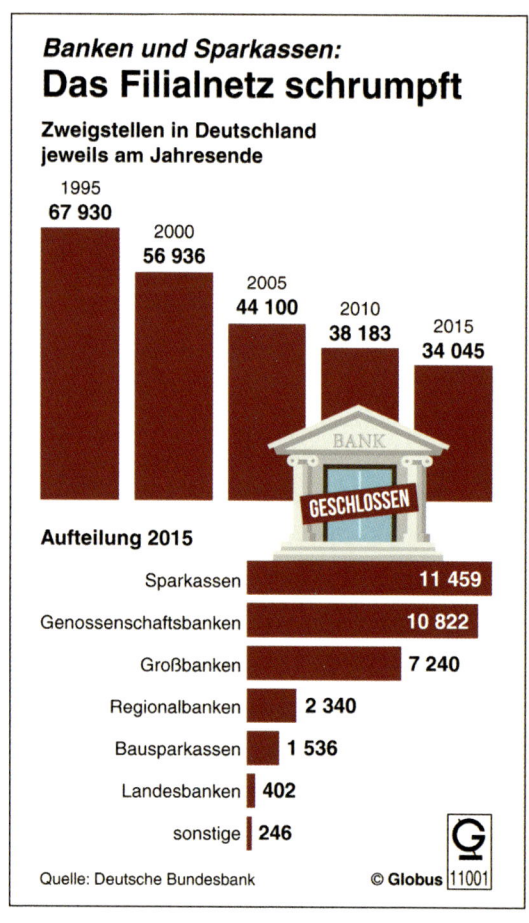

Handlungssituation 5

Bei 0 °C Außentemperatur wird vor einer Skihütte 72 °C heißer Kaffee ausgeschenkt, der wegen der niedrigen Außentemperaturen nach 10 Minuten auf 54 °C abgekühlt ist.

Bestimmen Sie die Funktionsgleichung $T(x)$ der Abkühlungskurve und zeichnen Sie ihren Graphen. Dabei ist T die Temperatur in °C und x ist die Zeit in Minuten.

Geben Sie an, welche Berechnungen mit der Funktionsgleichung möglich sind. Führen Sie beispielhaft diese Berechnung durch.

In der zum Lager gehörenden Skihütte herrscht eine Temperatur von 21,4 °C. Dort wird der gleiche Kaffee ausgeschenkt. Es werden folgende Temperaturen gemessen.

Zeit (in min)	0	5	10	15	20	25
Temperatur (in °C)	72	64,9	58,7	53,4	48,9	45,03

Bestimmen Sie die Funktionsgleichung der neuen Abkühlungskurve. Beschreiben Sie umgangssprachlich und in der mathematischen Fachsprache die Unterschiede in den beiden Abkühlungsprozessen.

Führen Sie auch für diesen Abkühlungsprozess wieder beispielhafte Berechnungen durch.

Handlungssituation 6

Bei der Reaktorkatastrophe des Atomkraftwerkes im März 2011 in Fukushima und auch schon bei der Katastrophe in Tschernobyl im Jahr 1986 wurden u. a. Plutonium-239, Cäsium-137 und Jod-131 als gefährliche radioaktive Stoffe in den Medien erwähnt.

Informieren Sie sich grob über diese drei radioaktiven Stoffe, insbesondere über deren Halbwertszeiten. Erstellen Sie jeweils ein mathematisches Modell, mit dem sich die Masse der verschiedenen vorhandenen Materialien im Zeitablauf darstellen lässt und erläutern Sie einem interessierten Publikum den Zerfall dieser Materialien mit mathematischem Blickwinkel. Erstellen Sie dazu Grafiken und beispielhafte Berechnungen. Gehen Sie von einer Anfangsmasse von 100 ME aus.

Handlungssituation 7

In einer Stadt soll ein neues Produkt auf den Markt gebracht werden. Es wird vermutet, dass von den 40 000 Haushalten dieser Stadt, jeder fünfte Haushalt für den Kauf des neuen Produktes infrage kommt. Es ist damit zu rechnen, dass der Absatz des Artikels im Laufe der Zeit schwieriger wird, da der Kreis der Käufer und deren Kauflust abnimmt. In den ersten drei Monaten seit Produkteinführung werden 1 700 Stück verkauft.

Modellieren und untersuchen Sie die Absatzzahlen dieses Produktes im Zeitablauf (in Monaten). Visualisieren Sie Ihre Ergebnisse. Führen Sie auch einige beispielhafte Berechnungen zu den Wachstumsgeschwindigkeiten durch.

Handlungssituation 8

Eine 3 Meter hohe Pflanze wächst in der Weise, dass jedes Jahr die Differenz bis zu ihrer maximalen Höhe um 10% verringert wird. Erstellen Sie eine Gleichung, die das Wachstum der Pflanze mit dem Modell des begrenzten Wachstums beschreibt und untersuchen Sie das Wachstum und die Wachstumsgeschwindigkeit.

Handlungssituation 9

Ein Glas mit einer Flüssigkeit wurde zum Zeitpunkt $x = 0$ zum Abkühlen in einen Raum gestellt, der eine Temperatur von 25 °C hat. Nach dem Abstellen des Glases im Raum wurden die Temperaturen zu den angegeben Zeitpunkten gemessen. Es ergaben sich die folgende Werte:

x (in Minuten)	10	20	30	40	60
$f(x)$ (in °C)	51,94	41,13	34,66	30,78	27,07

Erstellen Sie ein Modell für den Abkühlungsprozess der Flüssigkeit und erläutern Sie ihn mit beispielhaften Berechnungen, auch hinsichtlich der Abkühlungsgeschwindigkeiten.

eA Handlungssituation 10

Der Bestand einer Population wird in der folgenden Tabelle angegeben:

Bestand (in ME)	5	10	15	20	30	40
Zeit (in Wochen)	49,505	108,26	192,15	268,77	336,25	348,07

Entwickeln Sie ein passendes Wachstumsmodell. Visualisieren Sie dieses und erläutern Sie beispielhaft an ausgewählten Zahlen die Bestandsentwicklung und die Wachstumsgeschwindigkeit des Bestandes.

eA Handlungssituation 11

Eine Kultur von Hefezellen erreicht ihre maximale Wachstumsgeschwindigkeit, wenn sie eine Fläche von 400 cm² bedeckt. Zu Beobachtungsbeginn betrug der Inhalt der bedeckten Fläche 100 cm², nach 7 Stunden 660,4 cm².
Untersuchen Sie das Wachstum und die Wachstumsgeschwindigkeit der Hefekultur.

eA Handlungssituation 12[1]

„Keine Lust auf langweiliges Autofahren, teures Benzin oder auf volle Züge und teure Bahntickets? Jetzt mit dem Fernbus schnell, komfortabel und ganz einfach von Stadt zu Stadt reisen. Tickets gibt's bei uns ab 3 Euro"

Mit diesem Slogan wirbt das Unternehmen HarryBus GmbH seine Kunden an. Den Erfolg des Fernbusunternehmens spiegeln die Daten der Fahrgastzahlen auf der Strecke Hannover–Köln aus den ersten $1\frac{1}{2}$ Jahren wider.

---

[1] In Anlehnung an: Niedersächsisches Kultusministerium (Hrsg.): Zentralabitur 2015, Berufliches Gymnasium Wirtschaft/Gesundheit und Soziales, Rechnertyp GTR, eA, Aufgabe 1B, Nachschreibtermin

Monat	Jan.	März	Mai	Juli	Sep.	Nov.	Jan.	März	Mai	Juli
t	0	2	4	6	8	10	12	14	16	18
Fahrgäste in Mengen-einheiten pro Monat (in ME/Monat)	270	958	1 295	1 461	1 542	1 582	?	1 610	1 615	1 618

a) Für den nächsten Werbeprospekt der HarryBus GmbH sollen diese Daten ausgewertet und aufbereitet werden:

Stellen Sie den Datensatz in einem geeigneten Koordinatensystem grafisch dar. Beschreiben Sie den Verlauf des Graphen und interpretieren Sie ihn aus mathematischer und ökonomischer Sicht.

Begründen Sie, dass bei diesem Wachstumsprozess weder exponentielles noch logistisches Wachstum vorliegt.

Bestimmen Sie unter der Voraussetzung, dass die Fahrgastzahlen langfristig mit 1 620 ME pro Monat stabil bleiben, den Funktionsterm des Regressionsgraphen des Wachstumsprozesses.

Ermitteln Sie den fehlenden Wert für den Monat Januar.

b) Die Fahrgastzahlen auf der neu hinzugenommenen Strecke Göttingen–Hamburg zeigen in den ersten 18 Monaten zunächst einen starken, dann einen weniger starken Anstieg. Die Entwicklung der Fahrgastzahlen auf dieser Strecke beschreibt die Wachstumsfunktion $f(t) = \dfrac{3\,600}{1 + 17 \cdot e^{-0,4t}}$, wobei $t = 0$ dem 01.01. des Jahres um 0 Uhr entspricht und t in Monaten und $f(t)$ in $\dfrac{\text{ME}}{\text{Monat}}$ angegeben werden.

Die HarryBus GmbH verfolgt die Preispolitik, die Fahrpreise auf neuen Linien zu Beginn des Monats zu erhöhen, in dem der stärkste Anstieg der Fahrgastzahlen zu erwarten ist. Auf der Strecke Göttingen–Hamburg soll der Fahrpreis von 15 GE auf 18 GE erhöht werden.

Untersuchen Sie, wann der Preisanstieg erfolgen muss.

Ermitteln Sie den Gesamtumsatz der ersten 12 Monate der HarryBus GmbH. Ein Mitarbeiter der GmbH behauptet in diesem Zusammenhang: „Bei logistischen Wachstumsfunktionen gilt, dass der Bestand f an der Wendestelle t_W die halbe Sättigungsgrenze mit $f(t_W) = \dfrac{g}{2}$ erreicht und die Wachstumsgeschwindigkeit zu diesem Zeitpunkt durch $f'(t_W) = \dfrac{k \cdot g^2}{4}$ gegeben wird, wie man mit Differenzialgleichungen zeigen kann."

Sollte diese Behauptung stimmen, wären zukünftig aufwendige Berechnungen für den Zeitpunkt der Preiserhöhung nicht mehr notwendig.

Untersuchen Sie die Richtigkeit der Mitarbeiterbehauptung.

c) Der Gesamtumsatz aller bestehenden Fernbusreisen innerhalb Deutschlands, die von der HarryBus GmbH angeboten werden, lag 2014 bei 3 Mio. GE/Jahr. Es wird damit gerechnet, dass der Umsatz auf diesen Linien konstant bleibt. Durch die Hinzunahme neuer Strecken ab dem Jahr 2016 soll zusätzlicher Umsatz erwirtschaftet werden. In einer Analyse wird der Umsatzzuwachs durch die neuen Strecken für die Jahre 2016 bis 2022 durch die Funktion u mit $u(t) = (1 - 0{,}02 \cdot t^2) \cdot e^{0{,}4t}$ prognostiziert. Der Umsatzzuwachs $u(t)$ ist in hunderttausend Geldeinheiten pro Jahr und die Zeit t in Jahren angegeben.

Skizzieren Sie denVerlauf des Graphen, der den Umsatzzuwachs darstellt, in ein geeignetes Koordinatensystem.

Die HarryBus GmbH beabsichtigt zum Zeitpunkt des größten Umsatzzuwachses pro Jahr, das Buslinennetz weiter auszubauen. Hierfür sollen dann zwei neue Busse zu je 160 000 GE in Betrieb genommen werden. Die beiden Busse sollen spätestens zum Zeitpunkt bestellt werden, wenn die Anschaffungskosten für die beiden Busse durch den zusätzlichen Umsatz gedeckt werden.

Ermitteln Sie den Monat und das Jahr der Bestellung.

Bestimmen Sie den Gesamtumsatz, den die HarryBus GmbH ab Einführung der neuen Strecken bis zum Zeitpunkt des größten Umsatzzuwachses voraussichtlich erzielen wird.

eA   Handlungssituation 13[1]

In Deutschland hat dieNutzerzahl sozialer Netzwerke in den letzten zwei Jahren stark zugenommen. Die genaue Entwicklung des Gesamtmarktes hat das Marktforschungsinsitut INTERMEDIUM untersucht und ist zu den in der Tablle stehenden Ergebnissen gekommen. Dabei ist t die Zeit in Zeiteinheiten (ZE), wobei $t = 0$ den Beginn des ersten Quartals 2011 darstellt.

Beginn	1. Quartal 2011	2. Quartal 2011	3. Quartal 2011	4. Quartal 2011	1. Quartal 2012	2. Quartal 2012	3. Quartal 2012	4. Quartal 2012
Zeit (in ZE)	$t=0$	$t=1$	$t=2$	$t=3$	$t=4$	$t=5$	$t=6$	$t=7$
Nutzerzahl in Mengeneinheiten (in ME)	6,8	9,5	11	12,1	15	19	20,5	22,5

a) Das Marktforschungsinstitut INTERMEDIUM bereitet für einen Auftraggeber das vorliegende Datenmaterial auf.

Bestimmen Sie im Rahmen dieses Auftrags die Funktionsgleichung zu Funktion f mithilfe der Regression unter der Annahme, dass es sich um ein logistisches Wachstum handelt, und runden Sie die Werte auf eine Nachkommastelle. Dabei ist $f(t)$ die Anzahl der Nutzer sozialer Netzwerke in Deutschland in ME zum Zeitpunkt t.

Geben Sie den mathematischen Definitionsbereich für diese Wachstumsfunktion an.

[1]   In Anlehnung an: Niedersächsisches Kultusministerium (Hrsg.): Zentralabitur 2013, Berufliches Gymnasium Wirtschaft/Gesundheit und Soziales, Rechnertyp GTR, eA, Aufgabe 1B.

Der Auftaggeber prognostiziert für den Beginn des 3. Quartals 2013 eine Nutzerzahl von 32 ME.

Untersuchen Sie, inwieweit sich die Prognose des Auftraggebers mit der ermittelten Funktion f bestätigen lässt.

Zudem möchte der Auftraggeber wissen, in welchem Monat er erstmalig mit einer Nutzerzahl von mindestens 27 ME rechnen kann.

Berechnen Sie, in welchem Monat dieser Sachverhalt eintritt.

Der Auftraggeber behauptet, dass auf der Grundlage des vorliegenden Datenmaterials ein exponentielles Wachstum vorliegt.

Beurteilen Sie diese Behauptung im Sachzusammenhang.

Aus Erfahrung weiß das Marktforschungsinstitut, dass die Altersstruktur einen großen Einfluss auf die Nutzerzahl hat. Daher rechnet das Institut im Folgenden für den Gesamtmarkt mit dem verfeinerten Modell f_k mit $f_k(t) = \dfrac{180}{6 + 27\,e^{-kt}}$. Dabei ist $k \in \mathbb{R} \setminus \{0\}$ ein Parameter, der die Altersstruktur berücksichtigt.

b) Um Realitätsnähe zu gewährleisten, soll berücksichtigt werden, dass die Graphen der Wachstumsfunktionen monoton steigend sind.

Ermitteln Sie die Werte, die der Parameter k demnach annehmen kann.

Das Marktforschungsinstitut vermutet, dass der Zeitpunkt der größten Änderung der Nutzerzahl abhängig von k ist. Weiterhin wird vermutet, dass die Nutzerzahl zu diesem Zeitpunkt unabhängig von k ist. Dem Marktforschungsinstitut ist f_k'' mit

$$f_k''(t) = \frac{-4\,860\,k^2\,e^{-kt} \cdot (6 - 27)\,e^{-kt}}{(6 + 27\,e^{-kt})^3} \quad \text{bekannt.}$$

Untersuchen Sie die Vermutungen des Marktforschungsinstituts.

Beschreiben Sie, welche Auswirkung eine Veränderung des Parameters k auf das Erreichen der Nutzerzahl von 15 ME hat.

c) Im Folgenden gilt $k = 0{,}3$. Im Auftrag eines Anbieters sozialer Netzwerke sollen spezielle Entwicklungen untersucht werden.

Zeichnen Sie den Graphen der Funktion $f_{0,3}$ in ein geeignetes Koordinatensystem.

Der Anbieter strebt langfristig einen Marktanteil von 45 % an.

Ermitteln Sie die Anzahl der Nutzer, die er als Kunden haben muss, damit der angestrebte Marktanteil erreicht wird.

Das Marktforschungsinstitut hat festgestellt, dass folgender Zusammenhang zwischen der Nutzeränderung und der Nutzerzahl besteht: $f_{0,3}'= 0{,}01 \cdot f_{0,3}(t) \cdot \big(30 - f_{0,3}(t)\big)$.

Zeigen Sie, dass dieser Zusammenhang gilt, und dokumentieren Sei einen Lösungsweg, der ohne Einsatz eines GTR nachvollziehbar ist.

d) In Frankreich wurde eine ähnliche Untersuchung durchgeführt, wobei statt der Nutzerzahl die momentane Änderungsrate der Nutzerzahl ermittelt wurde. Ein dort ansässiges Marktforschungsunternehmen hat das Änderungsverhalten durch die ganzrationale Funktion dritten Grades h mit $h(t) = \frac{1}{2\,000} t^3 - \frac{1}{40} t^2 + \frac{1}{4} t + \frac{5}{4}$, $D(h) = [0; 40]$ beschrieben, wobei t in ZE und $h(t)$ in ME/ZE gemessen wird.

Das Marktforschungsunternehmen geht davon aus, dass die Gesamtnutzerzahl zwischenzeitlich sinkt.

Ermitteln Sie den Zeitpunkt, ab dem dieser Nutzerrückgang erstmalig auftritt.

Berechnen Sie die Nutzerzahl zu diesem Zeitpunkt und dokumentieren Sie einen Lösungsweg, der ohne Einsatz eines GTR nachvollziehbar ist.

Bestimmen Sie den Zeitpunkt, an dem die Nutzerzahl 17,5 ME beträgt.

Für das Marktforschungsinstitut ist die Zeitspanne zwischen der maximalen und der minimalen Änderungsrate von Bedeutung.

Ermitteln Sie diese Zeitspanne und die Nutzerzahl, die in dieser Zeitspanne hinzugewonnen werden konnten. Sollte die Zuwachsrate unter 1,5 ME/ZE fallen, möchte das Institut eine Werbeempfehlung aussprechen. Ermitteln Sie, zu welchem Zeitpunkt die Werbeempfehlung ausgesprochen werden sollte.

3.3 Verknüpfung und Verkettung der e-Funktionen

Durch die Verknüpfung und Verkettung von ganzrationalen Funktionen mit e-Funktionen können die Modelle zur Beschreibung und Lösung berufsbezogener Problemstellungen noch weiter verbessert werden. Unter einer **Verknüpfung zweier Funktionen** versteht man deren Verbindung durch eine der Grundrechenarten. Unter einer **Verkettung zweier Funktionen** versteht man das Einsetzen einer inneren Funktion in eine äußere Funktion.

3.3.1 Produktlebenszyklus mit e-Funktionen

In diesem Abschnitt wollen wir den Produktlebenszyklus mit verknüpften und verketteten e-Funktionen modellieren. Diese Funktionen sind dazu besonders geeignet, weil man mit ihnen realitätsnah darstellen kann, dass der Absatz je Zeiteinheit langfristig gegen 0 strebt. Mathematisch: Die Funktionswerte nähern sich für $t \to \infty$ einer Asymptote, z. B. mit $a^*(t) = 0$ (s. Abb.).

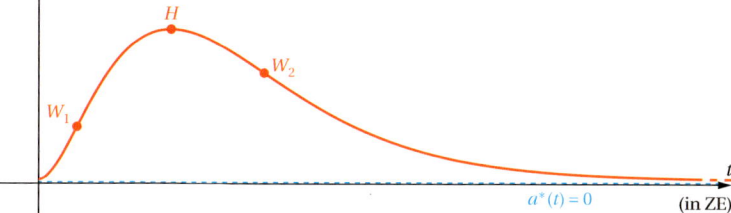

Zur Erinnerung:

Der Funktionswert $a(t)$ einer Produktlebenszyklusfunktion an einer Stelle t gibt an, wie groß die momentane Änderungsrate $a(t)$ in ME/ZE des Gesamtabsatzes genau zu diesem Zeitpunkt t ist. Der Funktionswert $a(t)$ ist also die Geschwindigkeit, mit der sich der Gesamtabsatz zu einem beliebigen Zeitpunkt t ändert, das ist die momentane **Absatzgeschwindigkeit**.

Für eine Produktlebenszyklusfunktion, die den *Umsatz* je Zeiteinheit beschreibt, gelten die gleichen Aussagen.

Die momentane Absatz- oder Umsatzgeschwindigkeit wird, wie bei der Geschwindigkeit eines Fahrzeugs, zu einem Zeit*punkt* angegeben und kann sich ständig ändern. Die Einheit der Geschwindigkeit, (km/h, ME/Jahr oder GE/Jahr) kann irrtümlich den Eindruck erwecken, dass sie sich auf einen Zeit*raum* bezieht (eine Stunde oder ein Jahr). Sie wird aber, im Gegensatz zur **durchschnittlichen Geschwindigkeit**, immer für einen Zeit*punkt* angegeben.

Situation 1

Der jährliche Absatz a eines neu eingeführten Produktes kann mit der Gleichung
$a(t) = 4\,t \cdot e^{-0,5t}$ beschrieben werden. Dabei wird a in ME/Jahr angegeben. t ist die Zeit in
Jahren seit der Produkteinführung.

a) Erläutern Sie die mathematische Struktur des gegebenen Funktionsterms.

b) Untersuchen Sie die Produktlebenszyklusfunktion algebraisch vollständig für den mathematisch maximal möglichen Definitionsbereich und skizzieren Sie den Graphen mit seinen markanten Punkten.

c) Interpretieren den Punkt $P(1/a(1))$ anwendungsbezogen unter genauer Beachtung der Einheiten. Was gibt demnach die Funktion a genau an?

d) Beschreiben Sie den Verlauf des Graphen der Produktlebenszyklusfunktion anwendungsbezogen für den ökonomisch sinnvollen Definitionsbereich. Kennzeichnen Sie den ökonomisch relevanten Teil der Kurve.

Lösung

a) Der Funktionsterm ist eine multiplikative Verknüpfung einer linearen Funktion ($4\,t$) mit einer verketteten e-Funktion ($e^{-0,5t}$) mit einer linearen inneren Funktion ($-0,5\,t$).

b) **1. Definitionsbereich:**

Der maximal mögliche Definitionsbereich ist $\underline{D_{\max}(a) = \mathbb{R}}$, weil in den Funktionsterm für t alle reellen Zahlen eingesetzt werden können, ohne dass eine unerlaubte Rechenoperation durchgeführt wird.

2. Verhalten an den Rändern des Definitionsbereiches:

$$\lim_{t \to -\infty} 4\,t \cdot e^{-0,5t} = \lim_{t \to -\infty} 4\,t \cdot \lim_{t \to -\infty} e^{-0,5t} = \text{„}{-}\infty\text{“} \cdot \text{„}{+}\infty\text{“} = \underline{\underline{\text{„}{-}\infty\text{“}}}$$

$$\lim_{t \to \infty} 4\,t \cdot e^{-0,5t} = \lim_{t \to \infty} 4\,t \cdot \lim_{t \to \infty} e^{-0,5t} = \text{„}{+}\infty\text{“} \cdot 0 = \underline{\underline{0}}$$

3. Symmetrieverhalten:

- Achsensymmetrie zur Ordinatenachse, wenn $a(t) = a(-t)$

    $a(-t) = -4\,t \cdot e^{0,5t} \neq a(t)$

    $\Rightarrow \underline{\underline{\text{keine Achsensymmetrie zur Ordinatenachse}}}$

- Punktsymmetrie zum Ursprung, wenn $a(t) = -a(-t)$

    $-a(-t) = 4\,t \cdot e^{0,5t} \neq a(t)$

    $\Rightarrow \underline{\underline{\text{keine Punktsymmetrie zum Ursprung}}}$

4. Achsenschnittpunkte:

- **Schnittpunkt mit der Abszissenachse:** Ansatz: $a(0) = ?$

    $a(0) = 0 \Rightarrow S_t(0/0)$

- **Schnittpunkt mit der Ordinatenachse:** Ansatz: $a(t) = 0$

  $0 = 4\,t \cdot e^{-0,5t}$

  Satz vom Nullprodukt:

  Ein Produkt wird dann 0, wenn mindestens einer der Faktoren 0 ist.

  $\Rightarrow \underline{t = 0}$

  Begründung: Der erste Faktor des Produkts $(4\,t)$ wird 0, wenn man für t 0 einsetzt. Der 2. Faktor $(e^{-0,5t})$ wird nie 0, weil der Term $e^{-0,5t}$ immer positiv ist.

  $\Rightarrow \underline{\underline{S_a(0/0)}}$

5. Ableitungen:

Der vorliegende Funktionsterm $a(t) = 4\,t \cdot e^{-0,5t}$ ist ein Produkt, bei dem in jedem Faktor

1. Faktor 2. Faktor

die Variable t vorhanden ist. Eine solche **Produktfunktion** darf nicht gliedweise abgeleitet werden, es muss die **Produktregel der Differenzialrechnung** angewendet werden. Wir nennen allgemein den ersten Faktor $u(x)$ und den zweiten Faktor $v(x)$.

$$f(x) = u(x) \cdot v(x) \;\Rightarrow\; f'(x) = u'(x) \cdot v(x) + u(x) \cdot v'(x)$$

Produktregel der Differenzialrechnung

Kürzer:

$$f = u \cdot v \;\Rightarrow\; f' = u' \cdot v + u \cdot v'$$

Produktregel der Differenzialrechnung

In $a(t) = 4\,t \cdot e^{-0,5t}$ ist dann:

$u = 4\,t; \qquad u' = 4$

$v = e^{-0,5t}; \qquad v' = -0,5\,e^{-0,5t}$ ((lineare) Kettenregel)

Die 1. Ableitung ist dann:

$a'(t) = 4 \cdot e^{-0,5t} + 4\,t \cdot (-0,5\,e^{-0,5t})$

Ausklammern, wichtig für das spätere Lösen der Gleichung, führt zu:

$a'(t) = e^{-0,5t}(4 + 4\,t \cdot (-0,5))$

$\underline{a'(t) = e^{-0,5t}(4 - 2\,t)}$

Da die 1. Ableitung wieder eine Produktfunktion ist, wenden wir zur Bestimmung der 2. Ableitung die Produktregel erneut an.

$a'(t) = e^{-0,5t}(4 - 2\,t)$

$u = e^{-0,5t} \qquad u' = -0,5\,e^{-0,5t}$ ((lineare) Kettenregel)

$v = 4 - 2\,t; \qquad v' = -2;$

Die 2. Ableitung ist dann:

$$a''(t) = \underbrace{-0,5\,e^{-0,5\,t}}_{u'} \cdot \underbrace{(4-2\,t)}_{v} + \underbrace{e^{-0,5\,t}}_{u} \cdot \underbrace{(-2)}_{v'}$$

Ausklammern, wichtig für das spätere Lösen der Gleichung, führt zu:

$$a''(t) = e^{-0,5\,t}[-0,5 \cdot (4-2\,t) - 2]$$

$$a''(t) = e^{-0,5\,t}(-2 + t - 2)$$

$$\underline{a''(t) = e^{-0,5\,t}(t-4)}$$

Auch für die 3. Ableitung muss wieder die Produktregel angewendet werden.

$$a''(t) = \underbrace{e^{-0,5\,t}}_{u} \cdot \underbrace{(t-4)}_{v}$$

$u = e^{-0,5\,t};$ $u' = -0,5\,e^{-0,5\,t}$ ((lineare) Kettenregel)

$v = t - 4;$ $v' = 1$

Die 3. Ableitung ist dann:

$$a'''(t) = \underbrace{-0,5\,e^{-0,5\,t}}_{u'} \cdot \underbrace{(t-4)}_{v} + \underbrace{e^{-0,5\,t}}_{u} \cdot \underbrace{1}_{v'}$$

Ausklammern führt zu:

$$a'''(t) = e^{-0,5\,t}[-0,5 \cdot (t-4) + 1]$$

$$a'''(t) = e^{-0,5\,t}(-0,5\,t + 2 + 1)$$

$$a'''(t) = e^{-0,5\,t}(-0,5\,t + 3)$$

6. Extrempunkte: Hinreichende Bedingung: $a'(t) = 0 \wedge a''(t_E) \neq 0$

$$a'(t) = 0$$

$$0 = e^{-0,5\,t}(4-2\,t)$$

Da der 1. Faktor $e^{-0,5\,t}$ immer ungleich 0 ist, erhalten wir eine Lösung, wenn der 2. Faktor 0 ist (Satz vom Nullprodukt).

$$4 - 2\,t = 0$$

$$\underline{t = 2}$$

Wir überprüfen diese mögliche Extremstelle bei $t = 2$ durch Einsetzen in die 2. Ableitung:

$$a''(t) = e^{-0,5\,t}(t-4)$$

$$a''(2) = e^{-0,5 \cdot 2}(2-4)$$

$$a''(2) = e^{-1} \cdot (-2) = -2\,e^{-1} = -\frac{2}{e} < 0 \;\Rightarrow\; \text{Hochpunkt bei } t = 2$$

Funktionswert des Hochpunktes:

$$a(2) = 4 \cdot 2 \cdot e^{-0,5 \cdot 2} = 8\,e^{-1} = \frac{8}{e} \approx 2,943$$

$$\underline{\underline{H\left(2 \Big| \frac{8}{e}\right) \approx (2/2,943)}}$$

7. Monotonieverhalten:

Die Maximalstelle bei $t = 2$ teilt den Definitionsbereich von a in zwei Mono-tonieintervalle $M_1 = (-\infty; 2]$ und $M_2 = [2; \infty)$ auf.[1] Linksseitig einer Maximalstelle ver-läuft der Graph streng monoton steigend, weil $a'(t) > 0$, rechtsseitig streng monoton fal-lend, weil $a'(t) < 0$ ist.[2]

$M_1 = (-\infty; 2]$: Der Graph von a steigt streng monoton.

$M_2 = [2; \infty)$: Der Graph von a fällt streng monoton.

8. Wendepunkte: Hinreichende Bedingung: $a''(t) = 0 \wedge a'''(t_W) \neq 0$

$a''(t) = 0$

$\quad 0 = e^{-0,5t}(t - 4)$

$\quad t = 4$

Wir überprüfen diese mögliche Wendestelle bei $t = 4$ durch Einsetzen in die 3. Ablei-tung:

$a'''(t) = e^{-0,5t}(-0,5t + 3)$

$a'''(4) = e^{-0,5 \cdot 4}(-0,5 \cdot 4 + 3) = e^{-2}(-2 + 3) = e^{-2} = \dfrac{1}{e^2} \neq 0$

Funktionswert des Wendepunktes:

$a(4) = 4 \cdot 4 \cdot e^{-0,5 \cdot 4} = 16\,e^{-2} = \dfrac{16}{e^2} \approx 2,1654$

$W\left(4 \middle| \dfrac{16}{e^2}\right) \approx (4/2,1654)$

9. Krümmungsverhalten:

Die Wendestelle bei $t = 4$ teilt den Definitionsbereich von a in 2 Krümmungsintervalle $K_1 = (-\infty; 4)$ und $K_2 = (4; \infty)$ auf.

Durch die Berechnung eines Funktionswertes der 2. Ableitung an je einer Teststelle aus diesen Krümmungsintervallen wird anhand des Vorzeichens von $a''(t)$ die Art des Krüm-mungsverhaltens in diesen Intervallen festgestellt.

$a''(1) = e^{-0,5 \cdot 1}(1 - 4) = -3\,e^{-0,5} = -\dfrac{3}{e^{0,5}} < 0$

$\Rightarrow$ In $K_1 = (-\infty; 4)$ ist der Graph von a rechtsgekrümmt.

$a''(5) = e^{-0,5 \cdot 5}(5 - 4) = e^{-2,5} = \dfrac{1}{e^{2,5}} > 0$

$\Rightarrow$ In $K_2 = (4; \infty)$ ist der Graph von a linksgekrümmt.

---

[1]   Die Extremstelle wird jeweils in das Monotonieintervall eingeschlossen, weil auch für diese Extremstelle die Monotoniebedingung gilt: „Wenn $x_1 < x_2$, dann ist $f(x_1) < f(x_2)$ oder wenn $x_1 > x_2$, dann ist $f(x_1) > f(x_2)$." Die Bedingung $f'(x) > 0$ oder $f'(x) < 0$ ist nur eine hinreichende, aber keine notwendige Bedingung.

[2]   Man kann die Art des Monotonieverhaltens in einem Intervall auch dadurch prüfen, dass man für eine Teststelle des Monotonieintervalls $a'(t)$ berechnet und prüft, ob das Ergebnis größer oder kleiner 0 ist. Noch eleganter zur Feststellung des Monotonieverhaltens ist die Überlegung, für welche t-Werte die 1. Ab-leitung positiv oder negativ ist. Da der 1. Faktor in $a'(t) = e^{-0,5t}(4 - 2t)$ immer positiv ist, brauchen wir nur den 2. Faktor zu untersuchen. Die grafische Darstellung des 2. Faktors ist eine Gerade mit negativer Stei-gung und der Nullstelle bei $t = 2$. Also sind linksseitig von $t = 2$ die Funktionswerte positiv und rechtsseitig von $t = 2$ negativ.

10. Wertebereich:

Aus dem Verhalten an den Rändern des Definitionsbereiches und dem Hochpunkt

$H\left(2\left|\dfrac{8}{e}\right.\right) \approx (2/2,943)$ ergibt sich

$\underline{\underline{W_{\max}(a) = \left(-\infty; \dfrac{8}{e}\right] \approx (-\infty; 2,943].}}$

11. Graph der Funktion:

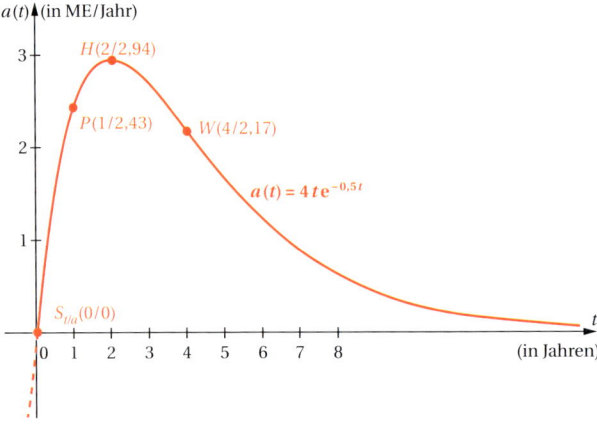

c) **Interpretation des Punktes $P(1/2,43)$:**

Nach einem Jahr beträgt der jährliche Absatz 2,43 ME pro Jahr. Die vorliegende Funktion a gibt demnach die Wachstumsgeschwindigkeit (= momentane Änderungsrate) des Absatzes A an, ist also eine Ableitungsfunktion. Die Wachstumsgeschwindigkeit ändert sich zu jedem Zeitpunkt t, hat aber immer die Einheit $\dfrac{\text{ME}}{\text{Jahr}}$.

d) **Kurveninterpretation** für $D_{\text{ök}}(a) = \mathbb{R}_+$:

Zum Zeitpunkt der Produkteinführung $(t = 0)$ beträgt der jährliche Absatz $0\,\dfrac{\text{ME}}{\text{Jahr}}$. In den ersten 2 Jahren nach Produkteinführung nimmt der Jahresabsatz degressiv zu und ist genau nach 2 Jahren mit $2,94\,\dfrac{\text{ME}}{\text{Jahr}}$ maximal. Danach sinkt der Jahresabsatz bis zum Ende des 4. Jahres nach Produkteinführung zunächst progressiv, dann degressiv. Langfristig strebt der jährliche Absatz gegen 0 ME pro Jahr.

Situation 2

Die Gleichung $u(t) = 0,1\,t^2 \cdot e^{-0,1\,t}$ beschreibt den monatlichen Umsatz u (in GE/Monat) mit einem Produkt im Zeitablauf (in Monaten seit der Produkteinführung).

a) Berechnen Sie algebraisch die Extrem- und Wendepunkte der Produktlebenszyklus-kurve. (Auf die Überprüfung der Wendestellen mithilfe der 3. Ableitung kann verzichtet werden.)

b) Skizzieren Sie den Graphen der Produktlebenszyklusfunktion mit den berechneten Punkten und beschreiben Sie den Verlauf des Graphen anwendungsbezogen für den ökonomisch sinnvollen Definitionsbereich.

c) Im gleichen Betrachtungszeitraum entwickelt sich der Preis für das Produkt entspre-chend der Gleichung $p(t) = 0,01\,t + 2$. Bestimmen Sie die Gleichung der Funktion a, die den monatlichen Absatz des Produktes im Zeitablauf seit der Produkteinführung an-gibt. Skizzieren Sie die Graphen von u, p und a in ein gemeinsames Koordinatensystem. Beurteilen Sie, ob der Absatz sein Maximum zum gleichen Zeitpunkt wie der Umsatz erreicht.

Lösung

a) • Ableitungen:

$u(t) = \underbrace{0,1\,t^2}_{\text{1. Faktor}} \cdot \underbrace{e^{-0,1\,t}}_{\text{2. Faktor}}$ ist ein Produkt,

sodass die **Produktregel der Differenzialrechnung** $f = u \cdot v \Rightarrow f' = u' \cdot v + u \cdot v'$ angewendet werden muss. Um Verwirrungen mit der Variablen u in der Funktions-gleichung zu vermeiden, nennen wir die Faktoren im Funktionsterm v und w:

In $u(t) = \underbrace{0,1\,t^2}_{v} \cdot \underbrace{e^{-0,1\,t}}_{w}$ ist dann:

$v = 0,1\,t^2;$ $\qquad\qquad v' = 0,2\,t$

$w = e^{-0,1\,t};$ $\qquad\qquad w' = -0,1\,e^{-0,1\,t}$ ((lineare) Kettenregel)

1. Ableitung:

$u'(t) = \underbrace{0,2\,t}_{v'} \cdot \underbrace{e^{-0,1\,t}}_{w} + \underbrace{0,1\,t^2}_{v} \cdot \underbrace{(-0,1\,e^{-0,1\,t})}_{w'}$

Ausklammern, wichtig für das spätere Lösen der Gleichung, führt zu:

$\underline{\underline{u'(t) = e^{-0,1\,t}(0,2\,t - 0,01\,t^2)}}$

Auch die 2. Ableitung wird mit der Produktregel der Differenzialrechnung ermittelt.

$u'(t) = \underbrace{e^{-0,1\,t}}_{v} \cdot \underbrace{(0,2\,t - 0,01\,t^2)}_{w}$

$v = e^{-0,1\,t};$ $\qquad\qquad v' = -0,1\,e^{-0,1\,t}$ ((lineare) Kettenregel)

$w = 0,2\,t - 0,01\,t^2;$ $\qquad w' = 0,2 - 0,02\,t$

2. Ableitung:

$u''(t) = \underbrace{-0,1 e^{-0,1\,t}}_{v'} \cdot \underbrace{(0,2\,t - 0,01\,t^2)}_{w} + \underbrace{e^{-0,1\,t}}_{v} \cdot \underbrace{(0,2 - 0,02\,t)}_{w'}$

Ausklammern, wichtig für das spätere Lösen der Gleichung, führt zu:

$$u''(t) = e^{-0,1\,t}\left[-0,1\cdot(0,2\,t - 0,01\,t^2) + (0,2 - 0,02\,t)\right]$$
$$u''(t) = e^{-0,1\,t}(-0,02\,t + 0,001\,t^2 + 0,2 - 0,02\,t)$$
$$\underline{u''(t) = e^{-0,1\,t}(0,001\,t^2 - 0,04\,t + 0,2)}$$

- **Extrempunkte**: Hinreichende Bedingung: $u'(t) = 0 \wedge u''(t_E) \neq 0$

$$u'(t) = 0$$
$$0 = e^{-0,1\,t}(0,2\,t - 0,01\,t^2)$$

Satz vom Nullprodukt:

Ein Produkt wird dann 0, wenn mindestens einer der Faktoren 0 ist.

1. Faktor: $e^{-0,1\,t} > 0$

2. Faktor: $0,2\,t - 0,01\,t^2 = 0$ \quad | t ausklammern

$$t(0,2 - 0,01\,t) = 0$$

$$\underline{t_1 = 0}$$
$$\vee\ 0,2 - 0,01\,t = 0$$
$$\underline{t_2 = 20}$$

Wir überprüfen diese möglichen Extremstellen mithilfe der 2. Ableitung:

$$u''(t) = e^{-0,1\,t}(0,001\,t^2 - 0,04\,t + 0,2):$$
$$u''(0) = e^{-0,1\cdot 0}\cdot 0,2 = 1\cdot 0,2 = 0,2 > 0\ \Rightarrow\ \text{Tiefpunkt bei } t = 0$$

Funktionswert des Tiefpunktes:

$$u(0) = 0,1\cdot 0^2 \cdot e^{-0,1\cdot 0} = 0\ \Rightarrow\ \underline{T\,(0/0)}$$

$$u''(20) = e^{-0,1\cdot 20}\cdot(-0,2) = e^{-2}\cdot(-0,2) = -\frac{2}{10\,e^2} < 0\ \Rightarrow\ \text{Hochpunkt bei } t = 20$$

Funktionswert des Hochpunktes:

$$u(20) = 0,1\cdot 20^2 \cdot e^{-0,1\cdot 20} = 40\cdot e^{-2} = \frac{40}{e^2}\ \Rightarrow\ \underline{H\left(20\Big/\frac{40}{e^2}\right) \approx (20/5,41)}$$

- **Wendepunkte**: Notwendige Bedingung: $u''(t) = 0$

$$u''(t) = 0$$
$$0 = e^{-0,1\,t}(0,001\,t^2 - 0,04\,t + 0,2)$$
$$0 = 0,001\,t^2 - 0,04\,t + 0,2$$
$$0 = t^2 - 40\,t + 200$$

Mit der *p*-*q*-Formel:

$$\underline{t_1 \approx 5,86}\quad \Rightarrow\ \underline{W_1\,(5,86/1,91)}$$
$$\underline{t_2 \approx 34,14}\quad \Rightarrow\ \underline{W_2\,(34,14/3,84)}$$

b)

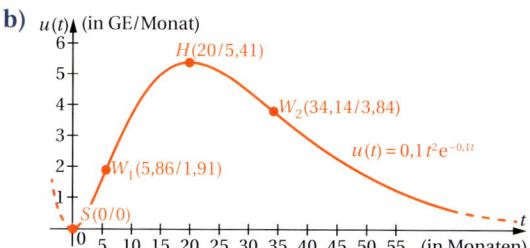

Von 0 GE/Monat bei der Produkteinführung ausgehend nimmt der monatliche Umsatz in den ersten 5,86 Monaten progressiv zu. Dann steigt der monatliche Umsatz bis zum Ende des 20. Monats nach Produkteinführung nur noch degressiv. 20 Monate nach Produkteinführung wird mit 5,41 GE/Monat der maximale Monatsumsatz mit dem Produkt erreicht. Danach sinkt der monatliche Umsatz zunächst (bis 34,14 Monate nach Produkteinführung) progressiv und anschließend degressiv. Langfristig strebt der Umsatz je Monat gegen 0.

c) Es gilt: Umsatz = Absatz · Preis   Also: $u(t) = a(t) \cdot p(t) \Leftrightarrow a(t) = \dfrac{u(t)}{p(t)}$

Funktionsgleichung für den monatlichen Absatz: $a(t) = \dfrac{0,1\, t^2\, e^{-0,1\,t}}{0,01\, t + 2}$

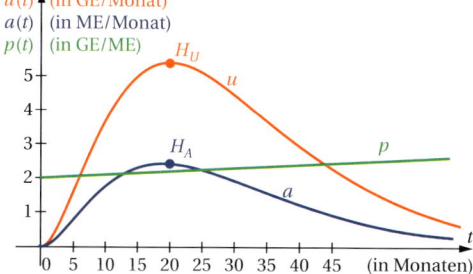

Hochpunkt der Absatzkurve (mit dem Taschenrechner): $H(19,13/2,47)$

Vergleich der Maximalstelle $t = 19,13$ des monatlichen Absatzes mit der Maximalstelle $t = 20$ des monatlichen Umsatzes: Der maximale Monatsabsatz wird etwas früher erreicht als der maximale Monatsumsatz.

Zusammenfassung

- Wenn der Term einer Funktion ein Produkt ist (= multiplikative Verknüpfung zweier Funktionen), dessen Faktoren jeweils die unabhängige Variable enthalten, dann wird dieser Produktterm mit der **Produktregel der Differenzialrechnung** abgeleitet:

  $$f(x) = u(x) \cdot v(x) \Rightarrow f'(x) = u'(x) \cdot v(x) + u(x) \cdot v'(x)$$

  vereinfacht: $f = u \cdot v \Rightarrow f' = u' \cdot v + u \cdot v'$

- Zusammenhang zwischen Absatz je Zeiteinheit, Umsatz je Zeiteinheit und dem Preis eines Produktes im Zeitablauf: $u(t) = a(t) \cdot p(t) \Leftrightarrow a(t) = \dfrac{u(t)}{p(t)}$

Übungsaufgaben

1 Der jährliche Absatz a eines neu eingeführten Produktes kann mit der Gleichung
$a(t) = 3t \cdot e^{-0,2t+1}$ beschrieben werden. Dabei wird a in ME/Jahr angegeben. t ist die
Zeit in Jahren seit der Produkteinführung.

a) Erläutern Sie die mathematische Struktur des gegebenen Funktionsterms.

b) Untersuchen Sie die Produktlebenszyklusfunktion ohne Taschenrechner vollständig
für den mathematisch maximal möglichen Definitionsbereich. Auf die Überprüfung
des Wendepunktes mit der 3. Ableitung kann verzichtet werden. Skizzieren Sie den
Graphen mit seinen markanten Punkten. Kennzeichnen Sie den ökonomisch relevanten Teil der Kurve.

c) Interpretieren Sie den Punkt $P(2/a(2))$ anwendungsbezogen unter genauer Beachtung der Einheiten.

d) Beschreiben Sie den Verlauf des Graphen der Produktlebenszyklusfunktion anwendungsbezogen für den ökonomisch sinnvollen Definitionsbereich.

2 Die Gleichung $u(t) = 2t^2 \cdot e^{-0,4t+2}$ beschreibt den monatlichen Umsatz u (in GE/Monat)
mit einem Produkt im Zeitablauf (in Monaten seit Einführung des Produktes auf dem
Markt).

a) Berechnen Sie algebraisch die Extrem- und Wendepunkte der Produktlebenszykluskurve. Auf die Überprüfung der Wendestellen mithilfe der 3. Ableitung kann verzichtet werden.
Bestimmen Sie den Grenzwert für $t \rightarrow \infty$ und interpretieren Sie das Ergebnis.

b) Skizzieren Sie den Graphen der Produktlebenszyklusfunktion für $D_{max}(u)$ mit den
berechneten Punkten. Kennzeichnen Sie den ökonomisch relevanten Teil des Graphen und beschreiben Sie den Verlauf des Graphen anwendungsbezogen für den
ökonomisch sinnvollen Definitionsbereich.

c) Der Preis für das Produkt entwickelt sich seit der Produkteinführung entsprechend
der Gleichung $p(t) = 0,5t + 10$. Bestimmen Sie den monatlichen Umsatz, den monatlichen Absatz und den Preis für das Produkt 6 Monate nach Einführung des Produktes auf dem Markt.

3 Der jährliche Gewinn g (in GE/Jahr) mit einem neu eingeführten Produkt kann mit der Gleichung $g(t) = (5t + 5) \cdot e^{-0,4t}$ beschrieben werden. Dabei ist t die Zeit in Jahren seit Beginn dieses Jahres.

   a) Erläutern Sie die mathematische Struktur des gegebenen Funktionsterms.

   b) Untersuchen Sie die Funktion ohne Taschenrechner vollständig für den mathematisch maximal möglichen Definitionsbereich. Auf die Überprüfung des Wendepunktes mit der 3. Ableitung kann verzichtet werden. Skizzieren Sie den Graphen mit seinen markanten Punkten. Kennzeichnen Sie den ökonomisch relevanten Teil der Kurve.

   c) Interpretieren den Schnittpunkt mit der y-Achse anwendungsbezogen.

   d) Beschreiben Sie den Verlauf des Graphen der Produktlebenszyklusfunktion anwendungsbezogen für den ökonomisch sinnvollen Definitionsbereich.

Innermathematische Übungsaufgaben zum Ableiten von verknüpften/verketteten e-Funktionen

4 Bestimmen Sie die Gleichungen der 1. und 2. Ableitungsfunktion.

   a) $f(x) = \frac{1}{2}x + e^x$ b) $f(x) = x^2 - 3e^x$

   c) $f(x) = \frac{1}{2}x^2 + e^{2x}$ d) $f(x) = x^3 + \frac{1}{2}e^{4x}$

   e) $f(x) = x^2 \cdot 2e^x$ f) $f(x) = \frac{1}{2}x^2 \cdot e^{-x}$

   g) $f(x) = 3x^2 \cdot 2e^{-\frac{1}{2}x}$ h) $f(x) = \frac{1}{2}x \cdot e^{-2x}$

5 Bestimmen Sie die Gleichungen der 1. und 2. Ableitungsfunktion.

   a) $f(x) = 0,5e^{2x}$ b) $f(x) = 2xe^{-x}$

   c) $f(x) = (2x - 1)e^{2x}$ d) $f(x) = x^2e^{-x}$

   e) $f(x) = (3 - x)e^{-3x}$ f) $f(x) = (3x + 1)e^{-x}$

   g) $f(x) = (0,5x + 2)e^x$ h) $f(x) = (-2x + 3)e^{-0,1x}$

Innermathematische Übungsaufgaben zur Funktionsanalyse von verknüpften/verketteten e-Funktionen

6 Untersuchen Sie die Funktion mit der angegebenen Funktionsgleichung vollständig.

   a) $f(x) = xe^x$ b) $f(x) = -x^2e^{-x}$

   c) $f(x) = 2e^{-2x}$ d) $f(x) = x^2e^x$

   e) $f(x) = 2xe^{-x}$ f) $f(x) = 2x^2e^{-\frac{1}{2}x}$

3.3.2 Kumulierter Gesamtabsatz/Gesamtumsatz

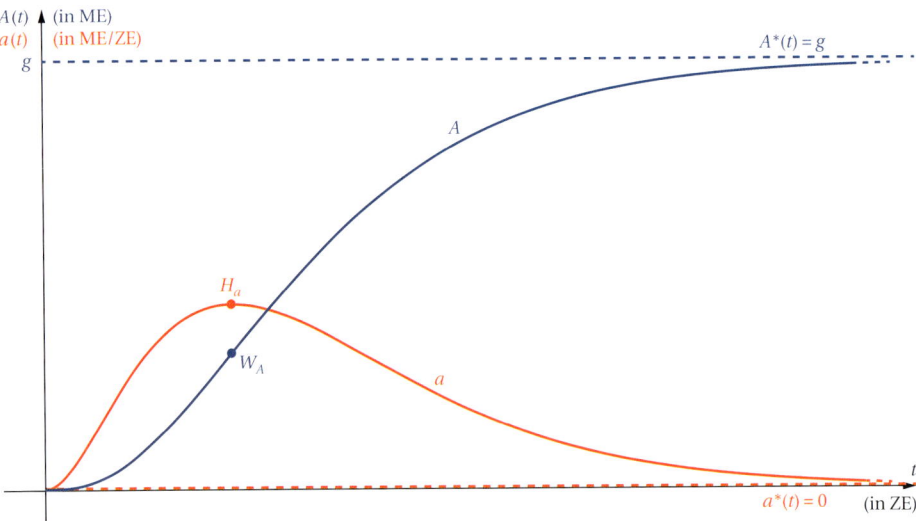

In der Grafik zeigt der blaue Graph den **kumulierten[1)] Gesamtabsatz A** (in ME) mit einem Produkt im Zeitablauf t (in Zeiteinheiten ZE) seit seiner Markteinführung. Jeder Funktionswert $A(t)$ an einer Stelle t gibt also an, wie viele ME von dem Produkt seit seiner Markteinführung bis zum Zeitpunkt t insgesamt abgesetzt worden sind.

Der Gesamtabsatz steigt immer streng monoton, in diesem Fall nach der Markteinführung zum Zeitpunkt $t = 0$ zunächst progressiv, dann degressiv und nähert sich langfristig einem Grenzwert g, weil der Markt irgendwann gesättigt ist.

Der rote Graph, ein **Produktlebenszyklus**, ist der **Ableitungsgraph** des blauen Graphen. Er gibt demnach die **Änderungsraten des Gesamtabsatzes** an. Wenn der Gesamtabsatz A in ME angegeben wird, dann werden die Änderungsraten a **in ME/ZE** angegeben, z. B. in ME/Jahr. An der Wendestelle des blauen Graphen ist die Änderungsrate des Gesamtabsatzes (die Steigung) am größten. Folglich muss der Ableitungsgraph an dieser Stelle einen Hochpunkt haben.

Es gelten also **folgende Zusammenhänge zwischen dem Absatz je Zeiteinheit a und dem kumulierten Gesamtabsatz A:**

$A'(t) = a(t)$	$\int a(t)\,dt = A(t) + C$
a ist die 1. Ableitungsfunktion von A	A ist eine Stammfunktion von a

Für den kumulierten Gesamtumsatz U und den jährlichen Umsatz u gelten die gleichen Zusammenhänge.

[1)] lat. cumulare = anhäufen, zusammentragen

Situation 3

Für den jährlichen Absatz a mit $a(t) = 4\,t \cdot e^{-0,5\,t}$ (in ME/Jahr) des neu eingeführten Produktes aus Situation 1 des vorausgegangenen Abschnitts ist die Menge aller Stammfunktionen $A(t) = -8\,e^{-0,5\,t} \cdot (t+2) + C$.

a) Weisen Sie die Richtigkeit der Gleichung für $A(t)$ nach.

b) Erläutern Sie, welche Stammfunktion aus der Menge aller Stammfunktionen den kumulierten Gesamtabsatz des neu eingeführten Produktes im Zeitablauf angibt.

c) Berechnen Sie für die in Teilaufgabe b) ermittelte Stammfunktion $\lim\limits_{t \to \infty} A(t)$ und interpretieren Sie das Ergebnis.

d) Skizzieren Sie den Graphen von a (s. Situation 1 des vorausgegangenen Abschnitts) mit dem Graphen von A und den charakteristischen Punkten und Eigenschaften in ein gemeinsames Koordinatensystem.

e) Bestimmen Sie algebraisch den Gesamtabsatz, der mit dem Produkt ein Jahr nach der Produkteinführung erzielt worden ist.

f) Ermitteln Sie mithilfe der Produktlebenszyklusfunktion a algebraisch den Gesamtabsatz im 3. und 4. Jahr.

Lösung

a) Es gilt $a(t) = 4\,t \cdot e^{-0,5\,t}$ und $A(t) = -8\,e^{-0,5\,t} \cdot (t+2) + C$

Da der Funktionsterm von $a(t)$ ein Produkt ist und wir keine Regel zum Integrieren von Produkten kennen, weisen wir die Richtigkeit der Stammfunktion nach, indem wir $A(t)$ differenzieren. Es muss gelten:

$\qquad A'(t) = a(t)$.

Insgesamt ist der Funktionsterm eine Summe.

$$A(t) = \underbrace{-8\,e^{-0,5\,t}(t+2)}_{\text{1. Summand}} + \underbrace{C}_{\text{2. Summand}}$$

Da der 2. Summand ein Absolutglied ist, fällt er beim Differenzieren weg und wir brauchen nur noch den 1. Summanden ableiten.

Der 1. Summand ist ein Produkt:

$$A(t) = \underbrace{-8\,e^{-0,5\,t}}_{\text{1. Faktor}} \cdot \underbrace{(t+2)}_{\text{2. Faktor}}$$

Zum Differenzieren von Produkten kennen wir die **Produktregel der Differenzialrechnung**:

$$f = u \cdot v \;\Rightarrow\; f' = u' \cdot v + u \cdot v'$$

Also ist in $A(t) = -8\,e^{-0,5\,t} \cdot (t+2)$

$\qquad u = -8\,e^{-0,5\,t};\qquad u' = -8\,e^{-0,5\,t} \cdot (-0,5) = 4\,e^{-0,5\,t}$ ((lineare) Kettenregel)

$\qquad v = t+2;\qquad\qquad v' = 1$

Demnach ist
$$A'(t) = \underbrace{4\,e^{-0,5t}}_{u'} \cdot \underbrace{(t+2)}_{v} + \underbrace{(-8\,e^{-0,5t})}_{u} \cdot \underbrace{1}_{v'} = 4\,e^{-0,5t} \cdot (t+2) - 8\,e^{-0,5t}$$

Wir klammern $4\,e^{-0,5t}$ aus:
$$A'(t) = 4\,e^{-0,5t}\big(1 \cdot (t+2) - 2\big) = 4\,e^{-0,5t}(t+2-2) = 4\,e^{-0,5t} \cdot t$$
$$\underline{\underline{A'(t) = 4\,t\,e^{-0,5t} = a(t)}} \qquad \text{q.\,e.\,d.}^{[1]}$$

b) $A(t) = -8\,e^{-0,5t} \cdot (t+2) + C$ ist die Menge aller Stammfunktionen. Da der Gesamtab-satz zum Zeitpunkt der Einführung des Produktes gleich 0 sein muss, müssen wir *die* Stammfunktion wählen, für die $A(0) = 0$ gilt.

$$A(t) = -8\,e^{-0,5t} \cdot (t+2) + C$$
$$A(0) = -8 \cdot e^{-0,5 \cdot 0} \cdot (0+2) + C = 0$$
$$-8 \cdot e^{0} \cdot (0+2) + C = 0$$
$$-8 \cdot 2 + C = 0$$
$$\underline{\underline{C = 16}}$$

Wenn wir $C = 16$ wählen, verschieben wir den Stammgraphen mit $C = 0$ um 16 Einhei-ten nach oben und die y-Achse wird bei 0 geschnitten. Die anwendungsbezogen sinn-volle Stammfunktion hat also die Gleichung

$$\underline{\underline{A(t) = -8\,e^{-0,5t} \cdot (t+2) + 16}}$$

c) $\displaystyle\lim_{t \to \infty} A(t) = \lim_{t \to \infty} \big(-8t \cdot e^{-0,5t}(t+2) + 16\big) = -8 \cdot \text{„}\infty\text{“} \cdot 0 \cdot (\text{„}\infty\text{“} + 2) + 16 = \underline{\underline{16}}$

Interpretation: Langfristig nähert sich der Gesamtabsatz der Höchstgrenze von 16 ME. Das ist der Absatz, der mit dem Produkt insgesamt erzielt werden kann.

d) s. Abb.

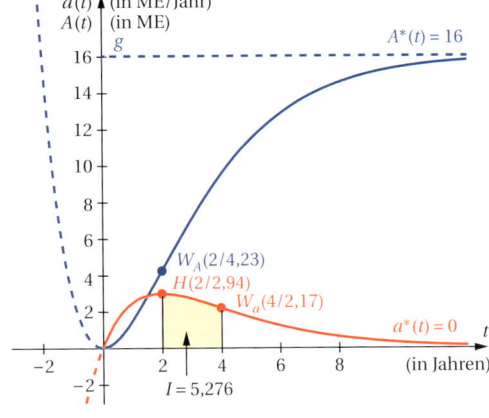

e)
$$A(t) = -8\,e^{-0,5t} \cdot (t+2) + 16$$
$$A(1) = -8\,e^{-0,5 \cdot 1} \cdot (1+2) + 16$$
$$= -8\,e^{-0,5} \cdot 3 + 16$$
$$\underline{\underline{A(1) = -24\,e^{-0,5} + 16 \approx 1,44 \ [\text{ME}]}}$$

Alternativ ist auch die Berechnung

von $\displaystyle\int_{0}^{1} a(t)\,dt$ mit einer beliebigen

Stammfunktion möglich. Die Wahl der Integrationskonstanten C ist dabei un-erheblich, da sie sowohl in $A(1)$ als auch in $A(0)$ vorkommt und daher bei der Subtraktion $A(1) - A(0)$ wegfällt.

f) $\displaystyle\int_{2}^{4} a(t)\,dt = \big[A(t)\big]_{2}^{4} = A(4) - A(2) = 9,504 - 4,228 = \underline{\underline{5,276}} \ [\text{ME}]$

---

[1] q.\,e.\,d. = quod erat demonstrandum (lat.): was zu beweisen war

Situation 4

Der monatliche Umsatz u mit einem Produkt (in GE/Monat) lässt sich mit der Gleichung $u(t) = 0,1\,t^2 \cdot e^{-0,1t}$ (aus Situation 2 des vorausgegangenen Abschnitts) beschreiben. Dabei ist t die Zeit in Monaten seit der Einführung des Produktes auf dem Markt. Lösen Sie die folgenden Aufgaben mit dem Taschenrechner.

a) Zeichnen Sie den Graphen der Stammfunktion mit dem Taschenrechner.

b) Berechnen Sie dann mithilfe des Stammgraphen und des Taschenrechners den Gesamtumsatz innerhalb der ersten 6 Monate.

c) Berechnen Sie mit dem Taschenrechner ausgehend von $u(t)$ den Gesamtumsatz mit dem Produkt im 2. Jahr nach der Produkteinführung.

d) Ermitteln Sie mit $u(t)$, welcher Umsatz mit dem Produkt insgesamt erzielt werden kann (Taschenrechnerlösung).

e) Bestimmen Sie mit $u(t)$ den Gesamtumsatz, auf den verzichtet wird, wenn man das Produkt nach 10 Monaten wieder vom Markt nimmt (Taschenrechnerlösung).

Lösung

a) **Graph der Stammfunktion** (vgl. GTR-Anhang 16):

Abb. 1: Eingabe des Funktionsterms von $a(t)$ bei Y1

Abb. 2 und 3: Der Taschenrechner zeichnet den Stammgraphen, wenn bei Y2 mit MATH, MATH, 9:fnInt(die Eingaben entsprechend der Abb. 3 vorgenommen werden.

Abb. 4 und 5: Mit den passenden WINDOW-Einstellungen werden dann der Graph der Produktlebenszyklusfunktion u und der Stammfunktion U gezeichnet.[1]

Die Gleichung der Stammfunktion kann der Taschenrechner nicht bestimmen.

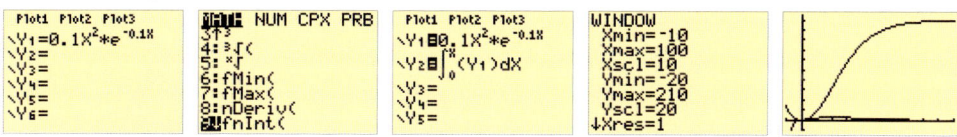

b) **Gesamtumsatz in den ersten 6 Monaten** (vgl. GTR-Anhang 2):

Mit 2ND , [CALC], 1:value, 6 wird der Funktionswert der Stammfunktion an der Stelle $x = 6$ bestimmt:

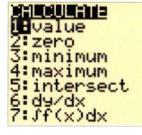
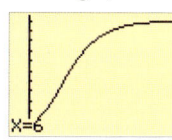
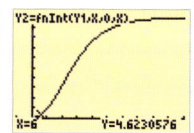

$U(6) = 4,623$

c) **Gesamtumsatz im 2. Jahr** (vgl. GTR-Anhang 14):

Wir bestimmen mit dem Taschenrechner das Integral $\int\limits_{12}^{24} u(t)\,dt$.

Abb. 1 und 2: Damit der Graph von u gut sichtbar dargestellt wird, ändern wir die WINDOW-Einstellungen.

---

[1] Durch die Eingabe der Integrationsgrenzen 0 und x wird der Stammgraph mit $C = 0$ gezeichnet. Begründung: $F(x) + C - (F(0) + C) = F(x)$

Abb. 3 bis 5: Mit $\boxed{\text{2ND}}$, [CALC], 7: $\int f(x)\,dx$ und Eingabe der unteren und oberen Integrationsgrenze wird die Maßzahl der Fläche zwischen dem Graphen von u und der x-Achse im Intervall [12; 24] berechnet. Diese Maßzahl entspricht dem Gesamtumsatz U in diesem Intervall.

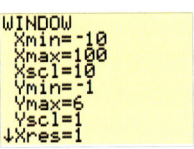 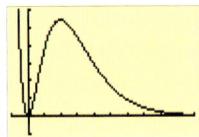  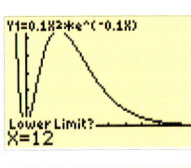

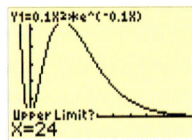 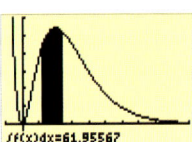

$$\int_{12}^{24} u(t)\,dt = \underline{\underline{61,96}}\ [\text{GE}]$$

d) Gesamtumsatz insgesamt (vgl. GTR-Anahng 15):

Wir bestimmen mit dem Taschenrechner das Integral $\int_{0}^{\infty} u(t)\,dt$.

Da wir ∞ nicht als obere Integrationsgrenze eingeben können, geben wir einen sehr großen Wert als obere Integrationsgrenze ein. Entsprechend den WINDOW-Einstellungen ($x_{\max} = 100$) ist der größtmögliche x-Wert 100.

 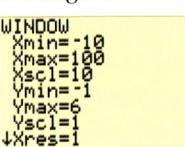 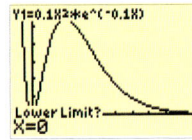 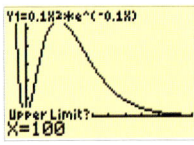

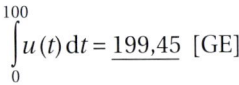

$$\int_{0}^{100} u(t)\,dt = \underline{199,45}\ [\text{GE}]$$

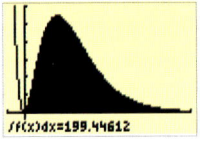

Wir können die Genauigkeit des Ergebnisses noch erhöhen, wenn wir bei den WINDOW-Einstellungen für $x_{\max}$ noch einen größeren Wert einstellen, z. B. 200. Dann können wir auch als obere Integrationsgrenze 200 eingeben.

$$\int_{0}^{200} u(t)\,dt$$

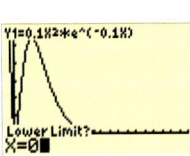 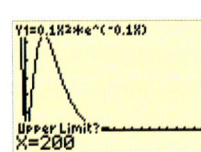 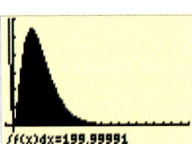

Wir können als Ergebnis angeben: $\int_{0}^{\infty} u(t)\,dt = \underline{\underline{200}}\ [\text{GE}]$

e) Verzichteter Gesamtumsatz (vgl. GTR-Anhang 15):

Wir bestimmen mit dem Taschenrechner das Integral $\int\limits_{10}^{\infty} u(t)\,dt$. Als obere Integrationsgrenze geben wir wieder eine möglichst große Zahl entsprechend der WINDOW-Einstellung für x_{max} ein.

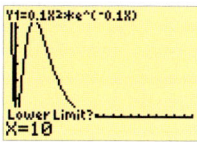 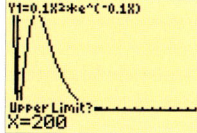 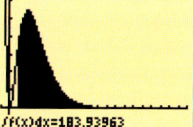

Wir erhalten $\int\limits_{10}^{\infty} u(t)\,dt = \underline{\underline{183{,}94}}$ [GE]

Zusammenfassung

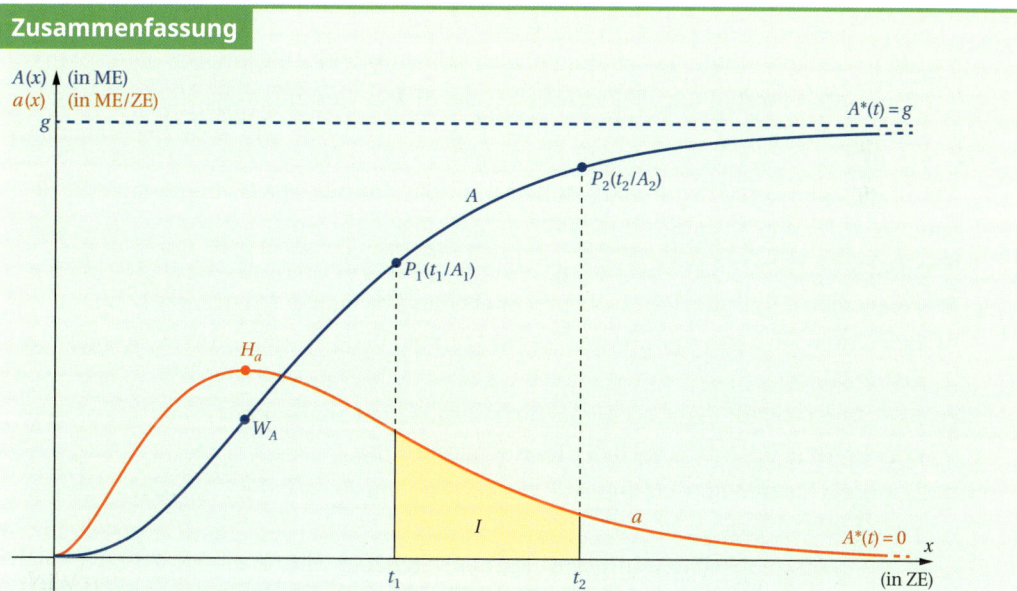

Zusammenhänge zwischen dem Absatz je Zeiteinheit a und dem kumulierten Gesamtabsatz A:

- a ist die 1. Ableitungsfunktion von A: $A'(t) = a(t)$

- A ist eine Stammfunktion von a: $\int a(t)\,dt = A(t) + C$

Für den kumulierten Gesamtumsatz U und den jährlichen Umsatz u gelten die gleichen Zusammenhänge. In der Grafik stellt die Flächenmaßzahl von I den kumulierten Gesamtabsatz im Zeitraum von t_1 bis t_2 dar.

Berechnung: $\int\limits_{t_1}^{t_2} a(t)\,dt = A(t_2) - A(t_1)$

Übungsaufgaben

1 Für den jährlichen Absatz a des neu eingeführten Produktes aus Übungsaufgabe 1 des vorausgegangenen Abschnitts gilt: $a(t) = 3t \cdot e^{-0,2t+1}$ (in ME/Jahr)

a) Weisen Sie nach, dass $A(t) = e^{-0,2t+1} \cdot (-15t - 75) + C$ die Menge aller Stammfunktionen von $a(t) = 3t \cdot e^{-0,2t+1}$ ist.

b) Erläutern Sie, welche Stammfunktion aus der Menge aller Stammfunktionen den kumulierten Gesamtabsatz des neu eingeführten Produktes im Zeitablauf angibt.

c) Berechnen Sie für die in Teilaufgabe b) ermittelte Stammfunktion $\lim_{t \to \infty} A(t)$ und interpretieren Sie das Ergebnis.

d) Skizzieren Sie den Graphen von a (s. Übungsaufgabe 1 des vorausgegangenen Abschnitts) mit dem Graphen von A und den charakteristischen Punkten und Eigenschaften in ein gemeinsames Koordinatensystem.

e) Bestimmen Sie algebraisch den Gesamtabsatz, der mit dem Produkt 2 Jahre nach der Produkteinführung insgesamt erzielt worden ist.

f) Ermitteln Sie mithilfe der Produktlebenszyklusfunktion a algebraisch den Gesamtabsatz im 4. und 5. Jahr. Kennzeichnen Sie diesen Gesamtabsatz in der Grafik zu Teilaufgabe d).

2 Der monatliche Umsatz u (in GE/Monat) mit dem Produkt aus Übungsaufgabe 2 des vorausgegangenen Abschnitts lässt sich mit der Gleichung $u(t) = 2t^2 \cdot e^{-0,4t+2}$ beschreiben. Dabei ist t die Zeit in Monaten seit der Einführung des Produktes auf dem Markt.

a) Zeichnen Sie mithilfe des Taschenrechners den Graphen der Stammfunktion.

b) Berechnen Sie dann mithilfe des Stammgraphen den Gesamtumsatz innerhalb des ersten Jahres.

c) Berechnen Sie mit dem Taschenrechner ausgehend von $u(t)$ den Gesamtumsatz mit dem Produkt im 3. Jahr nach der Produkteinführung.

d) Ermitteln Sie mit dem Taschenrechner, welcher Umsatz mit dem Produkt insgesamt erzielt werden kann.

e) Bestimmen Sie den Gesamtumsatz, auf den verzichtet wird, wenn das Produkt nach einem Jahr wieder vom Markt genommen wird.

3 Der jährliche Absatz eines neu eingeführten Produktes wird prognostiziert durch die Gleichung $a(t) = 5t \cdot e^{-t}$. Dabei wird a in Mio. Stück/Jahr angegeben. t ist die Zeit in Jahren seit der Produkteinführung.

a) Bestimmen Sie den Jahresabsatz zum Zeitpunkt $t = 0$. Geben Sie den ökonomisch sinnvollen Definitionsbereich für die Produktlebenszyklusfunktion an. Erläutern Sie, wie sich der Jahresabsatz langfristig entwickelt.

b) Berechnen Sie, wann der Jahresabsatz mit diesem Produkt am größten ist und wie hoch er dann ist (algebraische Lösung).

c) Ermitteln Sie den größten Rückgang des Jahresabsatzes. Wie hoch ist er dann (algebraische Lösung)?

d) Zeichnen Sie den Graphen der Produktlebenszyklusfunktion mit den Koordinaten der markanten Punkte für $D_{\text{ök}}(a)$ in ein Koordinatensystem und beschreiben Sie detailliert den Verlauf des Graphen innermathematisch und anwendungsbezogen.

e) Berechnen Sie den Absatz im 1. Jahr.

f) Berechnen Sie den Absatz im 2. und 3. Jahr zusammen.

g) Ermitteln Sie, welcher Absatz mit dem Produkt insgesamt erzielt werden kann.

4 Der Lebenszyklus eines Produktes kann beschrieben werden durch die Funktion a mit $a(t) = 2\,t^2\,e^{-t}$. Dabei gibt t die Zeit seit Einführung des Produktes auf dem Markt in Jahren an. Die Funktionswerte $a(t)$ geben die jeweils verkauften Mengen in ME pro Jahr an.

a) Untersuchen Sie die Funktion für den mathematisch maximal möglichen Definitionsbereich vollständig algebraisch und zeichnen Sie ihren Graphen mit den markanten Punkten. Schränken Sie den Definitionsbereich auf ein ökonomisch sinnvolles Intervall ein. Interpretieren Sie den Verlauf des Graphen auf die Problemstellung bezogen für den ökonomisch sinnvollen Definitionsbereich.

b) Skizzieren Sie ohne weitere Berechnungen die Graphen von a' und A zu dem Graphen von a in ein Koordiantensystem und erläutern Sie die Zusammenhänge.

c) Zeigen Sie, dass $A(t) = 4 - 2\,e^{-t}(t^2 + 2\,t + 2)$ den kumulierten Gesamtabsatz des Produktes im Zeitablauf seit seiner Einführung beschreibt. Wie entwickelt sich der Gesamtabsatz langfristig?

d) Berechnen Sie $a(10)$ und $\displaystyle\int_0^{10} 2\,t^2\,e^{-t}\,dt$ und interpretieren Sie die Ergebnisse anwendungsbezogen.

e) Berechnen Sie, wie viele ME des Produktes seit Beginn des zweiten bis zum Ende des fünften Jahres seit Produkteinführung verkauft werden.

f) Ermitteln Sie den durchschnittlichn Jahresabsatz im ersten Jahr nach der Einführung des Produktes.

5 Der abgebildete Graph zeigt den Periodenumsatz u (in GE pro Periode) für ein Produkt der Sicherheitsbranche seit seiner Markteinführung im Zeitablauf t (in Zeitperioden).

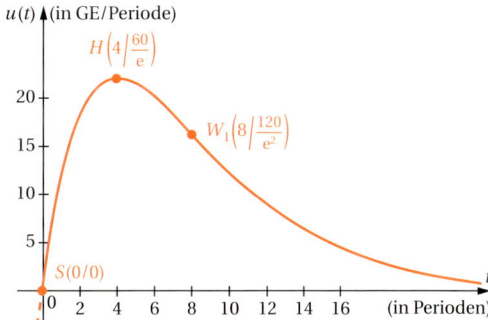

a) Beschreiben Sie den Verlauf des Graphen mit mathematischen und ökonomischen Fachbegriffen für $D_{\text{ök}}(u)$. Geben Sie den ökonomischen Wertebereich an.

b) Bestimmen Sie die zugehörige Gleichung der Produktlebenszyklusfunktion der Form $u(t) = a\,t \cdot e^{-kt}$ algebraisch $\left(\text{Lösung: } u(t) = 15\,t \cdot e^{-0,25\,t}\right)$.

c) Zeigen Sie algebraisch, dass U mit $U(t) = -60\,e^{-0,25\,t}(t+4)$ eine Stammfunktion von u ist. Bestimmen Sie die Gleichung, die den kumulierten Gesamtumsatz mit dem Produkt im Zeitablauf seit seiner Markteinführung beschreibt.

d) Ermitteln Sie algebraisch die Höhe des Gesamtumsatzes, auf den verzichtet werden muss, wenn das Produkt zum Zeitpunkt $t = 10$ vom Markt genommen wird.

Die Gleichung der Preis-Zeit-Funktion lautet $p(t) = \dfrac{50}{t+5}$.

e) Ermitteln Sie algebraisch die Gleichung der Absatz-Zeitfunktion. Zeichnen Sie den Graphen der Preis-Zeitfunktion und den der Absatz-Zeitfunktion mithilfe von markanten Punkten in ein Koordinatensystem mit dem Graphen der Umsatz-Zeitfunktion.

f) Bestimmen Sie den Gesamtabsatz, der mit dem Produkt maximal erreicht werden kann.

gA 3.3.3   Parameterbestimmung zur Angleichung an Daten[1)]

Situation 5

Der jährliche Absatz eines Produktes kann beschrieben werden mit der Funktionenschar a_k mit $a_k(t) = 100\,t^2\,e^{-kt}$; $k > 0$. Dabei wird der Absatz a in ME/Jahr angegeben. t ist die Zeit in Jahren seit der Produkteinführung. k ist ein Parameter der Werbeintensität für dieses Produkt.

a) Bestimmen Sie den Parameter k so, dass der jährliche Absatz mit dem Produkt nach 10 Jahren sein Maximum erreicht.

Für die folgenden Teilaufgaben können Sie den Taschenrechner benutzen. Runden Sie alle Ergebnisse auf 2 Nachkommastellen und rechnen Sie ggf. auch mit diesen gerundeten Ergebnissen weiter.

Es gilt jetzt der Parameterwert $k = 0,2$.

b) Skizzieren Sie den Graphen der Jahresabsatzfunktion für den maximal möglichen Definitionsbereich mit den Koordinaten der markanten Punkte in ein Koordinatensystem. Wählen Sie für Ihre Zeichnung einen sinnvollen Ausschnitt. Beschriften Sie die Achsen und geben Sie die Einheiten an. Kennzeichnen Sie den ökonomisch sinnvollen Teil des Graphen farbig.

Bestimmen Sie,

c) wann die Zunahme des Jahresabsatzes am größten ist,

d) wann der Rückgang des Jahresabsatzes am stärksten ist,

[1)]   Nur für Kurse mit grundlegenden Anforderungen (gA-Kurse).

e) wann der Jahresabsatz die Grenze von 1 000 ME/Jahr überschreitet,

f) wie groß der gesamte Absatz mit dem Produkt in den ersten 10 Jahren ist,

g) wie groß der gesamte Absatz mit dem Produkt vom einschließlich fünften bis zum einschließlich zehnten Jahr ist,

h) welcher Absatz mit dem Produkt insgesamt erzielt werden kann, wenn es nicht vom Markt genommen wird.

Lösung

a) Es soll gelten:

$$a_k'(10) = 0$$

Berechnung der 1. Ableitung von $a_k(t) = 100\,t^2 \cdot e^{-kt}$ mit der Produktregel:

$$u = 100\,t^2; \qquad u' = 200\,t$$
$$v = e^{-kt} \qquad v' = -k\,e^{-kt}$$
$$a_k'(t) = 200\,t \cdot e^{-kt} + 100\,t^2 \cdot (-k\,e^{-kt})$$
$$\underline{a_k'(t) = e^{-kt}(200\,t - 100\,k\,t^2)}$$

$$a_k'(10) = 0$$
$$e^{-10k}(2\,000 - 10\,000\,k) = 0$$

Satz vom Nullprodukt:

Der 1. Faktor e^{-10k} ist immer ungleich 0.

Der 2. Faktor wird gleich 0 gesetzt:

$$0 = 2\,000 - 10\,000\,k$$

$$k = \frac{2\,000}{10\,000} = \frac{2}{10}$$

$$\underline{\underline{k = 0{,}2}}$$

b) $a(t)$ (in ME/Jahr)

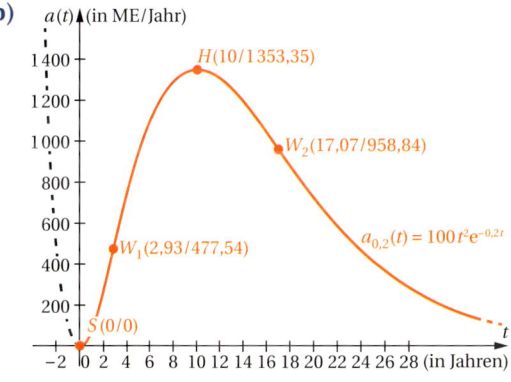

$H(10/1\,353{,}35)$

$W_2(17{,}07/958{,}84)$

$a_{0{,}2}(t) = 100\,t^2 e^{-0{,}2t}$

$W_1(2{,}93/477{,}54)$

$S(0/0)$

t (in Jahren)

c) Die Zunahme des Jahresabsatzes ist bei der ersten Wendestelle (= Hochstelle der 1. Ableitung) am größten: $t_{w_1} \approx \underline{\underline{2{,}93}}$ [Jahre]

d) Der Rückgang des Jahresabsatzes ist bei der 2. Wendestelle (= Tiefstelle der 1. Ableitung) am stärksten: $t_{w_2} = \underline{\underline{17{,}07}}$ [Jahre].

e) $a_{0{,}2}(t) = 1\,000 \Rightarrow t = \underline{\underline{5{,}46}}$ [Jahre]

f) $A_{[0;\,10]} = \int\limits_{0}^{10} a(t)\,dt = \underline{\underline{8\,083{,}09}}$ [ME]

g) $A_{[4;\,10]} = \int\limits_{4}^{10} a(t)\,dt = \underline{\underline{6\,897{,}52}}$ [ME]

h) $A_{[0;\,\infty)} = \int\limits_{0}^{\infty} a(t)\,dt = \underline{\underline{25\,000}}$ [ME]

Situation 6

Auf dem Markt für eine neu entwickelte Autopolitur mit Nanotechnologie lässt sich das Angebot durch die Funktionsgleichung $p_{A;k}(x) = k\,e^{-kx}$ und die Nachfrage durch die Gleichung $p_{N;k}(x) = e^{-x^2 - k^2}$ beschreiben. Dabei gibt k mit $0{,}1 \le k \le 0{,}6$ die jeweilige Konjunktursituation in der Wirtschaft an. Die Angebots- und Nachfragemengen werden in ME, der Preis in GE/ME angegeben. Derzeit wird die Konjunktursituation mit dem Parameterwert $k = 0{,}3$ beschrieben.

a) Bestimmen Sie den Höchstpreis, die Sättigungsmenge und den Mindestangebotspreis für die Politur.

b) Geben Sie jeweils den maximal möglichen und den ökonomisch sinnvollen Definitionsbereich der Angebots- und der Nachfragefunktion an.

c) Bestimmen Sie die Gleichgewichtsmenge und den Gleichgewichtspreis.

d) Skizzieren Sie die Graphen der Angebots-und der Nachfragefunktion für den ökonomisch sinnvollen Definitionsbereich in ein gemeinsames Koordinatensystem.

e) Berechnen Sie, für welche Konjunktursituation der Höchstpreis 0,8 GE/ME beträgt.

Lösung

a) **Höchstpreis:** $p_H = p_{N;\,0{,}3}(0) = e^{-0{,}09} \approx \underline{\underline{0{,}914}}$

Sättigungsmenge: $p_{N;\,0{,}3}(x) = 0$

$$0 = e^{-x^2 - 0{,}09}$$

$$x = \underline{\underline{\text{nicht definiert, weil } e^{-x^2 - 0{,}09} \text{ immer größer als 0 ist.}}}$$

$\Rightarrow$ Es existiert keine Sättigungsmenge x_S.

Mindestangebotspreis: $p_M = p_{A;\,0{,}3}(0) = 0{,}3\,e^{0{,}6 \cdot 0} = 0{,}3\,e^0 = 0{,}3 \cdot 1 = \underline{\underline{0{,}3}}$

b) $D_{\max}(p_{A;k}) = \mathbb{R};$ $\qquad D_{\text{ök}}(p_{A;k}) = \mathbb{R}_+$
$D_{\max}(p_{N;k}) = \mathbb{R};$ $\qquad D_{\text{ök}}(p_{N;k}) = \mathbb{R}_+$

c) **Ansatz:** $p_{A;k}(x) = p_{N;k}(x)$

Mit dem Taschenrechner: $\boxed{\text{2ND}}$, [CALC], 5: intersect $\Rightarrow \underline{G(0,797/0,484)}$

Gleichgewichtsmenge: $x_G = \underline{0,797}$ [ME]

Gleichgewichtspreis: $p_G = \underline{0,484}$ [GE/ME]

d)

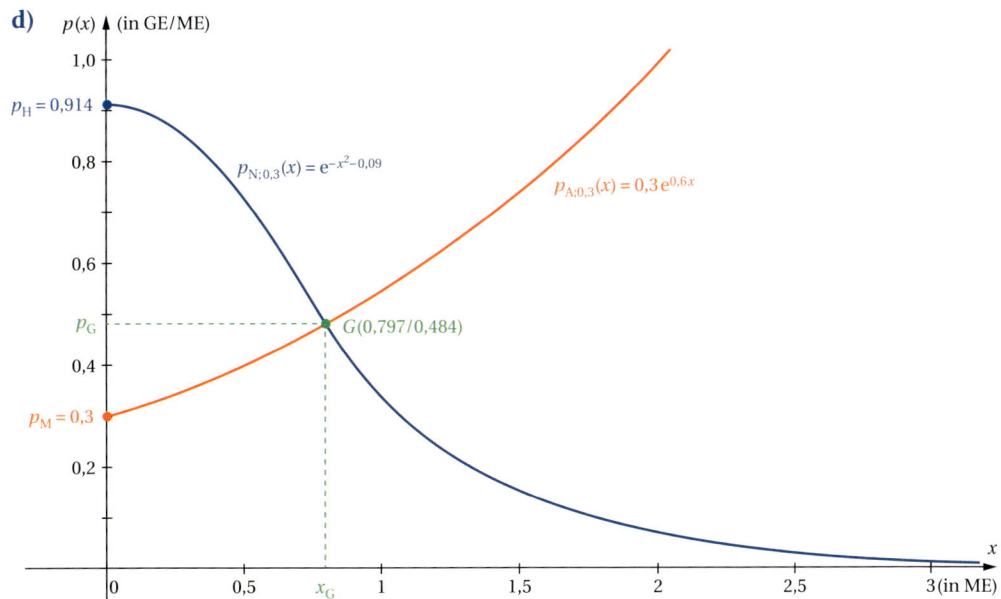

e) $p_{N;k}(0) = 0,8$
$\qquad\quad 0,8 = e^{-k^2} \qquad\qquad |\ln(\;)$
$\quad -k_2 \cdot \ln e = \ln 0,8 \quad | \cdot (-1)$
$\qquad\quad k_2 = -\ln 0,8$
$\qquad\quad \underline{\underline{k = \sqrt{-\ln 0,8} \approx 0,47}}$

Übungsaufgaben

Produktlebenszyklus

1 Der jährliche Absatz eines neu eingeführten Produktes wird prognostiziert durch die Gleichung $a_k(t) = 5\,t \cdot e^{-kt}$; $k \in \mathbb{R}_+^*$. Dabei wird a in Mio. Stück/Jahr angegeben. t ist die Zeit in Jahren seit der Produkteinführung. Der Parameter k soll bestimmte Eigenschaften des Produktes zum Ausdruck bringen.

a) Bestimmen Sie den Parameter k so, dass der jährliche Absatz nach einem Jahr maximal wird.

b) Bestimmen Sie den Parameter k so, dass der Rückgang des jährlichen Absatzes nach einem Jahr am stärksten ist.

c) Skizzieren Sie die Graphen für $k = 1$ und $k = 2$ mit den Koordinaten der markanten Punkte für $D_{\text{ök}}(a_k)$ in ein gemeinsames Koordinatensystem. Beschreiben Sie detailliert den Verlauf des Graphen der Produktlebenszyklusfunktion, wenn der Parameter k den Wert 1 annimmt und anwendungsbezogen für $D_{\text{ök}}(a_1)$.

Im Folgenden gelte $k = 1$.

d) Berechnen Sie den gesamten Absatz im 1. Jahr.

e) Berechnen Sie den gesamten Absatz im 2. und 3. Jahr zusammen.

f) Bestimmen Sie, welcher Absatz mit dem Produkt insgesamt erzielt werden kann.

2 Die Marktforschungsergebnisse der Marketingabteilung eines Sportartikelherstellers prognostizieren den Jahresumsatz mit einem neuen Produkt durch die Gleichung $u_k(t) = k\,t\,e^{-\frac{t}{k}} + 0{,}5\,k$. Dabei wird t in Jahren und der Jahresumsatz u in GE/Jahr angegeben. Der Parameter k berücksichtigt die jeweilige Konjunkturlage. Der Beginn dieses Geschäftsjahres entspricht $t = 0$.

a) Erläutern Sie, welche Werte der Parameter nur annehmen darf, damit eine ökonomisch sinnvolle Umsatzkurve entsteht.

b) Berechnen Sie, für welchen Wert des Konjunkturparameters k der Jahresumsatz zu Beginn dieses Geschäftsjahres 2 GE pro Jahr beträgt.

Im Folgenden gelte der Parameterwert $k = 4$.

c) Skizzieren Sie den Graphen der Funktion mit seinen markanten Punkten.

d) Die Menge aller Stammfunktionen zu $a_4(t)$ hat die Gleichung:
$A_4(t) = 2\,t - e^{-\frac{t}{4}}(16\,t + 64) + C$. Berechnen Sie, für welchen Wert der Integrationskonstanten C der Gesamtumsatz zu Beginn dieses Geschäftsjahres 6 GE beträgt.

e) Erläutern Sie, wie sich der Jahresumsatz langfristig entwickelt.

f) Berechnen Sie, welcher Gesamtumsatz mit dem Produkt in den ersten 10 Jahren seit Beginn dieses Geschäftsjahres erzielt werden kann.

3 Der jährliche Absatz eines Produktes kann beschrieben werden mit der Funktionenschar a_k mit $a_k(t) = 2\,k^2 t^3\,e^{-k^2 t}$; $k \in \mathbb{R}_+^*$. Dabei wird der Absatz a in ME/Jahr angegeben. t ist die Zeit in Jahren seit der Produkteinführung. Der Parameter k bringt die Sparneigung potenzieller Käufer zum Ausdruck.

a) Berechnen Sie, welchen Wert der Parameter k annehmen muss, damit der jährliche Absatz des Produktes nach 3 Jahren maximal ist.

Es gilt jetzt der Parameterwert $k = 1$.

b) Skizzieren Sie den Graphen der Jahresabsatzfunktion für den ökonomisch sinnvollen Definitionsbereich mit den Koordinaten seiner markanten Punkte in ein Koordinatensystem. Beschriften Sie die Achsen und geben Sie die Einheiten an.

c) Ermitteln Sie den gesamten Absatz, der mit dem Produkt ab Beginn des 10. Jahres noch erzielt werden kann, wenn es nicht vom Markt genommen wird.

d) Bestimmen Sie den Zeitpunkt, zu dem der Jahresabsatz erstmalig die Grenze von 2 ME/Jahr überschreitet.

Angebot und Nachfrage

4 Auf einem Markt lässt sich die Nachfrage durch die Funktionsgleichung $p_{N;\,k}(x) = 5\,e^{-kx}$ und das Angebot durch die Gleichung $p_{A;\,k}(x) = k\,e^{x-kx}$ beschreiben. Die nachgefragte oder angebotene Menge x wird in ME, der Marktpreis p in GE/ME angegeben. Der Parameter $k \in (0;\,1)$ beschreibt die jeweilige Marktsituation. Zurzeit gelte der Parameterwert $k = 0{,}5$.

a) Bestimmen Sie die Sättigungsmenge sowie den Höchstpreis und den Mindestangebotspreis.

b) Geben Sie den ökonomisch sinnvollen Definitionsbereich der Nachfragefunktion und der Angebotsfunktion an.

c) Berechnen Sie, bei welchem Preis sich der Markt im Gleichgewicht befindet. Geben Sie an, wie hoch die Gleichgewichtsmenge ist.

d) Zeigen Sie, dass $P_{A;\,0,5}(x) = e^{0,5x}$ und $P_{N;\,0,5}(x) = -10\,e^{-0,5x}$ Stammfunktionen der entsprechenden Angebots- und Nachfragefunktion sind.

e) Ermitteln Sie die Höhe der Produzenten- und der Konsumentenrente.

f) Skizzieren Sie die Graphen der Angebots- und der Nachfragefunktion in ein Koordinatensystem und kennzeichnen Sie die charakteristischen Punkte und die Produzenten- und die Konsumentenrente.

g) Zeigen Sie, dass der Höchstpreis unabhängig vom Parameter k ist.

h) Bestimmen Sie den Parameter k so, dass der Mindestangebotspreis 0,4 GE/ME beträgt.

i) Ermitteln Sie den Wert für den Parameter k, der zu einer Steigung $m = -1$ der Nachfragekurve in ihrem Schnittpunkt mit der y-Achse führt.

5 Auf einem Markt gilt für ein Gut die Nachfragefunktion p_N mit

$p_N(x) = -0{,}125\,e^x + 0{,}5\,e^{-x} + 5$, das Angebot wird mit der Funktionenschar $p_{A;k}$ mit

$p_{A;k}(x) = 0{,}5\,e^x + 0{,}5\,k\,e^{-x}$ beschrieben. Dabei wird der Marktpreis p in GE/ME angegeben und die nachgefragte oder angebotene Menge x in ME. Der Parameter k berücksichtigt unterschiedliche Rahmenbedingungen der Anbieter und soll zunächst den Wert $k = 1$ annehmen.

a) Ermitteln Sie den Höchstpreis, den Mindestangebotspreis, die Sättigungsmenge und das Marktgleichgewicht für das Gut algebraisch und geben Sie den ökonomisch sinnvollen Definitionsbereich für die Nachfragefunktion an.

b) Ermitteln Sie die Menge aller Stammfunktionen für die Nachfragefunktion p_N und für die Angebotsfunktion $p_{A;1}$.

c) Berechnen Sie die Konsumenten- und die Produzentenrente.

d) Berechnen Sie, welchen Wert der Parameter k mindestens annehmen müsste, damit ein ökonomisch sinnvoller Mindestangebotspreis größer als 0 gegeben ist.

e) Skizzieren Sie die Graphen der Nachfrage- und Angebotsfunktion mit dem Marktgleichgewicht, der Konsumentenrente und der Produzentenrente für $k = 1$ in ein Koordinatensystem.

Innermathematische Übungsaufgaben zur Parameteranpassung

6 Bestimmen Sie in der Gleichung $f_k(x) = (k - x) \cdot e^{kx}$, $k \in \mathbb{R}$, den Parameter k so, dass
   a) die Extremstelle des Graphen bei $x = 2{,}1$ liegt,
   b) die Wendestelle bei $x = 1$ liegt.

7 Gegeben sei die Gleichung $f_k(x) = (e^x - k)^2$, $k \in \mathbb{R}$.
   a) Ermitteln Sie, für welche Parameterwerte der Funktionsgraph Extrempunkte hat.
   Bestimmen Sie den Parameter k so, dass
   b) die Extremstelle des Graphen bei $x = 0$ liegt,
   c) die Wendestelle bei $x = 0$ liegt.

8 Gegeben sei die Gleichung $f_k(x) = (e^{-x} - 2k)^2$, $k \in \mathbb{R}$.
   a) Ermitteln Sie, für welche Parameterwerte der Funktionsgraph keine Extrempunkte aufweist, also streng monoton verläuft.
   Bestimmen Sie den Parameter k so, dass
   b) die Extremstelle des Graphen bei $x = 0$ liegt,
   c) die Wendestelle bei $x = 1$ liegt.

9 Gegeben sei die Gleichung $f_k(x) = (k^2 - x)\,e^{\frac{x}{k}}$, $k \in \mathbb{R}$.
   Berechnen Sie, für welchen Parameterwert k der Funktionsgraph
   a) seine Nullstelle bei $x = 9$ hat,
   b) seinen Hochpunkt bei $x = 2$ hat,
   c) eine Wendestelle bei $x = 1$ hat.

eA 3.3.3 Funktionenscharen mit e-Funktionen

Situation 5

Der jährliche Absatz eines Produktes kann beschrieben werden mit der Funktionenschar a_k mit $a_k(t) = 100\,t^2\,e^{-kt}$; $k > 0$. Dabei wird der Absatz a in ME/Jahr angegeben. t ist die Zeit in Jahren seit der Produkteinführung. k ist ein Parameter für die Werbeintensität für dieses Produkt.

a) Bestimmen Sie algebraisch die Extrempunkte der Kurvenschar (mit hinreichender Bedingung).

Zur Kontrolle:

$a_k'(t) = 100\,t\,e^{-kt}(2 - kt)$;
$a_k''(t) = 100\,e^{-kt}(k^2 t^2 - 4kt + 2)$

b) Bestimmen Sie den Parameter k so, dass der jährliche Absatz mit dem Produkt nach 10 Jahren sein Maximum erreicht.

c) Berechnen Sie die Wendestellen der Schar (notwendige Bedingung genügt).

Für die folgenden Teilaufgaben können Sie den Taschenrechner benutzen. Runden Sie alle Ergebnisse auf 2 Nachkommastellen und rechnen Sie ggf. auch mit diesen gerundeten Ergebnissen weiter.

Es gilt jetzt der Parameterwert $k = 0{,}2$.

d) Skizzieren Sie den Graphen der Jahresabsatzfunktion für den maximal möglichen Definitionsbereich mit den Koordinaten der markanten Punkte in ein Koordinatensystem. Wählen Sie für Ihre Zeichnung einen sinnvollen Ausschnitt. Beschriften Sie die Achsen und geben Sie die Einheiten an. Kennzeichnen Sie den ökonomisch sinnvollen Teil des Graphen farbig.

Bestimmen Sie,

e) wann die Zunahme des Jahresabsatzes am größten ist.

f) wann der Rückgang des Jahresabsatzes am stärksten ist.

g) wann der Jahresabsatz die Grenze von 1 000 ME/Jahr überschreitet.

Berechnen Sie,

h) wie groß der gesamte Absatz mit dem Produkt in den ersten 10 Jahren ist,

i) wie groß der gesamte Absatz mit dem Produkt vom einschließlich fünften bis zum einschließlich zehnten Jahr ist,

j) welcher Absatz mit dem Produkt insgesamt erzielt werden kann, wenn es nicht vom Markt genommen wird.

Lösung

a) Hinreichende Bedingung:

$a_k'(t) = 0 \wedge a_k''(t_E) \neq 0$

Mit der Produktregel und anschließendem Ausklammern:

$a_k'(t) = 100\, t\, e^{-kt}(2 - kt)$

Mit der **Produktregel für 3 Faktoren: $f = u \cdot v \cdot w \Rightarrow f' = u'vw + uv'w + uvw'$** oder durch Ausmultiplizieren und anschließende Anwendung der Produktregel für 2 Faktoren.

$a_k''(t) = 100\,k^2 t^2 e^{-kt} - 400\,k\,t\,e^{-kt} + 200\,e^{-kt} = 100\,e^{-kt}(k^2 t^2 - 4kt + 2)$

$a_k'(t) = 0$

$0 = 100\,t \cdot e^{-kt} \cdot (2 - kt)$

Ein Produkt wird dann 0, wenn einer der Faktoren 0 ist.

1. Faktor: $0 = 100\,t \cdot e^{-kt} \Rightarrow \underline{t_1 = 0}$ 2. Faktor: 3. Faktor: $0 = 2 - kt$

                           e^{-kt} wird nie 0. $\underline{t_2 = \dfrac{2}{k}}$

▶ Prüfung auf Hoch- oder Tiefpunkt für $t = 0$:

$a_k(0) = 200 > 0 \Rightarrow T$

Funktionswert des Tiefpunktes:

$a_k(0) = 0$

$\Rightarrow \underline{\underline{T(0/0)}}$

▶ Prüfung auf Hoch- oder Tiefpunkt für $t_2 = \dfrac{2}{k}$:

$a_k\left(\dfrac{2}{k}\right) = -200\,e^{-2} > 0 \Rightarrow H$

Funktionswert des Hochpunktes:

$a_k\left(\dfrac{2}{k}\right) = \dfrac{400\,e^{-2}}{k^2} = \dfrac{400}{e^2 k^2}$

$\Rightarrow \underline{\underline{H\left(\dfrac{2}{k} \,\Big|\, \dfrac{400}{e^2 k^2}\right)}}$

b) **1. Lösungsmöglichkeit:**

Aus der Abszisse (= t-Wert) des Hochpunktes:

Abszissengleichung: $t = \dfrac{2}{k} \Leftrightarrow k = \dfrac{2}{t}$

Für $t = 10$: $\underline{\underline{k = \dfrac{2}{10} = 0{,}2}}$

2. Lösungsmöglichkeit:

$a_k'(10) = 0$

$1000\,e^{-10k} \cdot (2 - 10k) = 0$

Satz vom Nullprodukt:

Der 1. Faktor ist immer ungleich 0.

2. Faktor gleich 0 setzen:

$0 = 2 - 10k$

$\underline{\underline{k = \dfrac{2}{10} = 0{,}2}}$

c) $a_k''(t) = 0$

$0 = 100 e^{-kt}(k^2 t^2 - 4kt + 2)$

Da der 1. Faktor ungleich 0 ist, wird das Produkt nur dann 0, wenn der 2. Faktor 0 ist:

$0 = k^2 t^2 - 4kt + 2 \qquad | : k^2$

$0 = t^2 - \dfrac{4}{k} t + \dfrac{2}{k^2}$

Mit der p-q-Formel: $p = -\dfrac{4}{k}; \; q = \dfrac{2}{k^2}$

$$t_{1/2} = \frac{2}{k} \pm \sqrt{\frac{2}{k^2}}$$

d)

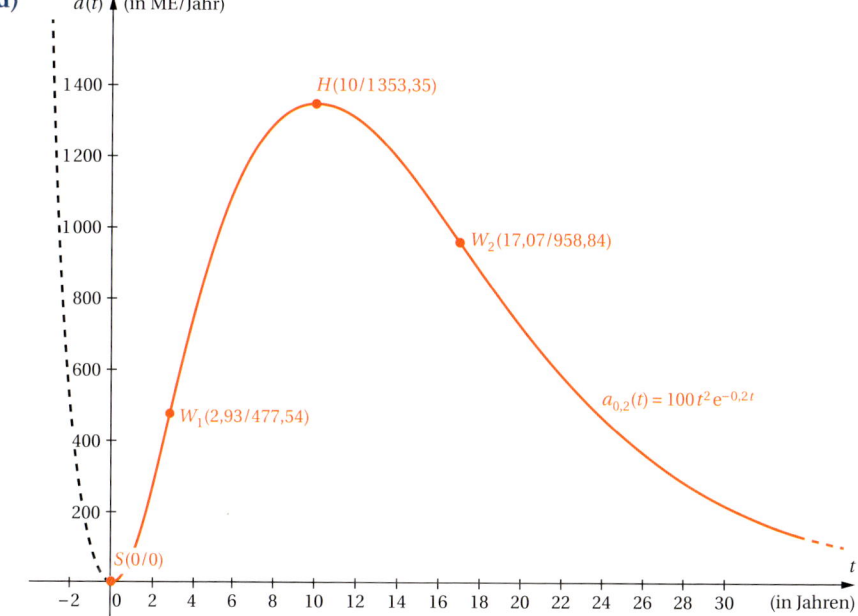

e) $a_{0,2}''(t) = 0 \qquad t_1 = 2{,}93 \text{ [Jahre]}$

f) $a_{0,2}''(t) = 0 \qquad t_2 = 17{,}07 \text{ [Jahre]}$

g) $a_{0,2}(t) = 1\,000 \qquad t = 5{,}46 \text{ [Jahre]}$

h) $A_{[0;\,10]} = \displaystyle\int_0^{10} a(t)\,dt = 8\,083{,}09 \text{ [ME]}$

i) $A_{[4;\,10]} = \displaystyle\int_4^{10} a(t)\,dt = 6\,897{,}52 \text{ [ME]}$

j) $A_{[0;\,\infty)} = \displaystyle\int_0^{\infty} a(t)\,dt = 25\,000 \text{ [ME]}$

Situation 6

Auf dem Markt für Autopolitur mit Nanotechnologie lässt sich das Angebot durch die Funktionsgleichung $p_{A;k}(x) = k\,e^{2kx}$ und die Nachfrage durch die Gleichung $p_{N;k}(x) = e^{-x^2 - k^2}$ beschreiben. Dabei gibt k mit $0{,}1 \le k \le 0{,}6$ die jeweilige Angebots- oder Konsumsituation in der Wirtschaft an. Die Angebots- und Nachfragemengen werden in ME, der Preis in GE/ME angegeben.

a) Bestimmen Sie den Höchstpreis, die Sättigungsmenge und den Mindestangebotspreis für die Politur.

b) Geben Sie jeweils den maximal möglichen und den ökonomisch sinnvollen Definitionsbereich der Angebots- und der Nachfragefunktion an.

c) Bestimmen Sie die Gleichgewichtsmenge und den Gleichgewichtspreis.

d) Die Angebots- oder Konsumsituation in der Wirtschaft soll durch den Parameterwert $k = 0{,}3$ dargestellt werden. Zeichnen Sie die Graphen der Angebots-und der Nachfragefunktion für den ökonomisch sinnvollen Definitionsbereich in ein gemeinsames Koordinatensystem.

e) Berechnen Sie, für welche Konsumsituation der Höchstpreis $0{,}8$ GE/ME beträgt.

f) Berechnen Sie, bei welcher Nachfragemenge und bei welchem Preis der Nachfragerückgang bei Preisänderung am größten ist (nur die notwendige Bedingung überprüfen).

Lösung

a) **Höchstpreis:** $p_{\mathrm{H}} = p_{N;k}(0) = \underline{\underline{e^{-k^2}}}$

Sättigungsmenge: $p_{N;k}(x) = 0$
$$0 = e^{-x^2 - k^2}$$
$x =$ nicht definiert, weil $e^{-x^2 - k^2}$ immer größer als 0 ist.

⇒ Es existiert keine Sättigungsmenge x_{S}.

Mindestangebotspreis: $p_{\mathrm{M}} = p_{A;k}(0)$
$$= k\,e^{2k \cdot 0} = k\,e^0 = k \cdot 1 = \underline{\underline{k}}$$

b) $\underline{\underline{D_{\max}(p_{A;k}) = \mathbb{R}}};\quad \underline{\underline{D_{\text{ök}}(p_{A;k}) = \mathbb{R}_+}}$

$\underline{\underline{D_{\max}(p_{N;k}) = \mathbb{R}}};\quad \underline{\underline{D_{\text{ök}}(p_{N;k}) = \mathbb{R}_+}}$

c) $p_{A;k}(x) = p_{N;k}(x)$

$k\,e^{2kx} = e^{-x^2 - k^2}$ $\qquad$ | $\ln(\;)$

$\ln k\,e^{2kx} = \ln e^{-x^2 - k^2}$ $\qquad$ | $\ln u \cdot v = \ln u + \ln v$

$\ln k + \ln e^{2kx} = \ln e^{-x^2 - k}$

$\ln k + 2kx \cdot \ln e = (-x^2 - k) \cdot \ln e$

$\ln k + 2kx = -x^2 - k^2$

$\ln k = -x^2 - k^2 - 2kx$

$x^2 + 2kx + k^2 = -\ln k$

$(x + k)^2 = -\ln k$ $\qquad$ | $\sqrt{(\;)}$

$x + k = \sqrt{-\ln k}$

Gleichgewichtsmenge: $\underline{\underline{x_G = -k + \sqrt{-\ln k}}}$

$$p_G = p_{A;k}\left(-k + \sqrt{-\ln k}\right) = k\,e^{2k\left(-k + \sqrt{-\ln k}\right)}$$

Gleichgewichtspreis: $\underline{\underline{p_G = k\,e^{-2k^2 + 2k\sqrt{-\ln k}}}}$

d)

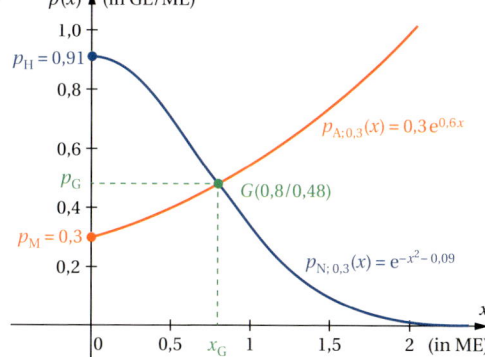

e) $p_{N;k}(0) = 0{,}8$

$0{,}8 = e^{-k^2}$ $\qquad |\ln(\;)$

$\ln 0{,}8 = -k^2$

$k^2 = -\ln 0{,}8$

$\underline{\underline{k = \sqrt{-\ln 0{,}8} \approx 0{,}47}}$

f) Der Nachfragerückgang ist bei der Wendestelle, die wir mithilfe der 2. Ableitung ermitteln, am größten.

$\qquad p_{N;k}(x) = e^{-x^2 - k^2}$

1. Ableitung mit der Kettenregel:

$\qquad p'_{N;k}(x) = -2x \cdot e^{-x^2 - k^2}$

2. Ableitung mit der Produktregel:

$\qquad p''_{N;k}(x) = -2 \cdot e^{-x^2 - k^2} + (-2x)(-2x\,e^{-x^2 - k^2})$

$\qquad p''_{N;k}(x) = e^{-x^2 - k^2}(4x^2 - 2)$

Notwendige Bedingung: $p''_{N;k}(x) = 0$

$\qquad 0 = e^{-x^2 - k^2}(4x^2 - 2)$

Der 1. Faktor $e^{-x^2 - k^2}$ ist immer ungleich 0.

2. Faktor gleich 0 setzen:

$\qquad 0 = 4x^2 - 2$

$\qquad 4x^2 = 2$

$\qquad x^2 = 0{,}5$

$\qquad x_{01/02} = \pm\sqrt{0{,}5}$

$\qquad x_{01} = -\sqrt{0{,}5} \in D_{\text{ök}}(p_{N;k})$

$\qquad \underline{\underline{x_{02} = x_W = \sqrt{0{,}5} \approx 0{,}71}}$

Zugehöriger Preis:

$\qquad \underline{\underline{p_{N;k}(x_W) = e^{-0{,}5 - k^2}}}$

Übungsaufgaben

Produktlebenszyklus

1 Der jährliche Absatz eines neu eingeführten Produktes wird prognostiziert durch die Gleichung $a_k(t) = 5t \cdot e^{-kt}$; $k \in \mathbb{R}_+^*$. Dabei wird a in Mio. Stück/Jahr angegeben. t ist die Zeit in Jahren seit der Produkteinführung. Der Parameter k soll bestimmte Eigenschaften des Produktes zum Ausdruck bringen.

a) Berechnen Sie, wann der Jahresabsatz mit diesem Produkt am höchsten und wie hoch er dann ist.

b) Bestimmen Sie den Parameter k so, dass der jährliche Absatz nach einem Jahr maximal wird.

c) Berechnen Sie, wann der Rückgang des Jahresabsatzes am größten ist. Wie hoch ist er dann?

d) Skizzieren Sie die Graphen der Schar für $k = 1$ und $k = 2$ mit den Koordinaten der markanten Punkte für $D_{max}(a_k)$ in ein gemeinsames Koordinatensystem. Beschreiben Sie detailliert den Verlauf des Graphen der Produktlebenszyklusfunktion, wenn der Parameter k den Wert 1 annimmt, innermathematisch für $D_{max}(a_k)$ und anwendungsbezogen für $D_{ök}(a_k)$.

Im Folgenden gelte $k = 1$.

e) Zeigen Sie, dass $A_1(t) = -5e^{-t}(1 + t)$ eine Stammfunktion von $a_1(t) = 5te^{-t}$ ist. Erläutern Sie, welche Stammfunktion den insgesamt erzielten Absatz mit dem neuen Produkt angibt.

Berechnen Sie algebraisch

f) den gesamten Absatz im 1. Jahr.

g) den gesamten Absatz im 2. und 3. Jahr zusammen.

h) welcher Absatz mit dem Produkt insgesamt erzielt werden kann.

2 Die Marktforschungsergebnisse der Marketingabteilung eines Sportartikelherstellers prognostizieren den Jahresumsatz mit einem neuen Produkt durch die Gleichung $u_k(t) = kt\,e^{-\frac{t}{k}} + 0,5\,k$. Dabei wird t in Jahren und der Jahresumsatz u in GE/Jahr angegeben. Der Parameter $k > 0$ berücksichtigt die jeweilige Konjunkturlage. Der Beginn dieses Geschäftsjahres entspricht $t = 0$.

a) Erläutern Sie, warum der Parameter größer als 0 sein muss, damit eine ökonomisch sinnvolle Umsatzkurve entsteht.

b) Berechnen Sie, wie hoch nach diesem Modell der Jahresumsatz zu Beginn des Geschäftsjahres war.

c) Berechnen Sie die Extrem- und Wendepunkte des Graphen in $D_{ök}(u_k)$.
   (Für die Wendepunkte genügt die notwendige Bedingung.)

d) Skizzieren Sie den Graphen der Funktion mit seinen markanten Punkten für den Parameterwert $k = 4$.

e) Berechnen Sie, für welchen Wert des Konjunkturparameters k der Jahresumsatz zu Beginn dieses Geschäftsjahres 2 GE/Jahr beträgt.

f)   Erläutern Sie, wie sich der Jahresumsatz langfristig entwickelt.

g)   Berechnen Sie, welcher Gesamtumsatz mit dem Produkt in den ersten 10 Jahren seit Beginn dieses Geschäftsjahres erzielt werden kann, wenn die Konjunkturlage durch den Parameterwert $k = 4$ ausgedrückt wird.

h)   Die Menge alles Stammfunktionen zu $a_4(t)$ hat die Gleichung $A_4(t) = 2\,t - e^{-\frac{t}{4}}(16\,t + 64) + C$. Berechnen Sie, für welchen Wert der Integrationskonstanten C der Gesamtumsatz zu Beginn dieses Geschäftsjahres 6 GE beträgt.

3   Der jährliche Absatz eines Produktes kann beschrieben werden mit der Funktionenschar a_k mit $a_k(t) = 2\,k^2\,t^3\,e^{-k^2 t}$; $k \in \mathbb{R}_+^*$. Dabei wird der Absatz a in ME/Jahr angegeben. t ist die Zeit in Jahren seit der Produkteinführung. Der Parameter k bringt die Sparneigung potenzieller Käufer zum Ausdruck.

a)   Bestimmen Sie algebraisch die Extrempunkte der Kurvenschar. Prüfen Sie die Art der Extremstellen ohne die 2. Ableitung.

b)   Berechnen Sie, welchen Wert der Parameter k für die Sparneigung annehmen muss, damit der jährliche Absatz des Produktes nach 3 Jahren maximal ist.

c)   Untersuchen Sie das Verhalten der Funktionenschar an den Rändern des mathematisch maximal möglichen Definitionsbereiches.

Es gilt jetzt der Parameterwert $k = 1$.

d)   Berechnen Sie algebraisch die Wendestellen der Schar (notwendige Bedingung genügt) und interpretieren Sie deren Aussagegehalt.

e)   Skizzieren Sie den Graphen der Jahresabsatzfunktion für den maximal möglichen Definitionsbereich mit den Koordinaten seiner markanten Punkte in ein Koordinatensystem. Wählen Sie für Ihre Zeichnung einen sinnvollen Ausschnitt. Beschriften Sie die Achsen und geben Sie die Einheiten an. Kennzeichnen Sie den ökonomisch sinnvollen Teil des Graphen.

f)   Ermitteln Sie den gesamten Absatz, der mit dem Produkt ab Beginn des 10. Jahres noch erzielt werden kann, wenn es nicht vom Markt genommen wird.

g)   Bestimmen Sie den Zeitpunkt, zu dem der Jahresabsatz erstmalig die Grenze von 2 ME/Jahr überschreitet.

Angebot und Nachfrage

4   Auf einem Markt lässt sich die Nachfrage durch die Funktionsgleichung $p_{N;k}(x) = 5\,e^{-kx}$ und das Angebot durch die Gleichung $p_{A;k}(x) = k\,e^{x-kx}$ beschreiben. Die nachgefragte oder angebotene Menge x wird in ME, der Marktpreis p in GE/ME angegeben. Der Parameter $k \in (0; 1)$ beschreibt die jeweilige Marktsituation.

a)   Bestimmen Sie die Sättigungsmenge sowie den Höchst- und Mindestangebotspreis.

b)   Geben Sie den ökonomisch sinnvollen Definitionsbereich der Nachfragefunktion und der Angebotsfunktion an.

c)   Berechnen Sie, bei welchem Preis sich der Markt im Gleichgewicht befindet.

d)   Ermitteln Sie die Höhe der Produzenten- und der Konsumentenrente für $k = 0,5$.

e)   Zeichnen Sie die Graphen der Angebots- und Nachfragefunktion für $k = 0,5$ in ein Koordinatensystem ein und kennzeichnen Sie die Produzenten- und die Konsumentenrente.

5   Auf einem Markt gilt für ein Gut die Nachfragefunktion p_N mit
$p_N(x) = -0,125\,e^x + 0,5\,e^{-x} + 5$, das Angebot wird mit der Funktionenschar $p_{A;k}$ mit
$p_{A;k}(x) = 0,5\,e^x + 0,5\,k\,e^{-x}$ beschrieben. Dabei wird der Marktpreis p in GE/ME angegeben und die nachgefragte oder angebotene Menge x in ME. Der Parameter k ist ein Produktionsparameter.

a)   Ermitteln Sie den Höchstpreis und die Sättigungsmenge für das Gut algebraisch und geben Sie den ökonomisch sinnvollen Definitionsbereich für die Nachfragefunktion an.

b)   Bestimmen Sie den Mindestangebotspreis für das Gut auf dem Markt. Berechnen Sie, welchen Wert der Parameter k mindestens annehmen muss, damit ein ökonomisch sinnvoller Mindestangebotspreis entsteht, der größer als 0 ist.

c)   Bestimmen Sie, für welche Parameterwerte k die Angebotskurve im 1. Quadranten streng monoton steigend und damit ökonomisch sinnvoll verläuft.

Im Folgenden gelte der Parameter $k = 1$.

d)   Bestimmen Sie, zu welchem Preis das Produkt angeboten werden sollte.

e)   Berechnen Sie die Konsumenten- und die Produzentenrente.

f)   Skizzieren Sie die Graphen der Nachfrage- und Angebotsfunktion mit dem Marktgleichgewicht, der Konsumentenrenten und Produzentenrente in ein Koordinatensystem.

Innermathematische Übungsaufgaben zu Funktionenscharen mit e-Funktionen

6   Analysieren Sie die Funktionenschar f_k mit $f_k(x) = (k - x)\,e^{kx}$; $x \in D(f_k)$, $k \in \mathbb{R}_+$ vollständig und zeichnen Sie den Graphen für $k = 2$.

7   Analysieren Sie die Funktionen mit der jeweils angegebenen Gleichung vollständig und zeichnen Sie deren Graphen für die angegebenen Parameterwerte.

a) $f_k(x) = (e^x - k)^2$; $x \in D(f_k)$, $k \in \mathbb{R}_+^*$. Zeichnung für $k = 1; 2$

b) $f_k(x) = (e^{-x} - 2k)^2$; $x \in D(f_k)$, $k \in \mathbb{R}_+^*$. Zeichnung für $k = 0,5; 1; 1,5$

c) $f_k(x) = (k^2 - x)\,e^{\frac{x}{k}}$; $x \in D(f_k)$, $k \in \mathbb{R}_+$. Zeichnung für $k = 2$

d) $f_k(x) = \frac{1}{k}\,e^{-\frac{x^2}{2} + kx}$; $x \in D(f_k)$, $k \in \mathbb{R}_-^*$.
Zeichnung für $k = -0,2; -0,6$

8   Untersuchen Sie die Funktionenschar vollständig. Skizzieren Sie die Scharkurven mit den angegebenen Parameterwerten.

a) $f_k(x) = (x - k)\,e^{2 - \frac{x}{k}}$; $x \in D(f_k)$, $k \in \mathbb{R}_+^*$; Graphen von f_1, f_2, f_3

b) $f_k(x) = 4x\,e^{-kx^2}$; $x \in D(f_k)$, $k \in \mathbb{R}_+^*$; Graphen von f_1, f_2, f_3

3.3.4 Handlungssituationen zu verknüpften/verketteten e-Funktionen

Die Handlungssituationen sollten Sie mit der Ihnen zur Verfügung stehenden Rechnertechnologie bearbeiten. Besonders wichtig ist die Interpretation der von Ihnen ermittelten Ergebnisse.

Handlungssituation 1

Ihnen wird von einem Ihrer Sachbearbeiter eine Grafik vorgelegt.

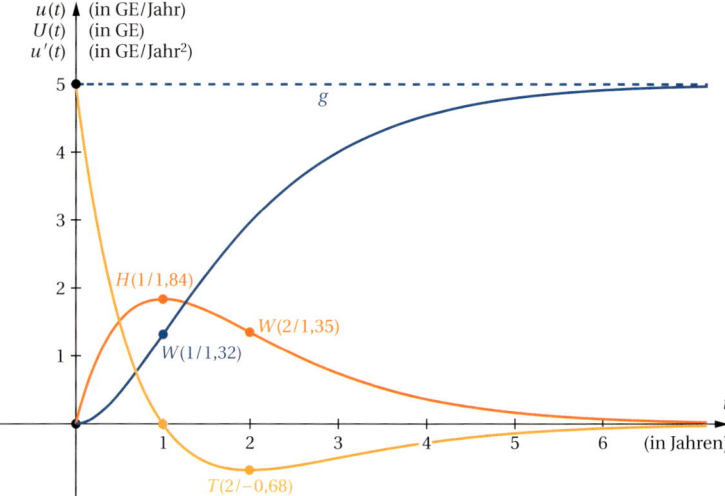

Verwenden Sie diese Grafik für eine Präsentation zum Umsatz mit einem Produkt. Berücksichtigen Sie bei Ihrer Präsentation auch die mathematischen Zusammenhänge zwischen den Funktionsgraphen.

Handlungssituation 2

Marktanalysen haben ergeben, dass der monatliche Absatz eines Produktes durch die Funktion a mit $a(t) = 1\,000\,t \cdot e^{-0,1\,t}$, $D_{\text{ök}}(a) = \mathbb{R}_+$, beschrieben werden kann. Dabei wird a in ME/Monat und t in Monaten angegeben. $t = 0$ ist der Zeitpunkt der Markteinführung. Der Preis des Produktes im Zeitablauf (in Monaten) wird angegeben durch die Gleichung $p(t) = \dfrac{10}{t+1}$.

Mit einer Mathematik-Software haben Sie ermittelt: $\int a(t)\,dt = -10\,000 \cdot e^{-0,1\,t}(t+10) + C$

Untersuchen Sie den monatlichen Absatz a und den monatlichen Umsatz u für den ökonomisch sinnvollen Definitionsbereich.

Ermitteln Sie den Gesamtabsatz mit dem Produkt im 1. Monat, im 2. und 3. Monat und insgesamt im Verlauf seines Lebens.

Präsentieren Sie Ihre Ergebnisse unter Verwendung passender Grafiken.

In der Funktionsgleichung $a_k(t) = 1\,000\,t \cdot e^{-k\,t}$ steht der Parameter $k \in \mathbb{R}_+$ für die Unsicherheit der Verbraucher in ihrem Konsumverhalten aufgrund der politischen Lage. Erläutern Sie, wie sich der Parameter $k \in \mathbb{R}_+$ auf den Verlauf des Graphen für den monatlichen Absatz auswirkt. Bestimmen Sie k so, dass der maximale Monatsabsatz bereits nach 5 Monaten erreicht wird.

Handlungssituation 3

Der Lebenszyklus eines Produktes wird beschrieben mit der Gleichung $u_k(t) = (5 + t)e^{-kt} + 1$ mit $k > 0$. Dabei ist u der monatliche Umsatz und wird in GE/Monat angegeben. t ist die Zeit in Monaten seit Beobachtungsbeginn. k ist ein Parameter für die Sparneigung der Konsumenten.

Bestimmen Sie den Parameter k (auf eine Nachkommastelle gerundet) so, dass der monatliche Umsatz einen Monat nach Beobachtungsbeginn 6,429 GE/Monat beträgt.

Skizzieren Sie den Graphen für den berechneten Parameterwert und den zugehörigen Ableitungsgraphen mit ihren wesentlichen Punkten in ein gemeinsames Koordinatensystem. Erläutern Sie die Zusammenhänge zwischen den Graphen.

Weisen Sie nach, dass $\int u_{0,1}(t)\,dt = t - 10\,e^{-0,1t} \cdot (t + 15) + C$ gilt.

Welche Gleichung gibt den Gesamtumsatz mit dem Produkt im Zeitablauf an, wenn der insgesamt mit dem Produkt erzielte Umsatz zu Beobachtungsbeginn 50 GE betrug.
Bestimmen Sie den Gesamtumsatz, der mit dem Produkt bei den gegebenen Rahmenbedingungen

* bis zum Ende des 12. Monats nach Beobachtungsbeginn insgesamt,
* in den ersten 12 Monaten seit Beobachtungsbeginn,
* im 2. Jahr nach Beobachtungsbeginn

erzielt werden kann.

Handlungssituation 4

Der jährliche Absatz mit einem Produkt soll ab Beginn dieses Jahres ($t = 0$) mit der Funktionsgleichung $a(t) = (15t + 3) \cdot e^{-0,5t}$ modelliert werden. Der mit dem Produkt insgesamt erzielte Absatz seit Einführung des Produktes auf dem Markt wird mit der Funktionsgleichung $A(t) = (-30t - 66) \cdot e^{-0,5t} + 80$ beschrieben. t wird in Jahren seit Beginn dieses Jahres angegeben.

Zeigen Sie, dass A eine Stammfunktion von a ist.

Skizzieren Sie die Graphen von a und A mit ihren charakteristischen Punkten und Eigenschaften in ein gemeinsames Koordinatensystem und interpretieren Sie die Graphen.

Ermitteln Sie mithilfe von a den Absatz, der mit dem Produkt ab Beginn des 4. Jahres zu erzielen ist.

Bestimmen Sie in $a_k(t) = (15t + 3) \cdot e^{-kt}$ den Parameter k so, dass der jährliche Absatz mit dem Produkt erst nach 2,3 Jahren (seit Beginn dieses Jahres) sein Maximum erreicht.

Handlungssituation 5

Die Gleichung einer Produktlebenszyklusfunktion lautet: $a(t) = 4\,t^2 \cdot e^{-0,2\,t}$. Dabei ist a der monatliche Absatz (in ME/Monat) und t die Zeit in Monaten seit der Einführung des Produktes auf dem Markt. Skizzieren Sie den Graphen der Produktlebenszyklusfunktion mit seinen charakteristischen Punkten und interpretieren Sie ihn anwendungsbezogen.

Zeigen Sie, dass $A(t) = -20\,e^{-0,2\,t} \cdot (t^2 + 10\,t + 50)$ eine Stammfunktion von $a(t)$ ist.

Bestimmen Sie die Maßzahl der Fläche zwischen dem Graphen von a und der t-Achse im Intervall [24; 36]. Kennzeichnen Sie die Fläche in der Grafik und interpretieren Sie das Ergebnis anwendungsbezogen. Berechnen Sie, welcher Gesamtabsatz mit dem Produkt insgesamt erreicht werden kann.

Bestimmen Sie in $a_k(t) = 4\,t^2 \cdot e^{-k\,t}$ den Parameter k so, dass der maximale Monatsabsatz mit dem Produkt nach 5 Monaten erreicht wird.

Handlungssituation 6

Der gesamte Umsatz (in GE) mit einem Produkt im Zeitablauf ab heute (in Jahren) wird mit der Gleichung $U(t) = -e^{-t} \cdot (t+1) + 1$ modelliert.

Skizzieren Sie zum Graphen von U die Graphen der 1. und 2. Ableitung mit ihren wesentlichen Punkten und Eigenschaften und interpretieren Sie die Graphen mathematisch und anwendungsbezogen.

Berechnen und interpretieren Sie das Integral $\int\limits_{3}^{5} u(t)\,dt$, kennzeichnen Sie es in der Grafik und interpretieren Sie das Ergebnis.

eA **Handlungssituation 7[1)]**

Die Begrenzung des Klimawandels und seiner Folgen erfordert hohe Investitionen. Für den Klimaschutz sowie die Anpassung an den Klimawandel hat Deutschland seine Ausgaben in den vergangenen Jahren erheblich gesteigert. Innerhalb weniger Jahre hat Deutschland seine Zusagen von 471 Millionen Euro aus dem Jahr 2005 mehr als verdreifacht.

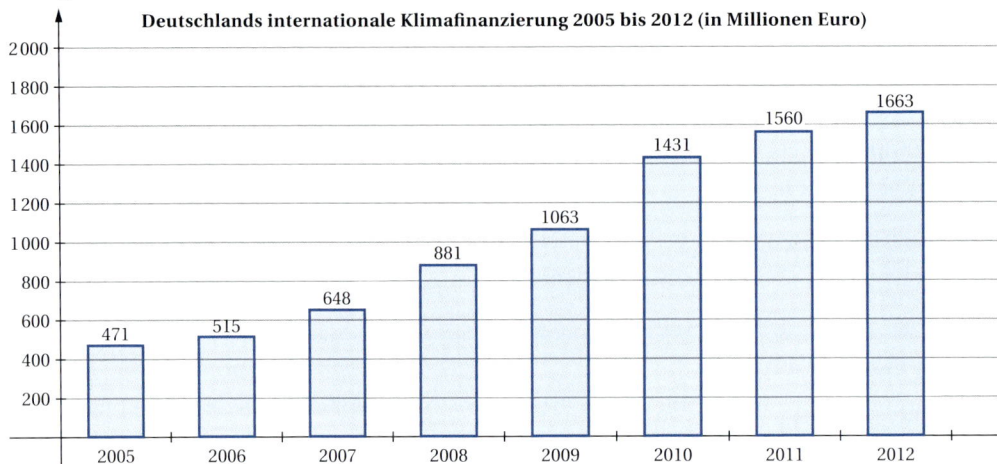

Abbildung 1 (Quelle: in Anlehnung an BMZ Homepage 2015. …/Klimaschutz/Hintergrund/Klimafinanzierung)

Die UN-Klimakonferenz ist die jährlich stattfindende Vertragsstaatenkonferenz (Conference of the Parties, COP). Dem Protokoll der letzten Sitzung gemäß hat Deutschland für die Herbsttagung 2016 einen Vortrag über seine Klimaentwicklungspolitik zu halten.

Das Bundesministerium für wirtschaftliche Zusammenarbeit und Entwicklung (BMZ) soll die Daten der deutschen Klimafinanzierung für diese Konferenz aufbereiten.

Abbildung 1 zufolge kann die Klimafinanzierung mit einer Funktion f der Form $f(t) = \dfrac{c}{1 + a \cdot e^{-b \cdot t}}$ modelliert werden, wobei $t = 0$ den Beginn des Jahres 2005 darstellt. $f(t)$ ist der von Deutschland geleistete jährliche Finanzierungsbeitrag in Millionen Euro.

a) Bestimmen Sie die Werte der Parameter a, b, c mit drei Nachkommastellen ausgehend von den Daten in Abbildung 1.
   Beschreiben Sie mithilfe zweier Aussagen die Güte der ermittelten Funktionsgleichung in Bezug auf die Daten in Abbildung 1.
   Berechnen Sie, wie viel Geld Deutschland im Jahr 2017 für die Klimafinanzierung voraussichtlich bereitstellen muss.
   Das BMZ behauptet, dass Deutschland für die Jahre 2005 bis 2016 für die Klimafinanzierung durchschnittlich jährlich 1 400 Millionen Euro ausgegeben hat und langfristig jährlich mehr als 2 250 Millionen Euro aufwenden wird.
   Überprüfen Sie diese Behauptungen.

[1)] In Anlehnung an: Niedersächsisches Kultusministerium (Hrsg.): Zentralabitur 2016, Berufliches Gymnasium Wirtschaft/Gesundheit und Soziales, Rechnertyp GTR, eA, Aufgabe 1A

Ermitteln Sie, in welchem Jahr die jährliche Zunahme der Klimafinanzierung erstmalig weniger als 10 Millionen Euro pro Jahr beträgt.

b) Verwenden Sie zur Beschreibung der Klimafinanzierung im Folgenden die Funktion g mit
$$g(t) = \frac{2\,100}{1 + 4{,}5 \cdot e^{-0{,}4236t}}.$$
Berechnen Sie den Gesamtbetrag, den Deutschland in der progressiven Wachstumsphase ab Beginn 2005 für die Klimafinanzierung ausgegeben hat.

Von Interesse ist auch die Zeitspanne, in der Deutschland den gleichen Betrag beginnend mit der degressiven Wachstumsphase gegeben hat.

Bestimmen Sie diese Zeitspanne.

Die degressive Phase der Klimafinanzierung wird durch eine Funktion g_{deg} der Form $g_{deg}(t) = c - a \cdot e^{-k \cdot t}$ beschrieben. Neben der gleichen Sättigungsgrenze liegen folgende Daten vor: $g_{deg}(11{,}5) = 2030$ und $g_{deg}(12) = 2043$.

Bestimmen Sie die Parameterwerte, die Funktionsgleichung und den im Sachzusammenhang sinnvollen Definitionsbereich zu g_{deg}.

c) Die Klimafinanzierung eines anderen europäischen Landes lässt sich mit den Parameterwerten a, b, c mit $b = 1$ und $c = 500$ modellieren.

Bestimmen Sie den Parameterwert a und die Funktionsgleichung der logistischen Wachstumsfunktion f, wenn zum Zeitpunkt $t = 0$ die jährliche Wachstumsgeschwindigkeit 125 Millionen Euro pro Jahr beträgt.

Ermitteln Sie für beliebige a, b, c den Funktionswert $f(t)$, der zu dem Zeitwert $t = -\dfrac{\ln\left(\frac{1}{a}\right)}{b}$ gehört und interpretieren Sie Ihr Ergebnis.

---

eA **Handlungssituation 8[1]**

Die WEISE-Zeitschriftengruppe gibt in regelmäßigen Zeitabständen Sonderhefte zu speziellen aktuellen Themen heraus. Die Hefte werden jeweils mit einer bestimmten Auflage gedruckt und danach direkt ab Lager verkauft.

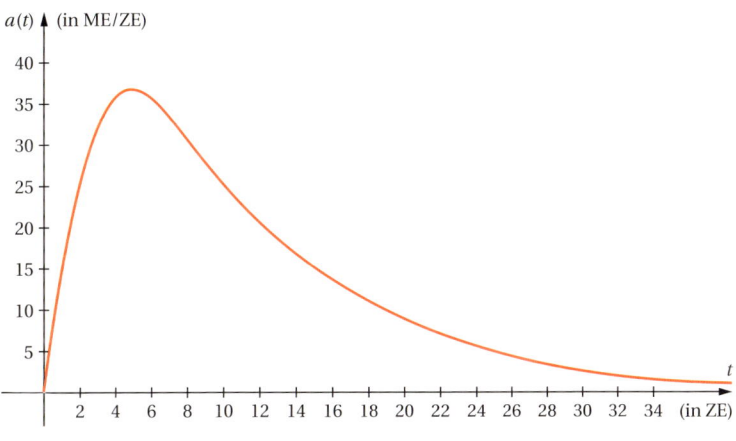

Aus dem Verkauf vergangener Sonderhefte ist bekannt, dass sich der Produktlebenszyklus für den Absatz dieser Hefte mit der Funktion $a(t) = 20 \cdot t \cdot e^{-0{,}2t}$ mit $t \in \mathbb{R}$ darstellen lässt.

---

[1] In Anlehnung an: Niedersächsisches Kultusministerium (Hrsg.): Zentralabitur 2015, Berufliches Gymnasium Wirtschaft/Gesundheit und Soziales, Rechnertyp GTR, eA, Aufgabe 1A; mit kleinen Änderungen

Die Zeit t wird in Zeiteinheiten (ZE) angegeben (1 ZE $\widehat{=}$ 1 Monat) und der Produktlebenszyklus $a(t)$ wird in Mengeneinheiten (ME) pro ZE (ME/ZE) angegeben. Eine ME entspricht dabei 10 000 Stück.

Das neue Sonderheft zum Thema „Apps für Android-Handys" ist am 1. März $(t = 0)$ auf den Markt gekommen und kostet 10 Geldeinheiten (GE) pro Stück. Die Zeitschriftengruppe plant, ein Thema für ein neues Sonderheft dann aufzugreifen, wenn bei dem aktuellen Sonderheft der Absatzrückgang/ZE am stärksten ist. Vom Markt genommen wird ein Sonderheft normalerweise, wenn weniger als 2 ME/ZE verkauft werden oder wenn alle Exemplare verkauft sind, je nachdem, welcher Fall früher eintritt.

a) Die Unternehmensleiterin wünscht sich zunächst einen Überblick über den zu erwartenden Produktlebenszyklus des neuen Sonderheftes „Apps für Android-Handys".
Berechnen Sie den Zeitpunkt, an dem der größte monatliche Absatz zu erwarten ist, und geben Sie den Monat und die Höhe dieses Absatzes/ZE in Stück an.
Bestimmen Sie den Zeitpunkt, an dem ein neues Sonderheft in Angriff genommen werden sollte, und geben Sie den Monat und die Höhe des Absatzrückgangs/ZE zu diesem Zeitpunkt an.
Übertragen Sie den Graphen der Produktlebenszyklusfunktion in Ihr Heft und ergänzen Sie den Graphen von $a(t)$.
Markieren Sie die beiden berechneten Punkte in Ihrer Grafik.
Interpretieren Sie den Verlauf des Produktlebenszyklus $a(t)$ aus ökonomischer Sicht mithilfe des Graphen.

b) Die Unternehmensleitung möchte wissen, wann dieses Sonderheft vom Markt genommen wird und welche finanziellen Auswirkungen sich daraus voraussichtlich ergeben werden:
Ermitteln Sie die Höhe des Gesamtumsatzes, auf den die Verlagsgruppe langfristig verzichtet, wenn sie bei einem Absatz von weniger als 2 ME/ZE das Sonderheft vom Markt nimmt.
Am 1.12. wird festgestellt, dass noch 2,22 Millionen Exemplare des Sonderheftes „Apps für Android-Handys" im Lager sind.
Bestimmen Sie den Zeitpunkt, an dem die Zeitschriftengruppe das Sonderheft vom Markt nehmen sollte, und die Anzahl der Zeitschriften, die dann ggf. entsorgt werden müssen.
Stellen Sie die Sachverhalte, die dieser Entscheidung zugrunde liegen, in Ihrer Grafik aus Teilaufgabe a) grafisch dar.

c) Nach einiger Zeit soll ein neues Sonderheft zum Thema „Gut geschossene Selfies – Tipps und Tricks für Handyfotos" herausgebracht werden. Aus dem Verkauf vergangener Sonderhefte ist bekannt, dass sich der Gesamtabsatz in der Regel mithilfe der Funktionenschar $A_k(t) = 260 - (16\,k \cdot t + 64\,k) \cdot e^{-0,25\,t}$ modellieren lässt. Dabei wird der Gesamtabsatz in Mengeneinheiten (1 ME $\widehat{=}$ 10 000 Stück) angegeben, $t \in \mathbb{R}$ gibt die Zeiteinheiten an (1 ZE $\widehat{=}$ 1 Monat), und der Parameter $k \in \{1, 2, 3, 4, 5\}$ ist ein von der Beliebtheit des

Sonderheftes abhängiger Parameter, der beim Erscheinen des Sonderheftes noch nicht bekannt ist.

Seitdem dieses neue Sonderheft am 1. März erschienen ist, konnte die WEISE-Zeitschriftengruppe folgende Gesamtabsatzzahlen feststellen:

bis zum	1. April	1. Juni	1. August	1. Oktober
Gesamtabsatz (in ME)	10,78	48,38	94,97 (Prognose)	137,66 (Prognose)

Die WEISE-Zeitschriftengruppe benötigt genauere Aussagen über die Absatzentwicklung des Selfie-Sonderheftes. Zum einen wäre sie gerne zum Zeitpunkt der größten Nachfrage nach dem Sonderheft personell auf die erhöhten logistischen Anforderungen vorbereitet. Zum anderen hat sie sich überlegt, dass der Zeitschriftenhändler, der das millionste Heft bestellt, Freikarten für ein Fußballspiel erhalten soll und natürlich muss an diesem Tag auch der Sekt für die Mitarbeiter der Zeitschriftengruppe kalt gestellt sein:

Bestimmen Sie die voraussichtliche durchschnittliche Gesamtabsatzänderung vom 1. April bis zum 1. Oktober.

Zeigen Sie, dass für alle Sonderhefte die größte Absatzänderung zu demselben Zeitpunkt erreicht wird, unabhängig vom Parameter k.

Ermitteln Sie den Parameter k, der für das Selfie-Sonderheft gilt.

Berechnen Sie den Zeitpunkt auf den Tag genau, wann die Bestellung des millionsten Sonderheftes zu erwarten ist.

---

eA Handlungssituation 9[1)]

Der Apotheker eines Ortes bietet Grippepräparate an. Der Apotheker rechnet damit, dass sich die Absatzzahlen $a(t)$ in Mengeneinheiten pro Zeiteinheit (ME/ZE) als Produktlebenszyklus durch folgende Funktionsgleichung beschreiben lassen: $a(t) = -1,2\,e^{0,5t}(0,5t^2 - 3t - 10)$
Dabei ist t die Zeit in Zeiteinheiten (ZE) und $t = 0$ der Absatzbeginn.

a) Ermitteln Sie für die Funktion a den ökonomisch sinnvollen Definitionsbereich $D_{ök}$.
   Die Grippesaison gilt als begonnen, wenn die Absatzzahlen den Wert von 100 ME/ZE überschreiten.
   Bestimmen Sie diesen Zeitpunkt.
   Die Grippewelle gilt als abklingend, wenn die Absatzzahlen nicht mehr steigen. Der Apotheker vermutet, dass die Grippewelle frühestens nach 7 ZE abklingt.
   Untersuchen Sie, ob die Vermutung des Apothekers zutrifft und dokumentieren Sie einen Lösungsweg, der ohne Einsatz eines GTR nachvollziehbar ist.

[1)] In Anlehnung an: Niedersächsisches Kultusministerium (Hrsg.): Zentralabitur 2014, Berufliches Gymnasium Wirtschaft/Gesundheit und Soziales, Rechnertyp GTR, eA, Aufgabe 1B, Nachschreibtermin; Teilaufgabe

b) Der Apotheker möchte über den gesamten Verkaufszeitraum verteilt genau n-Mal die Präparate in gleich großer Menge beim Großhändler bestellen. Die Präparate sind jederzeit ohne Verzögerung lieferbar.
Ermitteln Sie die Gesamtabsatzmenge im Intervall $[\,0;\,8,39\,]$.
Bestimmen Sie die Bestellzeitpunkte für den Fall, dass der Apotheker drei Bestellungen im vorgegebenen Intervall durchführen möchte.

c) Der Apotheker hat die Möglichkeit den Preis des Präparats im Zeitintervall $[0;\,8,39]$ zu gestalten. Die Höhe des Preises $p(t)$ in Geldeinheiten pro Mengeneinheit (GE/ME) ist dabei abhängig von der Zeit. Die Preisfunktion p wird durch die Funktionsgleichung $p(t) = -0,1\,(t-6)^2 + 10$ beschrieben.
Bestimmen Sie den Mindestpreis und den Höchstpreis im gegebenen Zeitintervall.
Der Apotheker strebt in diesem Zeitintervall aus dem Absatz des Grippepräparates einen Gesamtumsatz von mindestens 10 000 Geldeinheiten (GE) an. Der Umsatz ergibt sich aus der Multiplikation des Absatzes mit dem Preis.
Untersuchen Sie, ob der Apotheker dieses Ziel mit den Absatzzahlen und der Preisgestaltung erreichen wird.

d) Die Funktion der Absatzzahlen wird um einen wetterabhängigen Parameter k ergänzt.
Die Absatzzahlen für das Präparat entwickeln sich entsprechend der Schar mit der Funktionsgleichung $a_k(t) = -1,2\,e^{kt}(0,5\,t^2 - 3\,t - 20\,k)$ mit $k \in (0;\,0,7] \wedge k \in \mathbb{R}$.
Untersuchen Sie die Auswirkung des Parameters k auf das Ende des Produktlebenszyklus.

---

eA **Handlungssituation 10[1)]**

Die Opposition und die Bundesregierung beauftragen verschiedene Wirtschaftsforschungsinstitute, Gutachten zur Finanzpolitik der Regierung über die zukünftige Änderung der Staatsverschuldung mithilfe der momentanen Verschuldung in Deutschland zu erstellen. Für die Opposition hat das Forschungsinstitut IWO eine Prognose als momentane Verschuldungsfunktion f mit $f(t) = t \cdot e^{-0,1\,t}$ entwickelt. Dabei ist t in Zeiteinheiten (ZE) und $f(t)$ in Geldeinheiten pro Zeiteinheit (GE/ZE) angegeben. $t = 0$ ist der Prognosebeginn.

Die Neuverschuldung in einem Zeitintervall lässt sich mithilfe der Flächenmaßzahl zwischen der Abszissenachse und dem Graphen der momentanen Verschuldungsfunktion ermitteln.

a) Zur Erfüllung der EU-Vorgaben sind verschiedene Kriterien einzuhalten:
Die momentane Verschuldung muss spätestens nach 40 ZE kleiner als 1 GE/ZE sein und die momentane Verschuldung darf nie größer als 3 GE/ZE sein.
Skizzieren Sie für $t \leq 80$ den Graphen der momentanen Verschuldungsfunktion f.
Untersuchen Sie, ob mit der IWO-Prognose die genannten Kriterien eingehalten werden können, und dokumentieren Sie einen Lösungsweg, der ohne Einsatz eines GTR nachvollziehbar ist.

[1)]   In Anlehnung an: Niedersächsisches Kultusministerium (Hrsg.): Zentralabitur 2014, Berufliches Gymnasium Wirtschaft/Gesundheit und Soziales, Rechnertyp GTR, eA, Aufgabe 1B

Weiterhin darf die Neuverschuldung in den ersten 10 ZE des Prognosezeitraums höchstens 26 GE betragen.

Kennzeichnen Sie in der Skizze diese Neuverschuldung.

Entscheiden Sie, ob dieses Kriterium erfüllt wird.

b) Die Opposition schlägt vor, die momentanen Steuereinnahmen zu erhöhen. Als Berechnungsgrundlage für die zusätzlichen momentanen Steuereinnahmen wird die Funktionenschar g_a mit $g_a(t) = a \cdot e^{-0,1t}$ herangezogen. $a \in \mathbb{R}_{>0}$ ist ein konjunkturabhängiger Paramter. Dabei ist t in Zeiteinheiten (ZE) und $g_a(t)$ in GE/ZE angegeben. $t = 0$ ist der Prognosebeginn.

Bestimmen Sie die Funktionsgleichung der Funktionenschar h_a, die die momentane Verschuldung unter Berücksichtigung der Funktion f und der Funktionenschar g_a darstellt. Bestimmen Sie die Funktionsgleichung von h_a'.

Zur Kontrolle: $h_a'(t) = (1 + 0,1\,a - 0,1\,t)\,e^{-0,1t}$

Weisen Sie nur mithilfe der notwendigen Bedingung nach, dass die größte momentane Verschuldung bei dem neuen Modell h_a frühestens nach 10 ZE eintritt.

Skizzieren Sie für die ersten 50 ZE und für $a = 2$ den Graphen h_2 der momentanen Verschuldung in ein geeignetes Koordinatensystem.

Interpretieren Sie ohne weitere Rechnung die Entwicklung der Staatsverschuldung im Intervall $[0; 2]$.

Das Forschungsinstitut MFW hat für die Regierung die Prognose als momentane Verschuldungsfunktion m mit $m(t) = 0,1\,t^2 \cdot e^{-0,1t}$ aufgestellt. Dabei ist t in ZE und $m(t)$ in GE/ZE angegeben. $t = 0$ ist der Prognosebeginn.

c) Die Regierung hat versprochen, dass die momentane Verschuldung zunächst progressiv und anschließend degressiv steigen wird, bevor sie nur noch fällt.

Untersuchen Sie, ob die MFW-Prognose dieses Versprechen unterstützt.

Bestimmen Sie die entsprechenden Intervalle und die jeweilige momentane Verschuldung an den Intervallübergängen.

d) Der Opposition liegt folgende unvollständige Grafik der Graphen der beiden Prognosen f und m zur momentanen Verschuldung vor:

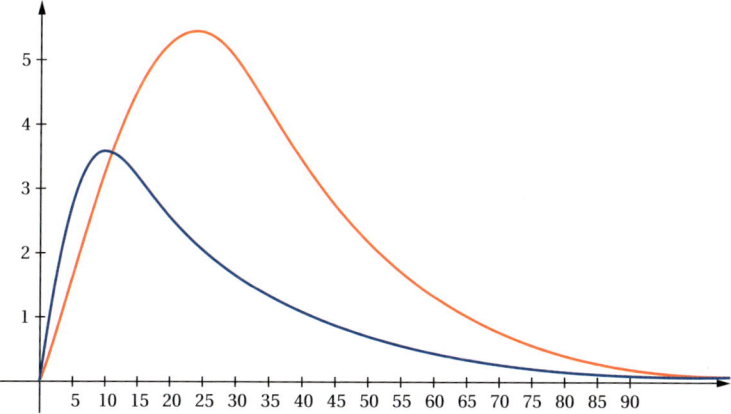

Übertragen Sie die Grafik in Ihr Heft. Geben Sie die Achsenbezeichnungen an und ordnen Sie die Funktionsbezeichnungen zu.

Die Opposition stellt folgende Behauptungen auf:

Die MFW-Prognose m löst nur in den ersten 10 ZE das Problem der Neuverschuldung besser als die IWO-Prognose f.

Die Prognose f beschränkt langfristig die Neuverschuldung besser als die Prognose m.

Untersuchen Sie die oben genannten Behauptungen der Opposition.

Kennzeichnen Sie in Ihrer Grafik die Neuverschuldungsdifferenz.

Berechnen Sie die langfristige Neuverschuldungsdifferenz.

Informationen

f: IWO-Prognose der momentanen Verschuldung; $f(t)$ in GE/ZE

g_a: Prognose der momentanen Steuereinnahme; $g_a(t)$ in GE/ZE

h_a: neue Prognose der momentanen Verschuldung; $h_a(t)$ in GE/ZE

m: MFW-Prognose der momentanen Verschuldung; $m(t)$ in GE/ZE

progressiv steigend: Linkskrümmung

degressiv steigend: Rechtskrümmung

---

eA   Handlungssituation 11[1]

Die TECH AG stellt verschiedene Produkte der Unterhaltungselektronik her. Der Lebenszyklus einiger Produkte lässt sich mithilfe der Schar der Absatzfunktion a_m mit $a_m(t) = (40\,t + 20\,m \cdot t^2)\,e^{-m \cdot t}$ darstellen, wobei m ein Produkt abhängiger Parameter mit $-2 \le m \le 5 \wedge m \in \mathbb{R} \backslash \{0\}$ ist. Die Zeit t wird in Zeiteinheiten (ZE) und der Absatz $a_m(t)$ in Mengeneinheiten pro Zeiteinheit (ME/ZE) angegeben. $t = 0$ ist der Zeitpunkt der Produkteinführung.

Die Maßzahl der Fläche zwischen den Abszissenachsen und dem Graphen der Absatzfunktion a_m im Intervall $[0; t]$ lässt sich als Gesamtabsatz des Produktes bis zum Zeitpunkt t deuten und mit der Schar der Gesamtabsatzfunktionen $A_m(t) = \dfrac{80}{m^2} - \dfrac{20}{m^2}(m^2 \cdot t^2 + 4\,m \cdot t + 4) \cdot e^{-m \cdot t}$ berechnen.

a) Klassifizieren Sie die Funktion der Schar a_m bezüglich des Parameters m und bestimmen Sie für jede Klasse den ökonomisch sinnvollen Definitionsbereich.

Erläutern Sie kurz für jede Klasse, wann das Produkt vom Markt genommen werden muss.

Skizzieren Sie für jede Klasse einen typischen Graphen der Absatzfunktion a_m in ein gemeinsames Koordinatensystem.

b) Weisen Sie nach, dass A_m eine Stammfunktion zu a_m ist.

Zeigen Sie, dass $A_m(t)$ den Gesamtabsatz seit Produkteinführung darstellt. Erstellen Sie hierzu einen Ansatz unter Berücksichtigung des Gesamtabsatzes zum Zeitpunkt der Produkteinführung.

---

[1]   In Anlehnung an: Niedersächsisches Kultusministerium (Hrsg.): Zentralabitur 2011, Berufliches Gymnasium Wirtschaft/Gesundheit und Soziales, Rechnertyp GTR, eA, Aufgabe 1A, Nachschreibtermin

Die Produktionsanlage für eine Spielekonsole mit $m = -1$ ist nach einer Gesamtproduktionsmenge von 60 ME nicht mehr einsetzbar und muss ersetzt werden. Bestimmen Sie den Zeitpunkt, zu dem die Anlage ersetzt werden muss, unter der Voraussetzung, dass die Absatzmenge der Produktionsmenge entspricht.

c) Für einige Produktlinien der TECH AG gilt $0 < m \leq 5$.
   Weisen Sie nach, dass für die Schar der Ableitungsfunktionen a_m' die Funktionsgleichung $a_m'(t) = e^{-m \cdot t}(40 - 20\,m^2 \cdot t^2)$ gilt.
   Bestimmen Sie mithilfe der notwendigen Bedingung den Zeitpunkt, zu dem der Absatz der Produkte maximal ist und berechnen Sie den maximalen Absatz.
   Ermitteln Sie für $m = 1$ den Zeitpunkt, zu dem der Absatzrückgang maximal ist.

d) Für einen MP3-Player der TECH AG gilt $m = 1$.
   Skizzieren Sie im Intervall $[0; 10]$ für diesen MP3-Player den Graphen der Funktion des Gesamtabsatzes seit Produkteinführung, der die zeitliche Entwicklung des Gesamtabsatzes darstellt.
   Bestimmen Sie mithilfe einer Grenzwertbetrachtung den Gesamtabsatz, der langfristig zu erwarten ist.

Handlungssituation 12[1]

Der Produktlebenszyklus eines Produktes lässt sich durch die Umsatzfunktion u mit $u(t) = -2\,e^{-0,1\,t}(t^2 - 10\,t)$ beschreiben. Der Umsatz $u(t)$ wird in Geldeinheiten pro Zeiteinheit (GE/ZE) angegeben, t gibt die Zeit in Zeiteinheiten (ZE) an. Das Produkt wird zum Zeitpunkt $t = 0$ am Markt eingeführt.

a) Die Geschäftsleitung möchte rechtzeitig vor dem Ende des Produktlebenszyklus das Nachfolgeprodukt durch Werbemaßnahmen bekanntmachen. Die Maßnahmen sollen gestartet werden, wenn der Umsatz des aktuellen Produktes unter 10 GE/ZE sinkt. Die Werbemaßnahmen enden zunächst mit dem Ende des aktuellen Produktlebenszyklus. Die Geschäftsleitung hat festgelegt, dass der Werbeetat 10 % des noch zu erwartenden Gesamtumsatzes des aktuellen Produktes betragen sollte, höchstens aber 1 GE.
   Bestimmen Sie Beginn und Dauer der Werbemaßnahmen.
   Berechnen Sie die Höhe des Werbeetats für diese Maßnahmen.

   Zur Steuerung aller Zahlungsverpflichtungen des Unternehmens benötigt die Geschäftsleitung grundsätzliche Informationen über die Entwicklung des Gesamtumsatzes $U(t)$ im aktuellen Produktlebenszyklus.
   Skizzieren Sie in einem geeigneten Koordinatensystem den Graphen der Gesamtumsatzfunktion U und beschreiben Sie den Verlauf anhand von vier aussagekräftigen Merkmalen unter Angabe der entsprechenden Koordinaten.

---

[1] In Anlehnung an: Niedersächsisches Kultusministerium (Hrsg.): Zentralabitur 2017, Berufliches Gymnasium Wirtschaft/Gesundheit und Soziales, Rechnertyp GTR, eA, Aufgabe 1A, Nachschreibtermin

b) Aufgrund von technischen Problemen kann der Absatz des aktuellen Produktes eine bestimmte Höhe nicht überschreiten. Daraus ergibt sich, dass der Umsatz 30 GE/ZE nicht übersteigen kann. Ein Vertriebsmitarbeiter hat dafür die nebenstehende unvollständige Skizze vorbereitet.

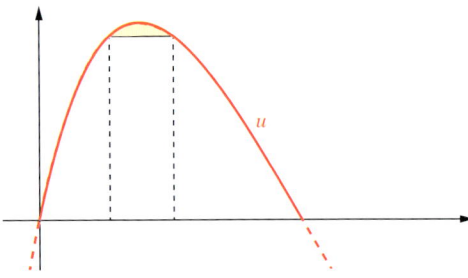

Vervollständigen Sie die Skizze, indem Sie geeignete Achsenskalierungen und Achsenbezeichnungen angeben. Berechnen Sie die Maßzahl der markierten Fläche. Interpretieren Sie diese Maßzahl im ökonomischen Sachzusammenhang.

Ergänzen Sie die Skizze um die für die Berechnung der Maßzahl benötigten Werte.

c) Die Gewinnentwicklung des Produktes wird mit der Funktion g mit
$g(t) = -3\,e^{-t}(t^3 - 8\,t^2 - 9\,t)$ angegeben. $g(t)$ ist der Gewinn in Geldeinheiten pro Zeiteinheit (GE/ZE), t die Zeit in ZE.

Als Entwicklungsphase wird der Zeitraum vor der Markteinführung bezeichnet, in dem der Gewinn ausschließlich negativ ist. Für die Entwicklung des Produktes wurde von der Geschäftsleitung ein Budget von 9 GE bereitgestellt. Der Leiter der Entwicklungsabteilung behauptet, dass der in der Entwicklungsphase angefallene Gesamtverlust im Rahmen des Budgets liegt.

Untersuchen Sie diese Behauptung.

Die Geschäftsleitung stellt fest, dass der anfängliche Gesamtverlust zum Zeitpunkt $t = 0,849$ wieder ausgeglichen ist.

Zeigen Sie, dass diese Aussage richtig ist.

Wegen einer veränderten Marktsituation nimmt das Unternehmen das Produkt bereits zum Zeitpunkt $t = 8$ statt zum Zeitpunkt $t = 10$ vom Markt.

Berechnen Sie, wie groß der Gewinnverzicht des Unternehmens in diesem Fall ist.

Begriff	Ökonomische Erklärung	Mathematischer Hintergrund
Angebotsfunktion $p(x)$ (in GE/ME) $p_A(x) = x + 1$ p p_M x x (in ME)	Eine Angebotsfunktion beschreibt die gesamtwirtschaftlich angebotene Menge x eines Gutes in Abhängigkeit vom Marktpreis p. Ab einem bestimmten Marktpreis, dem Mindestangebotspreis p_M, sind die Anbieter in der Lage, das Produkt auf dem Markt anzubieten. Bei steigendem Marktpreis nimmt die insgesamt auf dem Markt angebotene Gütermenge zu, weil immer mehr Anbieter, auch bei ungünstigerer Kostenstruktur, das Gut mit Gewinnaussichten anbieten können.	Streng monoton steigender Graph mit positivem Ordinatenabschnitt (= Mindestangebotspreis p_M). Die unabhängige Variable p ist unüblicherweise auf der Ordinatenachse abgetragen, die abhängige Variable x auf der Abszissenachse. Gleichung für eine lineare Angebotsfunktion: $p_A(x) = mx + b$ mit $m, b > 0$
Angebotsmonopol	Bei einem Angebotsmonopol gibt es für ein Produkt nur einen einzigen Anbieter und sehr viele Nachfrager. Der monopolistische Anbieter steht mit seinem Angebot der gesamten Nachfrage gegenüber. Seine individuelle **Preis-Absatzfunktion** (individuelle Angebotsfunktion) ist identisch mit der gesamtwirtschaftlichen Nachfragefunktion für das Produkt, weil er sich mit seiner Angebotsmenge nach der Nachfragemenge richtet.	
Angebotsüberschuss	siehe **Marktungleichgewicht**	

Begriff	Ökonomische Erklärung	Mathematischer Hintergrund
Betriebsminimum 	**Betriebsminimum (BM)** heißt die Produktionsmenge x_{BM}, bei der die variablen Stückkosten k_v minimal sind.	Betriebsminimum x_{BM} = Abszisse des Tiefpunktes der Kurve der variablen Stückkosten **1. Möglichkeit zur Berechnung:** Berechnung der Tiefstelle der Kurve der variablen Stückkosten; hinreichende Bedingung: $k_v'(x) = 0 \wedge k_v''(x) > 0$ **2. Möglichkeit zur Berechnung:** Weil die Grenzkostenkurve die variable Stückkostenkurve in ihrem Tiefpunkt schneidet $\Rightarrow$ Berechnung der Schnittstelle der Grenzkostenkurve mit der Kurve der variablen Stückkosten: $K'(x) = k_v(x)$
Betriebsoptimum 	**Betriebsoptimum (BO)** heißt die Produktionsmenge x_{BO}, bei der die Stückkosten k minimal sind.	Betriebsoptimum x_{BO} = Abszisse des Tiefpunktes der Stückkostenkurve **1. Möglichkeit zur Berechnung:** Berechnung der Tiefstelle der Stückkostenkurve; hinreichende Bedingung: $k'(x) = 0 \wedge k''(x) > 0$ **2. Möglichkeit zur Berechnung:** Weil die Grenzkostenkurve die Stückkostenkurve in ihrem Tiefpunkt schneidet $\Rightarrow$ Berechnung der Schnittstelle der Grenzkostenkurve mit der Stückkostenkurve: $K'(x) = k(x)$
Break-even-Point (Gewinnschwelle) 	Der Break-even-Point (Gewinnschwelle) gibt die Produktionsmenge an, bei deren Überschreitung Gewinn erwirtschaftet wird. Im Break-even-Point werden die Gesamtkosten K durch den Erlös E gedeckt, sodass weder Gewinn noch Verlust erzielt wird, also der Gewinn G gleich 0 ist.	Erste Schnittstelle der Graphen der Erlös- und der Kostenfunktion miteinander für $x \geq 0$. **Ansatz:** $E(x) = K(x)$ Oder: Erste Nullstelle des Graphen der Gewinnfunktion für $x \geq 0$. **Ansatz:** $G(x) = 0$ Der Break-even-Point ist mathematisch kein Punkt, sondern eine Stelle (ein x-Wert).

Begriff	Ökonomische Erklärung	Mathematischer Hintergrund
Cournot'scher Punkt C **Cournot'sche Menge x_C** **Cournot'scher Preis p_C** 	Mithilfe des Cournot'schen Punktes kann ein monopolistischer Unternehmer den Marktpreis für ein von ihm angebotenes Produkt so bestimmen, dass sein Gewinn maximiert wird. Der Cournot'sche Punkt (x_C/p_C) liegt auf der Preis-Absatzfunktion p des Monopolisten. Die gewinnmaximale Produktionsmenge $x_{G_{max}}$ bezeichnet man als Cournot'sche Menge x_C, den gewinnmaximalen Preis $p_{G_{max}}$ als Cournot'schen Preis p_C.	Ansatz: $G'(x) = 0$ Die Abszisse (x-Wert) des Hochpunktes der Gewinnkurve ist die Cournot'sche Menge: x_C x_C eingesetzt in die Preis-Absatzfunktion p ergibt den Cournot'schen Preis: $p(x_C) = p_C$
Durchschnittskosten	siehe **Stückkosten**	
Elastizität	Das Verhältnis der prozentualen Änderung der abhängigen Variablen (der Wirkung) zur prozentualen Änderung der unabhängigen Variablen (der Ursache) heißt **Elastizität e**. Die Elastizität e beschreibt die Heftigkeit der Wirkung auf eine Ursache. Sie ist eine Größe ohne Einheit.	$\text{Elastizität} = \dfrac{\text{Wirkung in \%}}{\text{Ursache in \%}}$ $e_{f;x} = \dfrac{\frac{\Delta f}{f}}{\frac{\Delta x}{x}}$ bei infinitesimaler Betrachtung: $e_{f;x} = \dfrac{\frac{df}{f}}{\frac{dx}{x}}$ Als Funktion: $e_{f;x}(x) = \dfrac{f'(x) \cdot x}{f(x)}$
Erlösfunktion	Eine Erlösfunktion ordnet jeder Produktionsmenge x den dabei entstehenden Erlös E zu. Der Erlös (auch: Umsatzerlös oder Umsatz) errechnet sich durch Multiplikation des Stückpreises p mit der Produktionsmenge x $E = p \cdot x$	Grundsätzlich gilt: $E(x) = p(x) \cdot x$
• **Erlösfunktion bei vollständiger Konkurrenz:** 	**Bei vollständiger Konkurrenz** auf dem Markt (**Polypol**) hat der einzelne Anbieter keinen Einfluss auf den Preis. Er kann lediglich die von ihm angebotene Menge variieren (= **Mengenanpasser**). Der Marktpreis p ist für ihn eine Konstante. Der Graph der Erlösfunktion ist dann eine Ursprungsgerade mit positiver Steigung.	**Bei vollständiger Konkurrenz (Polypol):** Preisfunktion: $p(x) = m$ $\Rightarrow$ Erlösfunktion: $E(x) = p(x) \cdot x$ $E(x) = m \cdot x$ mit $m > 0$

Begriff	Ökonomische Erklärung	Mathematischer Hintergrund
• **Erlösfunktion im Angebotsmonopol:** 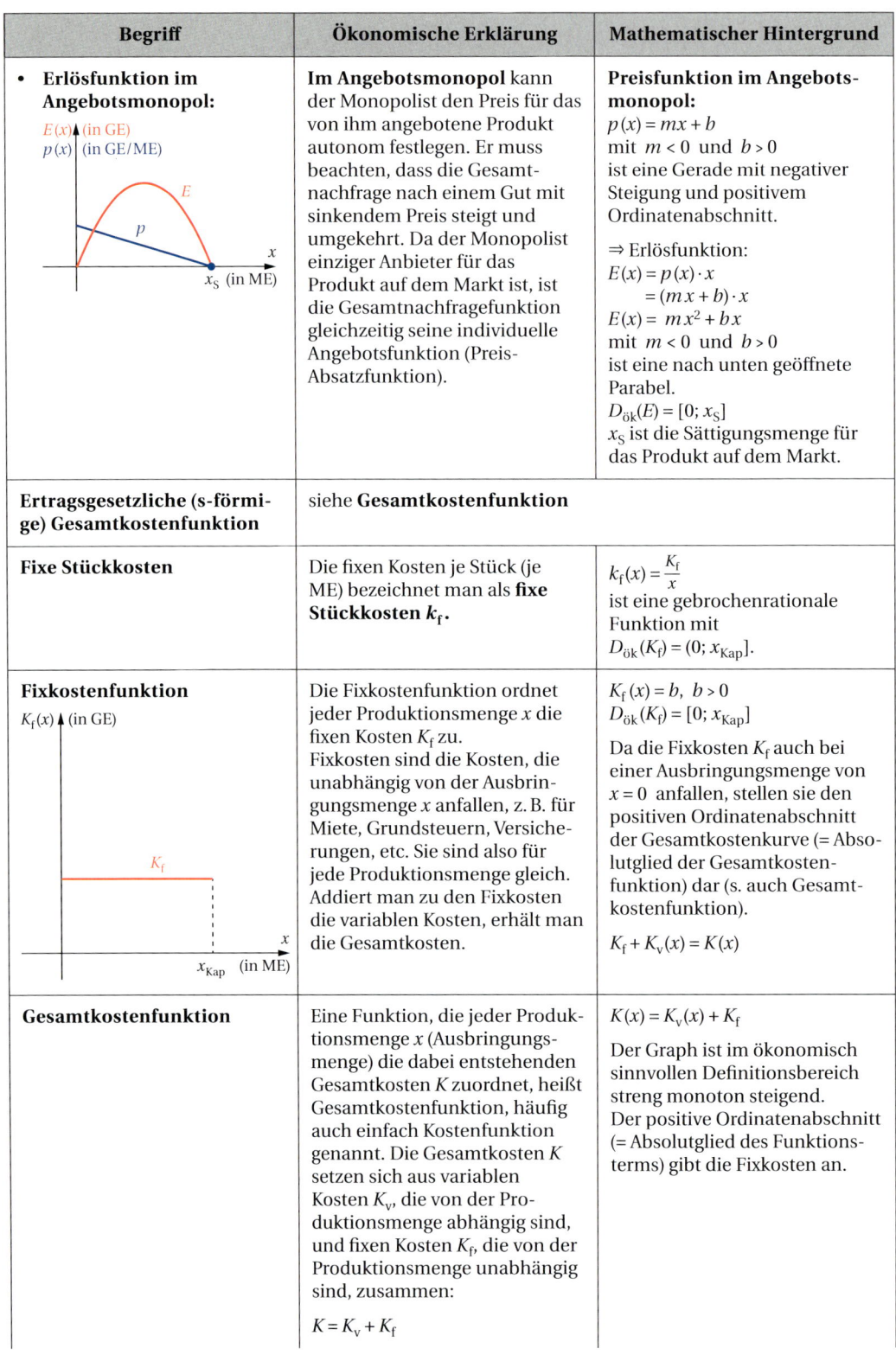	**Im Angebotsmonopol** kann der Monopolist den Preis für das von ihm angebotene Produkt autonom festlegen. Er muss beachten, dass die Gesamtnachfrage nach einem Gut mit sinkendem Preis steigt und umgekehrt. Da der Monopolist einziger Anbieter für das Produkt auf dem Markt ist, ist die Gesamtnachfragefunktion gleichzeitig seine individuelle Angebotsfunktion (Preis-Absatzfunktion).	**Preisfunktion im Angebotsmonopol:** $p(x) = mx + b$ mit $m < 0$ und $b > 0$ ist eine Gerade mit negativer Steigung und positivem Ordinatenabschnitt. $\Rightarrow$ Erlösfunktion: $E(x) = p(x) \cdot x$ $\quad\quad = (mx + b) \cdot x$ $E(x) = mx^2 + bx$ mit $m < 0$ und $b > 0$ ist eine nach unten geöffnete Parabel. $D_{\text{ök}}(E) = [0; x_S]$ x_S ist die Sättigungsmenge für das Produkt auf dem Markt.
Ertragsgesetzliche (s-förmige) Gesamtkostenfunktion	siehe **Gesamtkostenfunktion**	
Fixe Stückkosten	Die fixen Kosten je Stück (je ME) bezeichnet man als **fixe Stückkosten k_f.**	$k_f(x) = \dfrac{K_f}{x}$ ist eine gebrochenrationale Funktion mit $D_{\text{ök}}(K_f) = (0; x_{\text{Kap}}]$.
Fixkostenfunktion	Die Fixkostenfunktion ordnet jeder Produktionsmenge x die fixen Kosten K_f zu. Fixkosten sind die Kosten, die unabhängig von der Ausbringungsmenge x anfallen, z. B. für Miete, Grundsteuern, Versicherungen, etc. Sie sind also für jede Produktionsmenge gleich. Addiert man zu den Fixkosten die variablen Kosten, erhält man die Gesamtkosten.	$K_f(x) = b, \ b > 0$ $D_{\text{ök}}(K_f) = [0; x_{\text{Kap}}]$ Da die Fixkosten K_f auch bei einer Ausbringungsmenge von $x = 0$ anfallen, stellen sie den positiven Ordinatenabschnitt der Gesamtkostenkurve (= Absolutglied der Gesamtkostenfunktion) dar (s. auch Gesamtkostenfunktion). $K_f + K_v(x) = K(x)$
Gesamtkostenfunktion	Eine Funktion, die jeder Produktionsmenge x (Ausbringungsmenge) die dabei entstehenden Gesamtkosten K zuordnet, heißt Gesamtkostenfunktion, häufig auch einfach Kostenfunktion genannt. Die Gesamtkosten K setzen sich aus variablen Kosten K_v, die von der Produktionsmenge abhängig sind, und fixen Kosten K_f, die von der Produktionsmenge unabhängig sind, zusammen: $K = K_v + K_f$	$K(x) = K_v(x) + K_f$ Der Graph ist im ökonomisch sinnvollen Definitionsbereich streng monoton steigend. Der positive Ordinatenabschnitt (= Absolutglied des Funktionsterms) gibt die Fixkosten an.

Begriff	Ökonomische Erklärung	Mathematischer Hintergrund
• **lineare Gesamtkosten-funktion** 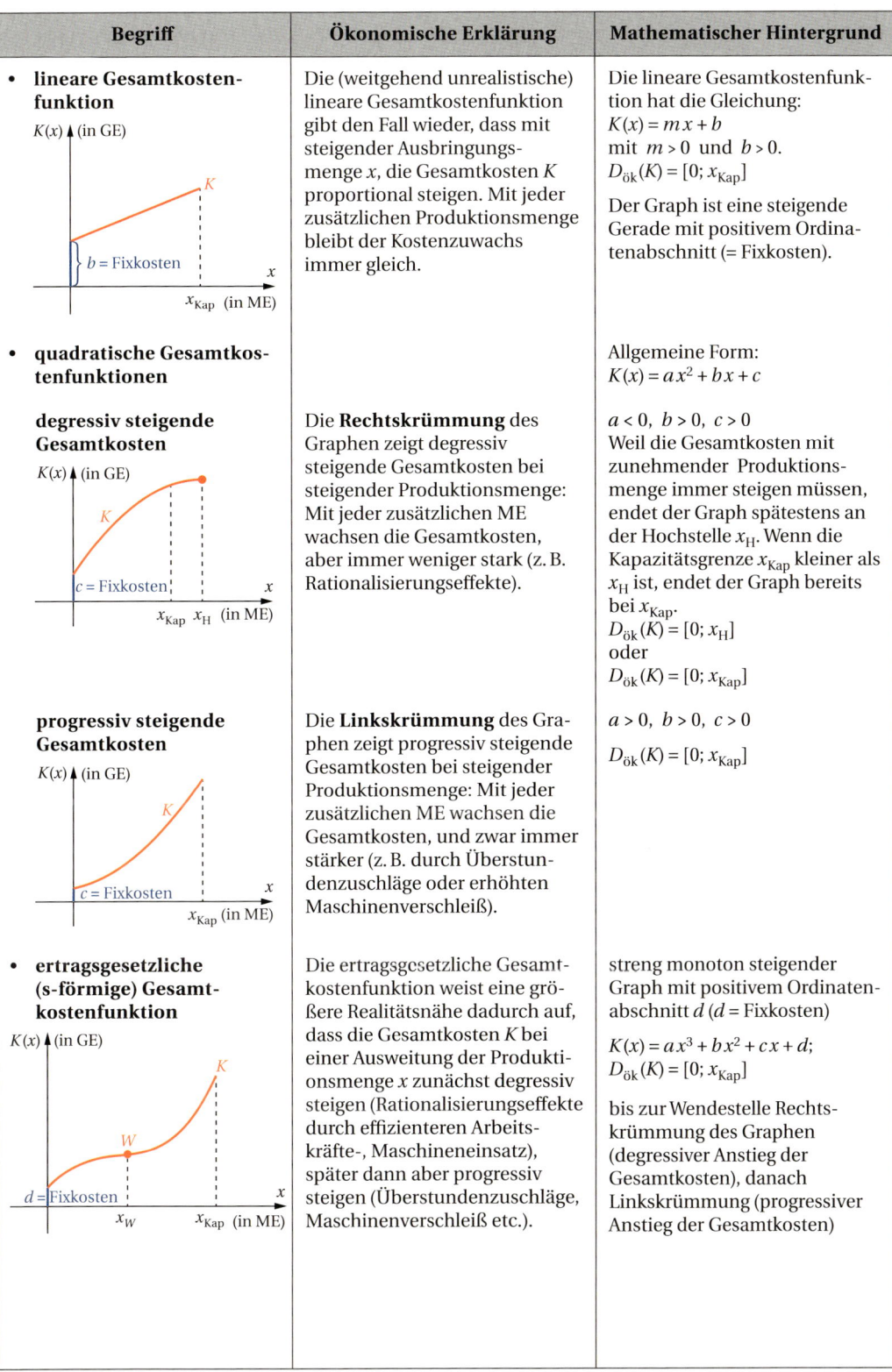	Die (weitgehend unrealistische) lineare Gesamtkostenfunktion gibt den Fall wieder, dass mit steigender Ausbringungs-menge x, die Gesamtkosten K proportional steigen. Mit jeder zusätzlichen Produktionsmenge bleibt der Kostenzuwachs immer gleich.	Die lineare Gesamtkostenfunk-tion hat die Gleichung: $K(x) = mx + b$ mit $m > 0$ und $b > 0$. $D_{\text{ök}}(K) = [0; x_{\text{Kap}}]$ Der Graph ist eine steigende Gerade mit positivem Ordina-tenabschnitt (= Fixkosten).
• **quadratische Gesamtkos-tenfunktionen**		Allgemeine Form: $K(x) = ax^2 + bx + c$
degressiv steigende Gesamtkosten	Die **Rechtskrümmung** des Graphen zeigt degressiv steigende Gesamtkosten bei steigender Produktionsmenge: Mit jeder zusätzlichen ME wachsen die Gesamtkosten, aber immer weniger stark (z. B. Rationalisierungseffekte).	$a < 0,\ b > 0,\ c > 0$ Weil die Gesamtkosten mit zunehmender Produktions-menge immer steigen müssen, endet der Graph spätestens an der Hochstelle x_{H}. Wenn die Kapazitätsgrenze x_{Kap} kleiner als x_{H} ist, endet der Graph bereits bei x_{Kap}. $D_{\text{ök}}(K) = [0; x_{\text{H}}]$ oder $D_{\text{ök}}(K) = [0; x_{\text{Kap}}]$
progressiv steigende Gesamtkosten	Die **Linkskrümmung** des Gra-phen zeigt progressiv steigende Gesamtkosten bei steigender Produktionsmenge: Mit jeder zusätzlichen ME wachsen die Gesamtkosten, und zwar immer stärker (z. B. durch Überstun-denzuschläge oder erhöhten Maschinenverschleiß).	$a > 0,\ b > 0,\ c > 0$ $D_{\text{ök}}(K) = [0; x_{\text{Kap}}]$
• **ertragsgesetzliche (s-förmige) Gesamt-kostenfunktion**	Die ertragsgesetzliche Gesamt-kostenfunktion weist eine grö-ßere Realitätsnähe dadurch auf, dass die Gesamtkosten K bei einer Ausweitung der Produkti-onsmenge x zunächst degressiv steigen (Rationalisierungseffekte durch effizienteren Arbeits-kräfte-, Maschineneinsatz), später dann aber progressiv steigen (Überstundenzuschläge, Maschinenverschleiß etc.).	streng monoton steigender Graph mit positivem Ordinaten-abschnitt d (d = Fixkosten) $K(x) = ax^3 + bx^2 + cx + d$; $D_{\text{ök}}(K) = [0; x_{\text{Kap}}]$ bis zur Wendestelle Rechts-krümmung des Graphen (degressiver Anstieg der Gesamtkosten), danach Linkskrümmung (progressiver Anstieg der Gesamtkosten)

Begriff	Ökonomische Erklärung	Mathematischer Hintergrund
Gewinnfunktion • **lineare Gewinnfunktion:** • **quadratische Gewinn-funktion** 	Eine Funktion, die jeder Produktionsmenge x den dabei erzielbaren Gewinn G zuordnet, heißt Gewinnfunktion G. Ein Unternehmen erwirtschaftet Gewinn, wenn sein Erlös E höher ist als die Kosten K. $G = E - K$	Die Gewinnfunktion ergibt sich aus der Differenz der Erlös- und der Kostenfunktion: $G(x) = E(x) - K(x)$; $D_{ök}(G) = [0; x_{Kap}]$
Gewinngrenze 	Die Gewinngrenze x_{GG} ist eine Produktionsmenge, bei der ein Betrieb von der Gewinnzone in die Verlustzone eintritt.	Ansatz: $G(x) = 0$ Die Gewinngrenze ist die zweite Nullstelle des Graphen der Gewinnfunktion im ökonomisch sinnvollen Definitionsbereich. alternativer Ansatz: $K(x) = E(x)$
Gewinnschwelle 	Die Gewinnschwelle x_{GS}, (Break-even-Point) ist eine Produktionsmenge, bei der ein Betrieb von der Verlustzone in die Gewinnzone eintritt.	Ansatz: $G(x) = 0$ oder $K(x) = E(x)$ Die Gewinnschwelle ist die erste Nullstelle des Graphen der Gewinnfunktion im ökonomisch sinnvollen Definitionsbereich.
Gleichgewichtsmenge	siehe **Marktgleichgewicht**	
Gleichgewichtspreis	siehe **Marktgleichgewicht**	

Begriff	Ökonomische Erklärung	Mathematischer Hintergrund
Grenzkostenfunktion $K(x)$ (in GE) $K'(x)$ (in GE/ME) *Graph mit K und K'* x (in ME)	Grenzkosten $K'(x)$ sind die Kosten, die durch eine beliebig kleine Veränderung der Produktionsmenge entstehen. Sie geben die momentane Änderungsrate der Gesamtkosten in GE/ME an.	Die Grenzkostenfunktion $K'(x)$ ist die 1. Ableitungsfunktion der Gesamtkostenfunktion. Grafisch dargestellt werden die Grenzkosten in einem Punkt als Steigung des Graphen der Gesamtkostenfunktion (Tangente an den Graphen der Gesamtkostenfunktion an diesen Punkt).
Höchstpreis $p_N(x)$ (in GE/ME) p_H Höchst-preis p_H p_N x (in ME) Sättigungsmenge x_S	Der Höchstpreis p_H eines Produktes ist der Preis, bei dem die Nachfrage nach diesem Produkt erlischt.	Der Höchstpreis ist der Funktionswert der gesamtwirtschaftlichen Nachfragefunktion $p_N(x)$ an der Stelle $x = 0$. Ansatz: $p_N(0)$
Isokostenfunktion, Isokostengerade y (Kapital in ME) 5 4 $P_1(0/4)$ 3 $P_2(2/2,\overline{6})$ $P_3(3/2)$ 2 $P_4(4/1,\overline{3})$ 1 x 1 2 3 4 5 6 (Arbeit in ME)	Eine **Isokostenfunktion** I_K gibt alle Kombinationsmöglichkeiten (in ME) zweier Produktionsfaktoren x und y an, die gleich hohe Kosten bei der Produktion verursachen. Dabei wird die Einsatzmenge des einen Produktionsfaktors y in Abhängigkeit von der Einsatzmenge des anderen Produktionsfaktor x angegeben. Die Isokostenfunktion $I_{K_{100}}$ stellt beispielsweise alle Kombinationsmöglichkeiten der Produktionsfaktoren Arbeit x und Kapital y dar, die zu einer Kostensumme von 100 GE führen. Der Graph einer Isokostenfunktion heißt **Isokostengerade.** Je weiter eine Isokostengerade vom Ursprung entfernt ist, desto größer ist die zur Verfügung stehende Kostensumme K.	$K = p_x \cdot x + p_y \cdot y \Leftrightarrow$ $I_K : y(x) = -\dfrac{p_x}{p_y} x + \dfrac{K}{p_y}$ y: Einsatzmenge des Produktionsfaktors y (in ME) x: Einsatzmenge des Produktionsfaktors x (in ME) K: Kostensumme (in GE) p_x: Preis des Produktionsfaktors x (in GE/ME) p_y: Preis des Produktionsfaktors y (in GE/ME)

Begriff	Ökonomische Erklärung	Mathematischer Hintergrund
Isoquantenfunktion, Isoquante 	Eine **Isoquantenfunktion I_P** gibt alle Kombinationsmöglichkeiten (in ME) zweier Produktionsfaktoren an, die zu einer gleich hohen Produktionsmenge führen. Dabei wird die Einsatzmenge des einen Produktionsfaktors (y) in Abhängigkeit von der Einsatzmenge des anderen Produktionsfaktors (x) angegeben. Die Isoquantenfunktion $I_{P_{100}}$ stellt beispielsweise alle Kombinationsmöglichkeiten der Produktionsfaktoren Arbeit (x) und Kapital (y) dar, die zu einer Produktionsmenge von 100 ME führen. Der Graph einer Isoquantenfunktion heißt **Isoquante.** Je weiter eine Isoquante vom Ursprung entfernt ist, desto größer ist die durch die Isoquante dargestellte Produktionsmenge P.	I_P: $y(x) = \dfrac{a}{x-b} + c$ mit $a > 0$, $b \geq 0$ und $c \geq 0$ Die Isoquante ist ein Hyperbelast im 1. Quadranten mit einer Polstelle bei $x = b$ und einer Asymptote mit $y^*(x) = c$.
Konsumentenrente 	Die individuelle **Konsumentenrente KR** ist die Differenz aus Zahlungsbereitschaft für ein Produkt und dem tatsächlich entrichteten Preis. Gesamtwirtschaftlich ist die Konsumentenrente die Summe aller Ersparnisse der Nachfrager, die sich aus der Differenz zwischen dem Preis, den sie maximal bereit gewesen wären zu zahlen, und dem tatsächlichen Marktpreis ergibt.	Die Konsumentenrente KR entspricht der Maßzahl der Fläche zwischen der Nachfragekurve und der Preisgeraden über dem Intervall [0; Gleichgewichtsmenge x_G]: $$KR = \int_0^{x_G} p_N(x)\,dx - x_G \cdot p_G$$ oder $$KR = \int_0^{x_G} (p_N(x) - p_G)\,dx$$
Kostenelastizität	Die **Kostenelastizität** (auch: **Elastizität der Gesamtkosten K bezüglich der Produktionsmenge x**) gibt an, wie heftig die Gesamtkosten auf eine Änderung der Produktionsmenge reagieren. Das ist der Anteil der relativen Kostenänderung an der relativen Mengenänderung.	$e_{K;x}(x) = \dfrac{K'(x) \cdot x}{K(x)}$

Begriff	Ökonomische Erklärung	Mathematischer Hintergrund
kurzfristige Preisunter-grenze 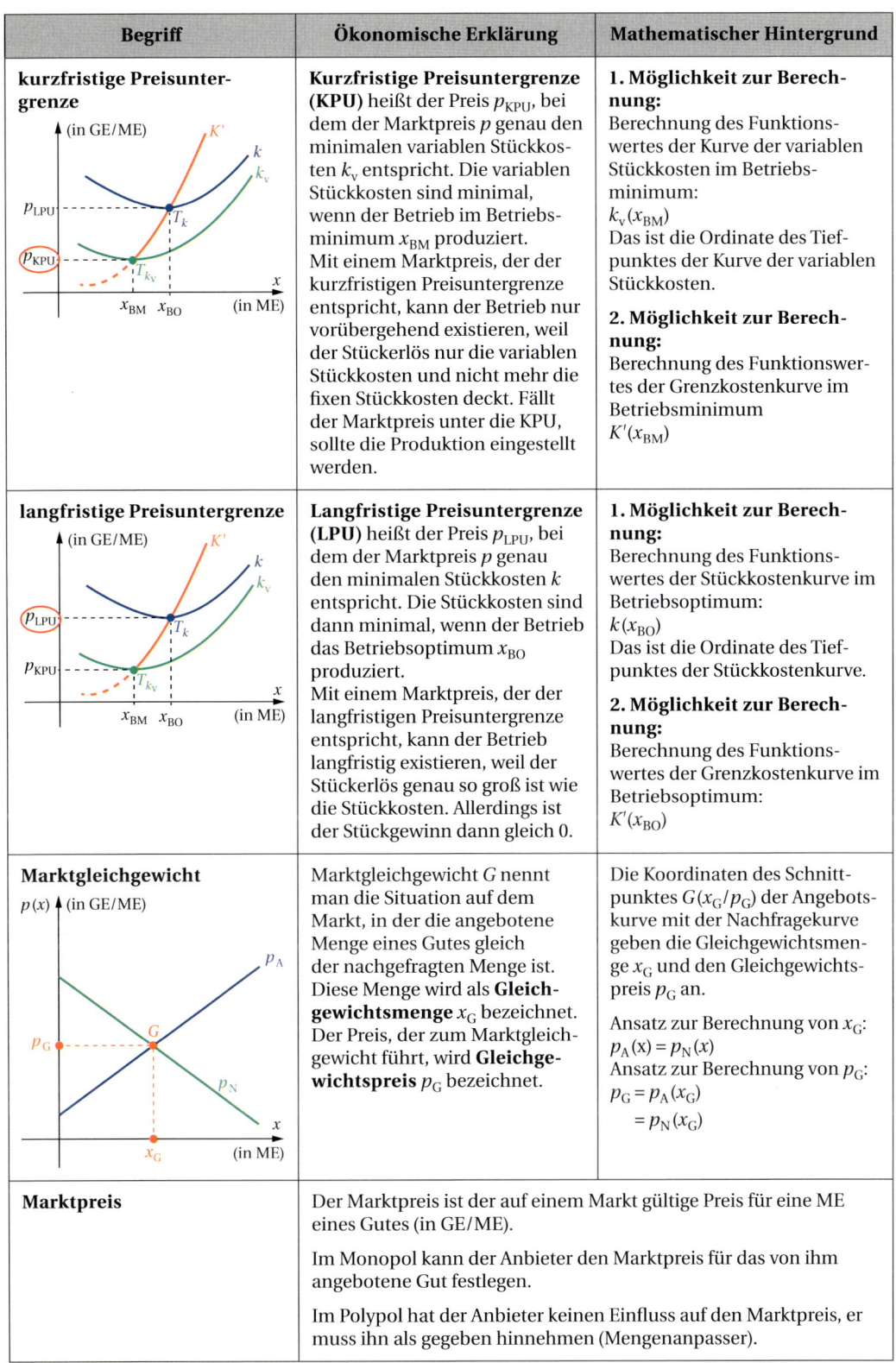	**Kurzfristige Preisuntergrenze (KPU)** heißt der Preis p_{KPU}, bei dem der Marktpreis p genau den minimalen variablen Stückkosten k_v entspricht. Die variablen Stückkosten sind minimal, wenn der Betrieb im Betriebsminimum x_{BM} produziert. Mit einem Marktpreis, der der kurzfristigen Preisuntergrenze entspricht, kann der Betrieb nur vorübergehend existieren, weil der Stückerlös nur die variablen Stückkosten und nicht mehr die fixen Stückkosten deckt. Fällt der Marktpreis unter die KPU, sollte die Produktion eingestellt werden.	**1. Möglichkeit zur Berechnung:** Berechnung des Funktionswertes der Kurve der variablen Stückkosten im Betriebsminimum: $k_v(x_{BM})$ Das ist die Ordinate des Tiefpunktes der Kurve der variablen Stückkosten. **2. Möglichkeit zur Berechnung:** Berechnung des Funktionswertes der Grenzkostenkurve im Betriebsminimum $K'(x_{BM})$
langfristige Preisuntergrenze	**Langfristige Preisuntergrenze (LPU)** heißt der Preis p_{LPU}, bei dem der Marktpreis p genau den minimalen Stückkosten k entspricht. Die Stückkosten sind dann minimal, wenn der Betrieb das Betriebsoptimum x_{BO} produziert. Mit einem Marktpreis, der der langfristigen Preisuntergrenze entspricht, kann der Betrieb langfristig existieren, weil der Stückerlös genau so groß ist wie die Stückkosten. Allerdings ist der Stückgewinn dann gleich 0.	**1. Möglichkeit zur Berechnung:** Berechnung des Funktionswertes der Stückkostenkurve im Betriebsoptimum: $k(x_{BO})$ Das ist die Ordinate des Tiefpunktes der Stückkostenkurve. **2. Möglichkeit zur Berechnung:** Berechnung des Funktionswertes der Grenzkostenkurve im Betriebsoptimum: $K'(x_{BO})$
Marktgleichgewicht	Marktgleichgewicht G nennt man die Situation auf dem Markt, in der die angebotene Menge eines Gutes gleich der nachgefragten Menge ist. Diese Menge wird als **Gleichgewichtsmenge** x_G bezeichnet. Der Preis, der zum Marktgleichgewicht führt, wird **Gleichgewichtspreis** p_G bezeichnet.	Die Koordinaten des Schnittpunktes $G(x_G/p_G)$ der Angebotskurve mit der Nachfragekurve geben die Gleichgewichtsmenge x_G und den Gleichgewichtspreis p_G an. Ansatz zur Berechnung von x_G: $p_A(x) = p_N(x)$ Ansatz zur Berechnung von p_G: $p_G = p_A(x_G)$ $= p_N(x_G)$
Marktpreis	Der Marktpreis ist der auf einem Markt gültige Preis für eine ME eines Gutes (in GE/ME). Im Monopol kann der Anbieter den Marktpreis für das von ihm angebotene Gut festlegen. Im Polypol hat der Anbieter keinen Einfluss auf den Marktpreis, er muss ihn als gegeben hinnehmen (Mengenanpasser).	

Begriff	Ökonomische Erklärung	Mathematischer Hintergrund
Marktungleichgewicht • **Angebotsüberschuss:** $p(x)$ (in GE/ME) Angebots- überschuss 7 $p_A(x) = x + 1$ $p = 5$ $p_N(x) = -x + 7$ x $2 \quad 4 \quad 7$ (in ME) • **Nachfrageüberschuss:** $p(x)$ (in GE/ME) 7 $p_N(x) = -x + 7$ $p_N(x) = x + 1$ $p = 3$ Nachfrage- überschuss x $2 \quad 4 \quad 7$ (in ME)	Im Marktungleichgewicht führt ein festgelegter Marktpreis p, der nicht dem Gleichgewichtspreis entspricht, zu einer Differenz zwischen der angebotenen und der nachgefragten Menge. Dementsprechend gibt es einen Angebots- oder Nachfrageüberschuss.	Beispiele für die in der Grafik angegebenen Funktionsgleichungen: • Marktpreis: $p = 5$ $\Rightarrow$ Angebotsüberschuss Berechnung: $p_N(x) = 5 \Leftrightarrow 5 = -x + 7$ $\Leftrightarrow x_N = 2$ $p_A(x) = 5 \Leftrightarrow 5 = x + 1$ $\Leftrightarrow x_A = 4$ Angebotsüberschuss: $x_A - x_N = 4 - 2 = \underline{\underline{2}}$ • Marktpreis: $p = 3$ $\Rightarrow$ Nachfrageüberschuss Berechnung: $p_N(x) = 3 \Leftrightarrow 3 = -x - 7$ $\Leftrightarrow x_N = 4$ $p_A(x) = 3 \Leftrightarrow 3 = x + 1$ $\Leftrightarrow x_A = 2$ Nachfrageüberschuss: $x_N - x_A = 4 - 2 = \underline{\underline{2}}$
Minimalkostenkombination y (Kapital in GE) Isoquante I_p I_{K_3} S_1 I_{K_2} I_{K_1} B S_2 Isokostengeraden x (Arbeit in ME)	Die **Minimalkostenkombination (MKK)** gibt die optimale Kombination zweier Produktionsfaktoren (in ME) an, mit der eine bestimmte Produktionsmenge zu minimalen Kosten hergestellt werden kann. In der Grafik geben die Koordinaten des Berührpunktes (Tangentialpunktes) B die Minimalkostenkombination an. Begründung: Diejenige Isokostengerade I_K, die die eine bestimmte Produktionsmenge repräsentierende Isoquante I_p gerade noch berührt, gibt die geringsten Kosten für die Produktionsmenge an.	Im Berührpunkt (Tangentialpunkt) B ist die Steigung der Isokostengeraden m gleich der Steigung der Isoquante $y'(x)$: $m = y'(x)$ $-\dfrac{p_x}{p_y} = y'(x)$
Nachfrageelastizität (Elastizität der Nachfrage bezüglich des Preises)	Die **Nachfrageelastizität** (auch: **Elastizität der Nachfrage bezüglich des Preises**) gibt an, wie heftig die Nachfrage auf eine Preisänderung reagiert. Das ist der Anteil der relativen Mengenänderung an der relativen Preisänderung.	$e_{x;p}(x) = \dfrac{p_N(x)}{p_N'(x) \cdot x}$

Begriff	Ökonomische Erklärung	Mathematischer Hintergrund
Nachfragefunktion 	Eine Nachfragefunktion $p_N(x)$ beschreibt die gesamtwirtschaftlich nachgefragte Menge x eines Gutes in Abhängigkeit vom Marktpreis p. Erst bei Unterschreitung des Höchstpreises (p_H) fragen die Konsumenten das Produkt nach. Bei sinkendem Marktpreis nimmt die Nachfrage nach dem Gut zu. Der theoretisch niedrigste Preis $p = 0$ führt zu der maximal nachgefragten Menge, der Sättigungsmenge x_S.	streng monoton fallender Graph mit positivem Ordinatenabschnitt (Höchstpreis p_H) und positiver Nullstelle (Sättigungsmenge x_S) Die unabhängige Variable p ist unüblicherweise auf der Ordinatenachse abgetragen, die abhängige Variable x auf der Abszissenachse. Gleichung für eine lineare Nachfragefunktion: $p_N(x) = mx + b$ mit $m < 0,\ b > 0$.
Nachfrageüberschuss	Siehe **Marktungleichgewicht**	
Polypol	Der Begriff Polypol bezeichnet eine Marktform, bei der eine Vielzahl von Anbietern einer Vielzahl von Nachfragern gegenübersteht. Dadurch hat ein polypolistischer Anbieter keinen Einfluss auf den Marktpreis, er muss diesen als gegeben hinnehmen. Er kann nur die von ihm angebotene Menge variieren; er ist Mengenanpasser.	
Preis-Absatzfunktion	Die Preis-Absatzfunktion (PAF) eines Monopolisten zeigt, welche Mengen eines Gutes er zu unterschiedlichen Preisen absetzen kann. Da er einziger Anbieter für das Gut ist, wird er nur so viel anbieten, wie auch nachgefragt wird. Damit ist im Monopol die PAF die individuelle Angebotsfunktion der Monopolisten und identisch mit der gesamtwirtschaftlichen Nachfragefunktion (s. o.). Im Polypol ist der einzelne Anbieter Mengenanpasser. Sein PAF ist eine Parallele zur Abszissenachse (s. Erlösfunktion bei vollständiger Konkurrenz).	
Produktionsfunktion 	Eine Produktionsfunktion beschreibt die Beziehung zwischen der Einsatzmenge x eines Produktionsfaktors und der sich daraus ergebenden Produktionsmenge $P(x)$.	

Begriff	Ökonomische Erklärung	Mathematischer Hintergrund
Produktlebenszyklus 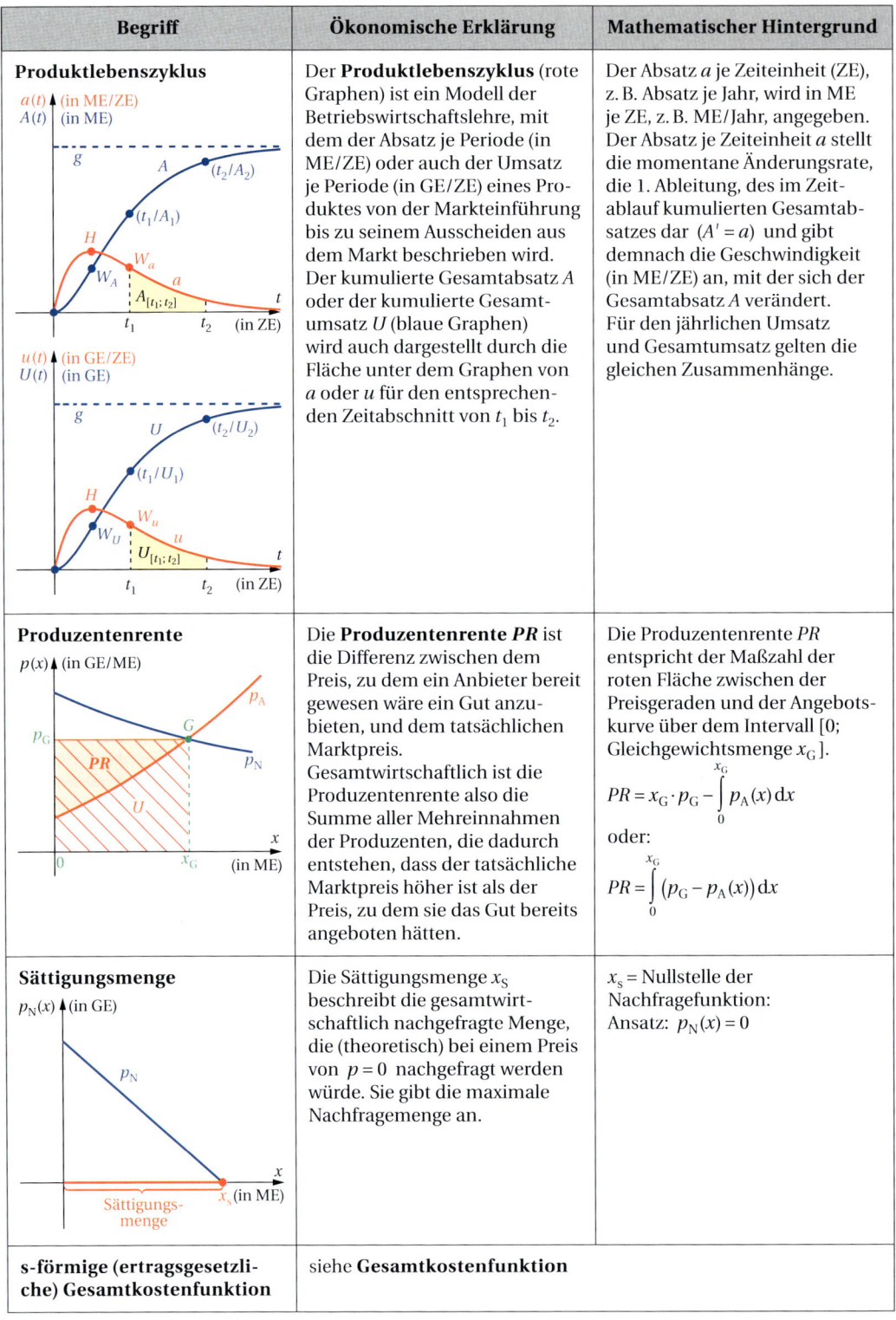	Der **Produktlebenszyklus** (rote Graphen) ist ein Modell der Betriebswirtschaftslehre, mit dem der Absatz je Periode (in ME/ZE) oder auch der Umsatz je Periode (in GE/ZE) eines Produktes von der Markteinführung bis zu seinem Ausscheiden aus dem Markt beschrieben wird. Der kumulierte Gesamtabsatz A oder der kumulierte Gesamtumsatz U (blaue Graphen) wird auch dargestellt durch die Fläche unter dem Graphen von a oder u für den entsprechenden Zeitabschnitt von t_1 bis t_2.	Der Absatz a je Zeiteinheit (ZE), z. B. Absatz je Jahr, wird in ME je ZE, z. B. ME/Jahr, angegeben. Der Absatz je Zeiteinheit a stellt die momentane Änderungsrate, die 1. Ableitung, des im Zeitablauf kumulierten Gesamtabsatzes dar $(A' = a)$ und gibt demnach die Geschwindigkeit (in ME/ZE) an, mit der sich der Gesamtabsatz A verändert. Für den jährlichen Umsatz und Gesamtumsatz gelten die gleichen Zusammenhänge.
Produzentenrente	Die **Produzentenrente** PR ist die Differenz zwischen dem Preis, zu dem ein Anbieter bereit gewesen wäre ein Gut anzubieten, und dem tatsächlichen Marktpreis. Gesamtwirtschaftlich ist die Produzentenrente also die Summe aller Mehreinnahmen der Produzenten, die dadurch entstehen, dass der tatsächliche Marktpreis höher ist als der Preis, zu dem sie das Gut bereits angeboten hätten.	Die Produzentenrente PR entspricht der Maßzahl der roten Fläche zwischen der Preisgeraden und der Angebotskurve über dem Intervall [0; Gleichgewichtsmenge x_G]. $$PR = x_G \cdot p_G - \int_0^{x_G} p_A(x)\,dx$$ oder: $$PR = \int_0^{x_G} \left(p_G - p_A(x)\right) dx$$
Sättigungsmenge	Die **Sättigungsmenge** x_S beschreibt die gesamtwirtschaftlich nachgefragte Menge, die (theoretisch) bei einem Preis von $p = 0$ nachgefragt werden würde. Sie gibt die maximale Nachfragemenge an.	x_S = Nullstelle der Nachfragefunktion: Ansatz: $p_N(x) = 0$
s-förmige (ertragsgesetzliche) Gesamtkostenfunktion	siehe **Gesamtkostenfunktion**	

Begriff	Ökonomische Erklärung	Mathematischer Hintergrund
Stückkostenfunktion genau: **gesamte oder totale Stückkosten,** auch: **Durchschnittskosten**	Die Gesamtkosten je produziertem Stück (je ME) bezeichnet man als **(gesamte oder totale) Stückkosten oder** auch als **Durchschnittskosten k.**	Die Stückkosten (= Kosten je Stück) werden berechnet, indem die Gesamtkosten für eine Produktionsmenge durch die Produktionsmenge dividiert werden: $k(x) = \dfrac{K(x)}{x}$ Wegen der Variablen x im Nenner liegt eine gebrochen-rationale Funktion mit $D_{\text{ök}}(k) = (0; x_{\text{Kap}}]$ vor.
Umsatzfunktion	siehe **Erlösfunktion**	
Variable Kosten • **linearer Verlauf** $K_v(x)$ ▲ (in GE/ME) K_v x x_{Kap} (in ME) • **s-förmiger (ertragsgesetzlicher) Verlauf** $K_v(x)$ ▲ (in GE) K_v x x_{Kap} (in ME)	Die variablen Kosten K_v sind die Kosten, die von der Produktionsmenge x eines Produktes abhängen. Sie ergeben zusammen mit den Fixkosten K_f die Gesamtkosten.	$K_v(x) = K(x) - K_f$ • bei linearem Verlauf: $K_v(x) = m\,x$ mit $m > 0$ $D_{\text{ök}}(K_v) = [0; x_{\text{Kap}}]$ • bei s-förmigen Verlauf: $K_v(x) = a\,x^3 + b\,x^2 + c\,x$ $D_{\text{ök}}(K_v) = [0; x_{\text{Kap}}]$ streng monoton steigender Graph, beginnend im Ursprung bis zur Kapazitätsgrenze des Betriebes

Begriff	Ökonomische Erklärung	Mathematischer Hintergrund
Variable Stückkosten • **linearer Verlauf** $k_v(x)$ (in GE/ME) $K_v(x)$ $K_v(x) = mx$ $k_v = m$ x x_{Kap} (in ME) • **quadratischer Verlauf** $k_v(x)$ (in GE/ME) $K_v(x)$ $K_v(x) = ax^3 + bx^2 + cx$ $k_v = ax^2 + bx + c$ x x_{Kap} (in ME)	Die variablen Kosten je produzierter ME (je Stück) heißen variable Stückkosten k_v.	Die variablen Stückkosten (= variable Kosten je Stück) werden berechnet, indem die variablen Gesamtkosten für eine Produktionsmenge durch die Produktionsmenge dividiert werden: $k_v(x) = \dfrac{K_v(x)}{x}$ Wegen des fehlenden Absolutgliedes in $K_v(x)$ kann die Variable x im Nenner weggekürzt werden. Je nach Verlauf des Graphen für die variablen Kosten erhält man dann einen Graphen mit einer hebbaren Lücke bei $x = 0$. $D_{ök}(k) = (0; x_{Kap}]$

Die wichtigsten Funktionen des grafikfähigen Taschenrechners (GTR) TI-84 Plus für das Sachgebiet Analysis

(ähnlich auch andere GTR)

In der Anleitung unten sind dem TI-Handbuch entsprechend die angegebenen **Tasten** des Taschenrechners **rechteckig gerahmt**, z. B. Y = .
Die **Zweitbelegungen** der Tasten sind in **eckige Klammern** gesetzt, z. B. [TABLE].
Hauptmenüs sind mit **Großbuchstaben** geschrieben (z. B. EDIT), **Untermenüs** mit **kleinen Buchstaben** (z. B. value).

Nr.	GTR-Funktion	Eingabe	Display
0	Reset	Bei Problemen mit dem GTR: Die Tastenfolge: 2ND, [MEM], 7:RESET, 1:All RAM, 2:Reset, ENTER setzt den GTR auf die Standardeinstellungen zurück.	**MEMORY** 1:About 2:Mem Mgmt/Del… 3:Clear Entries 4:ClrAllLists 5:Archive 6:UnArchive **7**:Reset… **RESET RAM** 1:No **2**:Reset Resetting RAM erases all data and programs from RAM. **RAM** ARCHIVE ALL **1**:All RAM… 2:Defaults…
1	Graph und Werte-tabelle einer Funktion	**Eingabe eines Funktionsterms** (auch mit eingeschränktem Definitionsbereich) im Y-Editor ist Voraussetzung für die meisten der u. a. Operationen. Y =	Plot1 Plot2 Plot3 \Y1**=**1.5X \Y2= \Y3= \Y4= \Y5= \Y6= \Y7= Mit eingeschränktem Definitionsbereich: Plot1 Plot2 Plot3 \Y1**=**1.5X(X≥0)(X≤4) \Y2= \Y3= \Y4= \Y5= \Y6=

Nr.	GTR-Funktion	Eingabe	Display
		Zeichnen des Funktions-graphen GRAPH	
		Fenstereinstellungen (minimale und maximale x- und y-Werte und Skalierung auf den Achsen) WINDOW	WINDOW Xmin=-1 Xmax=4 Xscl=1 Ymin=-1 Ymax=6 Yscl=1 Xres=1
		Zahlenpaare auf dem Funktionsgraphen (auch mit direkter Eingabe eines Zahlenwertes für „ x " über die Zifferntastatur) TRACE , ggf. x-Wert eingeben	Y1=1.5X X=2 Y=3
		Wertetabelle 2ND , [TABLE]	X | Y1 0 | 0 1 | 1.5 2 | 3 3 | 4.5 4 | 6 5 | 7.5 6 | 9 X=0
		Einstellungen in der Wertetabelle (Startwert und Schrittweite der x-Werte) 2ND , [TBLSET]	TABLE SETUP TblStart=0 ΔTbl=1 Indpnt: **Auto** Ask Depend: **Auto** Ask
2	**Funktionswert für eine Stelle x**	Voraussetzung: Im Y-Editor ist der Funktionsterm eingegeben	
		Variante 1: 2ND , [TABLE]	X | Y1 0 | 0 1 | 1.5 2 | 3 3 | 4.5 4 | 6 5 | 7.5 6 | 9 X=4

Nr.	GTR-Funktion	Eingabe	Display
		Variante 2: im Graph-Fenster: TRACE und dann den x-Wert über die Zifferntastatur eingeben	Y1=1.5X X=4 Y=6
		Variante 3: 2ND, [CALC], 1:value und dann den x-Wert über die Zifferntastatur eingeben	CALCULATE 1:value 2:zero 3:minimum 4:maximum 5:intersect 6:dy/dx 7:∫f(x)dx Y1=1.5X X=4 Y=6

3	**Regression: Bestimmung einer Funktionsgleichung aus vorgegebenen Punkten**
	
	Regressionen, die in dieser Reihe verwendet werden
	• lineare Regression (LinReg):
	  $f(x) = ax + b$
	• quadratische Regression (QuadReg):
	  $f(x) = ax^2 + bx + c$
	• Potenzregression (PwrReg):
	  $f(x) = a \cdot x^b$
	• kubische Regression (CubicReg):
	  $f(x) = ax^3 + bx^2$
	  $+ cx + d$
		Mit den x-Werten der gegebenen Punkte wird eine Liste L1 und mit den Funktionswerten eine Liste L2 definiert:
		STAT, EDIT, 1:Edit.
		
		Mit STAT, CALC wird die gewünschte Regressionsfunktion aufgerufen, hier z. B. die lineare Regression:
		4:LinReg($ax + b$).
		Die zuvor erstellten Listen L1 und L2 sind im Taschenrechner voreingestellt. Bei „Store RegEQ:" muss mit ALPHA, [F4] nach Y1 eingegeben werden, damit der gefundene Funktionsterm automatisch in den Y-Editor aufgenommen wird. (Der GTR verwendet im Ergebnis statt der Variablen „m" die Variable „a".)
			L1 L2 L3 2
			2 2
			6 3
			L2(3) =
			
			LinReg(ax+b) L1,
			L2,Y1
			
			LinReg
			y=ax+b
			a=.25
			b=1.5

Nr.	GTR-Funktion	Eingabe	Display
	• Regression 4. Grades (QuartReg): $f(x) = a x^4 + b x^3 + c x^2 + d x + e$ • exponentielle Regression (ExpReg): $f(x) = a \cdot b^x$ • logistische Regression (Logistic): $f(x) = \dfrac{c}{1 + a e^{-bx}}$	Der Regressionsgraph kann mit den gegebenen Punkten in einem gemeinsamen Koordinatensystem mit GRAPH dargestellt werden, wenn zuvor das Zeichnen für Statistik eingestellt wurde[1]: 2ND , [STAT PLOT], 1:Plot1 ..., ENTER , dann die abgebildeten Einstellungen vornehmen.	
	Bestimmtheitsmaß und Korrelations-koeffizient	Die Qualität der jeweiligen Regression kann mit dem Bestimmtheitsmaß r^2 oder dem Korrelationskoeffizienten $r = \sqrt{r^2}$ bestimmt werden. Dazu muss die Funktion „DiagnosticOn" im alphabetisch geordneten Funktionenkatalog mit 2ND , [CATALOG] aktiviert werden. Je dichter das Bestimmtheitsmaß r^2 oder der Korrelationskoeffizient r bei 1 liegen, desto besser ist die Korrelation. Für $r^2 = 1$ oder $r = 1$ liegen die gegebenen Punkte genau auf dem Graphen.	
4	**Schnittpunkt zweier Graphen**	2ND , [CALC], 5:intersect, ENTER Dann mit ENTER , ENTER , ENTER die Vorgaben bestätigen.	

---

[1] Der Plot1 muss wieder ausgestellt werden, damit die Punkte aus den Listen nicht mehr dargestellt werden.

Nr.	GTR-Funktion	Eingabe	Display
5	**Nullstellen**	2ND, [CALC], 2:zero Dann den Cursor erst links der Nullstelle setzen, mit ENTER bestätigen und dann rechts der Nullstelle ebenso.	
6	**Gleichungen lösen** ***x*-Wert** für einen gegebenen Funktionswert **bestimmen**	Z. B. Funktionswert: $f(x) = 3$ Funktionsgleichung: $f(x) = \frac{1}{2}x + 1$ $\Rightarrow 3 = \frac{1}{2}x + 1$ Im Y-Editor für Y1 den gegebenen Funktionswert und für Y2 den Funktionsterm eingeben (oder umgekehrt). Dann den Schnittpunkt der Graphen mit 2ND, [CALC], 5:intersecct berechnen. Dabei die Abfragen „first curve?", „second curve?" und „Guess?" jeweils mit ENTER bestätigen. Der gesuchte x-Wert (hier: $x = 4$) zu dem vorgegebenen y-Wert (hier: $y = 3$) kann dann abgelesen werden.	
7	**Lineares Gleichungssystem (LGS) eingeben und lösen**	Das LGS $\begin{vmatrix} 4a + 2b + 1c = 16 \\ 4a + 1b \quad\quad = 3 \\ 10a + 1b \quad\quad = 0 \end{vmatrix}$ wird als **erweiterte Koeffizientenmatrix**[1], $\begin{pmatrix} 4 & 2 & 1 & 16 \\ 4 & 1 & 0 & 3 \\ 10 & 1 & 0 & 0 \end{pmatrix}$ mit 3 Zeilen und 4 Spalten eingegeben: 2ND, [MATRIX], EDIT Mit 2ND, [QUIT] das Menü verlassen.	

[1] Eine **Matrix** ist eine rechteckige Anordnung (Tabelle) von Zahlen in waagrechten Zeilen und senkrechten Spalten. Eine **erweiterte Koeffizientenmatrix** besteht aus den Koeffizienten (= Beizahlen) bei den Variablen und den Zahlen rechts des Gleichheitszeichens.

Nr.	GTR-Funktion	Eingabe	Display
		Die Matrix jetzt in die Diagonalform bringen: 2ND, [MATRIX], MATH, B:rref. Jetzt muss noch der Name der Matrix eingefügt werden: 2ND, [MATRIX], NAMES, 1:[A], ENTER.	NAMES **MATH** EDIT 6↑randM(7:augment(8:Matr▶list(9:List▶matr(0:cumSum(A:ref(**B**▶rref(
		Wenn die Anzeige „rref([A] mit ENTER bestätigt wird, dann wird die Matrix in die Diagonalform umgeformt, aus der dann die Koeffizienten ablesbar sind: $1a = 0{,}5$ $1b = 5$ $1c = 8$	rref([A] $\begin{bmatrix} 1 & 0 & 0 & -.5 \\ 0 & 1 & 0 & 5 \\ 0 & 0 & 1 & 8 \end{bmatrix}$
8	**Extrempunkte**	**Hochpunkt** 2ND, [CALC], 4:maximum, ENTER Dann den Cursor erst links des Hochpunktes setzen, mit ENTER bestätigen und dann rechts des Hochpunktes ebenso.	**CALCULATE** 1:value 2:zero 3:minimum **4:**maximum 5:intersect 6:dy/dx 7:∫f(x)dx Maximum X=4.9999991 Y=12.5
		Tiefpunkt 2ND, [CALC], 3:minimum, ENTER Dann den Cursor erst links des Tiefpunktes setzen, mit ENTER bestätigen und dann rechts des Tiefpunktes ebenso.	**CALCULATE** 1:value 2:zero **3:**minimum 4:maximum 5:intersect 6:dy/dx 7:∫f(x)dx Minimum X=1.3257648 Y=-99.20433

Nr.	GTR-Funktion	Eingabe	Display
9	**Steigung (Ableitung) eines Graphen (einer Funktion) an einer Stelle x**	**Variante 1** (ohne Grafik): Im normalen Rechenfenster: $\boxed{\text{MATH}}$, 8:nDeriv(, Term eingeben (hier: x^2), X, x-Wert (hier: 1). **Variante 2** (mit Grafik): Nach Eingabe des Funktionsterms (hier: x^2) im Y-Editor: $\boxed{\text{2ND}}$, [CALC], 6:dy/dx, $\boxed{\text{ENTER}}$ x-Wert (hier: 1) eingeben, $\boxed{\text{ENTER}}$.	nDeriv(X²,X,1 2 CALCULATE 1:value 2:zero 3:minimum 4:maximum 5:intersect 6:dy/dx 7:∫f(x)dx dy/dx=2
10	**Graph der Ableitungsfunktion**(en) (Es sind maximal 2 Ableitungen möglich.)	Nach Eingabe des Funktionsterms für Y_1 im Y-Editor den neuen Term entsprechend der Abbildung eingeben. Y1 findet man am einfachsten mit $\boxed{\text{ALPHA}}$, $\boxed{\text{TRACE}}$. Für die 2. Ableitung wird der Vorgang mit Bezug auf Y2 für Y3 wiederholt. Das Grafikfenster zeigt die Graphen der Ausgangs- und der 1. und 2. Ableitungsfunktion.	Plot1 Plot2 Plot3 \Y1◼X² \Y2◼$\frac{d}{dx}$(Y1)|ₓ₌ₓ \Y3= \Y4= \Y5= Plot1 Plot2 Plot3 \Y1◼X² \Y2◼$\frac{d}{dx}$(Y1)|ₓ₌ₓ \Y3◼$\frac{d}{dx}$(Y2)|ₓ₌ₓ \Y4= \Y5=
11	**Ableitungsfunktion**	Die Gleichungen von Ableitungsfunktionen können von einem grafikfähigen Taschenrechner (GTR) nicht berechnet werden.	

Nr.	GTR-Funktion	Eingabe	Display
12	**Tangentengleichung**	Im Y-Editor den Term der gegebenen Funktion eingeben und dann in das Graph-Fenster wechseln. Dort dann: $\boxed{\text{2ND}}$, [DRAW], 5:Tangent(, $\boxed{\text{ENTER}}$ x-Wert eingeben, $\boxed{\text{ENTER}}$.	
13	**Funktionenscharen**	**Variante 1:** Die Parameterwerte mit geschweiften Klammern und durch Kommas abgetrennt für den Parameter in den Y-Editor eingeben. Dann mit $\boxed{\text{GRAPH}}$ und den passenden WINDOW-Einstellungen die Kurvenschar zeichnen lassen. **Variante 2:** Mit $\boxed{\text{STAT}}$ [EDIT] 1:Edit... eine Liste L1 erstellen und dann diese Liste L1 mit $\boxed{\text{2ND}}$, [LIST], 1:L1 als Parameter in den Y-Editor eingeben.	

Nr.	GTR-Funktion	Eingabe	Display
14	**Bestimmtes Integral**	Nach Eingabe der Gleichung der Randfunktion in den Y-Editor und Darstellung des Graphen mit den passenden Fenstereinstellungen wird mit 2ND, [CALC], 7: $\int f(x)\mathrm{d}x$ die Integrationsfunktion des Taschenrechners aufgerufen. Die Eingabe der unteren und der oberen Integrationsgrenze erfolgt am einfachsten über die Zifferntastatur. Als Ergebnis wird neben dem numerischen Ergebnis auch noch die berechnete Fläche dargestellt. Für weitere Berechnungen kann die Unterlegung im Grafikfenster mit 2ND, [DRAW], 1:ClrDraw wieder entfernt werden. **Alternative** Im Rechenfenster: MATH, MATH, 9):fnInt(	CALCULATE 1:value 2:zero 3:minimum 4:maximum 5:intersect 6:dy/dx 7:∫f(x)dx Y1=-X2-X+12 Lower Limit? X=-1 ∫f(x)dx=31.5 Y1=-X2-X+12 Upper Limit? X=2 MATH NUM CPX PRB 6↑fMin(7:fMax(8:nDeriv(9:fnInt(0:summation Σ(A:logBASE(B:Solver… $\int_{-1}^{2}(-X^2-X+12)dX$ 31.5

Nr.	GTR-Funktion	Eingabe	Display
15	**Uneigentliche Integrale**	Mit [MATH], MATH, 9:fnInt(den Integrationsbefehl im normalen Algebra-Fenster aufrufen.	**MATH** NUM CPX PRB 3↑³ 4:³√(5:ˣ√ 6:fMin(7:fMax(8:nDeriv(**9:**fnInt(
		Dann entsprechend der Abb. die untere Integrationsgrenze, z. B. 1, eingeben, für die obere Integrationsgrenze eine große Zahl, z. B. 1000, wählen, der Integrand ist der Funktionsterm $\frac{1}{x^2}$ und die Integrationsvariable ist x. Das Taschenrechnerergebnis kommt dem algebraischen Ergebnis auf 3 Nachkommastellen schon recht nahe.	$\int_1^{1000} (1/x^2)dx$ .999
		Die Genauigkeit des Ergebnisses kann erhöht werden, indem als obere Integrationsgrenze eine größere Zahl gewählt wird, z. B. 1 000 000. Damit wir nicht jedes Mal die ganze Eingabe wiederholt werden muss, wird die letzte Eingabe mit [2ND], [ENTRY] aufgerufen, der Cursor auf die obere Integrationsgrenze gesetzt und diese verändert.	$\int_1^{1000000} (1/x^2)dx$ .999999
		Dieser Vorgang kann mit immer größer werdenden oberen Integrationsgrenzen, z. B. 10 000 000, wiederholt werden. Die obere Integrationsgrenze darf allerdings nicht zu groß sein, weil der Taschenrechner dann an seine Grenzen stößt und unsinnige Ergebnisse auswirft.	$\int_1^{10000000} (1/x^2)dx$ .9999999

Nr.	GTR-Funktion	Eingabe	Display
16	Integralfunktion	Eingabe des gegebenen Funktionsterms im Y-Editor bei Y1	Plot1 Plot2 Plot3 \Y1■-0.1X³+0.9X²▶ \Y2= \Y3= \Y4= \Y5= \Y6=
		Im Y-Editor wird bei Y2 mit MATH , MATH, 9:fnInt der Integrationsbefehl eingegeben.	MATH NUM CPX PRB 3↑³ 4:³√(5:ˣ√ 6:fMin(7:fMax(8:nDeriv(9■fnInt(
		Die untere Integrationsgrenze entsprechend der Aufgabenstellung eingeben, für die obere Integrationsgrenze x wählen. Als Integrand kann mit ALPHA , TRACE , Y1 auf den Term bei Y1 verwiesen werden. Alternativ kann auch der gegebene Term als Integrand ausführlich eingegeben werden.	Plot1 Plot2 Plot3 \Y1■-0.1X³+0.9X²▶ \Y2■∫₁ˣ(Y1)dX \Y3= \Y4= \Y5=
		Sinnvolle WINDOW-Einstellungen festlegen.	WINDOW Xmin=-2 Xmax=10 Xscl=2 Ymin=-12 Ymax=14 Yscl=2 ↓Xres=1
		Graph der Ausgangsfunktion und der Integralfunktion anzeigen lassen. Achtung: Für das Zeichnen der Integralfunktion braucht der Taschenrechner viel Zeit.	

Die wichtigsten Funktionen des algebrafähigen Taschenrechners TI-nSpire CX II-T CAS (Computer-Algebra-System) für das Sachgebiet Analysis

Andere CAS-Rechner haben ähnliche Menüs und Funktionen.

In der Anleitung sind Tasten des Taschenrechners rechteckig gerahmt: menu

Die Zweitbelegungen der Tasten sind in eckige Klammern gesetzt: [+page]

0 Öffnen von Applikationen in neuen Fenstern

Für die Arbeit mit diesem Buch sind nur drei Applikationen des Taschenrechners TI-nspire CX II CAS notwendig:

1. Lists & Spreadsheet
2. Graphs
3. Calculator

Es gibt jeweils mehrere Möglichkeiten, diese Applikationen zu öffnen.

- **Lists & Spreadsheet** (Listen und Tabellen) öffnet man im Startbildschirm
  - ▶ mit „1 Neues" und „4: Lists & Spreadsheet hinzufügen" wie in den Abbildungen 1 und 2,
  - ▶ einfacher mit dem größer hervorgehobenen Spreadsheet-Symbol 🖩 wie in Abbildung 3.

Abb. 1   Abb. 2   Abb. 3

 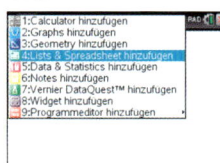 

- **Graphs** (Grafik) öffnet man im Startbildschirm
  - ▶ mit „1 Neues" und „2: Graphs hinzufügen" wie in den Abbildungen 4 und 5,
  - ▶ mit „B Graph" wie in Abbildung 6,
  - ▶ einfacher mit dem größer hervorgehobenen Graph-Symbol 〔⋃〕 wie in Abbildung 7.

Abb. 4   Abb. 5   Abb. 6   Abb. 7

 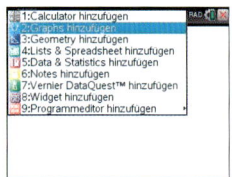  

- **Calculator** (Rechner) öffnet man im Startbildschirm
  - mit „1 Neues" und „2: Calculator hinzufügen" wie in den Abbildungen 8 und 9,
  - mit „B Berechnen" wie in Abbildung 10,
  - einfacher mit dem größer hervorgehobenen Calculator-Symbol  wie in Abbildung 11.

Abb. 8

Abb. 9

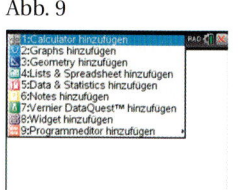

Abb. 10

Abb. 11

Außerdem können mit der Scratchpad-Taste ⬚ links neben dem Mousepad Rechnungen durchgeführt und Graphen gezeichnet werden.

1 Graph einer Funktion zeichnen und Wertetabelle anzeigen lassen

Abb. 1–2: Im Startbildschirm die Applikation „Graphs" öffnen und dann oben im Graph-Fenster für f1 (x) den Funktionsterm eingeben. Mit enter wird dann der Graph gezeichnet. Für die Eingabe weiterer Funktionsterme Doppelklick in das Graph-Fenster oder tab drücken.

Abb. 3–4: Mit menu, „4: Fenster/Zoom", „1: Fenstereinstellungen", können gegebenenfalls die Minimal- und Maximalwerte an den Achsen und die Skalierung der Achsen eingestellt werden.

Abb. 1

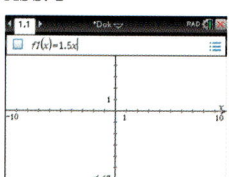

Abb. 2

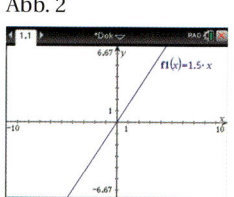

Abb. 3

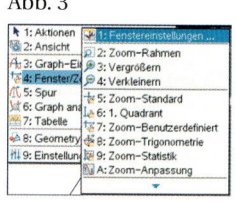

Abb. 4

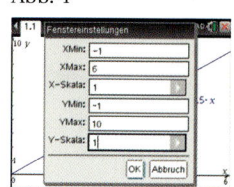

Abb. 5–8: Mit menu, „7: Tabelle", „1: Tabelle mit geteiltem Bildschirm" wird die Wertetabelle eingeblendet.

Abb. 5

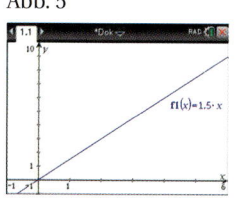

Abb. 6

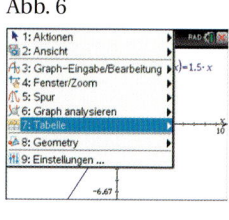

Abb. 7

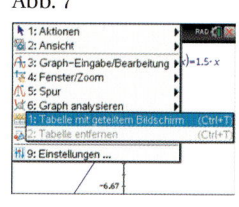

Abb. 8

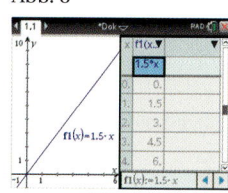

2 Funktionswert für eine Stelle *x*

Variante 1

Abb. 1 – 3: In der Graph-Applikation die Funktionsgleichung eingeben, den Graph zeichnen lassen und mit ⌐menu⌐, „7: Tabelle", „1: Tabelle mit geteiltem Bildschirm" eine Wertetabelle erstellen und den gesuchten Funktionswert ablesen.

Abb. 4: Der Tabellenanfang und die Schrittweite in der Wertetabelle können mit ⌐menu⌐, „2: Wertetabelle", „5: Funktionseinstellungen bearbeiten" verändert werden.

Abb. 1 Abb. 2 Abb. 3 Abb. 4

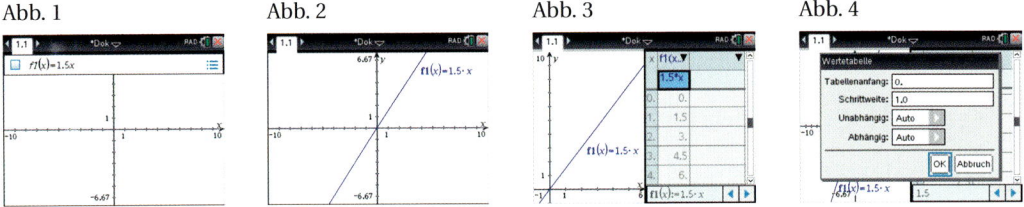

Variante 2

Abb. 5 und 6: Mit der Graph-Applikation wird der Graph gezeichnet.

Abb. 7: Mit ⌐menu⌐, „5: Spur", „1: Grafikspur" und den Pfeiltasten den Punkt auf der Grafik bewegen. Gegebenenfalls mit ⌐menu⌐, „5: Spur", „3: Spureinstellungen" die Schrittweite der Spur verändern.

Abb. 5 Abb. 6 Abb. 7

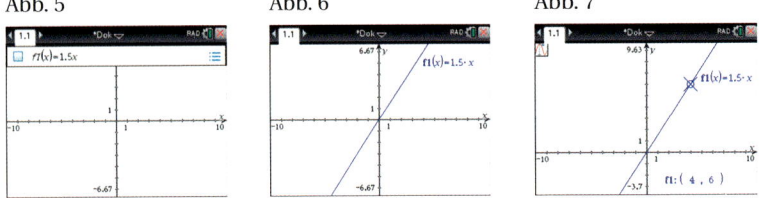

Variante 3

Abb. 8

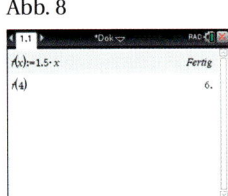

Abb. 8: In der Calculator-Applikation die Funktion mit ⌐ctrl⌐, [:=] definieren und dann $f(4)$ berechnen.
Das ist sicherlich der einfachste Lösungsweg.

3 Regression: Bestimmung einer Funktionsgleichung (Näherungsgleichung) aus vorgegebenen Punkten

Abb. 1: Im Startbildschirm die Applikation „Lists & Spreadsheet" öffnen.

Die x-Werte der vorgegebenen Punkte in die 1. Spalte der Tabelle eingeben, die y-Werte in die 2. Spalte. Die Tabellenköpfe A und B mit x und y bezeichnen.

Abb. 1

Abb. 2: Mit menu , „4: Statistik", „1: Statistische Berechnungen", „3: Lineare Regression $(mx + b)$" wird die lineare Regression durchgeführt. Das Ergebnis ist $m = 0{,}25$ und $b = 1{,}5$, also lautet die Gleichung der Regressionsgeraden: $f(x) = 0{,}25x + 1{,}5$

Das ebenfalls aufgeführte Bestimmtheitsmaß r^2 gibt die Qualität einer Regression an. Für $r^2 = 1$ verläuft die Regressionsgerade genau durch die vorgegebenen Punkte.

Abb. 2

Abb. 3 und 4: Zur korrekten grafischen Darstellung der vorgegebenen Punkten wird eine neue Seite (Dokument 1.2) mit ctrl , [+page], „5: Data & Statistics hinzufügen" geöffnet.

Am unteren und am linken Rand der neu geöffneten Seiten müssen die Achsen wie die Tabellenköpfe im Dokument 1.1 mit x und y bezeichnet werden.

Abb. 3

Abb. 4

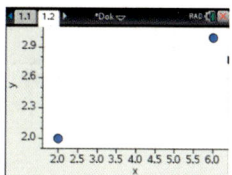

Abb. 5: Mit menu , „4: Analysieren", „6: Regression", „1: Lineare Regression anzeigen" wird der gesuchte Graph gezeichnet.

Abb. 5

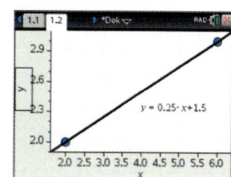

Hinweis

- Mit diesem Taschenrechner werden in dieser Reihe verwendet:
  - ▶ lineare Regression,
  - ▶ quadratische Regression,
  - ▶ kubische Regression,
  - ▶ Potenzregression,
  - ▶ exponentielle Regression,
  - ▶ logarithmische Regression,
  - ▶ sinusförmige Regression,
  - ▶ logistische Regression
- Die Qualität einer Regression kann mit dem **Bestimmtheitsmaß** r^2 oder mit dem **Korrelationsquotienten** $r = \sqrt{r^2}$ bestimmt werden.

4 Schnittpunkte zweier Graphen

Rechnerische Lösung

Abb. 1 und 2: Im Startbildschirm öffnen wir die Applikation „Calculator".
Dort werden dann die Funktionsgleichungen mit ctrl, [:=] eingegeben. Es können beliebige Variablen wie $pa(x)$ und $pn(x)$ verwendet werden.
Die Vorlage für den Bruch bei der Nachfragefunktion kann mit der Vorlagentaste (rechts neben der 9) aufgerufen werden.

Abb. 1

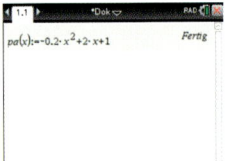

Abb. 2

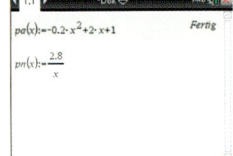

Abb. 3: Mit menu, „3: Algebra", „1: Löse" wird der solve-Befehl zum Lösen von Gleichungen aufgerufen. Hier müssen die Eingaben entsprechend der 3. Zeile der Abb. 2 erfolgen, also darf die Variable x mit Komma hinter der Differenz nicht vergessen werden.

Abb. 4: Wir können den dazugehörigen Funktionswert mit $p_A(x)$ oder mit $p_N(x)$ bestimmen. Daraus folgt das Marktgleichgewicht $G(1/2,8)$.

Abb. 3

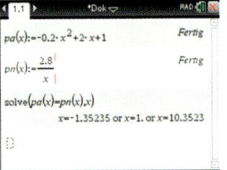

Abb. 4

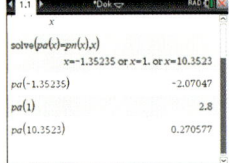

Grafische Lösung

Abb. 5 – 8: Mit $\boxed{\text{ctrl}}$, [+page], „2: Graphs hinzufügen" wird ein Grafikfenster geöffnet. In dessen Eingabezeile wird angegeben, dass $f_1(x) = pa(x)$ und $f_2(x) = pn(x)$ aus dem Calculator-Fenster sein soll. Mit $\boxed{\text{enter}}$ werden die Graphen abgebildet.

Abb. 5   Abb. 6   Abb. 7   Abb. 8

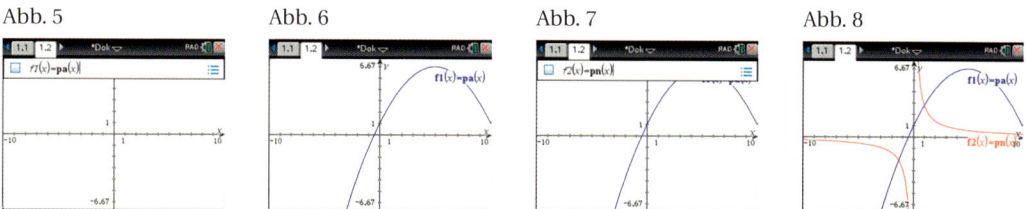

Abb. 9 – 12: Mit $\boxed{\text{menu}}$, „6: Graph analysieren", „4: Schnittpunkt" können Schnittpunkte der Graphen bestimmt werden. Wir führen diese Schnittpunktberechnung in den Abbildungen beispielhaft nur für den ersten Schnittpunkt im 1. Quadranten durch.

Dazu müssen die untere Schranke in Abb. 10 und die obere Schranke in Abb. 11 des Suchbereichs festgelegt werden.

Abb. 9   Abb. 10   Abb. 11   Abb. 12

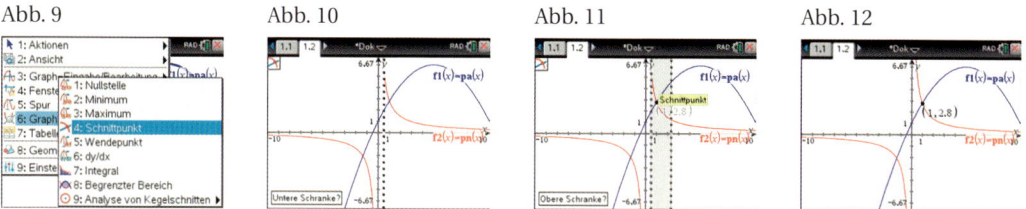

5 Nullstellen

Rechnerische Lösung

Abb. 1: In der Calculator-Applikation wird die Funktionsgleichung mit $\boxed{\text{ctrl}}$, [:=] definiert, für die wir Nullstellen suchen. In unserem Beispiel definieren wir der Einfachheit halber und zur Vermeidung von Rechenfehlern $g(x)$ in der 3. Zeile mit $\boxed{\text{ctrl}}$, [:=] als Differenz aus den schon zuvor eingegebenen Funktionen $e(x)$ und $k(x)$ in der 1. und 2. Zeile.

Abb. 2: Zur rechnerischen Bestimmung der Nullstelle gibt es drei Möglichkeiten:
- der **polyRoots-Befehl**: $\boxed{\text{menu}}$, „3: Algebra", „8: Polynomwerkzeuge", „2: Reelle Polynomwurzeln"
- der **zeros-Befehl**: $\boxed{\text{menu}}$, „3: Algebra", „4: Nullstellen"
- der **solve-Befehl**: $\boxed{\text{menu}}$, „3: Algebra", „1: Löse", bei dem eine Gleichung eingegeben werden muss.

Alle Befehle können auch direkt über die Buchstabentastatur eingegeben werden.

Abb. 1

Abb. 2

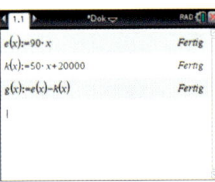 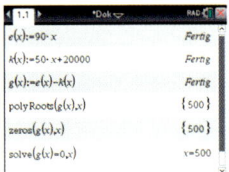

Grafische Lösung

Die Graphs-Applikation wird mit $\boxed{\text{ctrl}}$, [+page], „2: Graphs hinzufügen" geöffnet.

Abb. 3: $g(x)$ wird als $f1(x)$ angegeben.

Abb. 4 und 5: Für eine übersichtliche Darstellung werden mit $\boxed{\text{menu}}$, „4: Fenster/Zoom", „1: Fenstereinstellungen" die abgebildeten Werte für die Achsen eingegeben.

Abb. 3

Abb. 4

Abb. 5

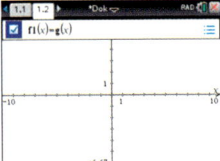 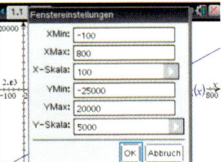 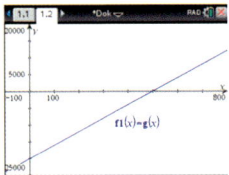

Abb. 6–8: Nach $\boxed{\text{menu}}$, „6: Graph analysieren", „4: Schnittpunkt" müssen die untere und die obere Grenze für den Suchbereich festgelegt werden.

Abb. 6

Abb. 7

Abb. 8

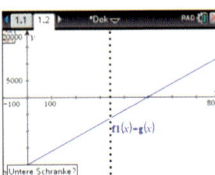 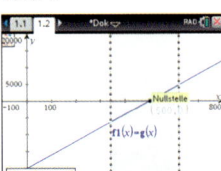 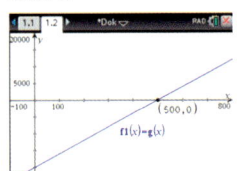

6 Gleichung lösen (*x*-Wert für einen vorgegebenen Funktionswert bestimmen)

Rechnerische Lösung

Abb. 1: In der Calculator-Applikation definieren wir in der 1. Zeile die Funktionsgleichung mit [ctrl], [:=]. Dann lösen wir mit dem solve-Befehl in der 2. Zeile die Gleichung $g(x) = 5000$. Der solve-Befehl kann über die Buchstabentastatur oder mit [menu], „3: Algebra", „1: Löse" eingegeben werden.

Abb. 2 – 3: Alternativ kann auch der gegebene Funktionswert $y = 5000$ als Gleichung definiert werden. Dann ergeben sich die in Abb. 3 dargestellten Lösungsmöglichkeiten. Die entsprechenden Lösungsbefehle können jeweils über die Buchstabentastatur oder mit

- [menu], „3: Algebra", „1: Löse" oder
- [menu], „3: Algebra", „4: Nullstellen" oder
- [menu], „3: Algebra", „8: Polynomwerkzeuge, „2: Reelle Polynomwurzeln"

aufgerufen werden.

Abb. 1

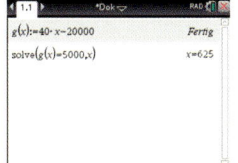

Abb. 2

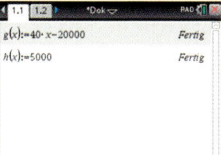

Abb. 3

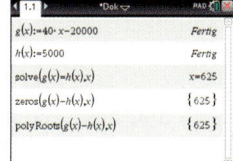

Grafische Lösung

Abb. 4: Die gegebene Funktionsgleichung wird mit [ctrl], [:=] definiert.
Der gegebene Funktionswert $y = 5000$ wird ebenfalls als Gleichung definiert.

Abb. 5 – 6: Mit [ctrl], [+page] wird zusätzlich die Graph-Applikation geöffnet. Die zuvor im Calculator-Fenster definierten Funktionen werden für $f_1(x)$ und $f_2(x)$ eingegeben. Die Eingabezeile kann durch Doppelklick oder mit [tab] erneut aufgerufen werden.

Abb. 4

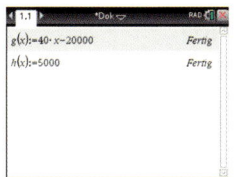

Abb. 5

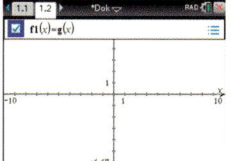

Abb. 6

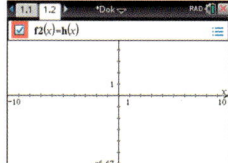

Abb. 7 – 8: Mit $\boxed{\text{menu}}$, „4: Fenster/Zoom", „1: Fenstereinstellungen" wird eine übersichtliche Darstellung der Graphen erreicht.

Abb. 9 – 10: Mit $\boxed{\text{menu}}$, „6: Graph analysieren", „4: Schnittpunkt" kann der Schnittpunkt der Geraden bestimmt werden. Dazu müssen die untere und dann die obere Grenze des Suchbereichs festgelegt werden.

Der x-Wert des Schnittpunktes ist der zum vorgegebenen y-Wert gehörige x-Wert.

Abb. 7   Abb. 8   Abb. 9   Abb. 10

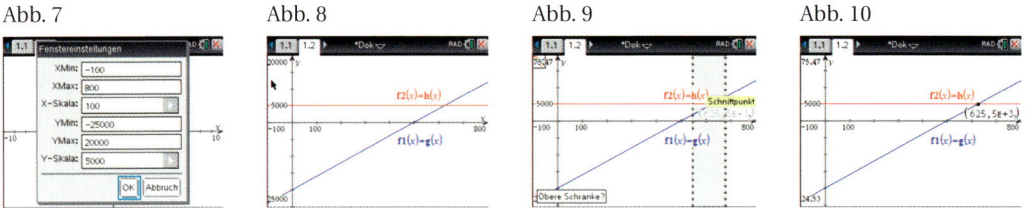

7 Lineares Gleichungssystem (LGS) eingeben und lösen

Abb. 1: In der Calculator-Applikation definieren wir mit $\boxed{\text{ctrl}}$, [:=] die Funktion $f(x)$ in der allgemeinen Form mit den Parametern a, b und c. Bei der Eingabe muss unbedingt ein Multiplikationspunkt zwischen den Parametern a, b, c und der Variablen x gesetzt sein, weil sonst ax, bx und cx als Variablen und nicht als Produkt aus Parameter und Variable erkannt werden.

Abb. 2 – 4: Weil die gegebenen Bedingungen in der Aufgabenstellung auch mithilfe der 1. Ableitungsfunktion ausgedrückt werden können, definieren wir in der 2. Zeile die 1. Ableitungsfunktion $a1(x)$ mit dem Definitionszeichen per $\boxed{\text{ctrl}}$, [:=]. Anschließend rufen wir mithilfe der Vorlagentaste $\boxed{|\circ| \, {}^{\square}_{\square}}$ rechts neben der $\boxed{9}$ den Ableitungsbefehl in der Leibniz-Schreibweise auf und füllen die leeren Felder wie in Abb. 4 aus.

Abb. 1   Abb. 2   Abb. 3   Abb. 4

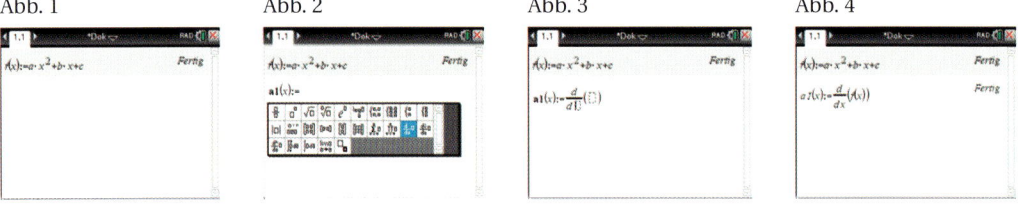

Abb. 5: Der Ableitungsbefehl kann alternativ zur Vorlagentaste auch mit $\boxed{\text{menu}}$, „4: Analysis", „1: Ableitung" aufgerufen werden. Allerdings kann damit nur die 1. Ableitungsfunktion gebildet werden.

Abb. 5

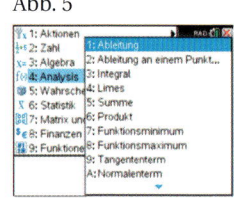

Abb. 6 – 8: Mit menu , „3: Algebra", „7: Gleichungssystem lösen", „2: System linearer Gleichungen lösen …" können wir den Lösungsbefehl **linSolve** für das lineare Gleichungssystem anfordern. Wir müssen dann noch die Anzahl der Gleichungen und der Parameter (Variablen) angeben.

Abb. 6

Abb. 7

Abb. 8

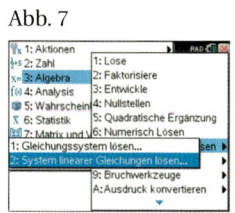 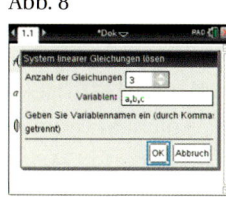

Abb. 9 – 10: In der sich dann öffnenden Vorlage, siehe 3. Zeile der Abb. 9, können wir die Gleichungen des LGS eingeben und das LGS mit enter lösen.

Abb. 10 – 11: Noch deutlich einfacher ist es, wenn man die Bedingungen für das LGS aus der Aufgabenstellung wie in Abb. 11 eingibt und dann das LGS mit enter löst.

Abb. 12: Optional können wir auch wie in Abb. 11 die Parameter a, b und c mit den berechneten Werten definieren und uns dann durch Eingabe von $f(x)$ die gesuchte Funktionsgleichung anzeigen lassen.

Abb. 9

Abb. 10

Abb. 11

Abb. 12

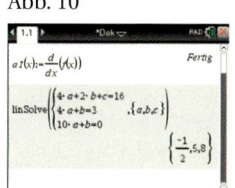 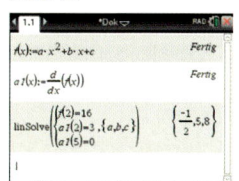 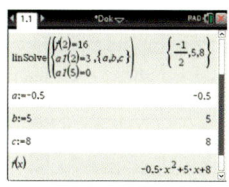

Abb. 13 – 14: Alternativ zum **linSolve-Befehl** für lineare Gleichungssysteme kann mit menu , „3: Algebra", „7: Gleichungssystem lösen", „1: Gleichungssystem lösen …" auch der **solve-Befehl** für Gleichungssysteme jeglicher Art ausgeführt werden. Das Ergebnis ist lediglich anders dargestellt.

Abb. 13

Abb. 14

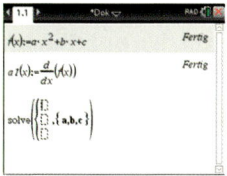 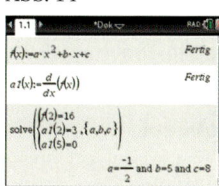

8 Extrempunkte

Rechnerische Lösung

Abb. 1: Wir definieren mit [ctrl], [:=] die gegebene Funktion in der Calculator-Applikation.

Abb. 2–3: Dann definieren wir mit [ctrl], [:=] die 1. Ableitungsfunktion. Weil der Taschenrechner die übliche Schreibweise $f'(x)$ nicht akzeptiert, schreiben wir $a1(x)$. Für die rechte Seite der Gleichung rufen wir die Vorlage für die 1. Ableitung in der Leibniz-Schreibweise mit der Vorlagentaste [⌐○⌐] rechts neben der [9] auf und füllen die leeren Felder mit x und $f(x)$ aus. Alternativ kann die Vorlage für die Ableitung auch mit [menu], „4: Analysis", „1: Ableitung" aufgerufen werden.

Abb. 1   Abb. 2   Abb. 3

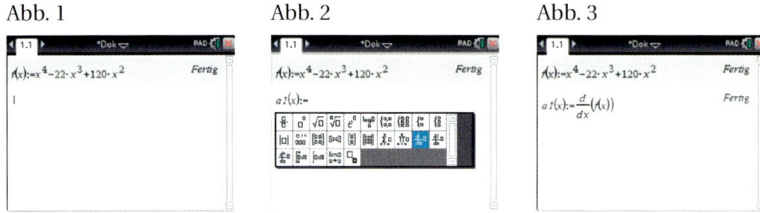

Abb. 4 und 5: Für die 2. Ableitungsfunktion $a2(x)$ gehen wir genauso vor.

Abb. 4   Abb. 5

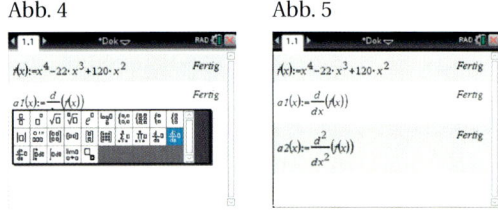

Entsprechend der notwendigen Bedingung für Extremstellen, berechnen wir nun die Nullstellen der 1. Ableitungsfunktion. Dazu können wir wahlweise den polyRoots-, den zeros- oder den solve-Befehl verwenden (s. CAS-Anhang 5). Die Befehle können wir über die Buchstabentastatur eingeben oder über das [menu] erhalten:

- [menu], „3: Algebra", „4: Nullstellen" ruft den **zeros-Befehl** auf,
- [menu], „3: Algebra", „8: Polynomwerkzeuge". „2: Reelle Polynomwurzeln" ruft den **polyRoots-Befehl** auf,
- [menu], „3: Algebra", „1: Löse" ruft den **solve-Befehl** auf.

Abb. 6: Wir verwenden in der 2. Zeile der Abb. 6 zunächst den zeros-Befehl. Wenn wir den zeros-Befehl mit [enter] abschließen, erhalten wir exakte Ergebnisse, die aber teilweise mit Brüchen und Wurzelzeichen recht kompliziert dargestellt sind. Mit [ctrl], [≈] erhalten wir gerundete Dezimalzahlen als mögliche Extremstellen:

$x_{01} = 0$; $x_{02} = 5{,}41055$; $x_{03} = 11{,}0895$

Abb. 6

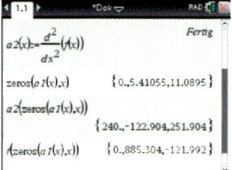

In der 3. Zeile der Abb. 6 überprüfen wir die hinreichende Bedingung für Extremstellen. Um gerundete Dezimalzahlen zu bekommen, schließen wir die Berechnung wieder mit $\boxed{\text{ctrl}}$, [≈] ab. Wir stellen fest:

$f''(0) = 240 > 0 \ \Rightarrow \ T$

$f''(5{,}41055) = 122{,}904 < 0 \ \Rightarrow \ H$

$f''(11{,}0895) = 121{,}992 \ \Rightarrow \ T$

In der letzten Zeile berechnen wir dann noch die Funktionswerte zu den Extremstellen. Um gerundete Dezimalzahlen zu bekommen, schließen wir auch hier die Berechnung wieder mit $\boxed{\text{ctrl}}$, [≈] ab. Wir erhalten:

$f(0) = 0$

$f(5{,}41055) = 885{,}304$

$f(11{,}0895) = -121{,}992$

$\Rightarrow$ Extrempunkte: $\underline{\underline{T_1(0/0)}}$, $\underline{\underline{H(5{,}4/885{,}3)}}$, $\underline{\underline{T_2(11{,}1/-122)}}$

Abb. 7: Als Alternative zum zeros-Befehl kann der polyRoots-Befehl verwendet werden. Die Verwendung des solve-Befehls ist in diesem Zusammenhang umständlicher und wird deshalb nicht gezeigt.

Abb. 7

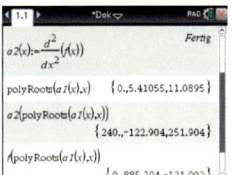

Grafische Lösung

Abb. 8–10: In der Graphs-Applikation geben wir erst die Funktionsgleichung und dann die Fenstereinstellungen ein. Für eine übersichtliche Darstellung wie in Abb. 10 müssen wir die Fenstereinstellungen gegebenenfalls durch Probieren herausfinden. Mit $\boxed{\text{enter}}$ lassen wir uns dann den Graphen zeichnen.

Abb. 8

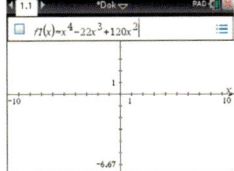

Abb. 9

Abb. 10

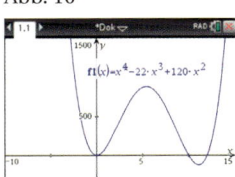

Abb. 11 – 13: Mit [menu], „6: Graph analysieren", „3: Maximum" wird über die Festlegung der unteren und oberen Schranke der Suchbereich für den Hochpunkt bestimmt.

Abb. 11   Abb. 12   Abb. 13

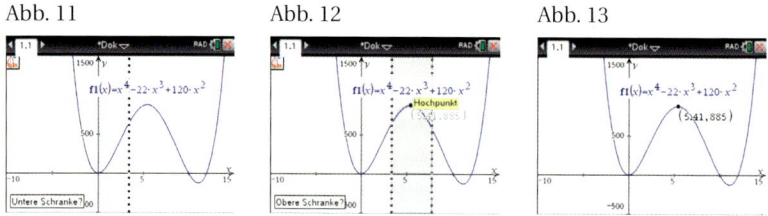

Abb. 14 – 15: Für die Ermittlung eines Tiefpunktes wird über [menu], „6: Graph analysieren", „3: Minimum" entsprechend vorgegangen.

Abb. 14   Abb. 15

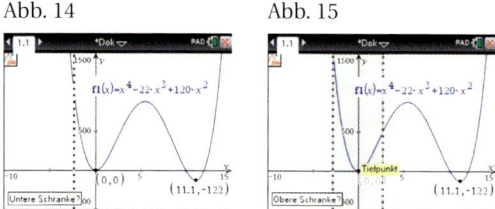

9 Steigung (Ableitung) eines Graphen an einer Stelle *x*

Grafische Lösung

Abb. 1 und 2: Nach Eingabe der Funktionsgleichung im Graph-Fenster wird mit [enter] der Graph gezeichnet.

Abb. 3 und 4: Mit [menu], „6: Graph analysieren", „6: dy/dx" wird für „Position" der *x*-Wert eingegeben, für den die Ableitung gesucht wird. Es wird dann der Punkt auf dem Graphen mit dem eingegebenen *x*-Wert und der dazugehörigen Ableitung (Steigung) angezeigt.

Abb. 1   Abb. 2   Abb. 3   Abb. 4

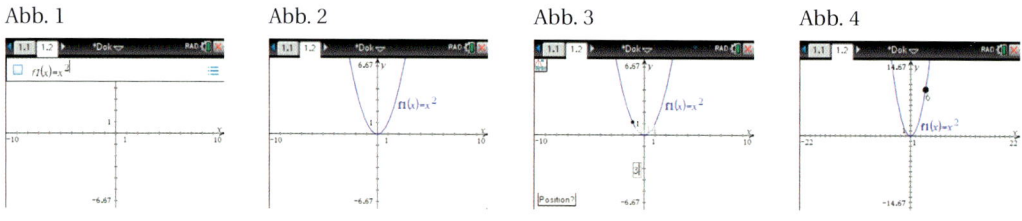

Rechnerische Lösung

Abb. 5: In der Calculator-Applikation $\boxed{\text{menu}}$, „4: Analysis", „2: Ableitung an einem Punkt …"
aufrufen und den x-Wert eingeben, für den die Ableitung (Steigung) bestimmt werden soll, hier
ist es $x = 3$.

Abb. 6: Der sich dann öffnende Differenzialquotient ist die Leibniz'sche Schreibweise für die
1. Ableitung. In der Klammer müssen wir den Funktionsterm eingeben, hier x^2.

Abb. 7: Mit $\boxed{\text{enter}}$ erhalten wir die Ableitung (Steigung) an der Stelle $x = 3$. In der üblichen
Schreibweise wäre das: $f'(3) = 6$

Abb. 5   Abb. 6   Abb. 7

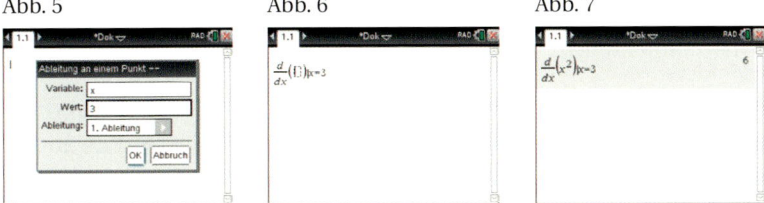

Alternative Vorgehensweise

Abb. 8: Zunächst wird im Calculator-Fenster in der ersten Zeile mit [:=] die vorgegebene Funktion definiert.

Abb. 9 – 10: Dann wird mit der Vorlagentaste $\boxed{\text{|◻|}\{_◻^◻}}$ rechts neben der $\boxed{9}$ oder mit $\boxed{\text{menu}}$, „4: Analy-
sis", „1: Ableitung" der Term der 1. Ableitungsfunktion bestimmt (2. Zeile).

Dieser Term wird in der 3. Zeile mit [:=] als neue Funktion $a1$ definiert. Da der Taschenrechner f',
nicht akzeptiert, nennen wir die 1. Ableitungsfunktion $a1$. Für die Definition der 1. Ableitungsfunktion kann die 2. Zeile auch übersprungen werden.

In der 4. Zeile können wir dann mit der vorher definierten 1. Ableitungsfunktion $a1(x)$ die Ableitung (Steigung) für jeden beliebigen x-Wert berechnen, hier folgt für $x = 3$ die Steigung 6.

Abb. 8   Abb. 9   Abb. 10

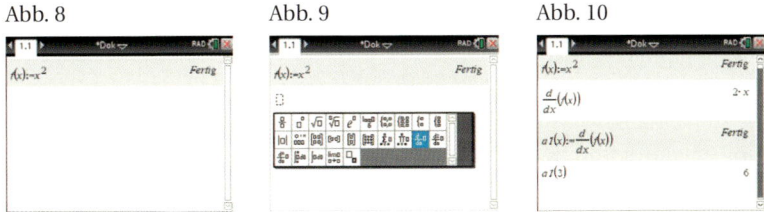

10 Ableitungsgraphen

Im Unterschied zu einem GTR, der nur die Graphen von Ableitungsfunktionen ermitteln kann, kann ein CAS-Rechner auch die Gleichungen von Ableitungsfunktionen rechnerisch bestimmen.

Abb. 1: In der 1. Zeile wird mit ctrl, [:=] die gegebene Funktionsgleichung definiert. In der 2. Zeile wird mit der Vorlagentaste ▣{▣ rechts neben der 9 der Differenzialquotient für die 1. Ableitungsfunktion aufgerufen. Alternativ kann die 1. Ableitungsfunktion auch mit menu, „4: Analysis", „1: Ableitung" berechnet werden, aber nur die 1. Ableitungsfunktion. In der 3. Zeile wird dann die 1. Ableitungsfunktion definiert. Weil der Taschenrechner den Namen $f'(x)$ nicht annimmt, wählen wir für die 1. Ableitung $a1(x)$.

Abb. 2 und 3: Mit ctrl, [+page] wird ein Graph-Fenster geöffnet. Dort geben wir für $f_1(x)$ und $f_2(x)$ die zuvor im Calculator-Fenster definierten Funktionen $f(x)$ und $a1(x)$ ein. Die Eingabezeile kann mit tab oder mit Doppelklick im Graph-Fenster erneut aufgerufen werden.

Abb. 4: Mit menu, „7: Tabelle", „1: Tabelle mit geteiltem Bildschirm" erstellen wir eine Wertetabelle für die Funktion und deren Ableitungsfunktion.

Abb. 1   Abb. 2   Abb. 3   Abb. 4

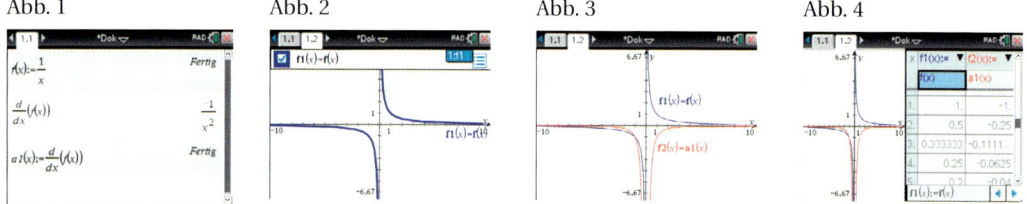

11 Ableitungsfunktionen

Die Vorlagen für die Berechnungen der höheren Ableitungen kann man am einfachsten mit der Vorlagentaste ▣{▣ rechts neben der 9 aufrufen.

Alternativ ist auch der Weg über menu, „4: Analysis", „1: Ableitung" möglich. Allerdings kann auf diesem Weg nur die 1. Ableitungsfunktion berechnet werden.

Abb. 1 – 4: Nach der Definition der Funktion in der Calculator-Applikation (Abb. 1) rufen wir die Vorlage für die 1. Ableitung mit der Vorlagentaste ▣ auf (Abb. 2), füllen die leeren Felder (Abb. 3) mit x und $f(x)$ aus und erhalten mit ⌈enter⌉ den Term der 1. Ableitungsfunktion (Abb. 4). Alternativ kann die Vorlage auch mit ⌈menu⌉, „4: Analysis", „1: Ableitung" aufgerufen werden.

Abb. 1   Abb. 2   Abb. 3   Abb. 4

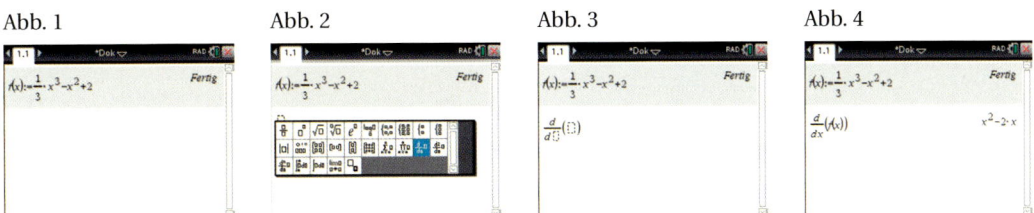

Abb. 5: Wir definieren die Funktion $a1(x)$ als 1. Ableitungsfunktion und lassen uns das Ergebnis bestätigen, indem wir $a1(x)$ eingeben. Die 2. Zeile der Abb. 4 und 5 kann auch übersprungen werden.

Abb. 6 und 7: Wir rufen die Vorlage für die 2. Ableitung mit der Vorlagentaste ▣ auf, füllen die leeren Felder wieder mit x und $f(x)$ aus und erhalten mit ⌈enter⌉ den Term der 2. Ableitung. Anschließend definieren wir die Funktion $a2(x)$ als 2. Ableitungsfunktion. Wir lassen uns das Ergebnis bestätigen, indem wir $a2(x)$ eingeben. Auch hier kann die 1. Zeile der Abb. 7 wieder übersprungen werden.

Abb. 5   Abb. 6   Abb. 7

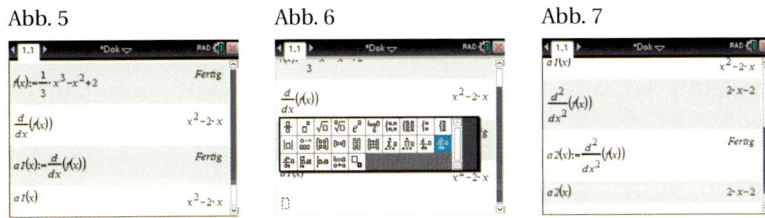

Abb. 8 und 9: Wir rufen die Vorlage für die weiteren höheren Ableitungen mit der Vorlagentaste ▣ auf, bilden die 3. Ableitungsfunktion und definieren dann eine Funktion $a3(x)$ dafür. Auch hier kann die 1. Zeile wieder übersprungen werden.

Abb. 8   Abb. 9

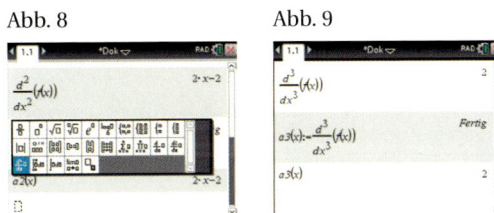

Für die Ermittlung der **notwendigen Bedingungen für Extrem- und Wendepunkte** können die definierten Ableitungsfunktionen dann mit dem polyRoots-, dem zeros- oder dem solve-Befehl aus CAS-Anhang 5 gelöst werden.

Die **hinreichende Bedingung** wird, wie in CAS-Anhang 2 beschrieben, durch Einsetzen der berechneten Stellen in die jeweilig höhere Ableitung geprüft.

Wir führen die Rechnung für die Berechnung von Extrempunkten exemplarisch mit dem zeros-Befehl durch, weil so sehr einfach mit den ermittelten Nullstellen weiter zu rechnen ist. Das ist ebenso mit dem polyRoots-Befehl möglich.

Abb. 10: In der 1. Zeile werden entsprechend der notwendigen Bedingung für Extremstellen die Nullstellen der 1. Ableitungsfunktion bestimmt: $x_{01} = 0$, $x_{02} = 2$

Abb. 10

In der 2. Zeile werden zur Überprüfung der hinreichenden Bedingung die berechneten Nullstellen in die 2. Ableitungsfunktion eingesetzt.

$f''(0) = -2 < 0 \Rightarrow$ Hochpunkt bei $x_1 = 0$

$f''(2) = 2 > 0 \Rightarrow$ Tiefpunkt bei $x_2 = 2$

In der 3. Zeile werden die Funktionswerte für die berechneten Extremstellen mithilfe der Ausgangsfunktion wieder sehr einfach ermittelt: $f(0) = 2$; $f(2) = \frac{2}{3}$

$\Rightarrow$ Extrempunkte: $H(0/2)$; $T\left(2 | \frac{2}{3}\right)$

12 Tangentengleichung, Normalengleichung

Abb. 1: In der 1. Zeile des Calculator-Fensters definieren wir mit $\boxed{\text{ctrl}}$, [:=] die vorgegebene Funktion.

Abb. 2: Mit $\boxed{\text{menu}}$, „4: Analysis", „9: Tangententerm" rufen wir den **tangentLine-Befehl** zur Berechnung des Tangententerms auf.

Abb. 3: In der Klammer geben wir zunächst den Funktionsterm, dann mit Komma abgetrennt die Variable und dann wieder mit Komma abgetrennt den x-Wert an, für den die Tangente gesucht wird: $x = 2$

Abb. 1

Abb. 2

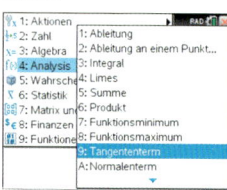

Abb. 3

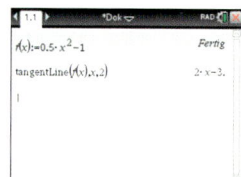

Abb. 4 und 5: Entsprechend wird bei der Bestimmung der Normalengleichung vorgegangen: menu , „4: Analysis", „A: Normalenterm"

Abb. 4

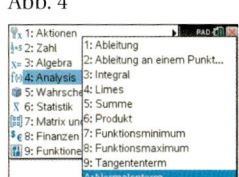

Abb. 5

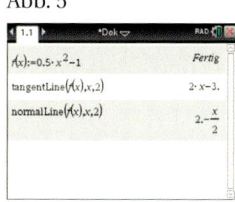

13 Funktionenscharen

Variante 1: Mehrere Kurven der Schar gleichzeitig in einem Fenster

Abb. 1: Wir definieren mit dem Definitionszeichen ctrl , [:=] die gegebene Gleichung der Funktionenschar im Calculator-Fenster. Bei der Eingabe muss unbedingt ein Multiplikationspunkt zwischen den Parametern a, b, c und der Variablen x gesetzt sein, weil sonst ax, bx und cx als Variablen und nicht als Produkt aus Parameter und Variable erkannt werden.

Abb. 2 und 3: Mit ctrl , [+page], „2: Graphs hinzufügen" öffnen wir ein Grafik-Fenster. Dort geben wir in der Eingabezeile für $f_1(x)$ die zuvor im Calculator-Fenster definierte Funktionenschar $f(x)$ ein. Die Parameterwerte $b = 1$, 2, 3, 4 und 5, für die die Scharkurven gezeichnet werden sollen, geben wir durch einen senkrechten Strich abgetrennt ein. Diesen senkrechten Strich finden wir links unter ctrl als Zweitbelegung von = .

Abb. 1

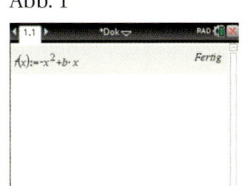

Abb. 2

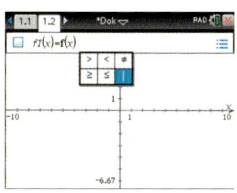

Abb. 3

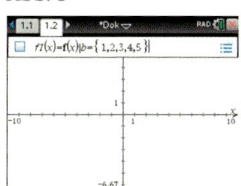

Abb. 4 und 5: Nach Bestätigung mit enter fragt der Taschenrechner ab, ob für den Parameter b ein Schieberegler erstellt werden soll. Wir entfernen den Haken und erhalten mit OK die Graphen der Funktionenschar.

Abb. 4

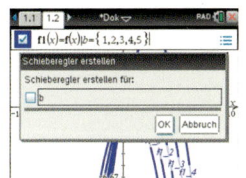

Abb. 5

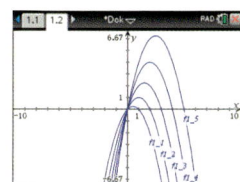

Variante 2a: Schieberegler einfügen

Abb. 6: Wir definieren mit ⌊ctrl⌋, [:=] die gegebene Gleichung der Funktionenschar im Calculator-Fenster. Bei der Eingabe muss unbedingt ein Multiplikationspunkt zwischen den Parametern a, b, c und der Variablen x gesetzt sein, weil sonst ax, bx und cx als Variablen und nicht als Produkt aus Parameter und Variable erkannt werden.

Abb. 7 und 8: Mit ⌊ctrl⌋, [+page], „2: Graphs hinzufügen" öffnen wir ein Grafik-Fenster. Dort geben wir in der Eingabezeile für $f_1(x)$ nur die zuvor im Calculator-Fenster definierte Funktionenschar $f(x)$ ein.

Abb. 9: Nach Bestätigung mit ⌊enter⌋ fragt der Taschenrechner ab, ob für den Parameter b ein Schieberegler erstellt werden soll. Wir bestätigen mit OK und erhalten einen Graphen der Schar und einen Schieberegler für den Parameter b.

Abb. 6 Abb. 7 Abb. 8 Abb. 9

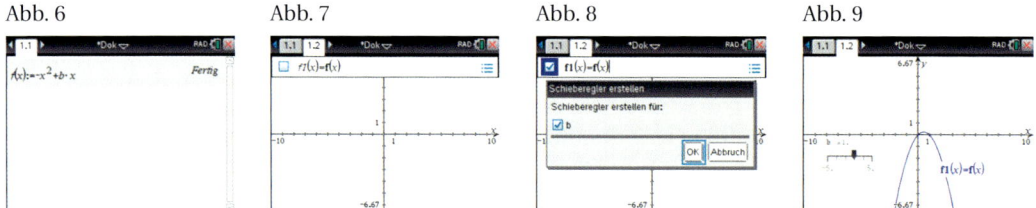

Abb. 10 und 11: Durch Klick auf den Schieberegler können wir die erforderlichen Einstellungen vornehmen, um Kurven für die Parameterwerte $b = 1, 2, 3, 4$ und 5 zu erhalten. Der Taschenrechner zeichnet dann einzeln die später in den Abb. 18–22 dargestellten Scharkurven.

Abb. 10 Abb. 11

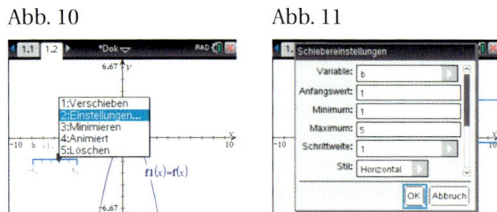

Variante 2b: Schieberegler einfügen

Abb. 12: Wir definieren mit $\boxed{\text{ctrl}}$, [:=] die gegebene Gleichung der Funktionenschar im Calculator-Fenster. Bei der Eingabe muss unbedingt ein Multiplikationspunkt zwischen dem Parameter b und der Variablen x gesetzt sein, weil sonst bx als Variable und nicht als Produkt aus Parameter und Variable erkannt wird.

Abb. 12

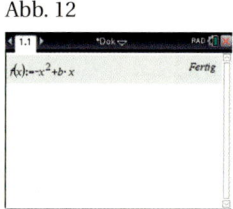

Abb. 13 – 16: Mit $\boxed{\text{ctrl}}$, [+page], „2: Graphs hinzufügen" öffnen wir ein Grafik-Fenster. Vor der Eingabe der Funktion in der Eingabezeile öffnen wir das $\boxed{\text{menu}}$, „1: Aktion", „B: Schieberegler einfügen" und stellen dort die gewünschten Optionen für den Parameter b ein und erhalten dann den Schieberegler.

Abb. 13   Abb. 14   Abb. 15   Abb. 16

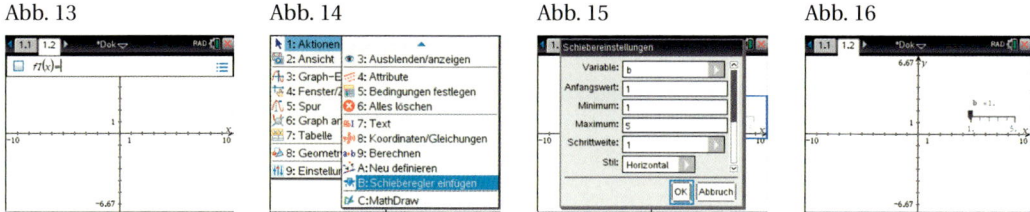

Abb. 17: Jetzt können wir in der Eingabezeile für $f_1(x)$ die zuvor im Calculator-Fenster definierte Funktionenschar $f(x)$ eingeben.

Abb. 18 – 22: Nach Bestätigung mit $\boxed{\text{enter}}$ fragt der Taschenrechner ab, ob für den Parameter b ein Schieberegler erstellt werden soll. Wir bestätigen mit OK und erhalten einen Graphen der Schar und den Schieberegler für den Parameter b. Durch Bedienung des Schiebereglers erhalten wir die weiteren gewünschten Scharkurven.

Abb. 17   Abb. 18   Abb. 19

Abb. 20   Abb. 21   Abb. 22

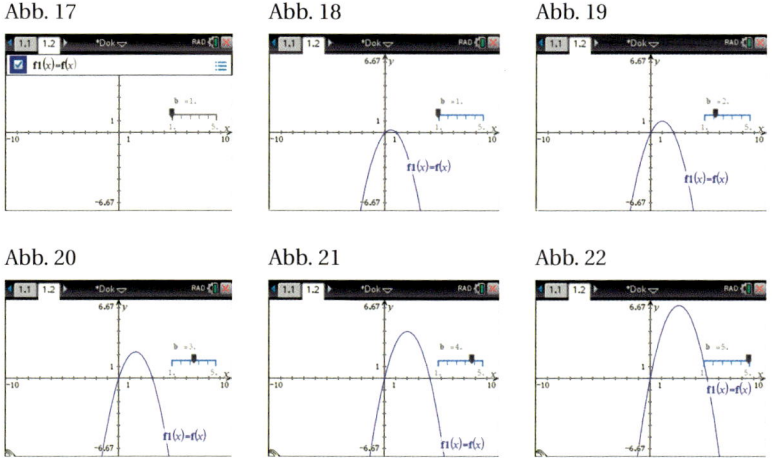

14 Bestimmtes Integral

Rechnerische Lösung

Abb. 1: Im Calculator-Fenster rufen wir den Integrationsbefehl mit der Vorlagentaste ▨ rechts neben der [9] auf.

Abb. 2: Alternativ kann der Integrationsbefehl auch über [menu], „4: Analysis", „3: Integral" aufgerufen werden.

Abb. 3: Die Integrationsvorlage wird in der üblichen Schreibweise ausgefüllt.

Abb. 4: Mit [enter] wird das Ergebnis exakt berechnet.

Abb. 1   Abb. 2   Abb. 3   Abb. 4

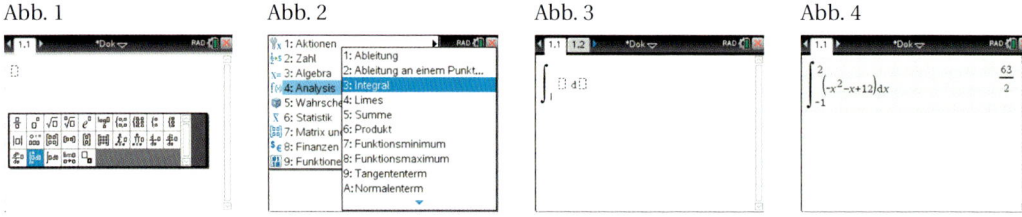

Abb. 5: Mit [ctrl], [≈], der Zweitbelegung der [enter]-Taste, erhalten wir das Ergebnis als Dezimalzahl.

Abb. 6: Alternativ können wir auch im Calculator-Fenster die gegebene Funktionsgleichung definieren.

Abb. 7: Integrale können dann einfacher und schneller berechnet werden.

Abb. 5   Abb. 6   Abb. 7

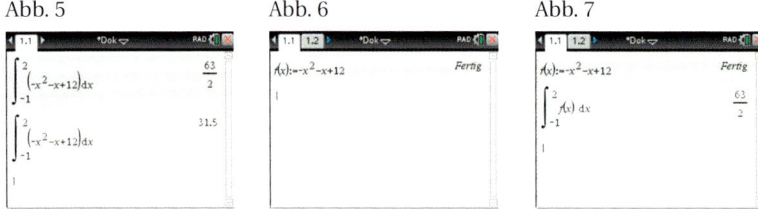

Grafische Lösung

Abb. 8: Wir definieren im Calculator-Fenster die gegebene Funktionsgleichung.

Abb. 9: Mit ⌞ctrl⌟, [+page], „2: Graphs hinzufügen" öffnen wir ein Graph-Fenster und geben dort für $f_1(x)$ die zuvor definierte Funktion $f(x)$ ein..

Abb. 8   Abb. 9

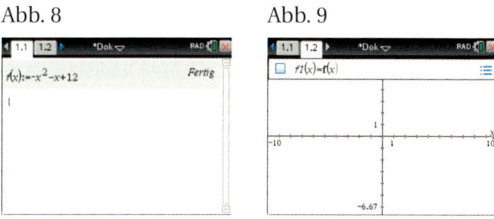

Abb. 10 – 12: Für den dann unvollständig angezeigten Graphen müssen wir noch die Fenstereinstellungen anpassen.

Abb. 10   Abb. 11   Abb. 12

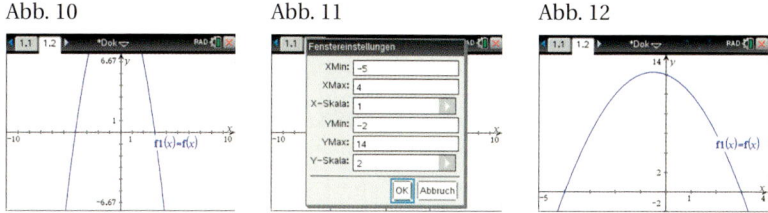

Abb. 13: Mit ⌞menu⌟, „6: Graph analysieren", „7: Integral" können wir dann grafisch integrieren.

Abb. 14 und 15: Als untere und obere Schranke geben wir die Integrationsgrenzen ein, am einfachsten mit der Zifferntastatur.

Abb. 16: Die mit dem bestimmten Integral berechnete Fläche wird grau mit ihrer Maßzahl angezeigt.

Abb. 13   Abb. 14   Abb. 15   Abb. 16

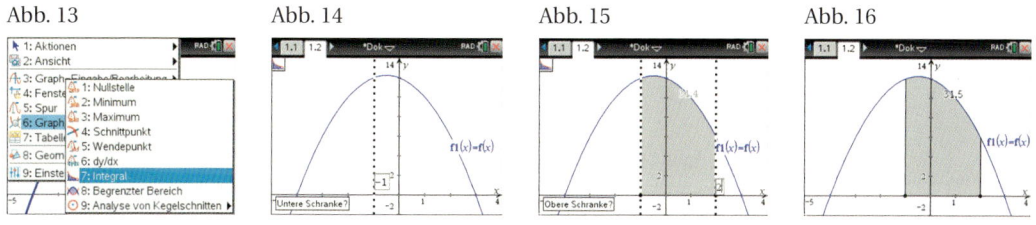

Hinweis: Wenn in der Vorlage für das bestimmte Integral keine Integrationsgrenzen eingegeben werden, wird das unbestimmte Integral, also die Stammfunktion berechnet. Hierfür gibt es aber auch eine Extra-Vorlage.

15 Uneigentliches Integral

Ein Taschenrechner mit Computer-Algebra-System (CAS) kann auch uneigentliche Integrale berechnen, weil die Eingabe von ∞ als Integrationsgrenze möglich ist.

Abb. 1: Im Calculator-Fenster rufen wir mit der Vorlagentaste ▣ rechts neben der ⑨ den Befehl zur Berechnung des bestimmten Integrals auf.

Abb. 2: Das Unendlich-Zeichen als obere Integrationsgrenze erhalten wir mit ctrl , [∞ β°] rechts neben der Vorlagentaste.

Abb. 3: Die Vorlage für die Eingabe eines Bruches erhalten wir ebenfalls mit der Vorlagentaste ▣.

Abb. 4: Der Taschenrechner kann das uneigentliche Integral direkt bestimmen.

Abb. 1   Abb. 2   Abb. 3   Abb. 4

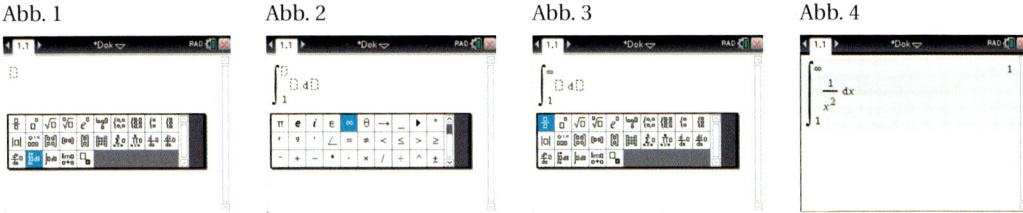

Abb. 5 und 6: Wenn man sich den Verlauf des Graphen im Graph-Fenster veranschaulichen will, empfiehlt es sich, die Funktion vorher zu definieren.

Abb. 7: Wenn das uneigentliche Integral nicht existiert, gibt der Taschenrechner als Ergebnis ∞ an.

Abb. 5   Abb. 6   Abb. 7

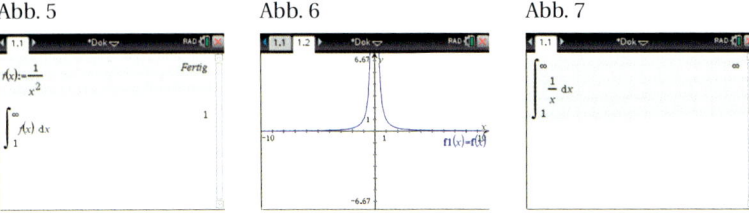

16 Integralfunktion

Abb. 1: Im Calculator-Fenster definieren wir die gegebene Funktion $g(t)$.

Abb. 2: Die zugehörige Integralfunktion $i1(x)$ definieren wir wie in der 2. Zeile angegeben. In der 3. Zeile lassen wir uns den Term dieser Integralfunktion anzeigen.

Abb. 1

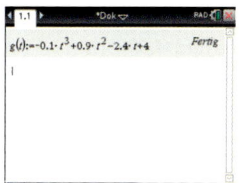

Abb. 2

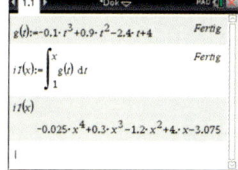

Abb. 3: Für $f_1(x)$ geben wir in der Eingabezeile des aufgerufenen Graph-Fensters die Ausgangsfunktion $g(t)$ aus der 1. Zeile des Calculator-Fensters ein. Weil die Variable t vom Taschenrechner im Graph-Fenster nicht akzeptiert wird, müssen wir $g(x)$ eingeben.

Abb. 4 und 5: Mit $\boxed{\text{tab}}$ rufen wir die Eingabezeile erneut auf und geben für $f_2(x)$ die Integralfunktion $i1(x)$ ein.

Abb. 3

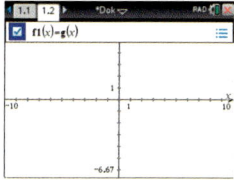

Abb. 4

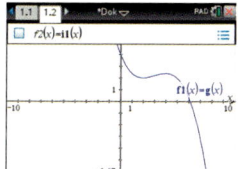

Abb. 5

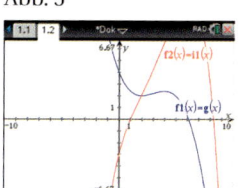

Abb. 6 – 8: Für eine gute Veranschaulichung der Graphen müssen wir die Fenstereinstellungen noch korrigieren: $\boxed{\text{tab}}$, $\boxed{\text{▤}}$ (Zweitbelegung der $\boxed{\text{menu}}$-Taste), „4: Fenster/Zoom", „1: Fenstereinstellungen …".

Abb. 6

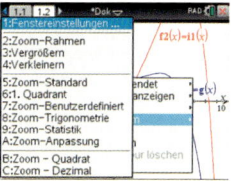

Abb. 7

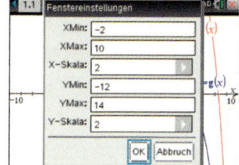

Abb. 8

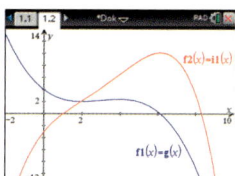

Sachwortverzeichnis

Bildquellenverzeichnis

dpa Infografik GmbH, Frankfurt: 271.1, 272.1.

fotolia.com, New York: Michael Nivelet 11.1.

iStockphoto.com, Calgary: Drobot, Dean Titel, Titel.

stock.adobe.com, Dublin: Pavlo Vakhrushev 207.1; stokkete Titel.

Texas Instruments Education Technology GmbH, Freising: 16.1, 16.2, 16.3, 16.4, 20.1, 20.2, 20.3, 20.4, 20.5, 68.1, 68.2, 68.3, 68.4, 88.1, 88.2, 88.3, 88.4, 88.5, 89.1, 89.2, 89.3, 89.4, 89.5, 89.6, 89.7, 89.8, 89.9, 89.10, 89.11, 106.1, 106.2, 106.3, 106.4, 106.5, 141.1, 141.2, 141.3, 141.4, 141.5, 141.6, 141.7, 147.1, 147.2, 147.3, 147.4, 147.5, 147.6, 147.7, 147.8, 147.9, 147.10, 147.11, 147.12, 147.13, 147.14, 175.1, 175.2, 175.3, 175.4, 175.5, 182.1, 182.2, 182.3, 182.4, 212.1, 212.2, 212.3, 212.4, 212.5, 214.1, 214.2, 214.3, 214.4, 237.1, 237.2, 237.3, 237.4, 237.5, 237.6, 237.7, 238.1, 238.2, 238.3, 238.4, 238.5, 238.6, 238.7, 240.1, 240.2, 240.3, 241.1, 241.2, 241.3, 241.4, 241.5, 241.6, 261.1, 261.2, 261.3, 293.1, 293.2, 293.3, 293.4, 293.5, 293.6, 293.7, 293.8, 294.1, 294.2, 294.3, 294.4, 294.5, 294.6, 294.7, 294.8, 294.9, 294.10, 294.11, 294.12, 294.13, 294.14, 294.15, 295.1, 295.2, 295.3, 339.1, 339.2, 339.3, 339.4, 339.5, 340.1, 340.2, 340.3, 340.4, 340.5, 340.6, 340.7, 341.1, 341.2, 341.3, 341.4, 341.5, 341.6, 342.1, 342.2, 342.3, 342.4, 342.5, 342.6, 342.7, 343.1, 343.2, 343.3, 343.4, 343.5, 343.6, 344.1, 344.2, 344.3, 344.4, 344.5, 344.6, 345.1, 345.2, 345.3, 345.4, 345.5, 345.6, 346.1, 346.2, 346.3, 346.4, 346.5, 346.6, 346.7, 347.1, 347.2, 347.3, 347.4, 347.5, 347.6, 348.1, 348.2, 348.3, 348.4, 349.1, 349.2, 349.3, 349.4, 349.5, 350.1, 350.2, 350.3, 350.4, 350.5, 350.6, 350.7, 350.8, 350.9, 351.1, 351.2, 351.3, 351.4, 351.5, 351.6, 351.7, 351.8, 351.9, 351.10, 351.11, 351.12, 351.13, 351.14, 352.1, 352.2, 352.3, 352.4, 352.5, 352.6, 352.7, 352.8, 353.1, 353.2, 353.3, 353.4, 353.5, 354.1, 354.2, 354.3, 354.4, 354.5, 355.1, 355.2, 355.3, 355.4, 355.5, 355.6, 355.7, 355.8, 356.1, 356.2, 356.3, 356.4, 356.5, 356.6, 356.7, 356.8, 357.1, 357.2, 357.3, 357.4, 357.5, 357.6, 358.1, 358.2, 358.3, 358.4, 358.5, 358.6, 358.7, 358.8, 358.9, 358.10, 359.1, 359.2, 359.3, 359.4, 359.5, 359.6, 359.7, 359.8, 359.9, 360.1, 360.2, 360.3, 360.4, 360.5, 360.6, 360.7, 361.1, 361.2, 361.3, 361.4, 362.1, 362.2, 362.3, 362.4, 362.5, 362.6, 362.7, 362.8, 362.9, 363.1, 363.2, 363.3, 363.4, 363.5, 363.6, 363.7, 364.1, 364.2, 364.3, 364.4, 364.5, 364.6, 365.1, 365.2, 365.3, 365.4, 365.5, 365.6, 365.7, 365.8, 365.9, 365.10, 365.11, 365.12, 366.1, 366.2, 366.3, 366.4, 367.1, 367.2, 367.3, 367.4, 367.5, 367.6, 367.7, 368.1, 368.2, 368.3, 368.4, 368.5, 368.6, 369.1, 369.2, 369.3, 369.4, 369.5, 369.6, 369.7, 369.8, 369.9, 369.10, 369.11, 370.1, 370.2, 370.3, 370.4, 370.5, 370.6, 370.7, 370.8, 371.1, 371.2, 371.3, 371.4, 371.5, 371.6, 371.7, 371.8, 371.9, 372.1, 372.2, 372.3, 372.4, 372.5, 372.6, 372.7, 372.8, 372.9, 373.1, 373.2, 373.3, 373.4, 373.5, 373.6, 373.7, 373.8, 373.9.

Wir arbeiten sehr sorgfältig daran, für alle verwendeten Abbildungen die Rechteinhaberinnen und Rechteinhaber zu ermitteln. Sollte uns dies im Einzelfall nicht vollständig gelungen sein, werden berechtigte Ansprüche selbstverständlich im Rahmen der üblichen Vereinbarungen abgegolten.